이상한ㄱ

KB049713

Math with Bad Drawings:
Illuminating the Ideas that Shape Our Reality
by Ben Orlin
Originally Published by Black Dog & Leventhal Publishers, an imprint of
Running Press, a division of Hachette Book Group, Inc., New York

Jacket Design by Headcase Design
Jacket Copyright © 2018 by Hachette Book Group, Inc.

Korean Translation Copyright ⓒ 2020 by Booklife,
an imprint of The Business Books and Co., Ltd.
Published by arrangement with Black Dog & Leventhal, New York
through AMO Agency, Seoul.

그림으로 이해하는 일상 속 수학 개념들

# 이상한 수학책

## Math with Bad Drawings

벤 올린 지음 | 김성훈 옮김

북라이프

옮긴이 **김성훈**

치과 의사의 길을 걷다가 번역의 길로 방향을 튼 엉뚱한 번역가. 중학생 시절부터 과학에 대한 궁금증이 생길 때마다 틈틈이 적어 온 과학 노트는 아직도 보물 1호로 간직하고 있다. 학생 시절부터 흥미를 느꼈던 번역 작업을 통해 이런 관심을 같은 꿈을 꾸는 사람들과 함께 나누기 원한다. 경희대학교 치과 대학을 졸업했고 현재 출판번역 및 기획그룹 '바른번역' 회원으로 활동 중이다.
《이 문제 풀 수 있겠어?》, 《세상을 움직이는 수학 개념 100》, 《글자로만 생각하는 사람 이미지로 창조하는 사람》, 《신의 설계도를 훔친 남자》, 《도살자들》, 《구름 읽는 책》, 《엑시텐탈 유니버스》, 《암 연대기》, 《우주의 통찰》, 《선과 의식의 기술》, 《지지 않는 마음》, 《신이 사라진 세상》 등 다수의 책을 우리말로 옮겼다.

이상한 수학책

1판 1쇄 발행 2020년 3월 18일
1판 29쇄 발행 2024년 10월 29일

**지은이** | 벤 올린
**옮긴이** | 김성훈
**발행인** | 홍영태
**발행처** | 북라이프
**등 록** | 제2011-000096호(2011년 3월 24일)
**주 소** | 03991 서울시 마포구 월드컵북로6길 3 이노베이스빌딩 7층
**전 화** | (02)338-9449
**팩 스** | (02)338-6543
**대표메일** | bb@businessbooks.co.kr
**홈페이지** | http://www.businessbooks.co.kr
**블로그** | http://blog.naver.com/booklife1
**페이스북** | thebooklife
ISBN 979-11-88850-80-8 03410

이 책을 타린에게 바칩니다

# 머리말

이 책은 수학에 관한 책이다. 뭐, 어쨌거나 원래 계획은 그랬다.

생각지도 못했던 어딘가에서 이 책은 방향을 틀었다. 그리고 머지않아 나는 핸드폰도 터지지 않는 지하 터널을 헤매게 되었다. 그러다 밝은 곳으로 다시 나와 보니 이 책이 여전히 수학을 다루고는 있지만 그 외의 다른 것들도 아주 많이 다루고 있음이 드러났다. 사람들은 왜 로또 복권을 살까? 어린이책 작가 한 명이 어떻게 스웨덴 선거판을 뒤흔들어 놓았을까? '고딕' 소설의 정의는 무엇인가? 거대한 구형의 우주 정거장 구축이 과연 다스 베이더와 제국이 할 수 있는 가장 현명한 선택이었을까?

이것은 당신을 위한 수학이다.

이 책은 동떨어져 있는 삶의 구석구석을 슈퍼마리오의 비밀 미로처럼 서로 연결해 준다.

수학을 다음 페이지에 나오는 그림처럼 묘사하는 것이 말이 안 된다 싶은 사람이 있다면 아마도 '학교'라는 곳에 다녀 본 사람일 것이다.

그들에게 애도를 표한다.

2009년에 대학을 졸업했을 때, 나는 수학이 인기가 없는 이유를 알 것 같았다. 전체적으로 수학을 가르치는 방식 자체가 글러 먹었기 때문이다. 수학 수업은 아름답고 상상력 넘치고 논리적인 예술을 가져다가 잘게 채를 썬 다음 다시 원래대로 조각 맞추기를 하라는 불가능한 과제를 학생들에게 준다. 그러니 학생들 입에서 앓는 소리가 나오는 것도 당연하고, 학생들이 수학에 낙제하는 것도 당연하고, 어른들이 수학 공부하던 시절을 떠올리면서 치를 떠는 것도 당연하다. 그 해법은 너무 뻔했다. 수학은 더 나은 설명이 필요하고, 더 나은 설명을 해 줄 사람이 필요했다.

그러다 나는 교사가 됐다. 훈련도 제대로 안 된 상태에서 자만심만 넘치던 나는 교실에서 가혹한 첫 1년을 보내면서 내가 수학은 알지 몰라도 수학 교육에 대해서, 그리고 수학이라는 과목이 학생들에게 무슨 의미인지에 대해서 쥐

뿔도 아는 것이 없다는 사실을 뼈저리게 느껴야 했다.

그해 9월 어느 날 민망하게도 수업 시간에 우리가 기하학을 공부하는 이유에 대해 즉흥 토론을 진행하게 됐다. 어른이 되면 2단 증명법two-column proof(기하학의 증명 기술 방식 중 하나로 한 단에는 진술을, 나머지 단에는 그 이유를 적으며 증명해 가는 방법 ─ 옮긴이)을 사용하나? 공학자는 계산기 없이 일하니까? 개인 재무를 볼 때 마름모꼴을 엄청 많이 사용하나? 이 중에는 그럴듯한 이유가 보이지 않았다. 결국 내가 가르치던 9학년(우리나라 고등학교 1학년에 해당한다. ─ 옮긴이) 학생들은 이렇게 결론 내렸다. "우리는 대학과 고용주에게 우리가 똑똑하고 일도 열심히 한다는 것을 증명하기 위해 수학을 공부한다." 이 말이 맞는다면 수학 자체는 중요하지 않다. 수학 공부는 힘자랑을 위한 역도처럼 지적 능력을 과시하는 무의미한 쇼이자 이력서를 채우는 데 필요한 지루한 장기 훈련에 불과했다. 그렇지 않아도 이런 결론에 우울했는데, 이 결론에 만족하는 학생들을 보며 더 우울해졌다.

학생들이 하는 얘기가 틀린 소리는 아니었다. 교육에는 경쟁적인 제로섬 속성이 있다. 여기서는 수학이 잘난 학생과 못난 학생을 가려내는 메커니즘으로 기능한다. 하지만 수학에 그보다 더 심오한 기능이 있음을 학생들은 보지 못하고 있었고, 나는 학생들에게 보여 주지 못하고 있었다.

어째서 수학은 삶의 모든 측면에서 토대를 이루고 있을까? 수학은 어떻게 동전과 유전자, 주사위와 주식, 책과 야구 등 서로 상관없는 영역을 연결하고 있을까? 그 이유는 수학이 생각의 체계이기 때문이다. 그리고 생각은 세상의 모든 문제를 해결할 때 도움이 된다.

2013년 이후로 나는 수학과 교육에 대한 글을 써 왔다. 때로는《애틀랜틱》, 〈슬레이트〉, 〈로스앤젤레스 타임스〉 같은 출판물에 글을 올리기도 했지만 대부분은 내 블로그 '이상한 그림으로 보는 수학'Math with Bad Drawings에 올렸다. 사람들은 아직도 내게 왜 이상한 그림을 그리느냐고 묻는다. 난 이 말이 더 이상하다. 내가 그저 그런 음식을 만들어 상에 내놓아도 끝내주는 닭 요리법을 알면서 왜 그것을 대접하지 않느냐고 묻는 사람은 한 명도 없다. 내가 그런 멋진 요리를 할 수 없음을 알 테니까 말이다. 내 수학도 마찬가지다. '이상한 그림으로 보는 수학'이라는 제목이 그래도 '최선을 다해 그린 그림으로 보는 수학—솔직히 애쓰고 있다고요'보다는 덜 애처롭지 않은가. 내 경우에는 그렇게 최선을 다해 그린 것이 바로 이 이상한 그림이다.

나는 왜 이런 그림을 그리게 되었을까? 어느 날 문제를 내려고 칠판에 개를 그렸다가 내가 수학 교사로 일한 기간을 통틀어 학생들에게 가장 큰 웃음을 선사했던 사건이 계기가 되지 않았나 싶다. 학생들은 내 형편없는 그림 실력을 아주 충격적이고 웃기다고 느꼈고 심지어 일종의 매력을 느끼기까지 했다. 수학은 냉혹한 경쟁으로 느껴질 때가 너무 많다. 그런데 수학의 전문가라는 사람이 수학이 아닌 다른 분야에서 젬병인 모습을 보여 주면 그 사람에게 인간미를 느끼고 더 나아가 수학이라는 학문에서도 인간미를 느낄 수 있다. 그래서 그날의 망신이 그 후 내 교육의 핵심 요소로 자리 잡았다. 어느 교사 연수 프로그램에서도 이런 방법을 가르쳐 주지 않지만 그래도 분명 효과적이다.

수업 시간에 나는 며칠에 걸쳐 실패를 거듭했다. 학생들에게 수학은 마치 무의미한 기호들이 앞뒤로 움직이며 셔플 댄스를 추는 퀴퀴한 지하실처럼 느껴졌다. 아이들은 어쩔 수 없다는 듯 어깨를 으쓱하고는 안무를 배우고 음악도 없이 춤을 췄다.

하지만 활기가 넘치는 날이면 저 멀리 한 줄기 빛이 보이면서 그 지하실이 사실은 자기들이 알고 있는 모든 것을 다른 모든 것과 연결해 주는 비밀 터널이라는 것을 깨달았다. 학생들은 고심하고 혁신하고 연관 짓고 도약하면서 '이해'라는 잡힐 듯 잡히지 않는 덕목을 쌓아 올렸다.

수학 수업과 달리 이 책은 기술적인 세부 사항들은 피해 갈 것이다. 이 책에는 방정식이 거의 등장하지 않으며 행여 무시무시한 방정식이 나오더라도 그냥 장식용에 불과하다.(진지하게 파고들어 보겠다는 사람은 주석에서 자세히 설명한 내용을 찾아보면 된다.) 그 대신 나는 수학의 진정한 핵심이라 생각하는 부분에 초점을 맞추고 싶다. 바로 '개념'이다. 각각의 장에서 우리는 다양한 풍경을 둘러볼 것이다. 이 풍경들은 모두 하나의 거대한 개념으로 구성된 지하 네트워크를 공유하고 있다. 기하학의 법칙들은 우리가 선택할 디자인을 어떻게 제약할까? 확률의 방법론은 영원이라는 묘약을 어떻게 이용할까? 작은 증가들이 어떻게 양자 도약을 만들어 낼까? 어떻게 통계학은 미친 듯이 뒤엉켜 있는 현실을 읽을 수 있게 해 줄까?

이 책을 쓰다 보니 결국 나는 기대하지도 않았던 곳까지 오게 됐다. 부디 여러분도 이 책을 읽고 그렇게 되기를 바란다.

벤 올린, 2017년 10월

# ÷ 차례

# 제1부

# 수학자처럼
# 생각하는 법

**솔**직히 말하면 수학자들은 하는 일이 별로 없다. 커피를 마시다 칠판을 보면서 얼굴을 찌푸리다가 이번엔 차를 마시다 학생들의 시험지를 보면서 얼굴을 찌푸린다. 그리고 나서 이번에는 맥주를 한잔하다가 자신이 작년에 써 놓기는 했지만 도저히 거기서 더는 이해할 수 없는 증명을 보면서 얼굴을 찌푸린다.

수학자의 삶이란 마시다가, 얼굴을 찌푸리다가, 대부분의 시간 동안 생각에 빠져 있는 삶이다.

알다시피 수학에는 물리적 대상이 존재하지 않는다. 적정$_{滴定}$해 볼 화학 물질도, 가속해 볼 입자도, 망가뜨릴 금융 시장도 없다. 수학자의 동사는 모두 결국에는 생각이라는 행위로 귀결된다. 계산을 할 때면 우리는 하나의 추상을 다른 추상으로 바꿔 놓는다. 증명을 할 때는 연관된 개념들 사이에 논리의 다리를 놓는다. 그리고 알고리즘이나 컴퓨터 프로그램을 적을 때는 고깃덩어리로 이루어진 우리의 뇌가 너무 느리고 바빠서 직접 하기 힘든 생각들을 전자뇌에 떠넘긴다.

매년 다른 수학자들과 어울릴 때마다 나는 새로운 사고방식을 배우고, 우리 머리뼈 속에 들어 있는 훌륭한 다목적 도구를 활용하는 새로운 방식을 배운다. 규칙에 대해 호들갑을 떨면서 게임을 마스터하는 방법, 나중을 위해 생각을 고리투성이 그리스 기호로 기록해서 보존하는 방법, 내 오류가 믿을 만한 교수라도 되는 것처럼 그로부터 배우는 법, 혼란의 용이 나를 야금야금 먹어 들어올 때도 기운을 잃지 않는 방법 등.

이 모든 방법에서 수학은 두뇌가 하는 행위다.

그 훌륭하다는 수학은 '실세계'에서 어떤 쓸모가 있을까? 우주선, 스마트폰, 그리고 빌어먹을 타깃 광고 같은 것이 어떻게 순수한 생각으로 이루어진 이 환상의 스카이라인에서 등장할 수 있을까? 워워. 좀 기다려 주기를. 모두 다 뒤에서 만나 볼 내용이다. 이제 모든 수학의 출발점에서 시작할 때가 왔다. 바로 게임이다.

## 제1장

# 궁극의 틱택토

## 수학이란 무엇인가?

**한**번은 버클리에 소풍을 갔다가 수학자들이 원반던지기를 버리고 전혀 기대하지도 않았던 게임에 몰려드는 것을 보았다. 바로 틱택토tic-tac-toe였다.

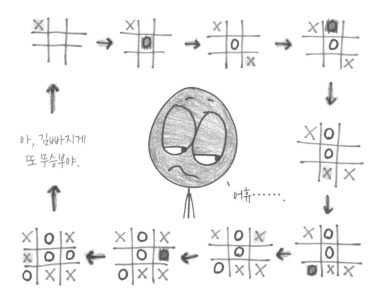

아, 김빠지게
또 무승부야.

어휴······.

당신도 직접 해 보면 알지도 모르지만 틱택토는 정말 지루해 죽겠다 싶을 정도로 따분한 게임이다. 가능한 수가 몇 가지 없기 때문에 많이 해 본 사람은 최적의 전략을 금방 외울 수 있다. 나는 이 게임을 앞 페이지 그림처럼 풀어 간다.

두 사람 모두 규칙을 완전히 꿰뚫고 있는 경우에는 모든 게임이 영원히 무 승부로 끝날 수밖에 없다. 결과적으로 이 게임은 기계적으로 진행되기 때문에 창의성의 여지가 전혀 없다.

하지만 버클리 소풍에서 수학자들이 즐기는 틱택토는 일반적인 틱택토(3× 3칸짜리 판을 만들고 각자 동그라미(O)와 가위표(×)를 고른 뒤 번갈아 가며 각각의 심벌을 그리는 게임. 가로, 세로, 대각선 상관없이 직선으로 자신의 심벌 세 개를 먼저 만들면 이긴다. — 옮긴이)가 아니었다. 이들이 사용한 게임판은 이렇게 생겼다.[1]

구경하고 있으니 기본 규칙은 쉽게 이해할 수 있었다.

1. 자기 차례가 올 때마다 미니 게임판
위의 칸에 표시를 한다.

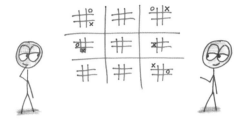

2. 미니 게임판 위에서 가로, 세로, 대각선 상관없이 직선으로
표를 세 개 먼저 그리면 그 미니 게임판을 딴다.

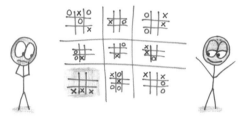

3. 이렇게 세 개의 미니 게임판으로 직선을
먼저 그리면 게임을 이긴다.

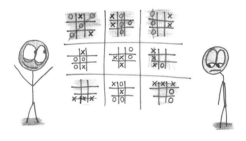

하지만 가장 중요한 게임 규칙을 파악하기까지는 꽤 오랜 시간이 걸렸다.
아홉 개의 미니 게임판 가운데 어느 판에 수를 둘지 스스로 결정할 수 없

다. 어느 판에 수를 둘지는 상대방의 이전 수에 의해 결정된다. 상대방이 미니 게임판에서 어느 칸에 수를 두든, 다음에 당신은 큰 게임판에서 그 칸의 위치에 해당하는 미니 게임판에 수를 둬야 한다.(그리고 당신이 미니 게임판에서 수를 둔 칸의 위치가 상대방이 다음에 둘 미니 게임판을 결정한다.)

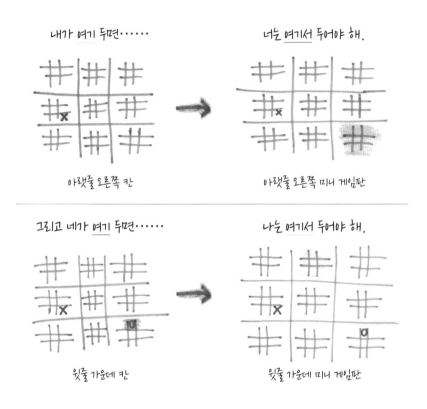

내가 여기 두면……

아랫줄 오른쪽 칸

너는 여기서 두어야 해.

아랫줄 오른쪽 미니 게임판

그리고 네가 여기 두면……

윗줄 가운데 칸

나는 여기서 두어야 해.

윗줄 가운데 미니 게임판

이것이 게임에서 전략적 요소로 작용한다. 이런 규칙 때문에 당신은 각각의 미니 게임판을 차례로 신경 쓸 수 없다. 당신의 수가 상대방을 어느 게임판으로 보낼지, 그리고 상대방의 다음 수가 당신을 어디로 보낼지 등등을 고려해야 한다.

(이 규칙에 딱 한 가지 예외가 있다. 만약 상대방이 누군가가 이미 따낸 미니 게임판

으로 당신을 보낸다면, 축하한다. 그럼 당신은 다른 미니 게임판 어디든 원하는 곳으로 갈 수 있다.)

그리하여 기이한 시나리오가 등장한다. 게임 선수가 손쉽게 이길 수 있는 미니 게임판을 놓치는 것을 보고 있으면 마치 스타 농구 선수가 레이업 숏 기회를 포기하고 공을 관중석으로 던져 버리는 것을 보는 기분이 든다. 하지만 이런 미친 짓을 하는 네는 이유가 있나. 상내방을 알싸배기 방넝어리에 데려다 놓지 않으려고 한 수 앞서서 생각하는 것이다. 기회가 왔다고 미니 게임판에서 생각 없이 공격했다가는 큰 게임판에서 불리해질 수 있고, 그 반대도 성립한다. 이런 긴장 요소가 이 게임의 구조 속에 맞물려 들어가 있다.

가끔 나는 학생들과 이 궁극의 틱택토를 즐긴다.[2] 학생들은 이 게임에 녹아 있는 전략, 그리고 교사를 이길 수 있는 기회, 그리고 무엇보다 이 게임에는 삼각 함수가 나오지 않는다는 사실을 즐긴다. 하지만 이런 당황스러우면서도 자연스러운 질문을 던지는 학생들이 꼭 있다. "게임이 재미있기는 한데요, 이게 대체 수학과 무슨 상관이죠?"[3]

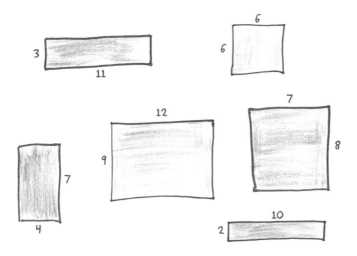

각각의 직사각형의 넓이와 둘레를 구하시오.

세상이 내가 선택한 이 직업을 어떻게 바라보는지 나도 안다. 융통성 없는 규칙과 정형화된 절차가 독재자처럼 지배하는 암울한 세계, 보험 가입 신청서나 납세 신고서 작성처럼 아무런 긴장감도 없는 세계. 우리는 '수학' 하면 앞 페이지 그림처럼 지루한 뭔가를 떠올린다.

물론 이런 문제도 당신의 관심을 몇 분 정도는 붙잡아 둘 수 있을 것이다. 하지만 머지않아 실제 개념은 어디론가 미끄러지듯 사라져 버린다. '둘레'는 더 이상 직사각형의 경계를 따라 거닐었을 때 움직인 거리라는 의미가 아니라 그저 '두 숫자에 2를 곱해서 더한 값'이라는 의미로 변질된다. 그리고 '넓이'는 직사각형을 뒤덮는 데 가로, 세로가 각각 1인 정사각형이 몇 개나 필요하냐는 의미가 아니라 그저 '두 수를 곱한 값'으로 변질된다. 원래의 틱택토 게임을 할 때처럼 당신은 생각 없이 기계적인 계산에 빠져들고 만다. 여기에는 창의력도, 도전도 없다.

하지만 활력을 불어넣은 궁극의 틱택토 게임에서, 수학은 이 바쁘기만 하고 쓸모는 별로 없는 계산보다 훨씬 큰 잠재력을 지니게 된다. 수학은 인내심과 위험 감수 사이에서 균형을 잡고자 하는 대담한 탐구가 될 수 있다. 앞서 나온 기계적 계산 문제를 아래에 나오는 문제처럼 바꿔 보자.

두 개의 직사각형을 만들되, 첫 번째 직사각형은 둘레가 더 길고, 두 번째 직사각형은 넓이가 더 크게 만드시오.

이 문제는 넓이와 둘레라는 두 가지 크기 개념을 서로 겨루게 하여 자연스럽게 긴장을 이끌어 낸다. 이 문제를 풀려면 그저 공식만 적용해서는 안 되고 직사각형의 본성을 더욱 심오하게 통찰할 필요가 있다.(스포일러는 주석을 참고할 것.)[4]

아니면, 이런 문제는 어떨까?

두 개의 직사각형을 만들되, 첫 번째 직사각형은
두 번째 직사각형보다 둘레가 정확히 두 배가 되고,
두 번째 직사각형은 첫 번째 직사각형보다
넓이가 정확히 두 배가 되도록 만드시오.

이제 살짝 재미있어진다.

두 번의 짧은 단계를 거쳐 우리는 단조롭고 고된 계산에서 만만치 않은 작은 퍼즐로 넘어왔다. 이 퍼즐을 기말시험에 보너스로 집어넣었더니 눈동자가 초롱초롱한 우리 학교 6학년 학생들 모두 아주 쩔쩔맸다.(이 역시 해답은 주석을 참고하기 바란다.)[5]

이 진행 과정에서 볼 수 있듯이 창의력이 생겨나려면 자유가 필요하지만, 자유만으로는 충분하지 않다. "두 개의 직사각형을 그리시오."라는 퍼즐 아닌 퍼즐은 엄청난 자유를 부여하지만 눅눅한 성냥처럼 불꽃이 튀지 않는다. 진정한 창의력을 자극하려면 제약을 가할 필요가 있다.

　궁극의 틱택토를 생각해 보자. 자기 차례가 올 때마다 선택할 수 있는 수가 몇 개 되지 않는다. 세 수나 네 수 정도다. 이 정도면 창의력이 경직될 정도로 부족하지도 않지만 그렇다고 무한한 가능성의 바다에 빠져 죽을 정도로 많지도 않다. 이 게임은 우리의 독창성을 자극하기에 딱 알맞은 규칙, 딱 알맞은 제약을 제공한다.

　이 게임은 수학의 즐거움을 잘 요약해서 보여 준다. 바로 제약에서 나오는 창의력이다. 일반적인 틱택토가 대부분의 사람이 생각하는 수학을 보여 준다면 궁극의 틱택토는 수학이 찾아야 할 본모습을 보여 준다.

　모든 창조적인 노력은 결국 제약과의 싸움이라 말할 수 있다. 물리학자 리처드 파인먼Richard Feynman은 이렇게 말했다. "창의력이란 구속복 속에서 피어나는 상상력이다." 소네트(열 개의 음절로 구성되는 시행 열네 개가 일정한 운율로 이어지는 14행시 — 옮긴이)를 예로 들어 보자. 소네트에는 엄격한 형식적 제약이 있다. 이 운율을 따를 것! 이 길이를 준수할 것! 이 단어들의 운을 맞출 것! 좋다⋯⋯.

그러면 이제 셰익스피어처럼 당신의 사랑을 표현해 보라! 이런 제약은 예술성을 약화하지 않고 오히려 고조해 준다. 아니면 스포츠로 눈을 돌려 보자. 사람들은 엄격한 제약에 복종하면서(손을 쓰지 말 것) 목표를 달성하려고(골대 안으로 공을 차 넣기) 고군분투한다. 그 과정에서 선수들은 오버헤드 킥도 만들고 다이빙 헤딩도 만들어 낸다. 규칙을 버리면 우아함도 함께 버려진다. 심지어 실험 영화, 표현주의 그림, 프로 레슬링 같은 관습을 거부하는 괴짜 전위 예술도 사신이 선택한 매체의 한계에 대항하는 과정에서 힘을 얻는다.

창의력은 정신이 장애물을 마주했을 때 생겨난다. 창의력은 장애물을 통과하거나 넘어가거나 돌아가거나 아래로 지나가는 길을 찾아내는 인간적인 과정이다. 장애물이 없으면 창의력도 없다.

하지만 수학자는 이 개념에서 한 단계 더 나아간다. 수학에서는 그저 규칙을 따르는 데서 그치지 않는다. 우리는 규칙을 발명하고 비틀어서 수정한다. 우리는 가능한 제약을 제안하고 그 논리적 결과를 펼쳐 보인 다음, 그 길이 망각으로 이어지거나 더 나쁘게는 지루함으로 이어지면 좀 더 생산적인 새로운 길을 찾아 나선다.

예를 들어 내가 평행선에 대한 작은 가정에 의문을 제기하면 무슨 일이 일어날까?

직선 L과 평행하면서 점 P를 지나는 직선은 하나밖에 없다.

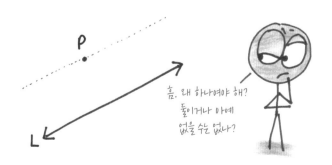

흠. 왜 하나여야 해?
둘이거나 아예
없을 순 없나?

유클리드Euclid는 기원전 300년에 평행선에 대해 이런 규칙을 제시했다. 그는 이것을 당연하게 받아들여 근본 가정fundamental assumption, 즉 '공준'postulate이라고 불렀다. 그런데 유클리드의 후계자들은 이것을 조금 우습게 여겼다. 이걸 꼭 가정해야 하나? 증명 가능하지 않을까? 2000년 동안 학자들은 마치 치아 사이에 낀 음식 쪼가리를 쑤시듯 이 규칙을 들쑤셔 보았다. 그리고 나서 그들은 마침내 깨달았다. 아하! 이것은 가정이 맞았다. 물론 다르게 가정할 수도 있다. 그러면 전통적인 기하학이 붕괴하면서 기이한 대안의 기하학이 드러난다. 이 새로운 기하학에서는 '평행하다'와 '직선'이라는 단어가 완전히 다른 의미다.

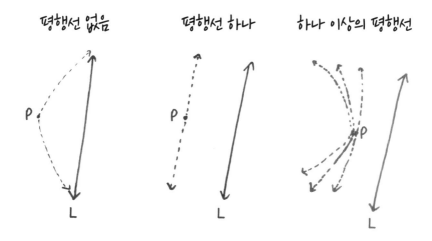

규칙이 달라지니 게임도 달라진다.

궁극의 틱택토도 마찬가지였다. 이 게임을 주변 사람들과 공유하기 시작하고 얼마 지나지 않아 나는 이 모든 것을 좌우하는 한 가지 세부 규칙이 있음을 알아차렸다. 결국 내가 앞서 괄호 속에 묶어 두었던 질문으로 귀결된다. 만약 상대방이 당신을 누군가가 이미 따낸 미니 게임판으로 보낸다면?

요즘에 나는 내가 위에서 했던 식으로 대답한다. 미니 게임판이 이미 '닫혔으니까' 원하는 곳은 어디든 갈 수 있다고 말이다.

하지만 원래는 다르게 대답했다. 그 미니 게임판에 빈칸이 남아 있는 한 버리는 수가 될지라도 그곳에 수를 두어야 한다고 말이다.

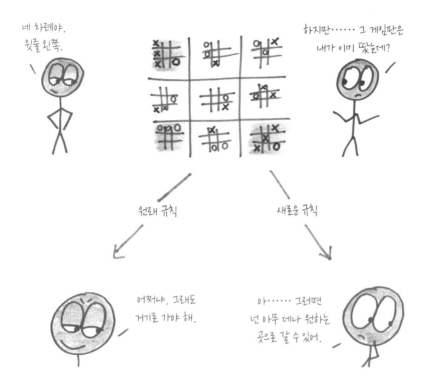

언뜻 별 차이가 아닌 듯 보인다. 게임을 양탄자로 보면 그중 실 한 가닥에 불과한 차이니까 말이다. 하지만 이 실 한 가닥을 잡아당겼을 때 전체 양탄자가 어떻게 풀려 나오는지 한번 보자.

원래 규칙에 어떤 속성이 있는지 보여 주기 위해 '올린의 포석'The Orlin Gambit이라고 이름 붙인 초반 전략을 다음 페이지 그림으로 그려 봤다.

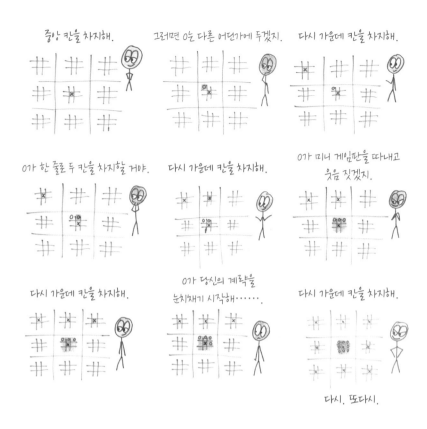

중앙 칸을 차지해.

그러면 O는 다른 어딘가에 두겠지.

다시 가운데 칸을 차지해.

O가 한 줄로 두 칸을 차지할 거야.

다시 가운데 칸을 차지해.

O가 미니 게임판을 따내고 웃음 짓겠지.

다시 가운데 칸을 차지해.

O가 당신의 계략을 눈치채기 시작해……

다시 가운데 칸을 차지해.

다시. 또다시.

이 과정이 모두 끝나면 X는 가운데 미니 게임판을 희생한 대가로 나머지 여덟 개의 미니 게임판에서 유리한 위치를 차지하게 된다. 나는 이 계략이 대단히 똑똑한 방법이라고 생각했는데 독자들이 그리 똑똑한 방법이 아님을 지적해 주었다. 올린의 포석은 그냥 소소한 어드밴티지가 아니었다. 이것을 확실한 승리 전략으로 확장할 수 있었다. 미니 게임판 하나 대신 두 개를 희생하면 나머지 일곱 개의 미니 게임판 각각에서 한 줄로 두 칸씩을 차지할 수 있다. 거기서부터는 그냥 몇 수만 두면 확실하게 승리를 쟁취할 수 있다.

민망해진 나는 게임에 대한 설명을 업데이트해서 현재 버전의 규칙을 만들었다. 이것은 아주 작은 변화였지만 궁극의 틱택토를 건강하게 회복해 준 결정적 변화였다.

규칙이 달라지면 게임도 달라진다.

수학도 정확히 이런 방식으로 전진한다. 몇 가지 규칙을 던져 놓고 그에 따라 게임을 시작한다. 이렇게 해서 게임이 진부해진다 싶으면 규칙을 바꾼다. 새로운 제약을 제시하고 기존의 제약을 완화한다. 이런 식으로 규칙을 수정할 때마다 새로운 퍼즐, 신선한 도전 과제가 만들어진다. 대부분의 수학자는 다른 사람이 낸 수수께끼를 푸는 것보다는 자기가 직접 퍼즐을 고안해서 어떤 제약이 재미있는 게임을 만들고 어떤 제약이 재미없는 게임을 만드는지 탐구하는 쪽을 좋아한다. 종국에는 이렇게 규칙을 수정하면서 이 게임에서 저 게임으로 옮겨 가는 과정 자체가 절대 끝나지 않는 거대한 게임처럼 느껴진다.

수학이란 논리 게임을 발명하는 논리 게임이다.

수학의 역사는 이런 이야기가 거듭해서 펼쳐지는 것이다. 논리 게임을 발명하고 풀고 다시 발명한다. 예를 들어 보자. 이 단순한 방정식을 수정해서 지수를 2에서 3, 5, 797 같은 다른 수로 바꾸면 어떻게 될까?

방정식

$$a^2 + b^2 = c^2 \longrightarrow$$

새로운 방정식

$$a^3 + b^3 = c^3$$
$$a^5 + b^5 = c^5$$
$$a^{797} + b^{797} = c^{797}$$

등등.

오! (3, 4, 5 같은) 정수를 집어넣으면 쉽게 만족시킬 수 있는 오래된 기본 공식을 어쩌면 인간이 접했던 가장 성가신 방정식일지 모를 것으로 바꿔 놓았다. 바로 페르마의 마지막 정리다. 이것은 1990년대까지 350년 동안 학자들을 괴롭히다가, 거의 10년 동안 다락방에 처박혀 있던 똑똑한 영국인이 이 방정식을 만족시키는 정수 해가 결코 존재하지 않는다는 증명을 들고 밝은 햇빛 아래로 눈을 깜박이며 나온 덕분에 마침내 해결됐다.

아니면 $x$와 $y$ 같은 두 변수를 가져다가 그 상관관계를 보여 주는 격자를 만들어 보면 어떨까?

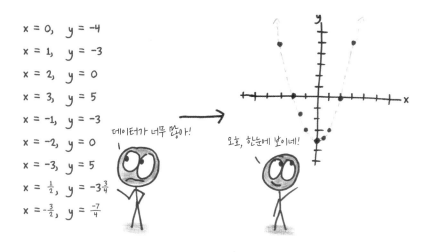

오! 내가 지금 수학적 개념의 시각화에 혁명을 일으킨 그래프를 발명했다. 내 이름은 데카르트Descartes다.

아니면 어떤 수를 제곱하면 항상 양수가 나온다는 사실을 고려해 보자. 음, 만약 그 규칙의 예외를 발명해 보면 어떨까? 그러니까 제곱해서 음수가 나오는 수 말이다. 그러면 무슨 일이 일어날까?

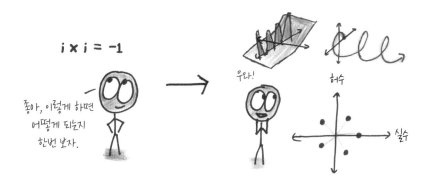

오! 우리가 방금 허수를 발명해서 전자기electromagnetism 현상을 탐험할 수 있게 만들고 '대수학의 기본 정리'the fundamental theorem of algebra라는 수학적 진리를 드러냈다. 이런 것들을 모두 우리 이력서에 덧붙여 놓으면 아주 근사해 보일 것이다.

이 각각의 경우에 수학자들은 처음에는 규칙을 바꿨을 때 생기는 변화의 힘을 과소평가했다. 첫 번째 사례에서 페르마는 이 정리를 간난하게 증명할 수 있으리라 생각했다. 하지만 몇 세기에 걸쳐 그의 뒤를 이은 후계자들이 좌절을 통해 입증했듯이 증명은 그리 간단하지 않았다. 두 번째 사례에서 데카르트의 그래프 개념(지금은 그를 기리는 의미에서 '데카르트 평면'이라고 부른다.)은 원래 철학 책 부록에 끼워 넣은 것이었다. 나중에는 이 책을 인쇄할 때 이 부분이 빠지는 경우도 많았다. 세 번째 사례에서 허수는 몇 세기 동안 무시와 모욕을 감내해야 했지만(위대한 이탈리아 수학자 카르다노Cardano는 "신묘한 만큼 쓸모도 없다."라고 말했다.)[8] 결국 쓸모 있는 진짜 수로 받아들여졌다. 허수imaginary number는 상상에만 존재하는 수라는 경멸적인 의미를 담고 있는데, 이 영문명 자체도 다름 아닌 데카르트가 처음 말한 모욕적인 말에서 기원했다.

새로운 개념이 냉철한 사고가 아니라 일종의 놀이에서 등장한 경우에는 과소평가하기 쉽다. 규칙을 살짝 바꿔 놓은 것(새로운 지수, 새로운 시각화, 새로운 수)이 상상하지도, 알아보지도 못할 정도로 게임을 바꿔 놓을 줄 누가 상상이나 했겠는가?

소풍을 갔던 수학자들도 궁극의 틱택토를 하러 달려들 때 그런 생각을 하지는 않았을 것이다. 하지만 그럴 필요조차 없었다. 우리가 인식하든 그렇지 않든 논리 게임을 발명하는 논리 게임에는 우리 모두를 끌어당기는 힘이 있으니까.

## 제2장

# 학생들은 수학을
# 어떻게 바라볼까?

아, 이번 장은 짧고 암울한 장이 될 것이다. 그 점은 미리 사과하겠다. 하지만 바빠서 나머지 부분에 대해서는 일일이 사과를 못 하겠다. 수학 교육은 영혼을 탈탈 터는 경험일 때가 많은 분야니까 말이다.

기차의 위치는 ꝛꝛꝛꝛ로 표시할 수 있다.
당신은 지금 철도 위에 몸이 묶여 있고 몸을 꿈지락거리며
ꝛꝛꝛꝛꝛ라는 가변 속도로 끈을 빠져나오고 있다.
ꝛꝛꝛ과 ꝛꝛꝛ를 실수한다는 것이 즉사를 뜻한다면
ꝛꝛꝛꝛꝛ까지는 시간이 얼마나 남았는가?

(공기 저항은 무시한다.)

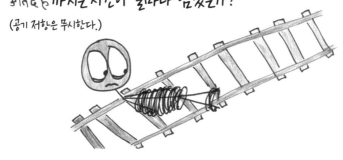

내가 무슨 말을 하는지 알 것이다. 많은 학생들에게 '수학을 한다는 것'은 미리 정해진 대로 펜을 열심히 놀리는 행동을 뜻한다. 수학 기호는 상징을 위한 것이건만 그 무엇도 상징하지 않는다. 학생들은 그저 이해할 수 없는 안무를 따라 종이 위에 끼적거리며 영혼 없는 춤을 출 뿐이다. 수학은 그 무엇도 나타내지 않는 'sin'과 'θ'로 가득한, 주판이 들려주는 이야기에 불과하다.

짧게 두 가지만 사과하고 싶다.

첫째, 내가 학생들에게 수학에 대해 이 그림 같은 기분을 느끼게 만든 적

이 있다면 정말로 사과한다. 그러지 않으려고 노력했지만 부족했다. 나도 그저 '한낱 인간'에 불과한 존재라는 변명을 받아 주길.

둘째, 수학에게 나 때문에 당해야 했던 모든 폭력에 대해 사과한다. 변명하자면 수학 당신은 양적인 개념들을 추상적인 논리로 한데 묶어 쌓아 올린 무형의 탑이기 때문에 설마 지워지지 않는 흔적이 남기야 하겠나 생각했다. 하지만 나는 미안하다는 소리도 못 할 정도로 오만한 사람은 아니다.

이번 장은 이쯤에서 마무리하자. 다음 장은 빵빵 터질 사건이 더 많을 거라고 약속한다. 속편이란 무릇 그래야 하니까.

## 제3장

# 수학자들은
# 수학을 어떻게 바라볼까?

아주 간단하다. 수학이 언어로 보인다.

솔직히 아주 웃긴 언어라는 점은 인정한다. 아주 난해하고 간결하고 읽기 고생스러운 언어다. 내가 소설 《트와일라잇》의 다섯 챕터를 휙휙 넘기며 읽는 동안° 당신은 수학 교과서를 한 쪽도 넘기지 못할 수도 있다. 이 언어는 어떤 이야기를 전할 때는 아주 적절하지만(예를 들면 곡선과 방정식 사이의 관계) 나머지 이야기를 전할 때는 신통치 못하다(예를 들면 소녀와 뱀파이어 사이의 관계). 그래서 수학은 다른 어떤 언어에도 없는 단어들로 가득한 독특한 어휘 체계를 지니고 있다. 예를 들어 설사 내가 $a_0 + \sum_{n=1}^{\infty} \left( a_n \cos \frac{n\pi x}{L} + b_n \sin \frac{n\pi x}{L} \right)$라는 수식을 일반적인 영어 문장으로 번역할 수 있다고 해도, 10대의 호르몬 분비에 대해 잘 모르는 사람이 《트와일라잇》을 이해하지 못하듯 푸리에 분석Fourier analysis을 잘 모르는 사람은 영어로 번역한 수학을 이해하지 못할 것이다.

하지만 수학은 적어도 한 가지 측면에서는 일반적인 언어라 할 수 있다. 이해력을 높이기 위해 수학자들은 대부분의 독자에게 익숙한 전략을 채용한다.[10] 바로 심상心像, mental image 만들기다. 수학자들은 머리로 이해하기 쉽게 풀어서 써 본다. 정신을 산만하게 하는 기술적 세부 사항들은 그냥 넘어간다. 그리고 자신이 읽고 있는 내용과 이미 알고 있는 내용을 연결해 본다. 그러고 나서, 이상하게 들리겠지만 수학자들은 읽을거리에 감정을 이입하고 그곳에서 즐거움, 유머, 결벽증 같은 불편함을 느낀다.

이 짧은 장에서 유창한 러시아어를 가르칠 수 없는 것처럼 유창한 수학도 가르칠 수 없다. 인문학자들이 제라드 맨리 홉킨스Gerard Manley Hopkins의 2행 연구聯句, couplet나 이메일에 적혀 있는 애매한 문구로 논쟁을 벌이듯이 수학자들도 세부 사항에 대해 의견이 엇갈릴 수 있다. 각각의 수학자는 평생의 경험과 연상으로 빚어낸 자기만의 독특한 관점을 갖고 있기 때문이다.

그렇기는 해도 수학자들이 실제 수학을 읽을 때 사용하는 전략을 살짝 엿볼 수 있게 몇 가지를 번역하여 보여 주고 싶다.

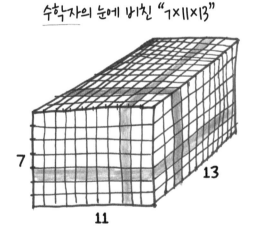

수학자의 눈에 비친 "7×11×13"

학생들한테 흔히 받는 질문이 있다. "11이나 13을 먼저 곱하면 안 되나요?" 그 정답("그래도 돼.")보다는 그 질문이 드러내고 있는 사실이 더 흥미롭다. 우리 학생의 눈에는 곱셈이 하나의 '행동'으로 보인다는 점이다. 그래서 내가 학생들한테 가르치기 제일 어려운 교훈 가운데 하나가 이것이다. 때로는 행동하지 말라는 것.

7×11×13을 계산하라는 명령으로 받아들일 필요가 없다. 그냥 계산 없이 이것 자체를 하나의 수라 생각하고 놔둬도 된다.

모든 수에는 많은 별명과 예명이 있다. 이 수를 1002−1 또는 499×2+3이나 5005÷5라고 부를 수도 있고, 아니면 '제시카', '시구를 구원할 수' 또는 그냥 밋밋하게 1001이라고 부를 수도 있다. 하지만 1001이 이 수의 친구들 사이에서 부르는 이름이라면 7×11×13은 변덕스럽게 멋대로 지어낸 이름이 아니라 출생증명서에 나와 있는 공식 이름이다.

7×11×13은 소인수 분해다. 이는 많은 것을 말해 준다.

몇몇 핵심 배경지식을 알고 가자. 덧셈은 어찌 보면 지겹다. 즉 1001을 두 수의 합으로 적는 것은 정말 지루한 취미다. 1001은 1000+1 또는 999+2 또는 998+3 또는 997+4…… 기타 등등으로 적을 수 있는데 이렇게 계속 가다 보면 어느새 지겨워서 혼수상태에 빠지고 말 것이다. 수를 이렇게 분해해서는 1001이라는 수의 특별함이 전혀 보이지 않는다. 모든 수를 거의 비슷한 방식으로 쪼갤 수 있기 때문이다.(예를 들면 18은 17+1 또는 16+2 또는 15+3…… 등으로 적을 수 있다.) 시각적으로 표현하자면 이는 수를 두 개의 덩어리로 쪼개는 것과 비슷하다. 이런 덩어리로는 할 수 있는 것이 없다.

지금 파티가 한창인 곳은 바로 곱셈이다. 이 파티에 한 자리 끼고 싶으면 수학 읽기의 첫 번째 전략을 써먹어야 한다. 바로 **심상 만들기**forming mental image 전략이다.

앞서 나온 그림에서 보듯 곱셈은 결국 격자와 배열의 문제다. 1001은 변의 길이가 각각 7, 11, 13인 거대한 블록 구조물로 볼 수 있다. 하지만 이것도 시작일 뿐이다.

이것을 77이 13층으로 배열된 것이라고 생각할 수도 있다. 아니면 머리를 옆으로 기울여서 보면 91이 11층으로 배열되었다고 볼 수도 있다. 아니면 머리를 다른 방향으로 기울여 143이 7층으로 배열되어 있다고 볼 수도 있다. 1001을 분해하는 이 모든 방법이 소인수 분해에서는 한눈에 자명하게 드러난다. 하지만 1001이라는 이름에서는 머리를 아무리 굴려도 이런 분해 방법을 생각해 내기가 사실상 불가능하다.

소인수 분해는 수의 DNA라 할 수 있다. 소인수 분해를 이용하면 모든 인수와 인수 분해를 읽고, 우리의 원래 수로 나누어떨어지는 수와 그렇지 않은 수로 읽을 수 있다. 수학을 요리 강좌라고 한다면 7×11×13은 팬케이크 요리법이 아니다. 팬케이크 그 자체다.

일반인 수학 마니아에게 π(파이, 원주율)는 수학의 마법을 상징하는 신비로운 기호다. 마니아들은 무리수인 이 수의 성질에 대해 생각하고, 소수점 몇천 자리까지 외우고, 3월 14일에는 가장 영광스러운 인류의 예술(디저트로 먹는 파이)을 가장 영광스럽지 않은 예술(말장난, 수를 가리키는 이름인 파이와 먹는 음식인 파이가 발음이 비슷하기 때문이다. — 옮긴이)과 결합해 파이의 날<sub>Pi Day</sub>을 기념한다. 일반 대중에게 π는 집착, 경외, 심지어 숭배의 대상에 가깝다.

그런데 수학자에게 π는 3 정도 되는 수에 불과하다.

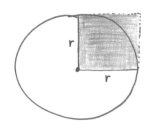

수학자의 눈에 비친 "A = πr²"

"원을 채우려면 이런 정사각형 π개가 필요하다."

3보다 조금 큰 값

무한히 펼쳐지며 일반인의 마음을 사로잡은 그 소수점 이하의 숫자들은 다 어디로 가고? 뭐, 수학자들은 별로 신경 쓰지 않는다. 수학에는 정확도보다 더 중요한 것이 있음을 알기 때문이다. 수학에서 중요한 것은 신속한 추정과 기발한 근사치다. 직관을 구축할 때는 간소화하고 능률을 높이는 편이 도움이 된다. **영리하게 부정확하기**intelligent imprecision가 다음에 등장하는 중요한 수학 읽기 전략이다.

$A=\pi r^2$이라는 공식을 예로 들어 보자. 이 공식을 귀에 못이 박히도록 들어온 학생들은 "원의 넓이"라는 말만 들어도 마치 세뇌라도 당한 사람처럼 자동으로 이렇게 소리를 지른다. "파이 알 제곱!" 이게 대체 무슨 뜻일까? 이것은 왜 참일까?

3.14159는 잊어버리자. 마음을 느슨하게 풀고 그냥 도형만 바라보자.

$r$은 원의 반지름이다. 이것은 길이다.

그러면 $r^2$은 그림에 나온 것 같은 작은 정사각형의 넓이다.

이제 $\pi$달러짜리 질문을 던져 보자. 원의 넓이와 이 정사각형의 넓이는 어떤 관계일까?

원의 넓이가 더 큰 것은 분명하지만 네 배나 차이가 나지는 않는다.(정사각형 네 개면 원을 넉넉하게 덮고도 남으니까.) 눈대중으로 재 보면 원의 넓이가 정사각형 넓이의 세 배를 살짝 넘는다.

그리고 이게 바로 우리의 공식이 말하는 내용이다. 넓이=3 × $r^2$보다 살짝 큼.

정확한 값을 확인하고 싶다면(3.14나 3.19 비슷한 수는 안 되나?) 증명을 이용할 수 있다. (멋진 증명 방법이 몇 가지 있는데 내가 좋아하는 방법은 원을 양파 껍질처럼 벗겨[11] 층층이 쌓아 올려서 삼각형을 만드는 방법이다.) 하지만 어떤 방법을 고집하든 수학자들이라고 해서 항상 제1 원리로부터 모든 것을 증명해 내지는 않는다. 목수부터 동물원 사육사까지 나머지 모든 사람처럼 수학자들도 도구가 어째서 작동하는지 감만 잡을 수 있다면 그 도구가 정확히 어떻게 만들어지는지 알지 못해도 그냥 사용한다.

## 수학자의 눈에 비친 "$y = \frac{1}{x^2}$"

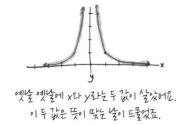

옛날 옛날에 x와 y라는 두 값이 살았어요.
이 두 값은 뜻이 맞는 날이 드물었죠.

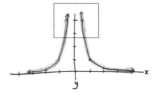

x가 작아지면 y는 아주 커졌어요.

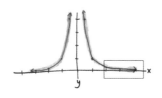

반대로 x가 커지면 y는 아주, 아주 작아졌어요.

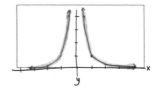

하지만 어떤 경우에도 y의 값은 항상 양수였죠.

"이 방정식을 그래프로 그리시오." 숙제로 흔히 내는 문제다. 나도 이런 숙제를 낸 적이 있다. 이것은 사악한 미신의 씨앗이기도 하다. 그래프가 그 자체로 목적이라는 미신 말이다. 사실 그래프 그리기는 방정식 풀이나 연산의 수행과는 다르다. 그래프는 목적이 아니다. 그래프는 항상 수단일 뿐이다.

그래프는 데이터를 시각화하는 도구, 이야기를 전해 주는 그림이다. 그래프는 또 다른 강력한 수학 읽기 전략에 해당한다. 정적인 것을 동적인 것으로 바꾸기turning the static into the dynamic.

위에 나온 방정식을 예로 들어 보자. $y = \frac{1}{x^2}$. 여기서 x와 y는 정확한 관계를 따르는 수의 쌍을 나타낸다. 나올 수 있는 쌍을 몇 가지 예로 들어 보겠다.

| $x$ | 2 | 3 | 4 | 5 |
|---|---|---|---|---|
| $y$ | $\frac{1}{4}$ | $\frac{1}{9}$ | $\frac{1}{16}$ | $\frac{1}{25}$ |

이미 몇 가지 패턴이 머리를 내밀고 있다. 하지만 강력한 기술이 뒷받침되어야 우리 시야도 넓어지는 법인데 표는 그다지 내력적인 도구가 아니다. 표로는 스크롤 되며 넘어가는 증권 시세표처럼 이 방정식을 만족시키는 무한히 많은 $x-y$ 쌍 가운데 겨우 몇 개만 보여 줄 수 있다. 우리는 좀 더 우수한 시각화 도구가 필요하다. 텔레비전 화면에 해당하는 수학적 도구 말이다.

여기서 그래프가 등장한다.

$x$와 $y$를 일종의 경도와 위도로 취급하면 형체가 없는 각각의 수의 쌍을 대단히 만족스러운 기하학적 존재로 바꿔 놓을 수 있다. 바로 점이다. 무한히 많은 점이 모여 집합을 이루면 하나의 곡선으로 통합된다. 그리고 여기서 이야기가 등장한다. 운동과 변화의 이야기가.

- $x$가 작아져 0에 가까워지면($\frac{1}{5}$, $\frac{1}{60}$, $\frac{1}{1000}$ ……) $y$는 엄청난 값으로 부풀어 오른다(25, 3600, 1000000……).
- $x$가 커지면(20, 40, 500……) $y$는 아주 작은 분수 값으로 줄어든다($\frac{1}{400}$, $\frac{1}{16,000}$, $\frac{1}{250,000}$ ……).
- $x$는 음수가 될 수 있지만(−2, −5, −10) $y$는 절대 음수가 되지 않고 양수로 남는다.
- 그리고 양쪽 변수 모두 절대 0이라는 값을 취하지 않는다.

좋다. 아주 흥미진진한 줄거리는 아니지만 이런 정신적 조작이 가능한지 여부가 초보자가 경험하는 수학(끝없이 이어지는 의미를 알 수 없는 기호들)과 수학자가 경험하는 수학(일관되고 뜻이 잘 통하는 무언가)의 차이를 말해 준다. 그래프는 생명력 없는 방정식에 동적 감각을 부여한다.

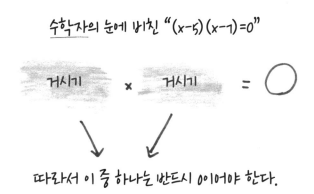

수학자의 눈에 비친 "(x-5)(x-7)=0"

거시기 × 거시기 = ○

따라서 이 중 하나는 반드시 0이어야 한다.

청킹chunking(단기 기억을 할 때 정보 저장 용량의 한계를 극복하기 위해 정보를 의미가 있는 덩어리로 묶어서 기억하는 방법. 전화번호를 지역 번호, 국번, 번호라는 덩어리로 나누어 기억하는 것도 여기에 해당한다. — 옮긴이)으로 알려진 심리 현상이 있다. 청킹은 수학자들에게는 없어서는 안 될 강력한 정신적 기법이다. 이것이 바로 다음에 나올 또 다른 수학 읽기 전략이다.

청킹을 할 때 우리는 여기저기 흩어져 기억하기 어려운 세부 사항들을 하나의 단위로 묶어서 재해석한다. 위의 방정식이 그 간단한 사례다. 청킹을 잘하는 사람은 좌변에 있는 세부 사항들은 무시해 버린다. 아까 뭐였지? $x$? $y$? 5? 6? +였던가, −였던가? 모르겠다. 신경 쓸 필요 없다. 그 대신 당신 눈에는 청킹의 요소들만 보인다. 위의 방정식을 뼈대만 남기면 이렇게 표현할 수 있다.
덩어리 × 덩어리 = 0

당신이 수학에 어느 정도 익숙한 사람이라면 두 수를 곱해서 0이 나오는 것은 특이한 경우임을 알 것이다.

6×5? 0이 아니다.

18×307? 0이 아니다.

13.91632×4,600,000,000,000? 굳이 계산기를 두드려 보지 않아도 이것 역시 0이 아닌 것은 어렵지 않게 알 수 있다.

곱셈의 세계에서 0은 대단히 특이한 존재다. 이를테면 다양한 방식(3×2, 1.5×4, 1200×0.005……)으로 만들 수 있는 6과 달리 0은 뭔가 특별하고 정의하기가 까다롭다. 사실 두 수를 곱해서 0이 나오는 경우는 한 가시밖에 없다. 곱하는 원래 수 가운데 하나가 그 자체로 0이어야 한다.

여기서 청킹의 역할이 중요해진다. 두 수를 곱한 값이 0이므로 그 덩어리들 가운데 하나도 반드시 0이어야 한다. 첫 번째 덩어리($x-5$)가 0이라면 $x$는 반드시 5여야 한다. 그리고 두 번째 덩어리($x-7$)가 0이라면 $x$는 반드시 7이어야 한다.

이것으로 방정식이 풀렸다.

청킹은 우리 머릿속 내용물을 정화하는 역할을 한다. 청킹은 세상을 더 이해하기 쉽게 만들어 준다. 그리고 아는 것이 많아질수록 더욱 공격적으로 청킹을 활용할 수 있다. 고등학생은 대수학 한 줄 전체를 '사다리꼴의 넓이를 구하라'는 덩어리로 청킹 할 수도 있다. 대학생이라면 몇 줄로 빽빽하게 쓰여 있는 미적분학 문제를 '회전체의 부피를 계산하라'는 덩어리로 청킹 할 수도 있다. 그리고 대학원생이라면 그리스 문자로 도배된 종이 반쪽 분량의 무시무시한 문제를 '집합의 하우스도르프 차원Hausdorff dimension을 계산하라'는 문제로 청킹 할 수 있다. 매번 단계가 올라갈 때마다 미묘한 세부 사항들을 새로 배워야 한다. 사다리꼴이 뭐지? 적분은 어떻게 하는 건데? 하우스도르프 차원이 뭐야? 먹는 건가?

하지만 그 세부 사항 자체를 위해 세부 사항을 배우는 것은 아니다. 세부 사항을 배우는 이유는 나중에는 그것을 무시하고 더 큰 덩어리의 그림에 초점을 맞추기 위해서다.

# 수학자의 눈에 비친 "$x^2$ vs. $2^x$"

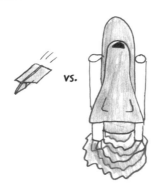

두 기호를 바꿔치기해 보자. 무슨 일이 일어날까?

초보자의 눈으로 보기에는 아무 일도 일어나지 않는다. 그냥 횡설수설 끼적거려 놓은 글자만 서로 바꿔치기했을 뿐이다. 그게 뭐 대수라고? 하지만 수학자의 눈으로 보기에는 바다와 하늘, 또는 산과 구름, 또는 새와 물고기(이 경우에는 양쪽 다 놀라 자빠지겠다.)를 바꿔 놓은 것과 비슷할 수 있다. 두 기호만 바꿔치기해도 모든 것이 달라진다.

일례로 위에 나온 수식에서 $x$가 10이라고 하자. $10^2$은 큰 수다. $10 \times 10$을 뜻하니까 100이라는 값이 나온다. 100명이면 한 해 동안 가르치기 적당한 학생의 숫자이고, 100킬로미터면 테마 공원으로 놀러 가기에 적당한 운전 거리이고, 100만 원이면 제법 쓸 만한 신형 텔레비전 한 대 값으로 적당한 가격이다.(달마티안 강아지 100마리라면 과연 제대로 키울 수 있을지 의심스러운 숫자다.)

하지만 $2^{10}$은 훨씬 큰 수다. $2 \times 2 \times 2 \times 2 \times 2 \times 2 \times 2 \times 2 \times 2 \times 2 = 1024$가 나온다. 1024명이면 10년 동안 가르치기에 적당한 학생의 숫자이고, 1024킬로미터면 좀 멀긴 하지만 그래도 지상 최대의 테마 공원에서 놀 수만 있다면야 기꺼이 나설 수 있는 거리이고, 1024만 원이면 아담한 크기의 경차를 신차로 뽑아 볼 수 있는 가격이다.(달마티안 강아지 1024마리라면 제대로 키울 수 있을지 매우 의심스러운 숫자다. 그래서 동물 학대 방지법이 존재하는 것이다.)

$2^{10}$의 값을 키우다 보면 두 수식 사이의 격차가 점점 벌어진다. 사실 격차가 벌어진다는 표현은 그랜드 캐니언을 '땅 위에 난 조그만 틈'이라고 묘사하는 것처럼 너무 안이한 표현이다. $x$의 값이 커지면 $x^2$과 $2^x$ 사이의 격차는 말 그대로 **폭발적으로** 커진다.

$100^2$은 꽤 큰 값이다. $100 \times 100 = 10,000$이 나온다.

하지만 $2^{100}$은 거대한 값이다. $2 \times 2 \times 2 \times 2 \times 2 \times 2 \times 2 \times 2 \times 2 \times 2 \times 2 \times 2 \times 2 \times 2 \times 2 \times 2 \times 2 \times 2 \times 2 \times 2 \times 2 \times 2 \times 2 \times 2 \times 2 \times 2 \times 2 \times 2 \times 2 \times 2 \times 2 \times 2 \times 2 \times 2 \times 2 \times 2 \times 2 \times 2 \times 2 \times 2 \times 2 \times 2 \times 2 \times 2 \times 2 \times 2 \times 2 \times 2 \times 2 \times 2 \times 2 \times 2 \times 2 \times 2 \times 2 \times 2 \times 2 \times 2 \times 2 \times 2 \times 2 \times 2 \times 2 \times 2 \times 2 \times 2 \times 2 \times 2 \times 2 \times 2 \times 2 \times 2 \times 2 \times 2 \times 2 \times 2 \times 2 \times 2 \times 2 \times 2 \times 2 \times 2 \times 2 \times 2 \times 2 \times 2 \times 2 \times 2 \times 2 \times 2 = 1,267,650,600,228,229,401,496,703,205,376$이라는 값이다. 대략 100양穰이다.

이 값에 파운드 무게 단위(1파운드는 약 0.45킬로그램 — 옮긴이)를 적용하면 전자는 벽돌을 많이 실은 픽업트럭 무게 정도에 해당한다. 물론 이 정도로도 꽤 무거운 편이다. 하지만 후자의 경우에는 무게의 차원이 아예 달라진다.

이 무게는 지구 10만 개의 무게에 해당한다.

훈련되지 않은 눈으로 보면 $x^2$과 $2^x$은 별 차이가 없어 보인다. 하지만 수학에 대한 경험이 풍부해지고 이 꼬부랑 글씨 언어에 유창해질수록 그 차이가 더욱 극적으로 느껴지기 시작할 것이다. 그리고 머지않아 이런 차이가 더욱 실감이 나면서 본능적인 느낌으로 다가온다. 이 차이를 보며 감정적인 반응이 동반되기 시작하는 것이다. 이것이 바로 우리의 마지막 전략이다. 이 경지에 오르면 수식들을 읽을 때 만족감에서 연민, 충격에 이르기까지 온갖 느낌이 함께 따라온다.

결국 $x^2$과 $2^x$을 혼동하는 것은 픽업트럭 한 대가 지구 10만 개를 끌고 가는 모습을 상상하는 것만큼이나 터무니없는 일이다.

## 제4장

# 과학과 수학은 서로를 어떻게 바라볼까?

## 1. 쌍둥이는 옛날이야기

9학년 시절에 나는 내 친구 존과 이상할 정도로 닮았었다. 우리는 둘 다 수심에 잠긴 둥근 얼굴에 갈색 머리였고 방구석에 처박혀 있는 가구처럼 좀처럼 말이 없었다. 교사들은 우리 이름을 헷갈렸고 선배들은 우리를 같은 사람이라고 생각했다. 졸업 앨범을 보면 우리는 이름이 서로 뒤바뀌어 있다. 내 기억으로는 우리는 그저 사람들과 어울리고 싶어서 친구가 되었던 것 같다.

그리고 시간이 흐르면서 우리는 살이 빠지고 키가 커졌다. 존은 이제 키가 185센티미터에 가슴이 떡 벌어져 마치 디즈니 왕자처럼 보인다. 나는 키가 177센티미터에 해리 포터와 대니얼 래드클리프(영화에서 해리 포터 역을 맡은 배우 ― 옮긴이)를 반반 섞어 놓은 얼굴이라는 소리를 듣는다. 사실상 쌍둥이나 다름없었던 우리의 우정도 이제는 먼 옛날이야기다.

수학과 과학의 관계도 나와 친구 존의 관계와 비슷하다.

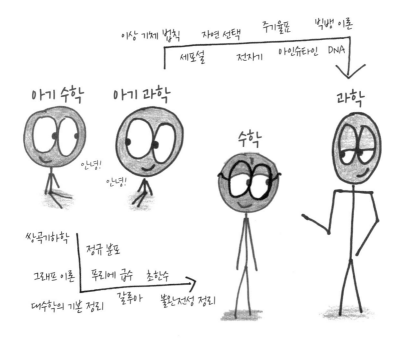

이상 기체 법칙    자연 선택    주기율표    빅뱅 이론
세포설    전자기    아인슈타인    DNA

아기 수학    아기 과학    수학    과학

안녕!    안녕!

쌍곡기하학    정규 분포
그래프 이론    푸리에 급수    초한수
대수학의 기본 정리    갈루아    불완전성 정리

옛날에 과학과 수학이 아직 젖살이 올라 있었던 때는 둘이 그냥 비슷해 보이는 정도가 아니라 똑같았다. 아이작 뉴턴Isaac Newton은 역사가 자신을 과학자로 분류할지, 수학자로 분류할지를 두고 걱정하지 않았다. 그는 불가분의 관계로 수학자이자 과학자였다. 갈릴레오Galileo, 케플러Kepler, 코페르니쿠스Copernicus 등 그의 지적 선배들도 마찬가지였다. 그들에게 과학과 수학은 완전히 서로 얽혀 있어 분리할 수 없는 존재였다. 그들의 핵심 통찰은 물리적 우주가 수학적 방침을 따른다는 것이었다. 사물은 방정식에 복종했다. 케이크에서 한 가지 성분만 골라 따로 먹을 수 없듯이 수학과 물리학도 어느 한 가지를 빼고 다른 하나만 연구할 수는 없었다.

하지만 그 후로 과학과 수학은 서로 갈라져 나왔다. 과학과 수학을 가르치는 방식만 봐도 그렇다. 수업 시간도 따로, 선생님도 따로, 교과서도 따로다.(양쪽 다 멘탈 붕괴가 오는 마찬가지지만.) 둘 다 젖살이 빠지고 근육이 붙으면서 동그랗게 눈을 뜨고 순진해 빠졌던 9학년 시절을 훌쩍 넘어 나이를 먹었다.

하지만 여전히 사람들은 이 둘을 혼동한다. 지금은 누가 봐도 나는 존이 아니고 존은 내가 아니지만, 길거리에 돌아다니는 사람들에게 수학과 과학의 차이를 물어보면 더 어려워한다. 특히나 비전문가 입장에서 보면 더욱 그렇다.

어쩌면 이 둘을 구분하는 가장 쉬운 방법은 이런 질문을 던져 보는 것인지도 모르겠다. 일반인이 아니라 과학과 수학은 서로를 어떻게 바라볼까?

## 2. 서로의 눈에 비친 모습

과학의 눈으로 바라보면 해답이 꽤 분명해진다. 과학은 수학을 도구 상자로 본다. 과학이 골프 선수라면 수학은 상황에 따라 적절한 클럽을 권해 주는 캐디인 셈이다.

이런 관점에서 바라보면 수학이 부차적인 역할을 하는 존재인 듯 보인다. 내 맘에 드는 설정은 아니지만 어쨌거나 무슨 뜻인지는 이해하겠다. 과학은 현실을 이해하려 하는 학문이다. 겪어 본 사람은 알겠지만 현실은 만만치 않다. 온갖 것들이 태어나고 죽는다. 그리고 어떤 것은 감질 나는 부분적인 화석 기록만을 남긴다. 그리고 세상 만물은 양자론적 척도와 상대론적 척도에서 질적으로 다른 행동을 보인다. 현실은 정말 난장판이다.

과학은 이 모든 것을 이해하기 위해 탐구한다. 과학의 목표는 예측하고 분류하고 설명하는 것이다. 그리고 이렇게 노력하는 과정에서 과학은 수학을 없어서는 안 될 도우미로 여긴다. 제임스 본드에게 모험에 필요한 온갖 장비를 공급해 주는 큐Q인 셈이다.

이제 카메라를 180도 돌려서 관점을 바꿔 보자. 수학은 과학을 어떻게 바라볼까?

우리가 그냥 카메라 앵글만 바꾸는 것이 아님을 알게 될 것이다. 영화 장르 자체가 아예 달라진다. 과학은 자신을 액션 영화의 주인공이라 여기는 반면 수학은 자신을 실험 예술 프로젝트의 작가주의 영화감독이라고 생각한다.

왜냐하면 근본적인 수준에서 보면 수학은 현실에 무관심하기 때문이다.

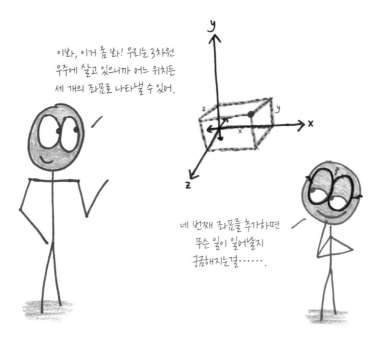

이봐, 이거 좀 봐! 우리는 3차원 우주에 살고 있으니까 어느 위치든 세 개의 좌표로 나타낼 수 있어.

네 번째 좌표를 추가하면 무슨 일이 일어날지 궁금해지는걸……

혼자 중얼거리고, 몇 주째 똑같은 바지만 입고 다니고, 가끔 배우자의 이름을 깜박하는[12] 등 수학자들에게서 종종 보이는 이상한 습관을 얘기하는 것이 아니다. 그들의 연구에 관한 얘기다. 수학은 '실제 세상에서 쓸모 있는 존재'라고 공격적으로 광고하고 있지만 사실 수학은 물리적 우주에 대해서는 상당히 무관심하다.

수학의 관심사는 **사물**이 아니라 **개념**이다.

수학은 규칙을 상정한 다음 신중한 추론을 통해 거기에 담긴 함축적 의미를 풀어낸다. 거기서 나오는 결론이 물리적 실재와 닮았든 닮지 않았든 신경 쓰지 않는다. 무한히 긴 원뿔이나 42차원 소시지가 나와도 상관없다. 수학에서 중요한 것은 거기에 담긴 추상적 진실이다. 수학은 과학의 물질적 우주가 아니라 논리의 개념적 우주에 산다.

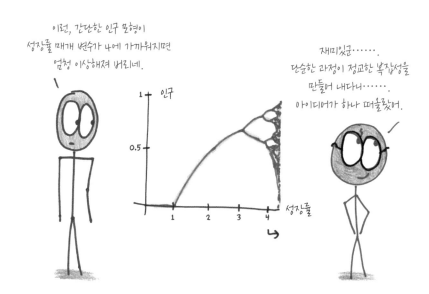

수학자는 이런 연구를 '창의적'이라고 하며, 예술에 비유한다.

그래서 과학이 수학에게는 영감의 원천이 되어 준다. 새가 재잘거리는 소리를 듣고 그 멜로디를 자신의 음악에 엮어 넣는 작곡가를 생각해 보라. 아니면 한낮의 하늘 위로 둥실 떠다니는 뭉게구름을 바라보면서 그 이미지로 다음에 그릴 풍경화를 구상하는 화가를 생각해 보라. 이 예술가들은 자신의 대상을 극사실주의적으로 충실하게 작품에 담아 냈는지 신경 쓰지 않는다. 이들에게 현실이란 그저 비옥한 영감의 원천일 뿐이다.

수학이 세상을 바라보는 관점 또한 이렇다. 현실은 사랑스러운 출발점이지만 정말로 멋진 목적지는 그것을 훨씬 뛰어넘은 저 멀리 어딘가에 있다.

## 3. 수학의 역설

수학은 자신을 꿈꾸는 시인이라 여긴다. 과학은 수학을 특별한 기술 장비를 제공하는 존재라 여긴다. 여기서 우리는 인간의 탐구가 안고 있는 커다란 역설 가운데 하나와 만난다. 이 두 가지 관점은 모두 정당하지만 양립하기 어렵다. 만약 수학이 장비 공급자라면 그 장비가 왜 그리 이상할 정도로 시적이란 말인가? 만약 수학이 시라면 무슨 시가 그렇게 쓸모가 많단 말인가?

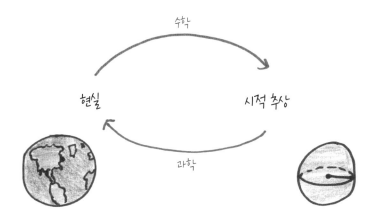

내 말의 의미를 이해할 수 있도록, 부침을 거듭했던 매듭 이론knot theory의 역사[13]를 살펴보자.

이 수학 분야는 다른 많은 분야와 마찬가지로 과학 문제에서 영감을 받아 생겨났다. 원자가 발견되기 전에는 켈빈 남작Lord Kelvin을 비롯한 일부 과학자들은 우주가 에테르ether라는 재료로 채워져 있고 물질은 거기에 생긴 매듭knot과 엉킴tangle으로 만들어진다고 생각했다. 그래서 이들은 생길 수 있는 모든 매듭을 분류해서 엉킴의 주기율표를 만들려고 했다.

하지만 머지않아 원자론이라는 번쩍이는 신상 이론이 나오면서 과학자들이 모두 거기에 마음을 뺏기는 바람에 여기에는 흥미를 잃고 말았다. 하지만 수학은 여기에 빠져들었다. 매듭의 분류가 아주 즐겁고도 사악한 문제로 밝혀진 것이다. 똑같은 매듭도 버전에 따라 완전히 다른 매듭처럼 보일 수 있다. 그리고 완전히 다른 매듭도 당신을 조롱하듯 진짜 비슷해 보일 수 있다. 이런 특성이 수학자들의 구미를 당겼고 수학자들은 곧 정교하고 복잡한 매듭 이론을 개발했다. 이 이론이 기발하긴 해도 너무 추상적이어서 실용적인 쓸모가 전혀 없어 보였지만 수학자들은 흔들리지 않았다.

그렇게 몇 세기가 흘렀다.

그리고 과학은 진짜 뱀 같은 문제에 맞닥뜨렸다. 알다시피 모든 세포는 자신의 소중한 정보를 DNA 분자에 저장하고 있다. 이 분자는 환상적으로 길다. 세포에서 뽑은 DNA 분자를 곧게 펼쳐 놓으면 길이가 180센티미터에 이른다. 세포 자체보다 수십만 배나 더 길다. DNA는 아주 기다란 가닥을 작은 용기 안에 욱여넣은 분자다. 주머니에 쑤셔 넣었던 이어폰을 꺼내 본 사람이나 크리스마스 전구 장식을 상자에서 꺼내 본 사람이면 어떤 일이 일어나는지 알 것이다. 선이 끔찍하게 엉켜 버린다. 세균은 이런 문제를 어떻게 해결할까? 그 재주를 우리가 배울 수는 없을까? 혹시 암세포의 DNA를 엉키게 만들어 무력화할 수는 없을까?

생물학은 여기서 혼란에 빠지고 말았다. 도움이 필요했다. 그러자 수학이 소리쳤다. "어라, 그거 내가 아는 문젠데!"

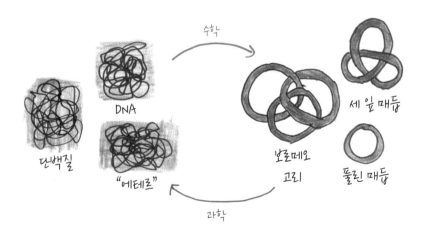

여기서 매듭 이론의 역사를 짤막하게 뒤돌아보자. 이 이론은 실용적 필요 때문에 탄생했다. 하지만 머지않아 사람들이 매듭 이론을 일부러 비실용적으로 만들었다. 시인과 철학자를 위한 논리 게임으로 변질된 것이다. 그런데 오랫동안 현실에 대해서는 눈곱만큼도 신경 쓰지 않았던 이 무르익은 창조물이 어쩐 일인지 자신의 탄생과는 전혀 상관없는 분야에서 대단히 쓸모 있는 존재로 다시 태어났다.

이게 별난 경우도 아니다. 수학의 역사에서 기본으로 등장하는 패턴이다.

제1장에 나왔던 이상한 대안의 기하학을 기억하는가? 몇 세기 동안 학자들은 이런 기하학들을 그저 신기한 장난감, 시인의 공상 정도로 치부했다. 평행선에 관한 한 현실은 유클리드의 가정을 따르는 것으로 이해했고, 대안의 기하학은 이 현실과 아무런 관련도 없는 존재였다.

그러다가 아인슈타인Einstein이라는 젊은 특허청 직원이 등장한다. 그는 미친 소리 같은 이 대안의 기하학들이 그저 사고 실험에 불과하지 않음을 깨달았다. 이 기하학은 우주 구조의 근간을 이루고 있었다. 우리의 협소한 관점에서 보면 우주는 유클리드 기하학을 따르는 듯 보인다. 지구가 둥근데도 평평해 보이는 것처럼 말이다. 하지만 땅 위에 사는 자의 편견에서 벗어나 더 멀리서 바라보면 완전히 다른 그림이 보인다. 이상한 곡선으로 이루어진 변화무쌍한 풍경이 나타나는 것이다.[14]

그 '쓸모없는' 기하학들은 결국 엄청나게 쓸모 있는 존재로 밝혀졌다.

내가 좋아하는 사례 가운데 논리 자체와 관련된 것이 있다. 아리스토텔레스Aristotle 같은 초기 철학자들은 과학적 사고의 지침으로 삼기 위해 기호 논리학("$p$이면 $q$이다.")을 개발했다. 그다음에는 수학 이론가들이 이것을 손에 넣어 논리를 뭔가 기이하고 추상적인 것으로 바꿔 놓았다. 그리고 이렇게 현실과 점점 멀어졌다. 20세기에 들어서는 버트런드 러셀Bertrand Russel 같은 사람이 나와서 라틴어 제목이 붙은 두꺼운 책을 쓰기도 했다.[15] 이 책의 목적은

1+1=2라는 아주 초보적인 가정을 증명하는 것이었다. 이보다 쓸데없는 일이 세상천지에 또 있을까?

어느 논리학자의 어머니[16]는 아들에게 이렇게 잔소리를 했다고 한다. 얘야, 이 추상적인 수학들이 다 무슨 소용이냐? 제발 좀 쓸모 있는 짓을 하면 안 되겠니?

이 어머니의 이름은 에설 튜링Ethel Turing이었다. 그리고 그녀의 아들 앨런Alan은 뭔가 일을 꾸미고 있었다. 지금 우리가 '컴퓨터'라고 부르는 논리 기계였다.

아들을 의심한 어머니를 탓할 수는 없다. 자기 아들의 추상적인 논리 체계 연구가 그다음 세기를 송두리째 바꿔 놓을 역사가 될 줄 누가 짐작이나 했겠는가? 쓸모 있는 것이 쓸모없어졌다가 다시 쓸모가 생기는 역사적 주기가 되풀이되는 이런 사례들은 아무리 많이 접해도 볼 때마다 늘 신기하고 경이롭다.

이런 현상을 기술할 때 내가 좋아하는 표현이 있다. "수학의 터무니없는 유효성"the unreasonable effectiveness of mathematics[17]이다. 물리학자 유진 위그너Eugene Wigner가 붙인 말이다. 어쨌거나 세균은 매듭 이론을 전혀 알지 못한다. 그런데 왜 세균이 이 이론의 규칙을 따라야 한단 말인가? 시공간 연속체space-time continuum는 쌍곡 기하학을 공부해 본 적이 없다. 그런데 어째서 시공간 연속체는 쌍곡 기하학의 정리들을 이리도 완벽하게 실천에 옮긴단 말인가? 이 질문에 몇몇 철학자가 대답한 것을 읽어 보았는데 자신이 없거나 상반되는 내용이었고 그 무엇도 내가 느끼는 놀라움을 가라앉히지 못했다.

그럼 우리가 수학이라 부르는 시인, 그리고 과학이라 부르는 모험가의 관계를 어떻게 이해해야 할까? 어쩌면 이 둘을 아주 다른 두 생물이 짝을 이루어 공생하는 관계로 봐야 할지도 모르겠다. 코뿔소와 그 등 위에 앉아 벌레를 잡아먹는 새의 공생 관계처럼 말이다. 코뿔소는 새 덕분에 등의 가려움을 해결하고, 새는 코뿔소 덕분에 배를 채운다. 둘 다 행복해지는 관계다.

수학을 머릿속에 그릴 때는 아주 앙증맞고 우아하게 생긴 무언가가 회색빛 주름투성이 덩어리 위에 걸터앉은 모습을 상상해 보기 바란다.

## 제5장

# 뛰어난 수학자와 위대한 수학자

**미**신 깨기는 정말 재미있다. 미신 깨기를 전문으로 하는 텔레비전 프로그램 〈호기심 해결사〉MythBusters 출연진들이 입이 귀에 걸릴 정도로 활짝 웃는 모습만 봐도 이 일의 만족도가 얼마나 높은지 알 수 있다.

반면 미신을 수정하기는 까다롭다. 수학과 관련해 문화 전반에 널리 퍼져 있는 관점 중에는 딱 부러지게 틀렸다고 말할 수 없는 것이 많다. 그냥 살짝 왜곡되어 있거나 불완전하거나 과장되어 있을 뿐이다. 계산 능력이 중요한가? 물론이다. 하지만 엄청 중요하지는 않다. 수학을 하려면 세세한 부분까지 신경 써야 할까? 그렇다. 하지만 뜨개질이나 파쿠르parkour(도시와 자연환경에 존재하는 다양한 장애물을 활용해 효율적으로 이동하는 법을 훈련하는 것 — 옮긴이)도 그 점은 마찬가지다. 카를 가우스Carl Gauss는 타고난 천재였을까? 그렇다. 하지만 가장 아름다운 수학은 이 독일의 우울한 완벽주의자가 아니라 당신과 나 같은 보통 사람들에게서 나왔다.

제1부를 마감하기에 앞서 이 장에서는 수학자처럼 생각하는 법을 마지막으로 탐험해 보려 한다. 대중에 퍼져 있는 미신을 수정하고 그에 대해 설명하는

기회가 될 것이다. 대부분의 미신처럼 이런 미신들도 진실에 기반을 두고 있다. 그리고 대부분의 미신처럼 이 미신들도 끊임없는 변화와 불확실성을 놓치고 우리를 인간으로, 그리고 수학자로 만들어 주는, 세상을 이해하기 위한 몸부림을 놓치고 있다.

몇 년 전 영국에 살 때 코리라는 사내아이를 가르친 적이 있다. 코리를 보면 조용조용하게 말하는 열두 살짜리 벤저민 프랭클린Benjamin Franklin이 떠올랐다. 적갈색 머리카락에 둥근 안경을 낀 조용하고 통찰력 넘치는 소년이었다. 이 아이가 이중 초점 안경을 발명하는 모습이 오롯이 머릿속에 그려진다.

코리는 숙제를 내줄 때마다 거기에 온 정성을 쏟아부었고, 다양한 주제들 사이의 관계를 명쾌하게 밝혀냈고, 수업이 끝나면 아주 조심스럽고 인내심 있게 수업 자료들을 챙겼다. 그래서 나는 코리가 다음 수업에 늦을까 봐 항상 마음이 조마조마했다. 그래서 11월에 치른 첫 번째 중대한 시험에서 코리가 문제를 빠짐없이 다 푼다 해도 놀랄 일은 아니었다.

음…… 문제를 풀 시간만 충분했다면 분명 다 풀었을 것이다.

시험 시간이 끝나는 종이 울렸을 때 코리의 시험지 중 4분의 1 정도는 칸이 비어 있었다. 코리는 70점대의 낮은 점수를 받았고 그다음 날 내게 찾아와서 이마를 찡그리며 물었다. "선생님, 왜 시험에 시간제한이 있는 거죠?"

나는 정직이 최상의 방책이라 생각했다. "문제 푸는 속도가 중요해서 그런 건 아니야. 그냥 학생이 누군가의 도움 없이 스스로 뭘 할 수 있는지 보고 싶은 거지."

"그럼 그냥 시간제한 없이 계속 풀게 하면 되잖아요?"

"내가 시험 본다고 하루 종일 반 애들을 인질로 잡고 있으면 다른 선생님들이 짜증 나지 않겠니? 그 선생님들은 현실 세계에 애착이 있어서 학생들이 과학과 지리학도 알기를 바랄 테니까 말이야."

코리는 어두워진 눈빛으로 이를 앙다물고 있었다. 코리의 이런 모습은 처음이었다. 온몸 구석구석에서 좌절감이 묻어 나왔다. "시간만 있었으면 더 많이 풀 수 있었어요."

나는 고개를 끄덕이며 말했다. "나도 안다."

달리 해 줄 말이 없었다.

의도했든 하지 않았든 학교에서 배우는 수학은 이런 분명한 메시지를 보내고 있다. 속도가 제일 중요해. 시험에는 시간제한이 있어. 시험 문제를 빨리 푼 사람은 숙제를 시작해. 시험 시간이 언제 끝나나 잘 봐야 해. 종이 울릴 테니까. 의무적으로 참가해야 하는 사악한 로그 함수 쇼에서 1라운드를 막 마친 것처럼 말이지. 수학은 일종의 경주처럼 느껴지고, 성공은 빠름의 동의어가 될 거야.

모두 정말, 정말 바보 같은 얘기다.

속도에는 기막히게 좋은 장점이 하나 있다. 시간을 절약해 준다. 하지만 그것을 넘어 수학에서 정말 중요한 것은 깊은 통찰, 진정한 이해, 우아한 접근 등이다. 당신이 시속 1000킬로미터로 달린다고 해도 이런 것들을 찾을 수는 없다. 빨리 생각할 때보다는 주의 깊게 생각할 때 수학에 대해 더 많이 배울 수 있다. 밀밭을 개구쟁이처럼 한달음에 뛰어갈 때보다는 이파리를 잡고 천천히 살펴볼 때 식물학에 대해 더 많이 배울 수 있는 것처럼 말이다.

코리도 이런 점을 이해하고 있었다. 부디 나 같은 교사들[18]이 좋은 의도와 달리 코리에게 그와 반대로 생각하도록 설득하지 않기를 빈다.

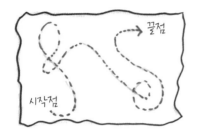

뛰어난 수학자는 복잡한 해답에 도달할 수 있는 인내심이 있다.

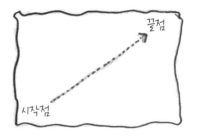

위대한 수학자는 단순한 해답에 도달할 수 있는 인내심이 있다.

수학 연구자인 아내가 한번은 수학에서 나타나는 재미있는 패턴을 지적한 적이 있다.

- 1단계: 아직 풀리지 않은 흥미진진하고 까다로운 질문이 있다. 증명이 필요한 중요한 추측conjecture이다. 이 맹수를 길들이려고 수많은 사람이 도전하지만 성공하지 못한다.
- 2단계: 누군가가 통찰력이 빛나지만 따라가기는 아주 벅찬 길고 난해한 논증을 통해 마침내 그것을 증명한다.
- 3단계: 시간이 지나면서 점점 더 짧고 간결한 새로운 증명이 발표되다가 결국 원래의 증명은 '역사적' 유물 취급을 받게 된다.

번쩍번쩍한 현대적 디자인의 전구가 등장해서 에디슨 시대의
저효율 전구가 밀려났듯이 말이다.

어째서 이런 경로가 흔한 것일까?

그 진리에 처음 도달했을 때는 보통 들쭉날쭉, 구불구불한 경로를 따라 그
곳에 도착한 경우가 많다. 이 험한 길에서 살아남으려면 인내심이 필요하다.
하지만 그 후로도 계속해서 생각하려면 더욱 심오한 인내심이 필요하다. 그래
야만 쓸데없이 120쪽이나 되는 긴 증명을 10쪽짜리 간결한 증명으로 줄이는
데 필요한 단계가 무엇인지 가려낼 수 있다.

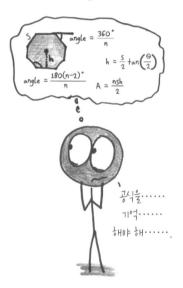

1920년까지만 해도 모든 수학 분야 가운데 대수학이 아마도 가장 따분했을 것이다.[19] 대수학을 한다는 것은 시시한 세부 사항들의 늪에 빠지고 거추장스러운 기술적 세부 사항의 가시나무 덤불을 헤치고 들어간다는 뜻이었다. 대수학은 세부 사항의 학문이었다.

그러다 1921년에 에미 뇌터Emmy Noether라는 수학자[20]가 〈가환환의 이데아론〉Idealtheorie in Ringbereichen이라는 논문을 발표했다. 그녀의 동료는 훗날 이렇게 말했다. "그것은 추상 대수학이 의식 있는 학문 분야로 태어나는 새벽을 알리는 논문이었다." 뇌터는 특정한 수의 패턴을 밝혀내는 일에는 관심이 없었다. 사실 그녀는 '수'라는 개념 전체를 아예 옆으로 제쳐 두었다. 그녀에게 가장 중요한 것은 대칭symmetry과 구조structure였다. 또 다른 동료는 훗날 이렇게 기억했다. "그녀는 우리에게 단순한 용어, 즉 일반적인 용어로 생각하는 법을 가르쳤다. 그리하여 대수학의 규칙성을 발견하는 길을 열어 주었다. 그 전에는 이런 규칙성이 분명하지 않았다."

좋은 연구를 하려면 먼저 핵심적인 기본 세부 사항을 파헤쳐야 한다. 그리고 위대한 연구를 하려면 그 세부 사항들을 뛰어넘어야 한다.

뇌터에게 추상이란 지적 습관 이상의 것이었다. 바로 삶의 방식이었다. 한 동료는 이렇게 말했다. "어떤 개념이 풀리지 않아 짜증이 나면 그녀의 입에서 모국어인 독일어가 튀어나올 때가 많았다.[21] 그녀는 산책을 좋아했는데, 토요일 오후면 학생들을 데리고 짧은 소풍을 다녀오기도 했다. 이렇게 산책을 갈 때 그녀는 수학에 대한 대화에 너무 몰입해서 도로를 달리는 자동차를 잊어버리기도 했다. 그래서 학생들이 뇌터를 보호해 주어야 했다."

위대한 수학자들은 횡단보도나 교통 흐름 같은 사소한 부분은 신경 쓰지 않는다. 이들의 마음속 눈은 더 큰 무언가를 향하고 있다.

뛰어난 수학자는 문제를
정면으로 돌파한다.

돌격!

위대한 수학자는 문제를
돌아서 간다.

흠......

1998년에 실비아 세르파티Sylvia Serfaty[22]는 한 방정식에 걸려들고 말았다. 특정 소용돌이가 시간의 흐름에 따라 어떻게 진화하는지 다루는 방정식이었다. 그녀는 심지어 이 주제에 대해《자기磁氣 란다우−긴즈버그 모형에서의 소용돌이》Vortices in the Magnetic Ginzburg-Landau Model라는 책도 썼다. 그런데도 이 퍼즐을 풀지 못해 쩔쩔매고 있었다.

그녀는 훗날 이렇게 말했다. "훌륭한 연구 가운데 상당수는 실제로 아주 단순하고 기초적인 사실, 기본 블록에서 시작한다. 수학의 발전은 모델케이스를 이해할 때 이루어진다. 제일 단순한 사례에서 마주친 문제를 이해하는 것이다. 계산은 아주 쉬울 때가 많다. 다만 그때까지 누구도 이런 식으로 바라볼 생각을 하지 못했을 뿐이다."

성을 공략할 때는 정문으로 달려 들어가 수비병들과 정면으로 싸울 수 있다. 아니면 성 그 자체를 더욱 잘 이해하려고 노력해 볼 수도 있다. 그러면 더 쉽게 그 안으로 침투해 들어갈 방법을 찾아낼지도 모른다.

수학자 알렉산더 그로텐디크Alexander Grothendieck[23]는 이 관점의 문제를 다르게 비유했다. 문제를 딱딱한 껍데기가 맛있는 과육을 단단히 둘러싸고 있는 개암(헤이즐넛)이라고 생각해 보자. 어떻게 하면 과육을 꺼내 먹을 수 있을까?

두 가지 기본적인 접근 방법이 있다. 첫 번째는 망치와 끌이다. 껍데기가 깨질 때까지 날카로운 날을 대고 내리친다. 문제가 해결되기는 하겠지만 대단히 거칠고 수고스러운 방법이다. 두 번째는 개암을 물속에 담그는 것이다. 그로텐디크는 이렇게 말했다. "가끔 열매를 문질러 수면 물이 너 잘 스며든다. 아니면 그냥 시간이 흐르기를 기다리면 된다. 몇 주에서 몇 달 정도 담가 두면 껍데기가 물렁해진다. 그렇게 시간이 무르익으면 악력만으로도 충분해진다. 개암 껍데기가 잘 익은 아보카도처럼 쉽게 열릴 것이다!"

세르파티와 그 동료들이 열매를 물속에 담가 놓은 20년 동안 발전이 간헐적으로 찾아왔다. 그리고 마침내 2015년에 그녀는 이거다 싶은 공격 각도를 찾아냈다. 완벽한 관점을 얻은 것이다. 그리고 이 문제는 몇 달 만에 세르파티 앞에 무릎을 꿇었다.

뛰어난 수학자는 문제 해결에 가장 강력한 도구를 고른다.

토치 맛 좀 봐라!

위대한 수학자는 문제 해결에 가장 약한 도구를 고른다.

접착테이프 하나면 못 고칠 것이 없지.

모든 수학 분야는 자기만의 성배를 가지고 있다. 통계학자들에게는 그 성배가 가우스의 상관 불평등Gaussian correlation inequality[24] 문제였다.

펜실베이니아 주립 대학교의 통계학자 도널드 리처즈Donald Richards는 이렇게 말했다. "그 문제를 해결하려고 40년 동안 매달린 사람들을 안다. 나만 해도 30년이나 매달렸다." 수많은 학자들이 용감하게 시도했다. 수백 쪽에 이르는 계산을 하고 정교한 기하학적 틀을 만들고 분석과 확률론을 통해 새로운 진전을 이끌어 내기도 했지만, 그 어떤 시도도 그 성배를 차지하지는 못했다. 더러는 혹시 가우스의 상관 불평등이 거짓 신화가 아닐까 의심하기도 했다.

그러다가 2014년 어느 날 리처즈는 제약 회사에서 일하기도 했던 은퇴한 독일 수학 교수 토마스 로이엔Thomas Royen에게서 이메일을 받았다. 첨부 파일로 마이크로소프트 워드 파일이 들어 있었다. 이상한 일이었다. 진지한 수학자들은 거의 모두 라텍LaTeX이라는 프로그램으로 연구 내용을 타이핑하기 때문이다. 이 전직 제약 회사 직원은 대체 무슨 이유로 통계학의 선도적 연구자에게 연락했을까?

공교롭게도 이 사람이 가우스의 상관 불평등 문제를 증명해 냈다. 그는 대학원생이라면 누구든 어렵지 않게 따라갈 수 있는 논증과 공식을 이용해서 이 증명을 해냈다. 그는 양치질을 하다가 이런 통찰이 머릿속에 날아들었다고 했다.

리처즈는 "그걸 보자마자 문제가 해결되었음을 알아차렸다."라고 말했다. 그는 이런 간단한 논증을 놓치고 있었다는 것이 민망하고 실망스러웠지만 그래도 기뻤다. "내가 죽기 전에 이걸 알아차려서 기쁘다고 생각했던 게 기억난다. 그걸 이해하게 되어 정말 기뻤다."

로이엔의 이야기에는 내가 정말 좋아했던 물리 선생님[25]에게 배웠던 지혜가 고스란히 담겨 있다. "파리 몇 마리 잡자고 대포를 쏠 수는 없잖아." 수학자의 경우에는 제약 속에 우아함이 있다.

뛰어난 수학자는 무언가를 이해할 수 있다.

위대한 수학자는 그것을 남에게 이해시킬 수 있다.

2010년 11월 캘리포니아 오클랜드에서 있었던 일이다. 스물세 살의 나는 삼각 함수를 배우는 학생들에게 사람이 드무아브르의 정리de Moivre's theorem를 얼마나 설명 못 할 수 있는지 아침 내내 몸소 보여 주고 있다.

내가 식은땀을 흘리며 말한다. "좋아. 다시 시작해 보자. 어쨌거나 이 수를 n제곱해야 하잖아, 그렇지? 여기서 각도에 $2k\pi/n$을 더하면 될 거 아냐? 이제 이해돼?"

"아뇨!" 교실을 가득 채운 10대 학생들이 이렇게 소리 지르며 손으로 귀를 틀어막는다. "그만하세요, 선생님! 들을수록 더 헷갈려요!"

그때 비안네라는 학생[26]이 손을 들었다. "제가 제대로 이해했는지 좀 봐 주시겠어요?"

내가 한숨을 쉬며 말했다. "물론이지. 한번 얘기해 봐."

"네, 우리는 지금 이 각을 절반으로 나누려고 하는 거잖아요. 맞죠?"

교실이 조금 조용해졌다.

"그리고 각도에 360도를 더하면 똑같은 각으로 돌아오죠. 그렇죠? 90도나 450도나 똑같은 각도인 것처럼 말이에요. 그냥 한 바퀴를 더 돌았을 뿐이죠."

학생들이 귀를 쫑긋 세우고 듣는다.

"하지만 그 각을 절반으로 나누면 여분의 360도가 여분의 180도가 돼요. 원의 반대쪽에 가 있게 되는 거죠."

기자들의 플래시가 터지듯 교실 전체에서 학생들 머릿속에 번쩍번쩍 불이 들어오는 모습이 보였다.

비안네가 이렇게 결론을 내렸다. "따라서 이것이 바로 해가 두 개 존재하는 이유죠. 맞나요?"

나는 잠시 생각해 보았다. 학생들 모두 몸을 곧추세우고 내 대답을 기다렸다. 그리고 마침내 내가 고개를 끄덕이며 말했다. "맞아. 아주 잘했다."

박수가 터져 나오고 아이들이 비안네에게 하이파이브를 쏟아붓고 어깨를 쳤다. 내 눈에도 비안네의 접근 방식이 얼마나 우수한지 보였다. 내가 이 정리를 거꾸로 설명해서 모든 $n$값을 동시에 다루려고 하는 동안 비안네는 $n=2$인 경우에 초점을 맞춰 문제를 바로 해결했다.

역사적으로 가장 위대한 수학자들은 지적 과업을 이루는 데서 멈추지 않고 다른 사람들이 따라올 수 있도록 새로운 길을 닦아 놓았다. 유클리드는 자신의 지난 통찰들을 그 무엇도 대신할 수 없는 귀중한 교과서에 담았다. 칸토어Cantor는 무한에 대한 자신의 이해를 따르기 쉬운 간결한 논증 속에 농축해 놓았다. 여러 세대에 걸쳐 조화 분석harmonic analysis 학자들의 멘토였던 스타인Stein은 자신만큼이나 위대한 수학자들의 조언자가 됐다.

비안네가 드무아브르의 정리를 나보다 더 잘 이해한 것은 아니었다. 다만 비안네는 자신의 지식을 명확한 언어로 표현할 수 있었던 반면 나의 통찰은 두꺼운 머리뼈 안에 갇혀 어눌한 혓바닥을 통해 빠져나오지 못했다. 자신의 생각을 제대로 전달할 능력이 없는 수학자는 그날의 나처럼 자기 생각 속에

섬처럼 혼자 고립되어 남에게 닿지 못하는 운명을 맞이할 것이다. 반면 자신이 아는 진리를 공유할 수 있는 수학자는 사람들에게서 감사의 마음과 영웅 대접을 받는 즐거움을 누릴 것이다.

십중팔구 응오바우쩌우Ngô Bàu Châu[27]라는 이름을 처음 들어 볼 것이다. 혹시나 알고 있다면 다음 중 하나가 아닌가 싶다. (a) 당신이 어느 날 너무 지겨워서 수학 분야에서 제일 알아주는 상인 필즈상Fields Medal 수상자의 이름을 모두 외워야겠다고 마음먹었거나 (b) 당신이 베트남 출신인 경우다. 베트남에서 쩌우는 국가적 명사라 모르는 사람이 없다.

(그나저나 수학자가 국가적 명사라는 데 베트남에 큰 찬사를 보낸다. 미국에서 수학자로 그나마 명사에 제일 가까운 사람이라면 영화 〈굿 윌 헌팅〉에서 맷 데이먼Matt Damon이 연기한 주인공 윌 헌팅 정도가 고작이다.)

쩌우는 경쟁심으로 똘똘 뭉친 사람이다. 그는 어릴 적부터 최고 중의 최고가 되기를 열망했다. 그리고 한동안은 그랬다. 국제 수학 올림피아드International Mathematical Olympiad에서 연이어 금메달을 차지하고 난 후에 그는 학교의 자랑이자 또래들의 부러움의 대상이 됐다. 베트남 수학계의 시몬 바일스Simone Biles(불우한 어린 시절을 극복하고 2016년 리우데자네이루 올림픽에서 기계 체조 여자 마루운동, 평균대, 도마 금메달을 획득한 흑인 선수 — 옮긴이)였던 것이다.

하지만 대학 시절은 그에게 한번 빠지면 헤어나지 못하고 천천히 빨려 들어가는 모래 구덩이 같은 고통을 안겨 주었다. 자기가 배우는 수학을 이해할 수 없었기 때문이다. 그는 이렇게 기억한다. "교수들은 나를 아주 환상적인 학생이라고 생각했다. 나는 연습 문제도 빠짐없이 풀 수 있었고 시험도 잘 봤다. 하지만 정작 그 무엇도 이해할 수 없었다." 성취라는 것이 마치 속이 텅 빈 구체처럼 느껴졌다. 당장은 온갖 칭찬에 둘러싸여 있었지만 그 연약한 껍질이 곧 깨지면서 그 안의 끔찍한 공허가 드러날 것만 같았다.

그러다가 전환점이 찾아왔다. 그는 최고가 되려는 마음을 접고 최고의 사람들에게서 배우기 시작했다.

그는 그 공을 박사 학위 지도 교수였던 제라르 로몽Gérard Laumon에게 돌린다. 그는 눈빛을 반짝이며 말한다. "내 곁에는 세계 최고의 지도 교수가 있었다. 매주 교수님 연구실을 찾아갔다. 그러면 교수님은 매번 한두 쪽 정도를 나와 함께 읽어 주었다." 두 사람은 그야말로 완벽하게 이해할 때까지 한 줄, 한 줄, 방정식 하나, 하나를 꼼꼼히 읽어 내려갔다.

쩌우는 머지않아 유명한 랭글런즈 프로그램Langlands program 연구를 시작했다. 이 프로그램은 현대 수학에서 대륙과 대륙을 연결하는 철도라고 생각하면 된다. 수학이라는 분야에서 서로 멀리 떨어져 있는 몇몇 가지를 연결할 방법에 대한 포괄적인 비전이다. 이 프로젝트는 쩌우를 비롯해 여러 세대의 야심 찬 수학자들을 끌어들였고 쩌우는 랭글런즈 프로그램에서 특히나 성가신 문제에 마음이 끌렸다. 바로 '기본 보조 정리'fundamental lemma의 증명이었다.

또다시 수학 올림피아드가 시작된 것일까? 라이벌들이 그 정리를 최초로 증명해서 최고의 자리에 오르려고 경쟁을 벌이기 시작했을까?

쩌우는 아니었다고 말한다.

"내 분야의 많은 사람들에게 도움을 받았다. 많은 사람이 진심으로 내게 용기를 북돋아 주었다. 내가 그들에게 조언을 구하면 그들은 내게 무엇을 배워야 할지 말해 주었다. 모두 열린 마음이었다. 나도 경쟁심을 느끼지 않았다." 이 공동 연구자들의 도움을 얻어 쩌우는 어렵사리 기본 보조 정리를 증명할 수 있었다. 그에게 필즈상을 안겨 준 것이 바로 이 연구였다.

아주 탁월한 학자의 이야기인데도 듣는 사람을 기분 좋게 만드는 평범한 이야기다. 등수가 분명하게 나오고 옆 사람들과 손쉽게 비교할 수 있고 보상을 통해 꾸준히 채찍질을 하는 학교의 경쟁적 분위기에서 잘나가던 사람들이 정해진 답이 없는 학문의 세계에 발을 들여놓았을 때, 학생 때와는 다른 새로운 태도가 필요하다. 경쟁자로 길러진 사람들이 협력자로 진화하는 것이다.

# 제2부

# 디자인

### 쓸 만한 것들의 기하학

여기 뼈아픈 인생의 교훈이 있다. 인생은 마음먹은 대로 다 되지 않는다. 예를 들어 당신이 정사각형을 만들고 있는데 대각선의 길이를 변의 길이와 똑같게 하고 싶다고 해 보자. 이런 말을 하기는 정말 싫지만 그건 정사각형에는 절대 통하지 않는 얘기다.

아니면 바닥에 타일을 까는데 정오각형 패턴을 사용하고 싶다고 해 보자. 이런 말을 해서 미안하지만 그래서는 절대 제대로 타일을 깔 수 없을 것이다.[28] 타일들 사이에 항상 틈이 생길 테니까 말이다.

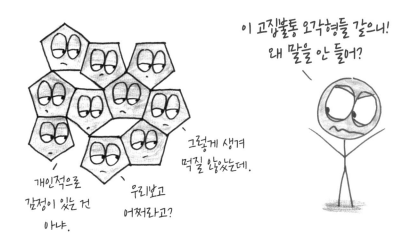

아니면 정삼각형을 만드는데 내각의 크기를 70도, 49도, 123도 등 마음대로 정하고 싶다고 해 보자. 유감이지만 우주는 당신의 소망에 별 관심이 없다. 그 각도는 60도가 되어야 한다. 그 이상도 그 이하도 안 된다. 그렇지 않으면 정삼각형이 아닐 테니까 말이다.

인간의 법칙은 유연해서 폐지하거나 재검토할 수 있다. 음주가 가능한 나이는 미국에서는 만 21세이고 영국에서는 만 18세, 쿠바에서는 만 16세다. 아프가니스탄에서는 '몇 살이든 절대 안 됨'이고 캄보디아에서는 '아무 때나'이다. 어느 나라든 음주 관련 법은 변덕스럽게 얼마든지 강화하거나 완화할 수 있다.(물론 술이 세지고 음주 관련 법이 느슨해질수록 당신은 변덕에 더 잘 휘둘릴 것이고.) 하지만 기하학의 법칙은 그렇지 않다.[29] 여기에는 사유재량권이라는 것이 없다. 사면해 줄 대통령도, 무죄를 선고해 줄 배심원도, 처벌 없이 그냥 경고만 하고 넘어가 줄 경찰도 없다. 수학의 법칙은 그 특성상 자기 강제성self-enforcing을 띠기 때문에 깨뜨릴 수 없다.

하지만 앞에서도 봤고 이후로도 거듭 보겠지만 이는 나쁜 일이 아니다. 제약은 창의성을 낳는다. 도형이 무엇을 할 수 없는지 말해 주는 법칙은 도형이 할 수 있는 것이 무엇인지 보여 주는 사례 연구와 한 꾸러미로 온다. 튼튼한 건물에서 시작해 쓸모 있는 종이, 행성을 파괴하는 우주 정거장까지 다양한 디자인 프로젝트에서 기하학은 제한을 가하는 동시에 영감을 불어넣어 준다.

따라서 "무엇이든 가능해!"라는 생각은 잊어버리자. 이것은 어린아이들에게 들려주는 동화처럼 아주 달콤하지만 사실은 말이 안 되는 이야기다. 현실은 그보다 더 가혹하고, 그래서 더욱 경이롭다.

## 제6장

# 삼각형으로 세운 도시

이 장의 스타를 소개한다. 바로 삼각형이다. 흔한 주인공 스타일은 아니다. 거만하게 배운 티 좀 내는 사람들은 2차원이라고 삼각형을 무시할지도 모르겠다. 하지만 영웅 같지 않은 이 영웅은 이제 미천한 집안에서 태어나 내면의 강인함을 키워 결국에는 위기의 순간에 세상을 위험에서 구하는 진정 영웅다운 여정을 시작할 것이다.

기껏해야 다각형 주제에 영웅은 무슨 영웅이냐고 생각하는 속 좁은 사람이라면 기꺼이 지금 이 책을 내려놓아도 좋다. 편견의 눈가리개를 계속 끼고 있기 바란다. 잊지 말고 두 눈을 질끈 감고 있자. 당신의 꽉 막힌 생각을 평면 기하학이 내뿜는 찬란한 진실의 빛으로부터 지킬 수 있는 것은 칠흑 같은 어둠밖에 없을 테니 말이다. 이 노래 기억할 것이다. "기억 못 하나요? 우리는 삼각형으로 이 도시를 세웠어요."Don't you remember? We built this city on triangles.(팝송 〈위 빌트 디스 시티〉We built this city 가사에서 '로큰롤'을 '삼각형'으로 바꿨다. ─ 옮긴이)

## 1. 이집트 밧줄 속 열두 개의 매듭

1000년 동안 해가 뜨고 질 번영의 제국 고대 이집트에 온 것을 환영한다!

이곳을 거닐어 보자. 지금은 기원전 2570년, 기자의 대피라미드Great Pyramid of Giza[30]가 절반 정도 건설되었을 즈음이다. 사막 위로 350만 톤의 벽돌 무더기 가 솟아 있고 앞으로 300만 톤을 더 쌓아 올려야 한다. 그중 가장 무거운 벽 돌은 수컷 코끼리 두 마리 무게도 넘는다. 이 피라미드의 정사각형 밑면은 한 면의 길이가 230.4미터나 된다. 뉴욕시 한 블록 크기보다 세 배나 길다. 이 피 라미드는 이미 세상에서 가장 높은 구조물이지만 지금부터 10년 후에 건축 을 마무리하고 인부들이 마침내 레모네이드를 한 잔씩 마시며 쉴 수 있는 날 이 오면 그 높이가 146.6미터에 이를 것이다. 오늘부터 5000년이 지난 후에도 이 피라미드는 역사상 가장 오래된 고층 건물이자 삼각형 건물 양식이 빚은 가장 위대한 승리로 여전히 이 자리를 지키고 있을 것이다.

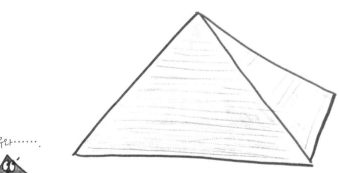

우와……

그런데 꼭 그렇지는 않다.

그러니까 아직 자리를 지키고는 있다. 지난번에 가서 확인해 본 바로는 그렇다. 하지만 이것을 삼각형의 승리라 할 수는 없다. 삼각형이 일하는 모습을 보고 싶다면 피라미드는 잊어버리고 나와 함께 근처 공터로 걸어가 보자. 그곳에서 측량사 몇 명이 밧줄로 만든 특이한 고리[31]를 옮기고 있다. 그리고 그 밧줄에는 똑같은 간격으로 열두 개의 매듭이 매여 있다.

어디에 쓰는 물건인고? 그냥 지켜보자.

몇 걸음 걷더니 세 사람이 각자 매듭(각각 1번, 4번, 8번 매듭)을 하나씩 손으로 쥐고 밧줄을 팽팽하게 잡아당긴다. 그랬더니 마치 마술처럼 직각 삼각형이 생긴다. 네 번째 측량사가 직각을 표시한다. 그러고는 팽팽해졌던 밧줄을 다시 느슨하게 풀어 둔다. 이 장면이 계속해서 반복되더니 결국 공터 전체가 같은 크기의 구간들로 완벽하게 나뉘었다.

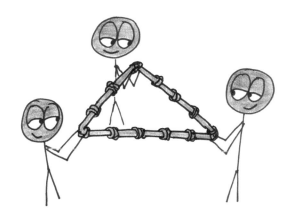

　기하학 수업 시간에 행여 졸지 않고 깨어 있었던 사람이라면 (그리고 졸았다 해도) 이 장면을 보면 피타고라스의 정리가 떠올랐을 것이다. 이 정리는 직각 삼각형의 각 변을 변으로 하는 정사각형을 그리면 작은 두 정사각형의 면적을 합한 값이 큰 정사각형 하나의 면적과 같다고 말한다. 이것을 현대적인 대수학으로 표현하면 $a^2+b^2=c^2$이다.

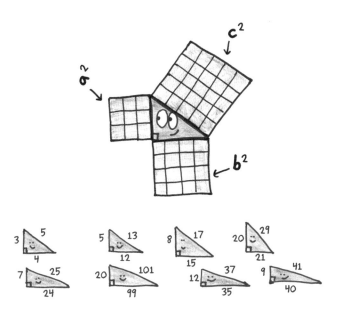

이런 삼각형이 끝없이 이어진다. 예를 들어 변의 길이가 각각 5, 12, 13일 수도 있고 7, 24, 25 또는 8, 15, 17 또는 내가 개인적으로 좋아하는 조합인 20, 99, 101이 될 수도 있다. 현명하게도 이집트인들은 그중 제일 간단한, 변의 길이가 3, 4, 5인 삼각형을 선택했다. 그래서 매듭이 열두 개가 되었다.

하지만 이 장은 피타고라스나 '그의' 법칙에 관한 장이 아니다.(사실 그보다 앞서 존재했던 문명에서는 피타고라스의 도움 없이 이 법칙을 발견했다.) 이 장에서는 삼각형의 더욱 단순하고도 근본적인 속성을 이야기한다. 그 숨어 있는 우아함을 이제 곧 만나 볼 것이다. 삼각형 이야기는 피타고라스의 신전도, 거대한 피라미드도 아닌 이 공터에서 시작한다. 축 늘어진 밧줄 하나가 측량사의 도구로 바뀐다. 이것이 삼각형의 위대한 힘을 보여 주는 첫 번째 힌트다. 이 힘을 알고 나면 피라미드가 오히려 조잡해 보일 것이다.

## 2. 세 개의 변, 하나의 자아

이제 이야기는 심리적 국면으로 들어간다. 삼각형은 분명 자신의 영혼을 들여다보며 이런 본질적인 질문을 던질 것이다. 나는 누구인가?

나는 여느 도형들과 비슷한 도형에 불과할까? 변의 수와 꼭짓점의 수 말고는 다를 것이 없는? 음악이 가득 울려 퍼지면서 삼각형은 우주를 향해 계시, 비전, 목적을 보여 달라고 갈구한다. 삼각형이 울부짖는다. 저는 대체 무엇으로 이루어진 존재입니까? 그 순간 자신의 내면에서 천둥 같은 목소리가 흘러나온다.

나는 세 개의 변으로 이루어져 있다.

좋다. 그다지 새로운 내용은 아니지만 자기 발견의 순간은 계속 이어진다. 지금은 심리 치료를 받으러 온 환자가 심리 상담실에 소파가 놓여 있음을 알아차린 것과 살짝 비슷한 상황이다. 하지만 여기에는 심오한 무언가가 숨어 있다. 우리가 삼각형을 전체론적인holistic 하나의 도형으로 바라보지 않고 세 부분이 조립되어 있는 합성물로 바라보는 순간 새로운 진실이 떠오른다.

예를 들어 보자. 세 개의 변을 아무거나 갖다 붙여서는 삼각형을 만들 수 없다. 변의 길이가 각각 10센티미터, 3센티미터, 2센티미터라고 해 보자. 이 세 개의 선분으로는 이빨 빠진 도형 아닌 도형이 만들어질 뿐이다. 이것은 삼각형이라 부를 수 없다. 긴 변은 너무 길고 짧은 변은 너무 짧다. 이것을 '티라노사우루스 삼각형'이라고 부를까 한다. 티라노사우루스는 팔이 몽당연필처럼 짧아서 손이 몸 구석구석까지 닿지 않기 때문이다.

이것은 보편적 진리다. 삼각형에서 제일 긴 변은 나머지 두 변의 길이를 합한 것보다 반드시 짧아야 한다.

삼각형의 둘레를 따라 거니는 파리에게는 이 법칙이 당연해 보일 것이다. 파리는 A에서 B까지 직선 경로가 A에서 C를 거쳐 B로 가는 우회 경로보다 항상 짧다는 것을 잘 알고 있다. 따라서 짧은 변 두 개의 길이를 합하면 더 긴 세 번째 변의 길이보다 반드시 길어야 한다.

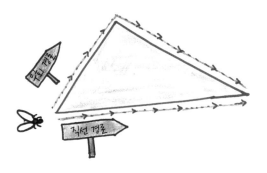

이 법칙에 따라오는 또 다른 법칙이 있다. 훨씬 심오하고 강력한 법칙이다. 세 변이 만나 삼각형을 만들면 이 세 변으로 만들 수 있는 삼각형은 딱 하나다. 일단 세 변이 주어지면 뭘 더 갖다 붙이고 말고 할 여지가 없다. 삼각형의 틀이 딱 하나만 나온다.

우리가 세 변의 길이를 미리 결정한 다음(이를테면 5미터, 6미터, 7미터) 각자 다른 방에 들어가 자기만의 삼각형을 만들어 나온다고 해 보자. 장담하는데 모두 똑같이 생긴 것을 들고 나올 것이다.

어디 보자. 제일 긴 변을 땅바닥에 내려놓고 나머지 두 변을 끝이 서로 닿도록 기대 보자. 삼각형이 나왔다! 여기서 꼭짓점을 왼쪽으로 살짝 밀어 보자. 그럼 한 변의 끝이 툭 튀어나온다. 이번엔 오른쪽으로 밀어 보자. 그럼 반대쪽 변의 끝이 튀어나온다. 이런 해를 수학에서는 유일 해unique solution라고 한다. 당신이 어떤 방법을 쓸지 굳이 예상해 보지 않더라도 당신이 똑같은 해를 갖고 나올 것을 알 수 있다. 다른 해가 아예 존재하지 않기 때문이다.

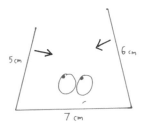

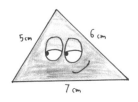

이 진리는 삼각형에만 해당한다. 다른 다각형은 이런 주장을 할 수 없다.

삼각형의 가장 가까운 사촌 격인 변 네 개짜리 사각형을 생각해 보자. 한 변을 바닥에 평평하게 내려놓고 그다음 두 개는 수직으로 세운다. 그리고 마지막 변을 위쪽에 걸쳐 놓고 추가로 모서리를 강력 접착테이프로 단단히 고정한다. 그런데 그 순간 바람이 불기 시작한다. 사각형이 기울어진다. 위로 세운 변이 꼭짓점을 중심으로 기울기 시작하면서 도형 전체가 접이식 의자처럼 무너지기 시작한다. '정사각형'이었던 도형이 다음엔 '거의 정사각형'으로, 그다음엔 '일종의 다이아몬드형'으로, 그리고 '완전 뾰족한 가는 마름모꼴'로 쓰러지면서 순간순간 새로운 도형으로 거듭난다.

뭐지······?
내가 특별한 존재가 아니었어?

변 네 개로는 유일한 도형이 나오지 않는다. 그보다 무한히 많은 가능성이 펼쳐진다. 살짝만 눌러 주면 어떤 사각형이든 배치를 바꿔 다른 사각형을 만들 수 있다.

이리하여 우리는 삼각형의 숨은 마술, 그 비밀의 정체를 알았다. 삼각형의 특성은 그저 변이 세 개라는 데서 그치지 않는다. 그 덕에 삼각형은 구조적 견고함이라는 특성도 함께 얻는다.

이집트 측량사들은 이 힘을 알고 있었다. 그리하여 열두 개 매듭 밧줄을 팽팽하게 당겨 피타고라스의 삼각형을 호출해서 밧줄로 직각을 만들어 냈던 것이다. 네 개의 직각을 가진 정사각형을 호출하려 할 수도 있다. 하지만 명심하기 바란다. 당신이 바라지 않았던 온갖 도형들이 그 호출에 응답할 것이다. 아무리 팽팽하게 당겨도 사각형은 꼭짓점에서 변이 계속 돌기 때문에 형태를 한 가지로 정의할 수 없다. 오각형, 육각형, 칠각형, 그리고 나머지 온갖 다각형 사촌들도 마찬가지다. 삼각형이 할 수 있는 일을 그 어떤 사촌도 할 수 없다.

피라미드는 입체라서 이런 특별한 힘을 이용하지 않았다. 정육면체, 원뿔, 절두체frustum(원뿔이나 각뿔 같은 입체를 밑면과 평행한 평면으로 잘랐을 때 그 두 면 사이에 남는 부분 — 옮긴이)[32] 등 그 어떤 입체 도형을 이용해도 파라오의 목적을 달성하는 데는 문제가 없었을 것이다. 돌의 언어는 예민하지 않아서 자기가 어떤 도형을 표현하는지 크게 신경 쓰지 않기 때문이다.

나는 지금 피라미드를 무시하려는 것이 아니다. 벽돌로 쌓아 올린 90억 킬로그램이나 되는 거대한 건축물을 어떻게 무시할 수 있겠는가. 게다가 외계인이 만들어 놓은 듯한 정확성도 존경스럽기 그지없다. 피라미드의 변의 길이는 오차가 20센티미터를 넘지 않고 동서남북을 바라보는 방향의 오차는 0.1도 미만이다. 꼭짓점의 각도도 완전한 직각과의 차이가 0.01도도 안 된다. 이 이집트 고양이들은 수학을 알 만큼 아는 사람들이었다.

하지만 이는 측량사의 승리이지 공학자의 승리가 아님을 반드시 지적하고 넘어가야겠다. 피라미드는 기본적으로 거대한 벽돌 무더기에 불과하다. 파라오의 불멸성을 말해 주는 우뚝 솟은 상징으로는 대단히 우수하지만, 실제 용도에서도 우수하다고 볼 수 있을지 의문이다. 피라미드의 수수한 방들과 좁게 이어진 통로들이 차지하는 공간은 피라미드 내부의 0.1퍼센트도 차지하지 않는다.[33] 엠파이어 스테이트 빌딩이 높이 2피트(대략 60센티미터)인 1층 공간만 있고 나머지는 다 강철 덩어리라면 어떨까? 분명 더 효율적인 건축 계획을 갈망하게 될 것이다.

몇 세기 후에는 건축가들이 새로운 구조적 아름다움을 찾아 나설 것이다.

이들은 하늘보다도 넓은 다리, 바벨탑보다도 높은 탑을 건설할 것이다. 그러려면 세상은 엄청나게 강한 도형을 필요로 할 것이다. 세상에 둘도 없이 단단한 성질을 가진 도형. 변도 세 개, 꼭짓점도 세 개인 영웅 말이다.


## 3. 무거운 세상을 떠받치고 휜 서까래

이 시점에서 우리 이야기는 또 다른 이야기와 교차한다. 인류의 건축에 관한 만 년짜리 대하소설이다. 여러분이 놓치고 있었던 이야기를 간단하게 요약하고 넘어가자.

1. '바깥쪽'은 살기 고약한 곳이다. 아주 추워질 수도 있고 물건을 보관할 곳도 없고 가끔 곰이 나타나기도 한다. 그래서 인류는 '안쪽'을 발명했다.
2. '안쪽'을 만들려면 커다란 빈 형태를 만든 다음 그 가운데 살면 된다.
3. 만약 이 형태가 친화적이고 적절한 재료로 만들어졌다면 그 안에서 살기가 좋을 것이고 형태가 무너져 당신을 덮칠 일도 없을 것이다. 이런 형태를 '건축'이라고 부른다.

좋다. 이제 필요한 정보를 갖췄으니 삼각형의 이야기를 떠받치는 아주 중요한 조연[34]을 소개할 수 있겠다. 바로 빔beam이다. 당신이 (a) 피라미드처럼 속에 빈 공간이 거의 없는 덩어리 건물이나 (b) 바닥이 꺼지는 건물을 피하고 싶은 건축가라면 아마도 건축 설계에 빔을 고려할 것이다.

빔의 효과[35]는 수직의 힘을 받아 수평으로 옮겨 주는 것이다. 예를 들어 도랑 위에 다리 삼아 널빤지를 걸쳐 놓았다고 해 보자. 빔 역할을 하는 이 널빤지 위에 올라서면 당신의 체중이 널빤지를 내리누른다. 하지만 이 체중을 진짜로 받쳐 주는 부분은 당신 아래쪽이 아니라 널빤지가 흙과 닿아 있는 양옆이다. 빔이 중앙에서 힘을 받다 그 영향력을 양옆으로 옮겨 주고 있다.

문제가 딱 하나 있다. 빔이 비효율적이라는 것이다.

인생처럼 건축에서도 결국 제일 중요한 건 스트레스 관리다. 인생은 아주 다양한 종류의 스트레스를 주는 반면(마감, 육아, 간당간당한 배터리 등) 구조는 딱 두 가지 스트레스만 겪는다. 미는 힘과 당기는 힘이다. 미는 힘을 가하면 물체가 더 **빽빽**하게 짓눌리며 **압축**compression이 발생한다. 당기는 힘을 가하면 물체가 늘어나면서 **장력**tension이 발생한다. 이 각각의 힘에는 고유의 독특한 특성이 있고, 물질도 각자 다른 방식으로 이 힘에 맞선다. 콘크리트는 압축에는 환상적일 정도로 잘 버티지만 장력에는 쉽게 부서진다. 반대로 강철선은 큰 장력에도 믿기 어려울 정도로 잘 버티지만 살짝만 압축해도 휜다.

이제 빔이 무게를 견디지 못해 처진다고 상상해 보자. 빔이 휘면서 미소 짓는다.(사실은 웃는 게 아니라 버티느라 찡그리고 있는 거지만.) 이 압력의 본질은 뭘까? 장력일까, 압축일까?

정답은 '둘 다'이다. 빔의 윗면을 보자. 윗면이 휘면서 육상 트랙 안쪽 레인처럼 거리가 짧아졌다. 따라서 그쪽 물질은 찌그러지면서 압축된다. 이번에는 아랫면을 살펴보자. 이곳은 휘면서 트랙 바깥쪽 레인처럼 거리가 더 길어졌다. 따라서 여기서는 물질이 늘어나면서 장력을 경험하게 된다.

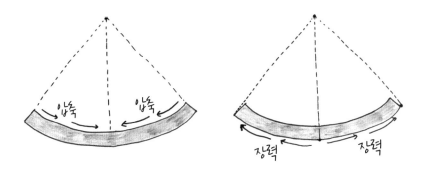

여기까지는 걱정할 것 없다. 나무 등 수많은 재료는 미는 힘과 당기는 힘에 모두 잘 적응하니까 말이다. 빔이 양쪽 스트레스를 모두 경험한다는 것은 문제가 아니다. 빔의 상당 부분이 양쪽 스트레스를 모두 경험하지 않는다는 것이 문제다.

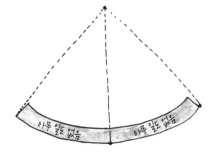

빔의 가운데 부분을 보자. 압축이 일어나는 위쪽과 장력이 발생하는 아래쪽 사이에 있는 부분은 그 어떤 압력도 경험하지 않는다. 그 곡선을 보면 자기

는 힘을 보탤 생각도 없이 맘 편하게 웃고만 있는 사람의 미소 같다. 이 중간 부위 물질은 낭비되고 있다. 쓸데없이 공간만 채우고 있는 피라미드 내부의 돌덩어리보다 나을 것이 없다. 이런 빔은 자기 힘의 절반을 그냥 허비하고 있는 셈이다. 최선을 다하지 않고 50퍼센트 정도의 노력만으로 설렁설렁 공부하는 학생처럼 말이다.

그건 안 될 말이다. 건축할 때는 하늘을 찌르는 고층 건물을 짓든, 협곡을 가로지르는 다리를 짓든, 살아 있음에 감사한 마음이 들게 해 주는 롤러코스터를 짓든 거기 들어가는 재료 가운데 귀하지 않은 것이 없다.

걱정 말라. 건축가들은 바보가 아니다.[36] 그들도 다 생각이 있다.


## 4. 저항하는 형태

내가 건축가들은 바보가 아니라고 했던가? 이들이 내놓은 해결책을 당신에게 들려주고 나면 건축가가 바보가 아님을 설득하기 위해 또다시 진땀을 빼야 할 것 같다. 빔의 위쪽과 아래쪽이 모든 압력을 받고 가운데 부분은 무위도식하고 있기 때문에 건축가들은 가운데가 없는 빔을 만드는 현명한 해결책을 내놓았다.

그렇게 소리 지를 것 없다. 무슨 말인지 아니까. 가운데가 없는 빔은 바꿔 말하면 '분리되어 있는 빔 두 개'다. 이래서야 해법이라 할 수 없다.

다만…… 그 가운데 부분을 조금 남겨 놓는다면 이야기가 달라진다. 가운데 부분의 재료를 거의 파내고 그 사이에 위와 아래를 가늘게 연결하는 부위만 남겨 놓는 것이다. 그렇게 해서 만들어진 빔의 절단면은 대문자 알파벳 I와 비슷하게 생겼다. 그래서 '아이 빔'I-beam이라는 용어가 생겼다.[37]

나 아이 빔.

아주 훌륭한 출발점이다. 하지만 여전히 가운데에서 낭비되는 재료가 있다. 따라서 건축가들은 계획의 두 번째 단계에 진입한다. 아이 빔에 구멍을 뚫기 시작한 것이다.

재료에 구멍을 내면 소중한 자원을 절약해 주면서도 강도는 거의 아무런 차이가 없다. 빈 공간이 많아질수록 절약도 많이 된다. 그렇다면 아이 빔의 가운데 부분을 구멍이 숭숭 뚫린 그물망처럼 만들어도 되지 않을까 싶다. 재료가 채워진 공간보다 빈 공간이 더 많도록 말이다.

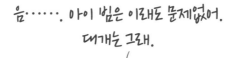

음……. 아이 빔은 이래도 문제없어.
대개는 그래.

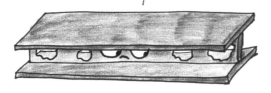

하지만 잠깐. 닥치는 대로 구멍을 뚫을 게 아니라 계획이 필요하다. 구멍을 어떤 모양으로 만들어야 재료를 최대한 아끼면서 구조의 강도와 견고함은 최대로 보존할 수 있을까? 거의 2차원에 가까운 납작한 아이 빔의 가운데 부분에 적합할 뿐 아니라 형태가 단순하면서도 강도가 있는 디자인을 어디서 찾을 수 있을까?

이 문제를 해결할 수 있는 도형은 딱 하나밖에 없다. 의지력이 약한 정사각형은 꼭짓점 부분에서 비틀어져 버린다. 겁쟁이 오각형은 압력을 받으면 찌그러지고 만다. 줏대 없는 변절자 육각형 얘기는 꺼내지도 말기 바란다. 극기심 강하고 쉽게 굴하지 않는 형태로 이 압력을 흡수할 수 있는 다각형계의 슈퍼맨은 딱 하나뿐이다.

바로 삼각형이다.

삼각형들을 하나의 구조적 단위로 연결하면 트러스truss(묶음을 의미하는 프랑스어 단어에서 유래했다.)가 만들어진다. 트러스 안에서는 모든 구성원이 장력이나 압축을 경험한다. 사냥꾼이 사냥한 동물을 버리는 부분 없이 모두 활용하듯이 트러스도 낭비되는 부분이 없다.

고대 이집트에서는 삼각형이 훌륭한 도구가 되어 측량사들을 위해 공터에서 열심히 일했지만 정작 스포트라이트는 피라미드가 독차지해 버렸다. 하지만 그로부터 몇천 년이 지나 바다 건너에서는 무대 뒤에 가려 있던 삼각형이 무대 중앙으로 나오게 된다.

## 5. 삼각형으로 세운 도시

19세기와 20세기 초반에 북아메리카 사람들은 거대한 대륙을 개척했다. 그런데 이 대륙에는 다소 울퉁불퉁한 곳이 많았기 때문에 소박한 보행자용 오솔길에서 거대한 철길에 이르기까지 온갖 종류의 다리를 건설해야 했다. 이 다리들을 제작하는 데는 트러스가 필요했다. 그런 트러스에는 무엇이 필요할까? 물론 삼각형이다.

1844년에 두 형제가 고안해 낸 프랫Pratt 트러스[38]는 직각 삼각형이 줄지어 있는 형태다. 이 구조물이 미국을 휩쓸었고 몇십 년 동안 계속 인기를 끌었다.

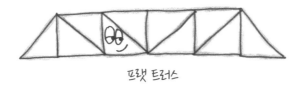

프랫 트러스

1848년에 태어난 워런Warren 트러스는 정삼각형을 이용했다.

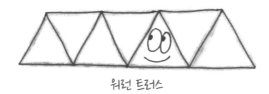

워런 트러스

프랫 트러스의 변형인 볼티모어Baltimore 트러스와 펜실베이니아Pennsylvania
트러스는 삼각형 안에 삼각형이 둥지를 튼 형태로 철도 교량에 흔히 쓰이게
됐다.

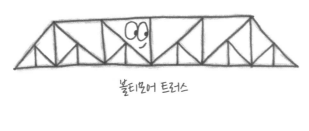

볼티모어 트러스

펜실베이니아 트러스

K 트러스는 다양한 모양의 삼각형을 결합한 형태다.(부디 백인 우월주의 극우단체 케이케이케이KKK, Ku Klux Klan를 떠올리는 사람은 없기 바란다.)

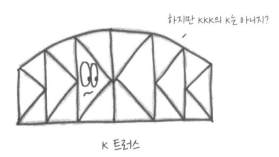

하지만 KKK의 K는 아니지?

K 트러스

베일리Bailey 트러스는 2차 세계 대전 당시 군사적 필요로 탄생했다. 베일리 트러스는 규격화된 모듈식 삼각형으로 이루어져 있어 전쟁 중에 긴급하게 장소를 이동해야 할 때 해체한 후 배로 싣고 가서 다시 조립할 수 있다.

베일리 트러스

트러스가 다리에만 들어가지는 않는다. 삼각형 지붕에도 트러스가 사용된다. 그리고 높이 솟은 빌딩의 골격에도 사용된다.

어라, 그러고 보니 일반적인 자전거 프레임도 삼각형 두 개를 붙여 놓은 간단한 형태의 트러스였다. 자전거를 타고 도시를 돌아다니면 삼각형으로 지어올린 건물 아래를 거닐고, 삼각형이 떠받치는 다리를 건너고, 심지어 삼각형 위에 올라타고 다니는 셈이다.

　건축가들은 예산, 건축 법규, 물리 법칙 등 수많은 제약에 포위되어 있다. 이들이 삼각형과 손을 잡은 이유는 예술가 정신 때문이 아니라 자격을 갖춘 다른 지원자가 없기 때문이다. 건축가와 삼각형은 사랑해서 결혼한 것이 아니다. 좋게 말하면 서로의 편리를 위한 결혼이고, 나쁘게 말하자면 자포자기해서 한 결혼이다. 그러면 그렇게 나온 구조물은 궁지에 몰려 막바지 타협으로 만들어진 조잡한 흉물 같은 인상을 주지 않을까 생각할지도 모르겠다.

　그런데 사실 막상 보면 사랑스럽다. 이것이 디자인의 재미있는 역설이다. 실용성을 좇으면 아름다움은 저절로 따라온다. 효율성 속에는 우아함이 있다. 딱 필요한 만큼만 아슬아슬하게 작동하는 것이 보기에도 좋다.

　내 생각에는 수학에도 이와 똑같은 즐거움이 담겨 있는 것 같다. 훌륭한 수학적 논증은 잘 지은 트러스처럼 딱 필요한 것들로만 구성되어 있다. 그중 기본 가정 하나만 빼 버려도 교묘한 논증 전체가 무너지고 만다. 이 미니멀리즘minimalism 안에는 부정할 수 없는 우아함이 있다. 각각의 요소가 서로를 뒷받침하고 있고, 지나침은 눈곱만큼도 없지만 강인하다.

　나는 내가 무언가를 아름답다고 생각하는 이유를 잘 설명하지 못하겠다.(1990년대 록 음악이 그 사례다.) 그래도 삼각형 이야기에 아주 멋진 무언가가 있다는 건 알겠다. 세 변으로 이루어졌다는 특성 때문에 삼각형은 유일 해를 갖는다. 이 유일성이 삼각형을 강한 존재로 만든다. 이 강인함 때문에 삼각형은 현대 건축에서 없어선 안 되는 존재가 됐다. 삼각형이 '세상을 구원했다'고 주장하면 억지일지도 모르겠다. 하지만 개인적인 생각으로 삼각형은 그보다 더한 일을 했다. 세상이 지금 같은 모습으로 존재할 수 있는 것 자체가 바로 삼각형 덕분이니까 말이다.

## 제7장

# 비이성적인 종이

**영**국으로 이사 왔을 때[39] 나는 미국에서 자란 사람이 마주할 문제점들에 대해 마음의 준비를 단단히 하고 있었다. 나는 과학적 단위인 섭씨온도 대신 케케묵은 화씨온도를 사용했었다. 깔끔한 킬로미터(1킬로미터는 1000미터) 단위 대신 마일(1마일은 5280피트)이라는 특이한 단위를 사용했다. 영국인이 즐겨 마시는 차 대신 스타벅스 캐러멜마키아토를 바가지로 퍼먹었다. 그래서 이 문명 세계의 관습을 익히는 동안 험난한 적응 과정이 있으리라는 것쯤은 이미 각오하고 있었다.

그런데 미처 예상하지 못했던 곳에서 문화적 충격이 날아들었다. 바로 종이였다.

다른 미국인과 마찬가지로 나는 '레터letter 규격 종이'를 사용하며 자랐다. 레터 규격은 가로 8.5인치(21.6센티미터) 세로 11인치(27.95센티미터)다. 그래서 이런 종이를 귀에 착 감기게 '팔 반에 십일'eight and a half by eleven이라고 부르기도 한다. 그런데 다른 나라에서는 인치 대신 센티미터 단위를 사용하니까 레터 규격에 이런 이름이 통할 리 없다는 점을 생각하지 못했다. '팔 반에 십일'

은 그래도 들어 줄 만하지만 '이십일과 오분의 삼에 이십칠과 이십 분의 십구'
는 끔찍하다.

그런데 그 사람들이 쓰는 종이('A4'라는 훨씬 멋대가리 없는 이름으로 불렀다.)
를 보자마자 혐오감 같은 것이 치밀어 올랐다. 나는 오랫동안 펑퍼짐한 나팔
바지 스타일의 종이 규격에 익숙했는데, 이 날씬한 유럽식 종이를 보니 마치
착 달라붙는 스키니 진을 입어 피부가 쓸리는 기분이 들었다. 레터 규격은 세
로가 가로보다 30퍼센트 더 긴데 이 가로세로 비율이 확실히 달랐다. 그리고
확실히 보기가 더 싫었다.

그래서 A4 용지 규격을 확인해 봤다. 나는 가로 22.5센티미터에 세로 28센
티미터, 아니면 가로 23센티미터에 세로 30센티미터 같은 값이 나올 줄 알았
다. 미터법에 익숙한 사람들이니 이런 보기 좋고 깔끔한 수치를 좋아하지 않
을까?

아니었다. 가로 21센티미터에 세로 29.7센티미터였다.

이게 무슨?

나는 29.7을 21로 나누어 간단한 비율을 구해 보았다. 대략 1.41이었다. 수

학 교사다 보니 이게 무슨 값인지 한눈에 알아볼 수 있었다. $\sqrt{2}$, 즉 '2의 제곱근'과 대략 비슷한 값이었다. 그 순간 어리둥절함은 분노로 바뀌었다.

$\sqrt{2}$는 **무리수**irrational number다. 영어 단어 irrational은 '비이성적'이라는 뜻도 있지만 여기서는 말 그대로 '비율이 아니다'not a ratio라는 뜻이다. 즉 정수의 비율로 나타낼 수 있는 수인 유리수rational number가 아니라는 뜻이다.

까놓고 말하면 이 종이를 만든 사람은 비율이 아닌 비율을 선택한 셈이다!

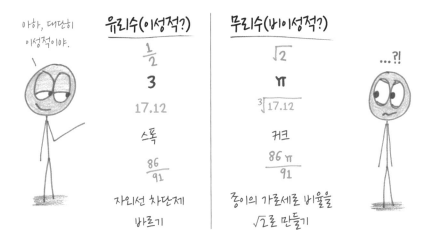

우리가 살면서 만나는 수는 다음의 두 종류일 가능성이 크다. (1) **정수**whole number. 예를 들면 "저는 자식이 세 명 있어요.", "우리 아이들은 아침마다 시리얼을 다섯 상자씩 먹어 치워요.", "우리 아이들 옷에 묻은 얼룩은 색깔이 열일곱 가지나 돼요." 등등. (2) **정수의 비율**. 예를 들면 "우리의 가처분 소득 가운데 4분의 1을 레고 블록에 쓴다.", "자녀가 있는 집은 매직펜 낙서의 표적이 될 확률이 17과 2분의 1배 높다.", "어라? 내 머리카락의 3분의 2가 언제 흰머리가 됐지?"

(우리가 일상에서 쓰는 소수도 분수가 가면을 쓰고 있는 것에 불과하다. 예를 들어

0.71달러는 그냥 1달러의 100분의 71이다.)

하지만 이런 식으로 분류되지 않는 비딱하고 이국적인 수가 존재한다. 이 수는 정수도 아니고 정수의 비율로 표시할 수도 없다.(나보다 훨씬 똑똑한 열두 살짜리 학생 애덤[40]은 이 수를 정수가 아니라는 의미로 '디스인티저'disinteger라고 이름 붙였다.) 분수나 소수를 아무리 적어 봐도 이 숫자들을 정확히 표현하기는 불가능하다. 이 수는 언제나 틈새로 빠져나가고 만다.

그리고 제곱해서 2가 되는 수인 $\sqrt{2}$가 바로 그런 수다. $\sqrt{2}$와 보기 좋게 같은 값이 나오는 소수는 없다. 그런 분수도 없다. 5분의 7? 비슷하다. 100분의 141? 더 비슷하다. 470,832분의 665,857? 이 정도면 같은 값이라 쳐도 될 만큼 비슷하다. 하지만 완전히 같지는 않다. 절대 $\sqrt{2}$는 나오지 않는다. 한번 확인해 보자.

| 수 | 수² | √2 맞아? |
| --- | --- | --- |
| 1.4 | 1.96 | 아냐. |
| 1.41 | 1.9881 | 아니야. |
| 1.414 | 1.999396 | 아니래도. |
| 1.4142 | 1.99996164 | 아니라니까. |
| 1.41421 | 1.999989924 | 어림없어. |
| 1.414213 | 1.999998409 | 도리도리. |
| 1.4142135 | 1.999999824 | 맞아! |

(농담이야. 아직도 아니야.)

$\sqrt{2}$는 그냥 무리수가 아니라 π와 함께 모든 수학에서 가장 유명한 무리수 중 하나다. 전설에 따르면 비율을 숭배하던 피타고라스 추종자 집단은 $\sqrt{2}$를 분수로 표현할 수 없음을 알고 경악한 나머지 그 사실을 발견한 수학자를 물

에 빠뜨려 죽였다고 한다.

만약 유럽의 종이 규격이 √2가 되기를 열망하고 있다면 결코 도달할 수 없는 목표를 선택한 셈이다. 이 얼마나 근시안적인 생각인가?

며칠 동안 나는 짜증이 오를 만큼 오른 상태로 살았다. 이 바보 같은 종이를 만지려니 독이 오르는 옻나무나 누가 책상 밑에 붙여 놓은 껌을 만지는 듯한 혐오감이 들었다. 나는 이 종이에 대해 암울한 농담을 쏟아 냈다. 끼칠하고 재미있는 농담이라고 내놓았지만 그 안에 짙은 냉소가 녹아 있어서 사람들이 듣고 흠칫 놀랄 농담이었다.

그러다가 내 생각이 틀렸음을 깨달았다.

물론 나 혼자 힘으로 깨달은 건 아니었다. 난 절대 그러지 못한다. 그 대신 다른 누군가가 A4 용지의 놀라운 특성을 말해 주었다.

A4 용지는 어떤 팀의 일원이다.

A4 용지의 크기는 정확히 A5의 두 배, A6의 네 배, 그리고 앙증맞은 크기인 A7의 여덟 배였다. 반면 A3의 정확히 절반, A2의 4분의 1, 그리고 어마어마하게 큰 A1의 8분의 1이었다.

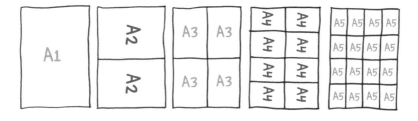

레터 용지는 그 규격을 채용한 개인주의 문화권(미국)에 걸맞게 고립된 섬 같은 규격이다. 미국의 8½"×11" 크기는 시중에 유통되는 그보다 크고 작은 종이 규격과 특별한 관계가 없다. 그냥 독불장군처럼 달랑 혼자 있다.

미국인이란……

반면 국제 규격은 국제라는 이름에 걸맞게 서로 연결되어 있다. A4는 통일된 일련의 규격에 속해 있다. 각각 크기는 다르지만 단계마다 모두 정확히 같은 비율로 연결되어 있다.[41]

우아하구만!

예를 들어 수학 교사처럼 종이를 쓸 일이 많은 사람이라면 이건 아주 기분 좋은 일이다. 종이 두 장을 접어서 종이 한 장 위에 완벽하게 포개 놓을 수도 있고 A4 용지 두 장으로 A3 용지 한 장을 꽉 채울 수도 있다. 이런 데 무관심하고 해수욕장이나 나이트클럽, 맛집 같은 데나 찾아가야 재미를 느끼는 사람들에게는 이게 뭐 대수인가 싶을 것이다. 하지만 문방구 마니아들에게는 이

것이 황홀한 경험으로 다가온다. 이 종이 규격은 대단히 합리적이다.

일단 이런 점을 이해하고 나니 이 말도 안 되는 비율이 완전히 말이 된다는 것을 이해할 수 있었다. 이 비율은 필연적이었다. 인형 속에 끝없이 인형이 들어 있는 러시아의 마법 인형 마트료시카 같은 이 규격이 가능하려면 이 비율 말고는 없다.

다음의 장면을 상상하면서 그 이유를 헤아려 보자.

## 한밤중의 종이 공장

그웬과 스벤이라는 아름다운 종이 과학자 두 사람이 1급 비밀 연구 프로젝트를 진행 중이다. 이 프로젝트의 암호명은 "왕자와 종이"다. 이들은 무척 지쳐 있지만 그래도 연구에 전념한다.

그웬: 좋아, 스벤. 우리 국적이 정확히 뭔지는 모르겠지만 이거 하나는 알아. 우리가 한 규격의 종이를 절반으로 접으면 그다음 규격의 종이 크기가 나오는 일련의 종이 규격을 만들어 낼 수 있느냐에 문명의 운명이 걸려 있다는 사실 말이야.

스벤: 여기에 너무도 많은 것이 걸려 있어. 하지만…… 그런 종이는 치수가 어떻게 될까?

그웬: 그걸 알아낼 방법은 하나밖에 없지.

과감한 모습으로 그웬이 종이 한 장을 절반으로 접고 세 길이를 측정한다. '긴 길이'(원래 종이의 길이), '중간 길이'(원래 종이의 폭), '짧은 길이'(반으로 접은 종이의 폭)

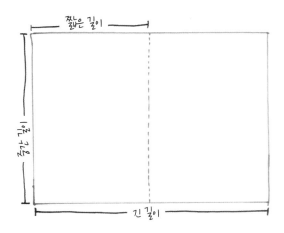

그웬: (이어서) 이제 '긴 길이'와 '중간 길이'의 비율이 어떻게 되지?

스벤: 우리가 알아내려는 값이 그거잖아.

그웬: 그럼 '중간 길이'와 '짧은 길이'의 비율은?

스벤: 뭐야, 그웬! 그 두 비율이 같다는 건 알지만 그 값은 아직 모르잖아.

잠시 침묵이 흐른다. 그 침묵 속에 로맨틱한 긴장감이 배어 있다.

그웬: 좋아. '중간 길이'가 '짧은 길이'보다 $r$배 길다고 해 보자.

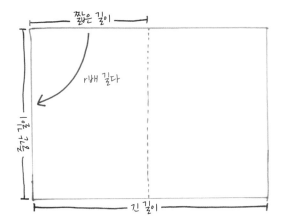

스벤: *r* 값이 뭔데?

그웬: 나도 아직 몰라. 그냥 1보다는 크고 2보다는 작은 값이란 것만 알아. '중간 길이'가 '짧은 길이'보다 더 길기는 하지만 두 배 길지는 않으니까.

스벤: 좋아. 가만 보니까 그럼 '긴 길이'도 '중간 길이'보다 *r*배 길어야겠네.

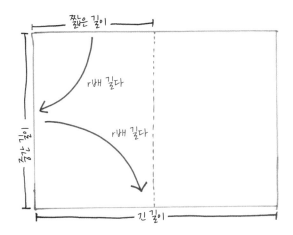

그웬: 그럼 '짧은 거리'를 '긴 길이'로 만들려면 *r*을 곱해서 '중간 길이'를 만든 다음, 다시 *r*을 곱해야겠네. 그럼 *r*의 제곱이야.

스벤: (탁자를 손으로 내리치며) 넌 정말 천재야! 그웬. 네가 해냈어!

그웬: 내가? 뭘?

스벤: '긴 길이'가 '짧은 길이'보다 $r^2$배 길어. 그런데 봐. '긴 길이'는 '짧은 길이'의 두 배이기도 해!

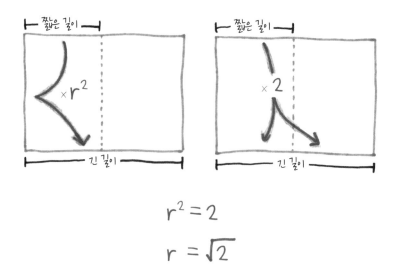

$$r^2 = 2$$
$$r = \sqrt{2}$$

그웬: 이런……. 네 말이 맞아. 그렇다면…….

스벤: 그렇지! $r^2$은 2라는 말이야.

그웬: 그럼 $r$은 2의 제곱근이군! 이것이 바로 이 모든 고통을 끝내
고 인류를 하나로 묶어 줄 비밀의 비율이야!

스벤: (갑자기 말투를 바꾸며) 좋아. 그웬. 그 비율을 내게 넘겨.

그웬: 스벤, 왜 그래? 왜 나한테 총을 겨누는 거야?


처음 생각과 달리 A4 용지를 만든 사람은 일부러 나를 괴롭히려고 이 비율
을 선택한 것이 아니었다. 마음에 드는 유행을 좇느라 그런 것도, 미국 패권주
의에 반기를 드느라 그런 것도, 무리수 비율을 선택할 때 찾아오는 변태적인
쾌감 때문에 그런 것도 아니었다.

사실 이들이 선택한 것은 이 수가 아니다.

이들은 한 규격을 반으로 접으면 그다음 규격이 나오는 일련의 종이 규격을
만들기로 선택했을 뿐이다. 이는 아주 멋지고 흠잡기 어려운 속성이다. 하지

만 일단 이들이 이런 방식을 따르기로 한 순간 나머지는 그들의 영역 밖이다. 이런 속성을 만족해 줄 비율은 하나뿐이고 우연히도 그 비율이 그 유명한 무리수 √2였다.

우리는 종이 디자이너라고 하면 왠지 이런저런 제약에 묶이지 않는 몽상가일 것 같고, 그들을 제약할 것은 오직 상상력의 한계밖에 없을 거라 상상한다. 사실 현실은 이보다 더 흥미롭다. 디자이너는 논리와 기하학에 지배받는 가능성의 영역을 탐색한다. 이 풍경 속에는 변경 불가능한 속성이 존재한다. 어떤 수는 유리수이고 어떤 수는 유리수가 아니다. 이런 부분은 디자이너가 어찌할 수 없다. 디자이너는 반드시 이런 장애물을 돌아서 가야 한다. 아니면 아예 그 장애물을 자신의 자산으로 바꿔 놓을 수도 있다. 주변 환경과 조화를 이루는 건물을 짓는 건축가처럼 말이다.

이제 A4 용지에 대한 생각이 바뀌었다. 이제는 왜 그 비율을 √2에 최대한 맞추는 것을 목표로 하는지 이해한다. √2가 유리수가 아니다 보니 아주 미세한 영역에서는 결국 그 비율을 정확하게 맞추기가 불가능한 운명이지만 그래도 별로 신경 쓰지 않는다. 솔직히 이제는 A4 용지가 이상해 보이지도 않는다. 지금은 오히려 레터 용지가 낯설어 보인다. 왠지 통통한 구식 스타일처럼 보인다고나 할까?

이제 나는 꼴 보기 싫은 미국인에서 새로운 사람으로 탈바꿈하는 데 성공한 듯하다. 미국이 작위적으로 만들어 놓은 관습을 맹목적으로 옹호하던 사람이 외국 관습을 열렬히 전도하고 다니는 사람으로 바뀐 것을 보면 말이다. 요즘에는 캐러멜마키아토도 예전보다 덜 마신다. 물론 여전히 레터 용지도 사용하고, 캐러멜마키아토를 완전히 포기하는 일도 절대, 절대 없을 테지만.

## 제8장

# 정사각형과 정육면체의 우화

### 수학의 척도에 관한 그저 그런 이야기

우화와 수학은 공통점이 참 많다. 둘 다 좀먹고 먼지가 두툼하게 쌓인 책에 나온다. 둘 다 어른들이 아이들에게 강제로 읽힌다. 둘 다 단순화라는 급진적 행위를 통해 세상을 설명하려 든다.

생명이나 인생의 별나고 복잡한 본질을 이해하고 싶은 사람은 다른 데서 알아보는 편이 낫겠다. 생물학자에게 물어보거나 극사실주의 풍경을 그리는 화가나 세금 신고인에게 물어보라. 우화 작가나 수학자는 만화가에 더 가깝다. 이들은 몇 가지 특성만 강조하고 나머지는 모두 무시함으로써 우리 세상이 왜 지금 이 모습인지 설명하는 데 도움을 준다.

이 장에서는 수학의 우화들을 간략하게 모아 놓았다. 이 우화들은 빵 굽기부터 생물학, 미술 작품 제작 비용까지 다양한 상황을 기하학적 제약이 지배하고 있음을 보여 줄 것이다. 이 이야기들의 핵심에는 한 가지 근본 개념이 자리 잡고 있다. 너무도 간단해서 심지어 이솝조차 간과해 버린 도덕적 개념, 바로 '크기가 중요하다'는 것이다.[42]

큰 조각상은 그저 작은 조각상의 큰 버전에 불과하지 않다. 이 둘은 완전히 다른 물체다.

## 1. 왜 브라우니 만들 때는 큰 오븐 팬이 좋을까?

당신과 내가 빵을 굽고 있다. 우리는 초콜릿으로 인류를 행복하게 만든다는 자부심을 느끼며 반죽을 갠다. 그런데 기껏 오븐을 예열해 놓았더니 찬장이 우리를 배신한다. 찬장에 딱 하나 있는 오븐 팬을 꺼내 보니 요리책에서 말한 것보다 치수dimension가 두 배나 길다.[43]

어떻게 해야 할까?

치수가 두 배인 오븐 팬을 채워야 하니 반죽의 양을 두 배로 늘려 볼까 싶다. 하지만 이래서는 필요한 양의 절반밖에 안 나온다. 자세히 들여다보면 이해할 수 있을 것이다. 이 오븐 팬을 채우려면 요리책에 나온 양보다 네 배 더 많이 만들어야 한다.

대체 어찌 된 영문일까? 평평한 오븐 팬에는 두 개의 차원이 있다. 가로와 세로다. 가로를 두 배로 하면 오븐 팬의 넓이도 두 배가 된다. 여기에 세로도 두 배로 하면 오븐 팬의 넓이가 다시 두 배가 된다. 그러면 넓이가 두 배의 두 배, 즉 네 배가 된다는 뜻이다.

사각형의 크기를 키울 때도 이런 일이 일어난다. 변의 길이를 세 배로 늘이면? 넓이는 아홉 배 커진다. 변의 길이를 다섯 배로 늘이면? 넓이는 스물다섯 배가 된다. 그러면 변의 길이를 9 '무지막지' 배로 늘이면? 그 넓이는 81 '무지막지' '무지막지' 배로 커진다.

이것을 더 정확히 표현하면 이렇다. 길이를 $r$배 늘이면 넓이는 $r^2$배 커진다.

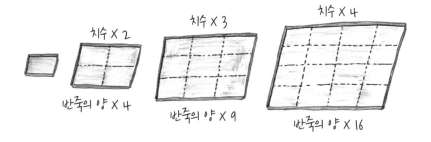

치수 X 2
반죽의 양 X 4

치수 X 3
반죽의 양 X 9

치수 X 4
반죽의 양 X 16

사각형만 그런 것이 아니다. 똑같은 원리가 부등변 사각형, 삼각형, 원 같은 2차원 도형에 모두 적용된다. 당신이 소중한 브라우니 반죽을 쏟아부을 그릇도 마찬가지다. 길이가 늘어나면 넓이는 훨씬 더 빨리 커진다.

다시 부엌으로 돌아가 보자. 기껏 반죽 양을 네 배로 만들어 놓았더니 깜박하고 있었던 찬장에서 우리가 내내 찾고 있었던 오븐 팬을 발견했다. 우리는 서로 네 잘못이라고 우기다가 웃음을 터트리고 말았다. 초콜릿 브라우니의 영광이 손에 잡힐 듯 가까워졌는데 언제까지 화만 내고 있을 수 있겠는가?

이제 선택의 갈림길에 섰다. 브라우니를 큰 오븐 팬 하나에 구울까, 아니면 작은 오븐 팬 네 개로 나누어 구울까?

이것은 우화니까 자세한 부분은 무시하겠다. 오븐의 온도, 요리 시간, 열의 흐름, 설거지할 그릇 숫자 줄이기 등은 다 잊기로 한다. 그 대신 크기, 이 한 가지에만 초점을 맞춘다.

브라우니 오븐 팬의 크기가 커지면 그 외곽(가장자리의 길이로, 1차원이다.)이 길어진다. 하지만 그 내부(2차원이다.)는 더 빨리 커진다. 즉 작은 도형은 '가장자리'의 비중이 크고 큰 도형은 '내부'의 비중이 크다. 우리의 경우를 보면 작은 오븐 팬 네 개는 큰 오븐 팬 하나와 넓이는 똑같지만 가장자리의 길이는 두 배다.

작은 오븐 팬을 쓰면 브라우니 가장자리의 양이 최대화되는 반면 큰 오븐 팬을 쓰면 최소화된다.

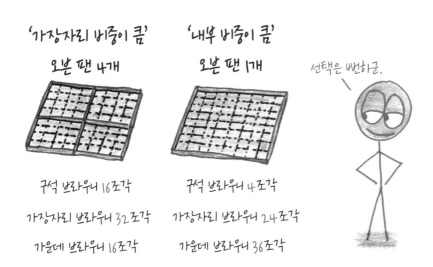

'가장자리 비중이 큼'
오븐 팬 4개

'내부 비중이 큼'
오븐 팬 1개

선택은 뻔하군.

구석 브라우니 16조각

가장자리 브라우니 32조각

가운데 브라우니 16조각

구석 브라우니 4조각

가장자리 브라우니 24조각

가운데 브라우니 36조각

아무리 생각해 봐도 나는 브라우니 가장자리 쪽이 좋다는 사람들을 도무지 이해할 수가 없다. 쫀득쫀득한 가운데 부분을 마다하고 뭐 하러 딱딱한 부분을 씹느라 그 고생이란 말인가? 차라리 고기보다 뼈가 더 좋고, 크래커보다 그 부스러기가 더 좋고, 진통제의 통증 완화 효과보다 그 부작용이 더 좋다고 하지? 이런 사람들은 이해하려야 이해할 수가 없다.

## 2. 야심 찬 조각가는 왜 빈털터리가 되었나?

약 2300년 전에 그리스 로도스섬은 알렉산더Alexander 대왕의 공격을 물리쳤다. 업적을 자축하는 분위기에 젖은 사람들은 그 지역 조각가 카레스Chares[44]에게 멋진 기념상을 제작해 달라고 의뢰했다. 전설에 따르면 카레스는 원래 50피트(약 15미터)짜리 청동상을 만들 계획이었다고 한다. 그런데 로도스섬 사람들이 이렇게 말했다. "더 크게 만들면 어떨까요? 그러니까 키를 두 배로 하면 말이죠. 그러면 얼마나 할까요?"

"물론 두 배가 되겠죠." 카레스가 말했다.

"까짓것, 그러면 그렇게 합시다!" 로도스섬 사람들이 말했다.

하지만 제작이 진행되자 카레스는 자금이 바닥나고 있음을 알아차렸다. 그는 재료에 들어가는 돈을 보고 충격을 받았다. 예산을 훨씬 초과한 것이다. 파산할 날이 다가오고 있었다. 전하는 이야기에 따르면 카레스는 파산에서 벗어나기 위해 자살을 선택하는 바람에 걸작의 완성을 보지도 못하고 죽었다고 한다. 하지만 아마도 그는 죽기 전에 자신이 무슨 실수를 했는지 이해했을 것이다.

다만 민망해서 차마 가격을 올려야겠다는 얘기를 못 꺼냈을 뿐이다.

그 이유를 이해할 수 있도록 세세한 부분들은 모두 묻어 두자. 그리스 공사 인부들의 노동 시장이나 청동의 도매가 등은 모두 잊어버리자. 에라! 예술성도 일단은 다 집어치우자. 그냥 카레스가 청동으로 거대한 정육면체를 만들고 있었다고 상상해 보자. 여기서는 가장 중요한 질문 하나에만 초점을 맞춰야 한다. 바로 '크기'다.

3D 도형의 치수를 두 배로 키우면 어떤 일이 일어날까?

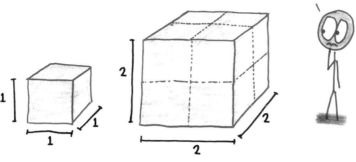

가로가 두 배가 되면 부피는 두 배가 된다. 세로도 두 배가 되면 부피는 다시 두 배가 된다. 여기다 높이도 두 배가 되면 부피는 또다시 두 배가 된다. 두 배가 무려 세 번이나 이어지니까 두 배의 두 배의 두 배는 결국 '곱하기 8'에 해당한다.

그 결과는 아주 놀랍지만 사실 뻔하다. 부피는 아주 **빨리** 커진다. 정육면체의 변의 길이를 세 배로 하면? 부피는 스물일곱 배가 된다. 변의 길이를 열 배로 하면? 터무니없게도 부피는 무려 1000배나 커진다. 그리고 정육면체에 적용되는 진실은 피라미드, 구체, 프리즘, 그리고 카레스에게는 안타까운 일이지만 태양신 헬리오스Helios의 정교한 조각상 등 모든 입체 도형에도 그대로 적용된다. 이를 정확히 표현하면 다음과 같다. 길이를 $r$배로 하면 부피는 $r^3$배가 된다.

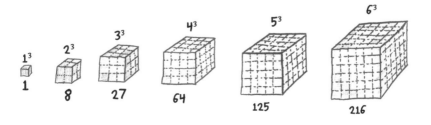

만약 카레스가 1차원 예술 작품을 만들었다면(《어마어마하게 긴 로도스의 실》) 미학적으로는 대단히 안타까운 일이었겠지만 그의 가격 책정 전략은 잘 맞아떨어졌을 것이다. 길이를 두 배로 하면 필요한 재료의 양도 두 배가 되었을 테니까. 아니면 그가 2차원 그림을 의뢰받았다면(《거대한 로도스 초상》) 여전히 견적을 너무 낮게 잡기는 했지만 그래도 충격이 덜했을 것이다. 캔버스의 세로 높이를 두 배로 하면 넓이는 네 배가 되어 물감이 네 배로 들었을 테니까. 하지만 애석한지고! 카레스는 불행히도 3차원 작품을 맡았다. 이 조각상의 높이를 두 배로 하면 거기에 들어가는 청동의 양은 여덟 배가 된다.

1차원 길이가 늘어나면, 2차원 넓이는 더 빨리 커지고, 3차원 부피는 훨씬 더 빨리 커진다. 고대 세계의 불가사의 중 하나인 로도스의 거상The Colossus of Rhodes은 그저 3차원이라는 단순한 이유 때문에 그 창작자를 죽음으로 내몰았다.[45]

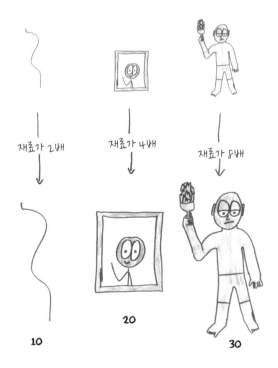

# 3. 거인이 없는 이유

3층 건물 높이만큼 키가 큰 킹콩, 발자국만으로 호수가 만들어졌다고 전해지는 벌목꾼 폴 버니언Paul Bunyan, 자유투 빼고는 다 잘했다는 키 216센티미터에 체중 147킬로그램의 전설의 농구 선수 샤킬 오닐Shaquille O'Neal. 이런 이야기를 많이들 알 것이다. 그리고 이런 이야기가 판타지, 전설 같은 허구라는 깃도 안다. 거인 같은 건 존재하지 않는다.[46]

왜냐고? 크기가 중요하기 때문이다.

사람을 대표하는 표본으로 영화배우 드웨인 존슨Dwayne Johnson을 데려다가 그의 모든 치수를 두 배로 늘인다고 가정해 보자. 이제 그의 폭, 깊이, 높이가 모두 두 배로 길어졌으니 드웨인의 총 몸무게는 여덟 배로 늘어났다.

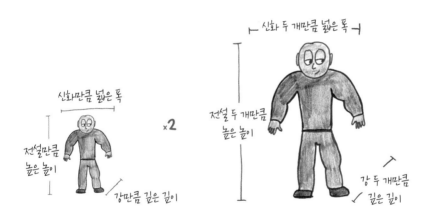

여기까지는 좋다. 그런데 그의 다리를 한번 보자. 계속 버티고 서 있으려면 뼈의 강도도 여덟 배여야 한다. 그런 강도가 나오려나?

의심스럽다. 다리도 모두 세 방향에 걸쳐 '두 배'가 되기는 했지만 그중에 몸무게를 버티는 데 도움이 되는 '두 배'는 두 방향밖에 없었다. 폭과 깊이가 두 배로 늘어난 것은 도움이 되지만 높이가 두 배로 늘어난 것은 도움이 되지 않는다. 기둥을 더 길게 만든다고 강도가 커지지 않는 것처럼 다리도 길이가 길어진다고 튼튼해지는 것이 아니다. 늘어난 길이는 강도에는 전혀 보탬이 되지 않고 오히려 위쪽으로 더 무거워지기만 해서 아래쪽 뼈가 감당할 무게만 더 늘어났다.

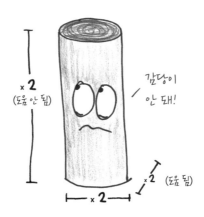

드웨인의 다리뼈는 자신에게 가해진 부하를 감당하지 못할 것이다. 네 배 강해진 강도로는 여덟 배로 늘어난 무게를 버틸 수 없다. 만약 드웨인 존슨의 크기를 계속 늘려서 크기를 두 배, 세 배, 네 배로 키운다면 결국에는 한계점에 도달해서 그의 두 다리가 몸통의 압도적 무게를 견디지 못하고 휘다가 부러지고 말 것이다.[47]

우리는 지금 형체의 비율을 그대로 유지하면서 크기만 달라지는 **등비 성장 척도**isometric scaling라는 것을 하고 있다.(isometric에서 'iso'는 '같다'는 뜻이고 '−metric'은 '치수'measurement를 가리킨다.) 이것은 큰 동물을 만들 때 쓰기에는 정말 형편없는 방법이다. 이럴 때는 **상대 성장 척도**allometric scaling가 필요하다. 이것은 형체의 크기를 키우면서 그에 따라 비율에도 적절한 변화를 주는 방법이다.

동물의 키가 50퍼센트 커지면 그 다리는 83퍼센트 더 두꺼워져야 그 무게를 감당할 수 있다. 고양이는 다리가 가늘어도 잘 살지만 코끼리는 통나무 같은 다리가 필요한 것도 그 때문이다.

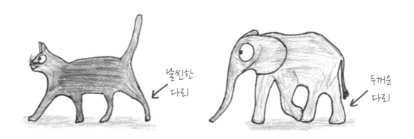

날씬한 다리

두꺼운 다리

드웨인이 짊어진 제약은 누구도 피할 수 없다. 그래서 거인은 항상 신화의 영역에 머물 수밖에 없다. 폴 버니언의 정강이뼈는 걸음을 옮기며 호수를 만들 때마다 산산이 조각나고 말았을 것이다. 킹콩의 근육은 결코 자신의 몸뚱이를 이고 다니지 못했을 것이다. 몸뚱이는 세제곱으로 자라는 반면 근육의 힘은 제곱으로 커지기 때문이다. 이 거대 원숭이는 심장 기능 상실 때문에 꼼짝도 못 하고 한자리에 앉아 있어야 할 것이다. 샤킬 오닐은? 글쎄. 그의 이야기는 너무 터무니없어서 과연 믿을 사람이 있을지 모르겠다.

## 4. 개미가 높은 곳을 두려워하지 않는 이유

나의 악몽(실제 크기)

개미는 정말 무시무시한 존재다. 이 녀석들은 자기 몸무게의 50배나 되는 물체를 들어 올릴 수 있고, 무리 전체가 말없이 완벽한 조화를 이루며 함께 일하고, 지구 구석구석까지 그 세력이 뻗치지 않은 곳이 없다. 역도 선수 같은 힘에 섬뜩한 집게이빨, 거기에 텔레파시 능력까지 겸비한 이 개미 부대는 그 수가 인간보다 수백만 배나 많다. 외계인처럼 생긴 이 녀석들의 얼굴만 생각해도 한밤중에 자다가 식은땀을 흘리며 깰 것 같다. 다만 한 가지 위안이 되는 사실이 있다.

개미는 크기가 작다. 그것도 아주 많이.

이제 앞서 나온 우화에서 확인했던 패턴을 확실하게 짚고 넘어갈 때가 됐다. 한 형체의 길이가 늘어나면 그 표면적은 더 빨리 늘어나고 그 부피는 훨씬 더 빨리 늘어난다.

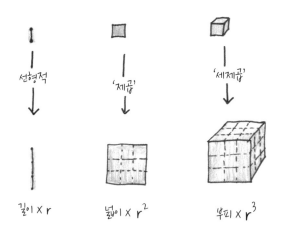

이는 사람처럼 큰 형체는 '내부 비중이 높다'interior-heavy는 뜻이다. 단위 표면적당 내부 부피가 크다. 개미 같은 작은 형체는 반대로 '표면 비중이 높다'surface-heavy. 우리의 숙적 개미는 작은 내부 부피에 비해 상대적으로 표면적이 넓다.

표면 비중이 높다는 것은 어떤 의미일까? 우선 높은 곳을 두려워할 필요가 전혀 없다.

아주 높은 곳에서 떨어질 때는 두 가지 힘이 줄다리기를 한다. 아래로 끌어 당기는 중력과 위쪽으로 작용하는 공기 저항이다. 중력은 질량에 작용하기 때문에 그 강도가 내부의 양에 달려 있다. 반면 공기 저항은 피부에 작용하기 때문에 그 강도가 표면적의 크기에 달려 있다.

짧게 말하면 질량은 낙하 속도를 높이고, 표면적은 낙하 속도를 줄인다. 벽돌은 곤두박질치듯 떨어지고 종이는 가볍게 흔들리며 떨어지는 이유,[48] 펭귄은 날 수 없고 독수리는 날 수 있는 이유도 이 때문이다.

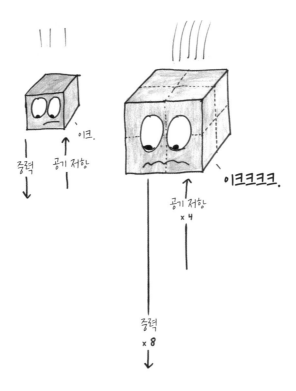

당신과 나는 펭귄과 비슷하다. 질량은 큰데 표면적이 별로 넓지 않다. 떨어

질 때 우리는 최고 속도가 거의 시속 190킬로미터까지 빨라진다. 이 속도로 땅바닥에 부딪히는 것은 결코 유쾌한 경험이 아니다.

반면 개미는 종이나 독수리와 비슷하다. 표면적은 넓은데 질량은 크지 않다. 이들의 종단 속도terminal velocity(저항이 발생하는 유체 속에서 낙하하는 물체가 다다를 수 있는 최종 속도 — 옮긴이)는 겨우 시속 6킬로미터 정도에 불과하다. 이론적으로 따지면 개미는 엠파이어 스테이트 빌딩 꼭대기에서 뛰어내려 여섯 발로 인도 위에 떨어져도 '개미들의 행진'Ants Marching 노래를 부르며 가뿐히 걸어갈 수 있다.

내부 비중이 높다   표면 비중이 높다

그럼 표면 비중이 높으면 낙하산 없이도 스카이다이빙을 할 수 있으니 마냥 즐겁기만 할까? 물론 그렇지 않다. 개미에게도 걱정거리가 있다. 표면 비중이 높기 때문에 개미는 자다가도 벌떡 일어날 정도로 물을 무서워하게 되었다.

그 이유는 바로 표면 장력이다. 물 분자들은 서로 달라붙기를 좋아한다. 그러기 위해서 소량의 중력 정도는 가볍게 무시해 버린다. 그래서 물체가 물속에 들어갔다가 나올 때는 표면 장력 때문에 물이 피부에 달라붙어서 0.5밀리미터 정도 두께로 얇은 수막이 함께 묻어 나오는 것이다. 우리에겐 사소한 문제다. 묻어 나오는 물의 무게는 0.5킬로그램 정도로 체중의 1퍼센트도 안 되는 양이라 그냥 수건으로 닦아 내면 끝이다.

하지만 이것이 물에 빠진 생쥐에게는 고된 시련이다. 생쥐도 수막의 두께는 0.5밀리미터 정도로 똑같지만 이 설치류에게는 훨씬 부담스러운 양이다. 표면 비중이 높은 생쥐가 물에서 나올 때 묻혀 나오는 물의 양은 자기 체중과 맞먹는다.

개미의 경우에는 상황이 훨씬 심각해진다. 몸에 달라붙은 물의 무게가 몸무게보다 수십 배나 무겁기 때문이다. 한 번만 물에 빠져도 개미에게는 치명적일 수 있다. 내가 개미를 무서워하듯이 개미가 물을 무서워하는 이유도 이 때문이다.[49]

## 5. 아기에게 담요가 필요한 이유

최첨단 육아법에 대해서는 하루가 멀다 하고 충고가 쏟아져 나오지만 절대 변하지 않는 원칙도 있다. 아기를 껴안아 주는 것은 좋다. 머리를 다치는 것은 좋지 않다. 아기를 담요로 감싸는 것은 필수다. 우리는 구석기 시대부터 아기를 포대기로 감쌌고 수천 년이 지난 지금도 그렇다. 나는 좀비 대재앙에서 살아남은 사람들도 정신적 충격을 입은 자기네 아기들을 담요로 감싸고 있으리라 확신한다.

작은 아기

필수품

아기들에게는 담요가 필요하다. 전문 용어(?)를 써서 미안하지만 이번에도 역시 아기는 크기가 작기 때문이다.[50] 이번에도 아직 이도 나지 않은 작은 입, 꼬물거리는 작은 발가락, 기분 좋은 냄새가 나는 작은 대머리 등등의 세부 사항은 무시하자. 아기도 다른 생명체들과 똑같은 방식으로 생각하자. 화학 반응이 일어나고 있는 균질한 덩어리로 말이다. 몸에서 일어나는 모든 활동은 그런 화학 반응을 바탕으로 이루어진다. 어떤 면에서 보면 이런 반응이 곧 그 생명체라 할 수 있다. 동물이 온도에 대단히 민감한 이유도 그 때문이다. 너무 추워지면 반응이 느려지다 결국 멈춰 버린다. 너무 뜨거워지면 일부 화학 물질이 변형되면서 핵심 화학 반응이 불가능해진다. 그러니 온도 조절 장치를 항상 눈여겨볼 일이다.

열은 각각의 세포(즉 내부)에서 일어나는 화학 반응으로 만들어진다. 그리고 이 열은 피부(즉 표면)로 빠져나간다. 이를 통해 우리가 이미 익숙해진 줄다리기가 일어난다. 내부와 표면 사이의 줄다리기다.

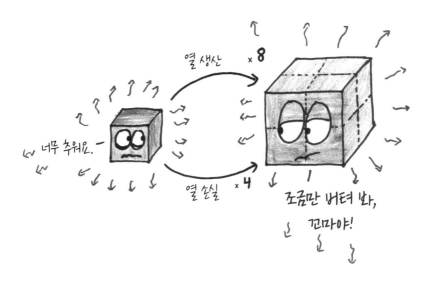

몸집이 큰 동물은 내부 비중이 높기 때문에 체온을 유지하기가 쉽다. 반면 작은 동물은 표면 비중이 높아서 체온을 유지하기가 만만치 않다. 손가락, 발가락, 귀 등 표면 비중이 높은 사지 말단이 추위에 제일 약한 이유도 그 때문이다. 추운 지역에 북극곰, 물개, 야크(티베트산 들소 — 옮긴이), 무스(북미산 큰 사슴 — 옮긴이), 전설 속 설인 새스쿼치Sasquatch 같은 대형 포유류만 사는 이유도 이것으로 설명할 수 있다. 표면 비중이 높은 생쥐가 북극에서 살아남을 가능성은 없다고 봐야 한다. 심지어 중위도 지역에 사는 생쥐도 열 손실을 감당하려면 하루에 자기 체중의 4분의 1에 해당하는 먹이를 먹어야 한다.

아기는 생쥐가 아니지만 그렇다고 야크도 아니다. 아기의 몸에서는 열이 물 새듯 빠져나간다. 이런 열 손실을 막는 데는 담요만큼 기특한 존재도 없다.


## 6. 무한한 우주 개념은 왜 별로인가

찾으려고만 하면 정사각형과 정육면체의 우화는 어디든 널려 있다.[51] 기하학이 모든 설계 과정을 지배하고 있기 때문에 조각가든, 요리사든, 자연 선택의 힘이든 그 누구도 그 법칙에서 벗어날 수 없다.

심지어는 우주 그 자체도 마찬가지다.

내가 제일 좋아하는 정사각형-정육면체 우화는 아마도 '어두운 밤하늘의 역설'일 것이다.[52] 이 역설의 기원은 16세기로 거슬러 올라간다. 코페르니쿠스가 지구는 존재의 중심이 아니라 평범한 항성 주위를 도는 평범한 행성에 불과하다는 개념을 막 펼쳐 보였을 때다. 토머스 디기스Thomas Digges는 코페르니쿠스의 연구를 영국으로 들여오면서 거기서 한 발 더 나아갔다. 그는 우주가 분명 영원히 이어질 것이라고 주장했다. 성기게 흩어진 항성들이 영원히 늙지 않는 구름처럼 무한히 펼쳐져 있다는 것이다.

하지만 디기스는 그게 사실이라면 밤하늘이 눈이 멀 정도로 이글거리는 하얀색이어야 한다는 것을 깨달았다.

그 이유를 이해하려면 마법의 선글라스가 필요하다. 이 선글라스를 '디기스 빛 가리개'라고 부르자. 이 빛 가리개에는 놀라운 기능이 있다. 다이얼을 맞추면 특정 거리 너머에서 온 빛을 모두 차단할 수 있다. 예를 들어 다이얼을 '3미터'에 맞추면 세상 대부분이 암흑으로 변한다. 햇빛, 달빛, 가로등 불빛 등이 모두 사라지고 당신이 지금 있는 곳에서 3미터 이내에 존재하는 광원의 빛만 남을 것이다. 아마도 독서등이나 스마트폰 스크린 정도를 빼고는 모든 빛이 사라져 버릴 것이다.

이번에는 디기스 빛 가리개의 다이얼을 '100광년'에 맞춰 보자. 밤하늘을 올려다보면서 우리는 리겔Rigel, 베텔게우스Betelgeuse, 북극성Polaris, 그리고 우리와 익숙했던 수많은 별들에 작별을 고한다. 이제 100광년 거리 안쪽으로 남아 있는 별들의 숫자는 1만 4000개 정도밖에 없어서 밤하늘이 평소보다 더 성기고 어둑해 보일 것이다.

이 별들을 모두 합치면 총 밝기가 나온다.

다음의 방정식을 이용해서 그 총 밝기의 추정치를 최대한, 보수적으로 잡아 보자.

$$\text{총 밝기} \quad = \quad \text{별의 숫자} \quad \times \quad \text{최소 밝기}$$

　이번에는 디기스 빛 가리개의 다이얼을 두 배 거리인 200광년에 맞춰 보자. 별들이 다시 보이면서 밤하늘이 밝아진다. 하지만 얼마나 밝아졌을까?

　우리 눈에 보이는 하늘은 지구 둘레로 3차원의 반구를 이루고 있다. 반지름을 두 배로 늘이면 그 부피는 여덟 배로 늘어난다. 니스처럼 우리도 이 별들이 숲속 나무들처럼 균일한 분포를 따른다고 가정해 보자. 그러면 우리는 그 전보다 여덟 배 많은 별을 보게 된다. 별들의 숫자가 1만 4000개에서 10만 개 이상으로 껑충 뛰어오른다.

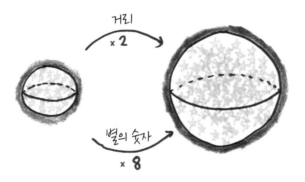

　하지만 새로 등장한 이 별들은 더 멀리 떨어져 있다. 더 어둡게 빛날 거라는 말이다. 이번에도 역시 이런 질문이 등장한다. 얼마나 어둡게?

　밤하늘에 나타나는 각각의 별들은 작은 동그라미다. 동그라미가 커질수록 우리 눈에 들어오는 빛도 많아진다. 이것은 우화니까 별의 온도, 색깔, 또는 베텔게우스나 북극성 같은 멋진 이름을 갖고 있는지 여부 등 별들 사이에서 나타나는 성격 차이는 무시할 수 있다. 그냥 눈 딱 감고 별은 다 그게 그거라고 가정해 보자. 여기서는 딱 한 가지, 별의 거리만 중요하다.

만약 A 별이 B 별보다 거리가 두 배 더 떨어져 있다면 가로와 세로 길이가 모두 B의 절반으로 줄어들 것이다. 따라서 그 넓이는 4분의 1로 줄어들 것이고 밝기도 4분의 1로 줄어든다.

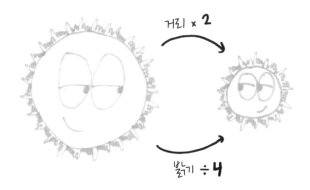

그럼 새로 확대된 밤하늘을 어떻게 이해할 수 있을까? 눈에 보이는 별이 여덟 배로 많아졌다. 그리고 최소 밝기는 4분의 1로 줄어들었다. 그럼 8을 4로 나누면 2다.(틀렸으면 알려 주기 바란다.) 따라서 우리의 간단한 방정식에 따르면 총 밝기가 두 배로 늘어났다.

결국 디기스 빛 가리개의 반지름을 두 배로 하면? 밤하늘의 밝기도 두 배가 된다.

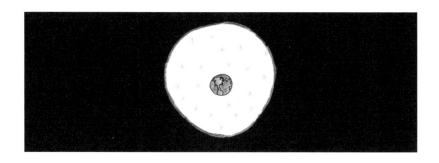

'별들의 숫자'는 3D이고 '최소 밝기'는 2D이기 때문에 다이얼을 돌릴수록 밤하늘은 점점 더 밝아진다. 다이얼을 세 배로 키워서 300광년에 맞추면? 원래 밝기보다 세 배 더 밝아질 것이다. 반지름을 1000배로 키우면? 밤하늘은 이제 그 전보다 1000배 더 밝아질 것이다.

이렇게 이어 가다 보면 밤하늘이 결국 어떻게 될지 볼 수 있을 것이다. 아니, 볼 수 없을 것이다. 머지않아 너무 밝은 별빛에 말 그대로 눈이 밀어 버릴 테니까. 밤하늘은 처음 밝기보다 일만 배, 일억 배, 일조 배, 심지어는 무량대수 배만큼이라도 밝아질 수 있다. 밤하늘의 반지름이 충분히 커지면 별이 오히려 태양을 압도해서 밤하늘이 낮보다 더 밝아지고 하늘은 무한한 온도로 이글거릴 것이다. 쉬지도 않고 내리쬐며 모든 것을 증발시켜 버리는 이 상상 불가능한 밝기의 별들과 비교하면 공룡을 멸종시켰다는 그 소행성 정도는 아무것도 아니었다.

디기스 빛 가리개를 벗는 순간 당신을 뜨겁게 비추는 밤하늘의 모든 별이 그 밝기로 당신을 태워 버릴 것이다.[53]

우주가 무한히 크다면 어째서 밤하늘이 무한히 밝지 않을까? 이 역설의 수수께끼는 몇 세기 동안 풀리지 않았다. 1600년대에는 케플러가 이 문제로 머리를 싸맸고, 1700년대에는 에드먼드 핼리Edmund Halley 경이 골머리를 앓았다. 1800년대에는 이 수수께끼에 영감을 받아 에드거 앨런 포Edgar Allan Poe의 산문시[54]가 탄생했고 그는 이 작품을 자기 최고의 걸작이라 불렀다.(비평가들은 생각이 달랐지만.)

1900년대에 들어서야 이 역설을 해결할 기분 좋은 해법이 나온다. 여기서 결정적 요소는 크기가 아니라 나이였다. 우주가 무한히 크든, 크지 않든 분명한 것은 우주의 나이가 유한하다는 점이다. 우주는 태어난 지 140억 년이 안 된다. 따라서 디기스 빛 가리개의 다이얼을 '140억 광년' 이후로 설정하는 것은 아무런 쓸모도 없다. 빛이 우리에게 도달할 시간이 없었기 때문에 그 거리에는 차단할 빛도 존재하지 않는다.

　이 정사각형과 정육면체의 우화는 그저 하나의 기발한 논증에 그치지 않는 다. 이것은 초기 빅뱅 이론을 뒷받침해 준 증거였다. 내가 보기에 이것이야말 로 정사각형−정육면체 정신의 극치가 아닌가 싶다. 우리 우주의 가장 단순한 측면을 생각하는 것만으로, 즉 무엇이 2D이고 무엇이 3D인지 생각하는 것만 으로 우주에 대해 놀라운 이해 수준에 도달할 수 있다. 세상의 진정한 본질을 이해하려면 때로는 과격한 단순화가 필요하다.

## 제9장

# 주사위 만들기 게임

## 1인용부터 7,500,000,000인용까지

"**주**사위 만들기 게임을 사 주셔서 감사합니다!" 모든 문명을 위해 탄생한 이 재미있는 취미 활동은 '석기 시대'부터 '디지털 시대'까지 시대와 상관없이 남녀노소 모두 즐길 수 있는 게임으로 서민이나 폭군 가리지 않고 모든 사람에게 사랑받고 있다. 내 말을 못 믿겠다면 이 로마 황제들에게 직접 물어보라![55]

나는 《주사위 이기는 법》이라는 책을 썼지.

클라우디우스

내 궁전에는 특별히 만든 주사위 방이 있었다고!

코모두스

나는 혹시나 저녁 식사 손님들이 주사위 놀이를 하고 싶어 할까 봐 돈을 조금씩 나눠 줬지!

아우구스투스

주사위? 아하. 난 항상 속임수를 썼지.

칼리굴라

이 제작 설명서는 여러분에게 주사위 만들기 게임의 기본 규칙을 알려 줄 것이다. 주사위 만들기 게임은 이론과 실천을 똑같이 다루기 때문에 정신과 손가락이 동시에 훈련될 것이다. 그럼 주사위 만들기 게임의 세계로 들어가 보자!

## 게임의 목표: 통제 불가능한 결과를 낳는 주사위를 만들어 인간의 마음을 사로잡아라!

먼저 '인간'이라고 알려진 게임 캐릭터에서 시작하자. 이 캐릭터는 뭐든 통제하기를 좋아해서 자동차, 총, 정부, 중앙 냉방 장치 같은 것들을 발명했다. 하지만 이들은 교통, 날씨, 자녀, 돈을 벌기 위해 스포츠를 하는 유명인의 성공 등 자신이 통제할 수 없는 것들에 대해서도 강박 관념이 있다.

마음 깊은 곳을 들여다보면 이들은 운명과 마주하여 자신의 무력함을 손아귀에서 통제하고 싶어 한다. 여기서 주사위가 등장한다. 주사위는 손안에 움켜쥔 운명이다.

기원전 6000년경에 고대 메소포타미아인은 돌과 조개껍데기 던지기를 했다. 고대 그리스인과 로마인은 양의 복사뼈knucklebone를 굴렸다. 최초의 미국인은 비버의 이빨, 호두 껍데기, 까마귀 부리, 자두 씨 등을 던졌다. 고대 인도의 산스크리트 서사시에서는 왕들이 딱딱한 비히타키 열매(인도 및 주변 국가에서 여러 질병을 치료하는 데 활용된다. — 옮긴이)를 한 움큼씩 던졌다. 자연에서 찾아낸 이런 주사위들 덕분에 사람들은 우연의 게임을 즐기고 운명을 점치고 상을 나눠 가지고 신성한 것부터 세속적인 것까지 다른 풍습들도 이어 갈 수 있었다. 주사위의 개념은 누가 봐도 너무 뻔하고 아름다웠기 때문에 모든 사회는 자신만의 주사위를 만들어 냈다.

요즘에는 골수 전통주의자가 아니고는 비버 이빨로 보드게임을 즐기는 사람이 거의 없다. 문명은 자연에서 '찾아낸' 주사위에서 직접 '설계한' 주사위로 발전해 나갔다. 여기서 진정한 '주사위 만들기 게임'이 시작한다.

## 규칙 #1: 좋은 주사위는 공평하다

당신이 주사위를 굴릴 때는 각각의 면이 나올 확률이 모두 똑같아야 한다. 그렇지 않으면 사람들은 짜증을 낼 것이고 당신을 믿지 못해 주사위 놀이에 끼워 주지 않을 것이다.

좋은 출발점이 있다. 바로 **합동**congruence이다. 한 도형을 다른 도형 위에 딱 맞게 겹쳐 놓을 수 있을 때 두 도형을 합동이라고 한다. 합동인 도형은 각도와 모서리가 모두 일치하기 때문에 일란성 쌍둥이라 할 수 있다. 따라서 공평한 주사위 만들기의 첫 번째 개념은 모든 면이 합동이 되게 하라로 정할 수 있다.

이거면 되지 않겠나 싶지만······ 다듬은 맞붙인 쐐기꼴snub disphenoid을 만나 보면 이야기가 달라진다.

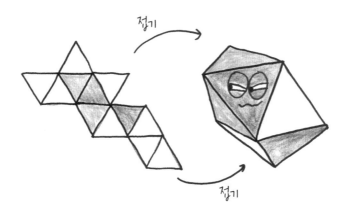

다면체 세계의 들창코 두더지라 할 수 있는 이 못생긴 다각형이 우리 희망을 짓밟고 만다. 이 다면체의 면 열두 개는 모두 정삼각형으로 똑같다. 하지만 이것은 공평한 주사위가 될 수 없다.[56] 어떤 꼭짓점에서는 삼각형 네 개가 만난다. 그런데 어떤 꼭짓점에서는 다섯 개가 만난다. 이 귀여운 괴물을 굴려 보면 어떤 면이 다른 면보다 더 많이 나온다. 안타깝지만 모든 면이 합동이라는 조건만으로는 충분하지 않다.

대칭성symmetry이 필요하다.

평소에는 '대칭'이라고 하면 보는 사람을 기분 좋게 만드는 모호한 균일성을 말한다. 그런데 수학적 의미는 더욱 구체적이다. 수학에서 대칭성이란 한 사물을 실질적인 변화 없이 변형하는 기하학적 행동을 말한다. 예를 들어 정사각형 탁자는 여덟 개의 대칭성을 갖고 있다.

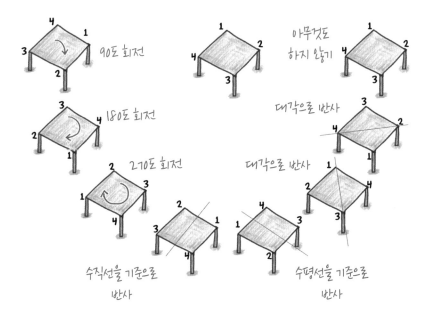

90도 회전

아무것도 하지 않기

180도 회전

대각으로 반사

270도 회전

대각으로 반사

수직선을 기준으로 반사

수평선을 기준으로 반사

대칭성 덕분에 탁자는 변하지 않고 남아 있게 된다. 하지만 자세히 들여다 보면 이 행위로 꼭짓점의 위치가 뒤죽박죽된다. 예를 들어 180도 회전에서는 반대쪽 꼭짓점 쌍의 위치가 뒤바뀌어 #1과 #3의 자리가 바뀌고 #2와 #4의 자리가 바뀐다. 이것을 대각선 반사와 비교해 보자. 여기서는 #2와 #4의 자리가 바뀌지만 #1과 #3은 원래 자리에 있다. 주사위의 대칭성도 비슷하다. 이 대칭성에서도 역시 면들의 위치를 새로 배열해도 전체 모양은 그대로 남는다.

대칭성은 공평한 주사위에 이를 수 있는 확실한 길을 제공한다. 그냥 충분한 대칭성이 있어서 면들을 다른 모든 면과 바꿔치기할 수 있는 도형을 하나 골라 보자.

일례로 **맞붙인 각뿔**dipyramid을 생각해 보자. 똑같이 생긴 각뿔(밑면이 다각형이고 옆면이 모두 삼각형인 입체 도형 — 옮긴이)의 밑면을 접착제로 붙여 보자. 그럼 회전을 적절히 조합하면 어떤 삼각형 면이라도 다른 삼각형 면과 바꿔치기할 수 있다. 면들이 모두 기하학적으로 동등하다는 말이다. 따라서 이 주사위는 공평하다.

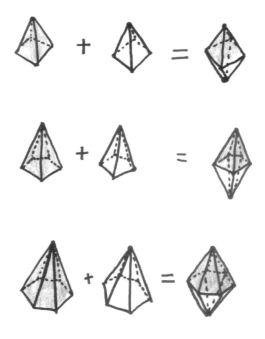

사례를 하나 더 들어 보자. 이번에는 **부등변 다면체**trapezohedron다. 이것은
맞붙인 각뿔을 적도 부분에서 솜씨 좋게 깎아서 면이 세 개인 삼각형을 면이
네 개인 연 모양으로 바꿔 놓은 것처럼 보인다.

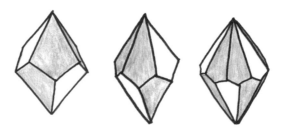

맞붙인 각뿔이나 부등변 다면체를 이용하면 면의 개수가 짝수인 주사위는 어떤 것이든 만들 수 있다. 8면, 14면, 26면, 398면 등등 마음대로다. 이론적으로는 이 각각의 주사위 모두 공평하며 각 면이 나올 확률도 모두 같다. 그러면 이걸로 문제가 해결됐지 싶다. 주사위 만들기 게임은 이제 끝났다, 그렇지 않은가?

이렇게 쉽게 끝날 리가. 사람들은 생각보다 변덕스럽다. 주사위가 공평한 것만으로는 충분하지 않다……

## 규칙 #2: 좋은 주사위는 보기에도 공평하다

우리는 지금까지 (1) 정의하기 쉽고 (2) 공평한 결과를 만들어 내고 (3) 뭔가 있어 보이는 복잡한 이름으로 장식된 주사위 후보들을 만나 보았다. 하지만 이런 유망한 모형들 모두 실제 역사에서는 쓸모가 없었다. 무작위 세계를 호령할 대통령 후보로 나섰지만 모두 실패하고 말았다. 내가 아는 한 맞붙인 각뿔을 주사위로 이용한 문화는 한 군데도 없고, 부등변 다면체를 채용한 곳은 딱 한 군데 있다. '던전스 앤드 드래건스'Dungeons & Dragons(미국의 롤플레잉 게임 — 옮긴이) 사용자들이다. 이들은 10면짜리 주사위(d10)를 사용하는데 이것이 부등변 다면체다.

거참, 인간들 까다롭기는. 어떻게 이런 멋진 도형에 퇴짜를 놓고 이런 공평한 주사위를 구석에 처박아 둘 수 있단 말인가?

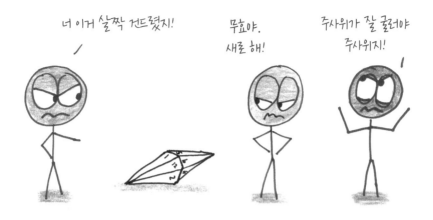

홀쭉하게 만든 맞붙인 각뿔을 굴려 보면 뭐가 문제인지 알 수 있다. 이 주사위는 제대로 뒹굴지 못한다. 뾰족한 양쪽 꼭짓점 때문에 위치가 비교적 고정되어 있어서 그 방향으로는 뒤집히지 못하고 두 무리의 면들 사이에서 왔다 갔다 흔들리며 구르는 시늉만 한다. 그리고 일단 멈춘 다음에도 결과가 불안정하다. 장난으로 살짝 입김만 불어도 반대쪽 면으로 쉽게 기울어 버려 결과가 뒤바뀔 수 있다. 이래서야 가족끼리 즐거운 보드게임을 즐기기는커녕 서로 삿대질하면서 기분만 상하기 쉽다.

최고의 주사위라면 면의 대칭 이상의 것이 필요하다. 모든 면에서 대칭이어야 한다. 다면체 마니아인 사람이라면 무슨 의미인지 알 것이다.

바로 플라톤 입체Platonic solid다!

모서리가 직선인 3D 도형 중에서는 플라톤 입체가 가장 완벽하다. 이들은 임의의 두 면뿐 아니라 임의의 두 꼭짓점, 임의의 두 모서리끼리 얼마든지 바꿔치기할 수 있다. 이 도형들은 워낙에 대칭성이 뛰어나기 때문에 아무리 냉소적인 사람이라도 그 공평함을 의심할 수 없다.

플라톤 입체는 더도 덜도 말고 딱 다섯 개 있다. 이 기하학 신전에 속한 각각의 구성원은 주사위 형태로 지구를 빛내 왔다.

1. **정사면체**tetrahedron. 정삼각형으로 만든 각뿔. 기원전 3000년
   에 메소포타미아 사람들은 백개먼 게임backgamon(두 사람이 보드
   주위로 말을 움직이는 전략 게임 — 옮긴이)의 전신인 우르 로열 게
   임Royal Game of Ur을 할 때 정사면체를 굴렸다.

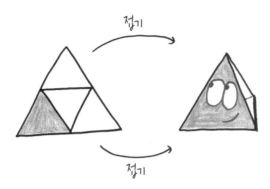

2. **정육면체**cube. 정사각형 각기둥. 형태가 간단하고 견고하며 만
   들기도 쉽다. 역사상 가장 인기 많은 주사위의 자리를 여전히
   지키고 있다. 가장 오래된 표본은 이라크 북부에서 출토된 진
   흙을 구워 만든 정육면체로 연대가 기원전 2750년까지 거슬러
   올라간다.

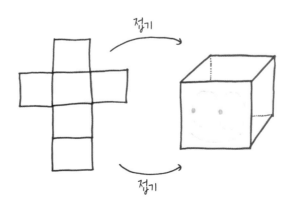

3. **정팔면체**octahedron. 정삼각형으로 만든 특별한 맞붙인 각뿔. 이 집트인은 종종 이런 주사위를 죽은 사람과 함께 무덤에 묻었다.

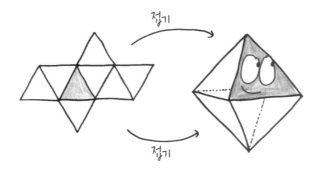

4. **정십이면체**dodecahedron. 열두 개의 정오각형 면으로 구성된 보 기 좋은 보석. 이 주사위는 1500년대 프랑스에서 점을 치는 데 사용됐다. 오늘날 점성술사들은 이 12면에 해당하는 황도 십 이궁Zodiac의 열두 개 별자리를 즐겨 이용한다.

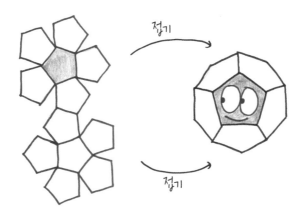

5. **정이십면체**icosahedron. 스무 개의 정삼각형으로 만든 입체 도형.

던전스 앤드 드래건스에서 어디서나 등장하는데 점쟁이들에게
제일 인기가 좋다. 물속에 떠 있는 정이십면체인 '매직 8볼'Magic
8 Ball(마텔에서 만든 점 치는 장난감 — 옮긴이)도 여기에 해당한다.
이것을 흔들어 본 적 있는 사람이라면 플라톤 입체에게 자신의
운명을 물어본 것이다.

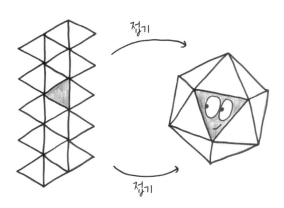

주사위 만들기 게임에서는 하여간 플라톤 입체가 최고다. 이것을 머릿속에
그릴 때는 저도 모르게 천국의 합창 소리가 배경 음악으로 깔린다. 하지만 종
류가 다섯 가지밖에 없다 보니 4, 6, 8, 12, 20 중에서는 무작위 수를 얻을 수
있지만 다른 수를 얻기는 불가능하다.
　　그렇다면 고정 관념을 벗어나 생각해 볼 필요가 있겠다. 임의의 어떤 수라
도 무작위로 얻을 수 있는 신선하고 혁신적인 방법으로 기존의 패러다임을 부
숴 보면 어떨까?
　　경고: 생각보다 어려움!

## 규칙 #3: 좋은 주사위는 어디서나 잘 작동한다

한 가지 대안으로 '긴 주사위'가 있다. 모든 면의 확률이 같게 나올 방법을 고민하는 대신 긴 각기둥을 만들어 보자.

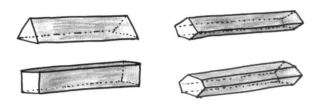

이 주사위가 잘 작동하는 이유는 모든 면이 나올 확률이 똑같아서가 아니라 그중 두 면은 전혀 나올 일이 없기 때문이다. 긴 주사위는 나오는 확률도 공평하고, 보기에도 공평하고, 어떤 범위에서든 무작위 결과를 이끌어 낼 수 있다. 그런데 왜 별로 인기가 없을까?[57]

사실은…… 너무 많이 구르기 때문이다.

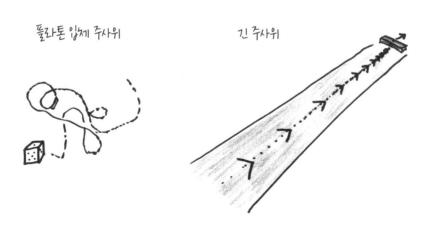

플라톤 입체 주사위 　　　　　 긴 주사위

플라톤 입체는 탁자가 댄스홀이라도 되는 듯 여기저기로 뛰어다니는 반면 긴 주사위는 한 방향으로만 굴러간다. 이 주사위를 사용하려면 주사위가 구를 길을 볼링장 트랙처럼 깨끗이 치워 놓아야 한다. 아니, 얼마나 건방진 주사위길래 레드 카펫까지 깔아 달라는 말인가?[58]

다시 칠판 앞으로 돌아가서 또 다른 수학적 원리를 끌어들여 보자. 바로 연속성continuity이다.[59]

주사위를 굴려서 멈출 때까지 기다려 보라. 나는 기다리겠다. (그리고 다시 굴리고 기다리고, 굴리고 또 기다린다.) 보다시피 긴 주사위의 양쪽 밑면이 나오는 경우는 절대로 없다. 하지만 주사위의 길이를 줄여서 '덜 긴' 주사위를 만든다고 상상해 보자. 길이가 줄어들수록 양쪽 밑면이 나올 가능성도 더 커진다. 이렇게 계속 진행하다 보면 길이가 너무 짧아져서 동전이나 다름없는 주사위가 나온다. 이 지경까지 가면 상황이 역전된다. 이번에는 주사위를 던질 때마다 거의 항상 양쪽 밑면 가운데 한쪽이 나온다.

그렇다면 양극단의 중간 어딘가에는 이런 역전이 발생하는 길이가 존재한다는 얘기다. 그리고 이 길이에서는 밑면과 옆면이 나올 확률이 같아진다. 중간 어딘가에 공평한 주사위가 존재하는 것이다.

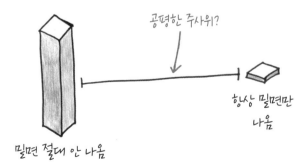

이론적으로 보면 이 비법을 어느 다면체에든 적용할 수 있다. 그러면 모양

은 파격적이지만 그래도 공평한 주사위를 만들 수 있다. 그런데 실제로는 그런 주사위를 찾아볼 수가 없다. 장난감 가게에서는 왜 생긴 건 엉터리 같아도 작동은 잘하는 이런 재치 만점 주사위를 팔지 않을까?

너무 예민해서 조정이 거의 불가능하기 때문이다. 단단한 목재 위에 굴리면 공평하다고? 화강암 위에서 굴리면 불공평해진다. 이 크기로 만들면 공평하다고? 그 크기의 두 배로 만들면 불공평해진다. 이런 방식으로 던지면 공평하다고? 던지는 힘이나 회전 속도가 달라지면 불공평해진다. 아무리 사소한 부분이라도 조건에 변화가 생기면 해당 물리학이 달라진다. 이런 주사위는 자기가 만들어진 환경과 완전히 똑같은 환경에서만 제대로 작동한다. 사람들은 어디서나 쓸 수 있는 튼튼한 주사위를 원하지 공주처럼 받들어 모셔야 할 주사위를 원하지 않는다.

## 규칙 #4: 좋은 주사위는 굴리기도 간단하다

영어 알파벳 스물여섯 개 중에서 하나씩 무작위로 골라내고 싶다고 해 보자. 정이십면체를 쓰려니 면이 스무 개밖에 없어서 면이 부족하다. 맞붙인 각뿔은 나오는 결과가 불안정해서 곤란하다. 긴 주사위는 바닥에 떨어진 미트볼처럼 너무 멀리 굴러간다. 이런 옵션들을 배제하고 나니 막다른 골목에 다다르고 말았다. 알파벳을 무작위로 골라내는 간단한 과제를 해결할 방법이 없단 말인가?

물론 있다. 동전 다섯 개를 던져 보면 된다.

그러면 서른두 가지 결과가 나올 수 있고 그 각각의 확률은 동일하다. 처음 스물여섯 가지 결과에 알파벳을 하나씩 배당하고 나머지는 '다시 던지기'로

해석하면 된다.

| | | | |
|---|---|---|---|
| A 앞앞앞앞앞 | I 앞뒤앞앞앞 | Q 뒤앞앞앞앞 | Y 뒤뒤앞앞앞 |
| B 앞앞앞앞뒤 | J 앞뒤앞앞뒤 | R 뒤앞앞앞뒤 | Z 뒤뒤앞앞뒤 |
| C 앞앞앞뒤앞 | K 앞뒤앞뒤앞 | S 뒤앞앞뒤앞 | |
| D 앞앞앞뒤뒤 | L 앞뒤앞뒤뒤 | T 뒤앞앞뒤뒤 | |
| E 앞앞뒤앞앞 | M 앞뒤뒤앞앞 | U 뒤앞뒤앞앞 | |
| F 앞앞뒤앞뒤 | N 앞뒤뒤앞뒤 | V 뒤앞뒤앞뒤 | |
| G 앞앞뒤뒤앞 | O 앞뒤뒤뒤앞 | W 뒤앞뒤뒤앞 | |
| H 앞앞뒤뒤뒤 | P 앞뒤뒤뒤뒤 | X 뒤앞뒤뒤뒤 | |

다시
던지기
뒤뒤앞뒤앞
뒤뒤앞뒤뒤
뒤뒤뒤앞앞
뒤뒤뒤앞뒤
뒤뒤뒤뒤앞
뒤뒤뒤뒤뒤

이런 과정은 그 어떤 무작위 시나리오에도 통한다. 판타지 소설《반지의 제왕》3부작에서 단어를 무작위로 골라내고 싶다고 해 보자. 그럼 약 45만 개의 단어 중에서 고르게 된다(영문판 기준). 동전 열아홉 개를 던지면 나올 수 있는 결과가 약 50만 가지다. 이 각각의 결과에 단어를 하나씩 배정한다. 배정되지 않은 결과가 나오면 동전 열아홉 개를 다시 던져 보면 된다.

아니지. 동전이 열아홉 개 필요하지도 않다. 하나를 열아홉 번 던져도 된다.

| | |
|---|---|
| 백엔드의 | 앞앞앞앞앞앞앞앞앞앞앞앞앞앞앞앞앞앞앞 |
| 빌보 | 앞앞앞앞앞앞앞앞앞앞앞앞앞앞앞앞앞앞뒤 |
| 배긴스가 | 앞앞앞앞앞앞앞앞앞앞앞앞앞앞앞앞앞뒤앞 |
| 얼마 | 앞앞앞앞앞앞앞앞앞앞앞앞앞앞앞앞앞뒤뒤 |
| 후에 | 앞앞앞앞앞앞앞앞앞앞앞앞앞앞앞앞뒤앞앞 |

• • •

이 지겨운 일을 하느니 차라리 《반지의 제왕》을 읽고 말지.

이 논리대로라면 주사위로 할 수 있는 일 중에 동전 하나로 따라 하지 못할 것은 하나도 없다. 하지만 라스베이거스 카지노에서 여러 도박 기계를 싹 다 치워 버리고 크랩스(주사위 두 개로 하는 도박의 일종 — 옮긴이)나 룰렛 같은 게임을 오직 동전만으로 진행한다면 과연 사람들이 그렇게 북적북적 모여들까?

무엇이 문제인지는 분명하다. 이런 시스템은 너무 복잡하다. 동전 던지기를 여러 번 해서 그 결과를 일일이 다 기록하고 그 결과를 표와 비교해서 필요한 경우에는 이 전체 과정을 다시 반복해야 한다면 너무도 번거롭다. 사람들은 한 번의 굴리기로 끝내고 싶어 한다. 다시 던져야 하는 경우도 없기를 바란다. 사용 설명서를 읽어 가며 도박하고 싶지도 않다.

이런 원리를 내세우면 수학적으로는 깔끔한 방법이라도 퇴짜를 맞을 수밖에 없다. 예를 들어 네 가지 결과를 무작위로 이끌어 내고 싶을 때는 정육면체 주사위를 사용할 수 있다. 그냥 남는 두 면에는 '다시 굴리기'라고 써 놓으면 된다. 수학적으로는 깔끔하다. 하지만 이런 방식은 사람을 짜증 나게 만든다.[60] 쓰지 않고 버리는 면이 있으면 우아해 보이지 않는다. 케이크를 네 명이 잘라 먹을 때 6등분해서 남는 두 조각을 버리는 일은 절대로 없을 테니까.

던전스 앤드 드래건스 사용자들이 정육면체 주사위 대신 정사면체 주사위

를 던지는 이유도 마찬가지다. 이걸 보면 이들이 얼마나 필사적으로 면의 낭비를 피하려 하는지 알 수 있다. 정사면체는 모든 플라톤 입체 중에서 역사적으로 제일 인기가 없는 주사위다. 그 이유는 누구나 쉽게 알 수 있다. 보통 주사위를 던지면 그 결과가 윗면으로 나오는데, 이 주사위는 결과가 뒤집힌 아랫면에 나오기 때문이다. 이건 뭔가 아니다 싶다. 마치 상대방에게 내가 지금 생각하지 않고 있는 숫자가 뭔지 맞혀 보라고 하는 꼴이다.

몇천 년 동안 인간은 정사면체 주사위는 피하고 반대쪽 면끼리 평행하게 쌍을 이루는 주사위를 선호했다. 그래서 모든 '아랫면'에는 그에 대응하는 '윗면'이 존재한다. 수학자들은 이렇게 쌍을 이루든 말든 신경 쓰지 않지만 어쨌거나 결국 이 문제는 주사위를 쓰는 사람들 맘이다.

## 규칙 #5: 좋은 주사위는 통제하기 어렵다

주사위의 원래 목적을 기억하는가? 주사위는 인간이 더 높은 힘, 즉 무작위의 우연, 업보에서 비롯한 운명, 신의 의지와 만나게 해 준다. 그 덕에 브레인 스토밍brainstorming, 행운의 게임, 점 보기, 그리고 인류의 다른 심오한 표현 등이 가능해지는 것이다.

물론 그래서 사람들은 속임수를 쓰려 한다.[61]

한 가지 방법: 주사위의 겉을 조작한다. 예를 들어 감지하기 어려울 정도로 한쪽 길이를 살짝 늘여서 직사각형 벽돌 모양으로 만드는 방법이 있다. 아니면 표면을 살짝 부풀어 오르게 하거나(이 면이 나올 확률이 떨어진다.) 살짝 들어가게 만드는(확률이 올라간다.) 방법도 있다. 아니면 일부 면을 잘 튀는 재료로 덮거나 사포로 갈아서 그쪽이 더 잘 나오게 만들 수도 있다. 이런 속임수들은 유적지들만큼이나 오래됐다. 말 그대로다. 모서리를 깎아 낸 부정 주사위가 폼페이에서 출토된 적이 있다.

또 다른 방법: 주사위의 속을 조작한다. '트래퍼'trapper라는 주사위는 그 안에 칸이 두 개 숨어 있다. 주사위를 오른쪽으로 흔들면 무거운 액체 수은 방

울이 한 칸에서 다른 칸으로 옮겨 가서 확률이 변한다.(독성이 있는 수은이 꺼림칙하면 체온 바로 아래 온도에서 녹는 밀랍을 써도 된다.) 또 다른 계략도 있다. 나무 주사위가 인기 있던 시절에 어떤 사기꾼들은 작은 나무의 가지에 자갈을 박아서 키웠다. 나중에 이 나무로 깎아 만들면 보이지 않는 자갈의 무게가 실린 주사위를 만들 수 있다. 이런 사기는 엄청난 인내심뿐만 아니라 일반인의 수준을 뛰어넘는 식물학적 재능이 필요하다.

세 번째 방법: 면에 번호를 고쳐 적는다.[62] 정상적인 주사위는 두 반대쪽 면의 합이 7이 되도록 짝을 맞춰서 숫자를 배열한다(1과 6, 2와 5, 3과 4 등). 그런데 '탭스'taps라는 부정 주사위에서는 일부 숫자가 두 번씩 들어간다. 예를 들면 6과 6, 5와 5, 4와 4가 짝을 이루어 반대쪽 면에 가는 식이다. 이렇게 해 놓으면 어느 각에서 보아도 상대방 눈에는 세 개의 면만 보이기 때문에 주사위가 이상하다는 것을 아무도 눈치채지 못한다.[63]

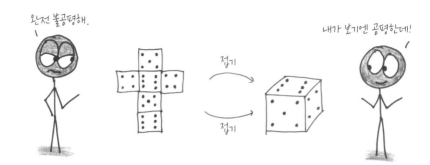

이 기만책들은 모두 정육면체 주사위를 대상으로 하지만 그렇다고 정육면체가 특별히 이런 사기에 더 취약하다는 의미는 아니다. 그냥 이 형태의 주사위가 인기가 많아서 그렇다. 던전스 앤드 드래건스보다는 크랩스 도박판에 더 많은 돈이 걸려 있으니까 말이다.

## 규칙 #6: 좋은 주사위는 느낌도 좋다

주사위 만들기 게임은 그것을 정말로 필요로 하는 사람이 없다는 점에서 다른 대부분의 게임과 비슷하다. 우리는 21세기에 살고 있다. 우리는 등에 메는 개인용 분사 추진기를 이용해 출근하고 하늘을 나는 자동차를 타고 휴가를 간다. 좋다. 뻥이다. 하지만 나는 주머니에 든 140그램짜리 컴퓨터에 세상의 절반을 담고 다닌다. 기술 발전이 우리 모두를 쓸모없는 존재로 만들고 있다. 주사위라는 이름의 육체 노동자도 마찬가지다. 한번 보자. 글쓰기를 잠시 멈추고 마이크로소프트 엑셀 프로그램으로 정육면체 주사위 100만 번 던지기 시뮬레이션을 해 보고 오겠다. 갔다 와서 시간이 얼마나 걸리는지 알려 주겠다.

좋다. 끝났다. 75초 정도 걸렸다. 그 결과는 다음과 같다.

| 숫자 | 빈도 |
|:---:|:---:|
| 1 | 166,335 |
| 2 | 166,598 |
| 3 | 167,076 |
| 4 | 166,761 |
| 5 | 167,103 |
| 6 | 166,127 |

컴퓨터로 무작위 값을 얻는 것이 탁자 위에서 플라스틱 주사위를 던지는 것보다 훨씬 빠르고 쉬울 뿐만 아니라 더 무작위적이다. 카지노에서는 내일 당장이라도 크랩스 탁자와 룰렛 바퀴를 디지털 컴퓨터로 대체할 수 있다. 호랑이 담배 피우던 시절에나 썼을 구식 주사위보다는 이게 훨씬 뛰어난 성능을 보여 줄 것이다.

하지만 그게 뭔 재미인가?

사람들은 주사위를 포기하지 않을 것이다. 처음 던전스 앤드 드래건스를 했을 때(딱 한 번 했다!) 나는 게임에 등장하는 오크나 마법사보다도 훨씬 매력적인 것과 마주쳤다. 바로 전설의 100면체 주사위Zocchihedron다! 상상이나 할 수 있겠는가? 100면체라니! 이 주사위는 구르다 멈추는 데만 30초가 걸린다! 혹투성이 골프공처럼 생긴 루 조키Lou Zocchi의 주사위보다는 d10을 두 개(하나는 10자리 숫자용, 하나는 1자리 숫자용) 쓰는 편이 더 낫다는 것은 나도 안다. 하지만 상관없다. 그래도 나는 d100을 굴리고 싶다.[64]

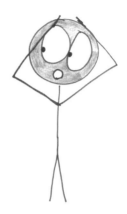

　고대 그리스 사람도 아스트라갈로스astragalos라는 양의 복사뼈를 굴리면서 분명히 그와 똑같은 매력을 느꼈을 것이다. 그들은 복사뼈의 네 면에 이상한 값(1, 3, 4, 6)을 할당하고 한 줌씩 던졌다. 모두 1이 나오는 것은 '개'the dog라고 부르는 최악의 수였다. 제일 좋은 수(사람에 따라 모두 6이 나오는 경우나 각각의 면이 하나씩 나오는 경우)는 '아프로디테'Aphrodite라고 불렸다. 아스트라갈로스는 공평한 주사위는 아니었다. 하지만 그보다 더 나은 무언가였다. 운명을 점치기 위해 살아 있는 손에 쥐고 있던 뼛조각이었다. 율리우스 카이사르Julius Caesar는 루비콘강을 건넘으로써 로마 공화정이 종말을 맞이하고 로마 제국이 건설되는 쪽으로 역사의 추를 기울게 만들었다. 그는 강을 건너며 이렇게 말했다. "주사위는 던져졌다."Alea iacta est.

　아마도 '주사위 만들기 게임'은 결코 끝나지 않을 것 같다. 이 물체에는 우리 깊숙이 새겨진 어떤 본능에 호소하는 매력이 있다. 그러면 이제 다음의 여섯 가지 규칙만 잊지 말고 따라 보자.

좋은 주사위는 공평하다.

좋은 주사위는 보기에도 공평하다.

좋은 주사위는 어디서나 잘 작동한다.

좋은 주사위는 굴리기도 간단하다.

좋은 주사위는 통제하기 어렵다.

좋은 주사위는 느낌도 좋다.

## 제10장

# 입에서 입으로 전하는 데스 스타 이야기

### 은하계에서 가장 유명한 구체의 추억

어쩌면 기하학의 역사에서 가장 위대한 건설 프로젝트는 데스 스타Death Star 일지도 모르겠다. 영화 〈스타워즈〉Star Wars 의 비극적 결말부에서 사막 출신의 금발 소년에게 파괴되기 전까지만 해도 데스 스타는 공포 그 자체였다. 그것은 순수한 아름다움이었다. 그것은 거의 완벽에 가까운 구체로 직경은 160킬로미터나 되고 행성을 증발시켜 버릴 레이저로 무장하고 있었다. 하지만 은하계 전체의 복종을 이끌어 내기 위해 설계된 이 거대한 괴물조차 자기보다 더 높은 주인의 명령에는 복종하지 않을 길이 없었다. 바로 기하학이다.

기하학은 그 누구에게도 굴복하지 않는다. 제아무리 사악한 제국이라 해도 말이다.

나는 역사상 가장 논란이 많은 이 입체의 뒤에 숨어 있는 기하학에 대해 논의하려고 데스 스타 제작에 참여한 사람들[65]을 불러모았다. 이들은 엄청나게 큰 구체 우주 정거장을 건설할 때 고려해야 할 사항을 몇 가지 제시했다.

- 다방면의 대칭성
- 이동 방향에 대해 거의 수직에 가까운 표면
- 자연 발생하는 구체와 비교했을 때의 중력적 특성
- 표면적의 함수로 표현되는 인원 수용 능력
- 큰 규모에서 나타나는 아주 미약한 곡률
- 유례없이 낮은 부피 대비 표면적 비율

제아무리 뛰어난 지성을 지닌 건축가, 공학자, 심지어 그랜드 모프(영화 〈스타워즈〉에 등장하는 은하 제국의 고위 정치 계급 — 옮긴이)[66]라 해도 기하학에 이래라 저래라 할 수는 없다. 이들도 나름대로 독창성을 발휘해서 기하학의 제약 안에서 일을 할 수밖에 없다. 이들이 대체 어떻게 해냈는지 그들의 말을 직접 빌려 들어 보자.

주의: 가독성을 높이기 위해 여러분도 익히 아는 그 불길하고 거친 숨소리는 편집했고 존칭과 높임말은 생략했다.

## 1. 무시무시한 대칭성

### 그랜드 모프 타킨

우리의 목표: 지금껏 보지 못했던 거대한 구조물로 은하계 겁주기. 우리의 자금: 사실상 무한하다. 제국의 무자비한 조세 정책 덕분에 말 그대로 하늘 말고

는 한계가 없다. 따라서 우리가 던질 첫 번째 질문은 다음과 같다. 이것은 대체 어떤 모양이어야 할까?

### 제국의 기하학자

나는 단순하고도 기본적인 디자인을 찾아내라는 명령을 받았다. 드로이드가 눈물을 흘리고 현상금 사냥꾼들이 오줌을 지릴 정도의 장관을 이루는 압도적인 디자인 말이다. 이것은 차라리 논문을 하나 더 쓰겠다 싶을 만큼 어려운 과제다.

### 그랜드 모프 타킨

이 가엾은 기하학자가 한 달 동안 머리를 쥐어뜯으며 스케치와 디자인 아이디어로 공책을 빽빽하게 채워 보았지만…… 다스 베이더 경 마음에 드는 건 하나도 없었다.

### 다스 베이더

육각기둥hexagonal prism이라니? 우리가 꿀벌의 제국이냐?

### 제국의 기하학자

깊은 자기 회의가 뼛속으로 파고들었지만 다스 베이더 경의 의견을 들어 볼 수 있어 정말 기뻤다. 수많은 선지자와 마찬가지로 그 역시 까다롭고 엄격한 관리자다. 하지만 그것이 모두 건설적인 비판을 위한 것임을 나는 안다.

### 다스 베이더

얼간이 같으니.

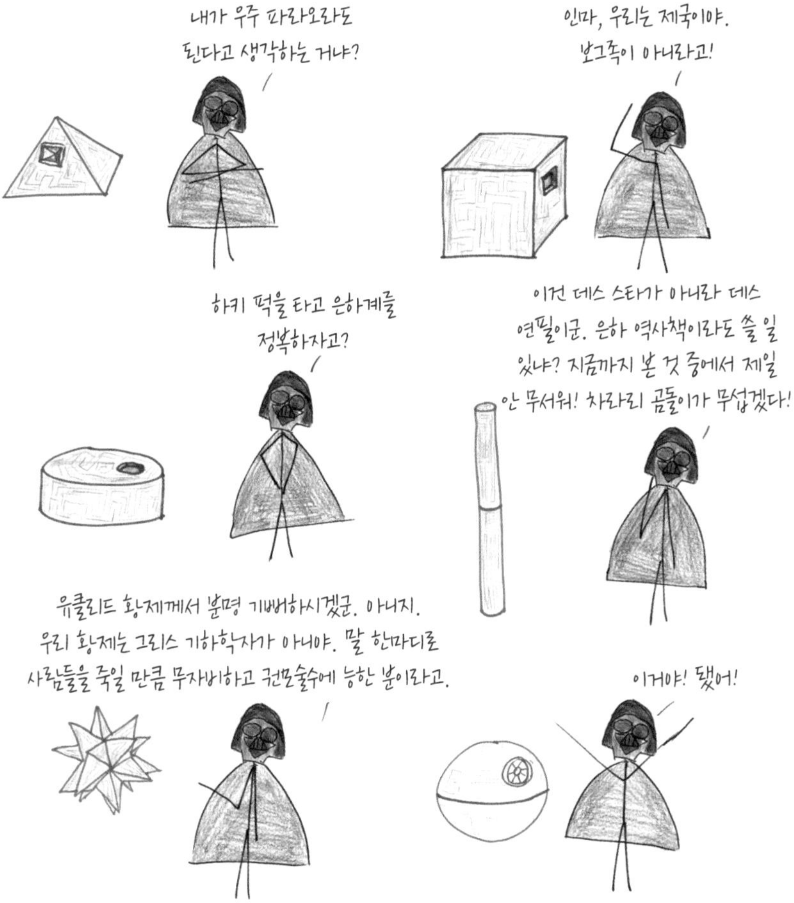

내가 우주 파라오라도
된다고 생각하는 거냐?

인마, 우리는 제국이야.
보그족이 아니라고!

하키 퍽을 타고 은하계를
정복하자고?

이건 데스 스타가 아니라 데스
연필이군. 은하 역사책이라도 쓸 일
있냐? 지금까지 본 것 중에서 제일
안 무서워! 차라리 곰돌이가 무섭겠다!

유클리드 황제께서 분명 기뻐하시겠군. 아니지.
우리 황제는 그리스 기하학자가 아니야. 말 한마디로
사람들을 죽일 만큼 무자비하고 검싸움술에 능한 놈이라고.

이거야! 됐어!

제국의 기하학자

마침내 우리는 한 가지 훌륭한 목표를 찾아냈다. 바로 대칭성이다.

사람들은 대부분 별생각 없이 그 용어를 사용하지만 수학에서 '대칭성'이
란 정확한 의미를 갖고 있다. 대칭성이란 도형에 어떤 일을 해도 그 도형이 여
전히 똑같은 모습으로 남아 있다는 뜻이다.

예를 들어 추바카의 얼굴은 대칭성이 하나밖에 없다. 수직 거울에 반사시
키기. 그게 끝이다. 만약 다른 행동을 하면, 예를 들어 90도로 회전하거나 수

평 거울에 반사시키면 얼굴이 완전히 다르게 배열된다. 그러면 추바카도 당신 얼굴을 그와 똑같이 배열해 줄 것이다.

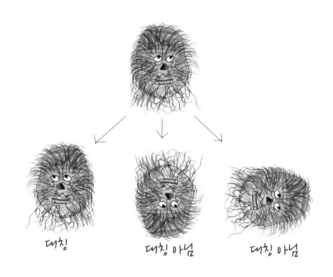

대칭             대칭 아님          대칭 아님

　　반면 쓰레기 압축기에서 루크를 공격했던 문어처럼 생긴 괴물 디아노가dianoga의 얼굴[67]은 세 가지 대칭성을 갖고 있다. 두 개는 반사 대칭, 하나는 180도 회전 대칭이다.

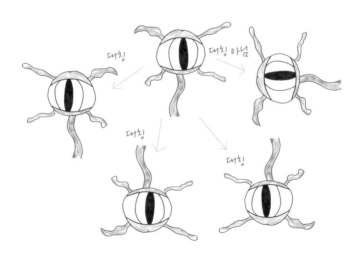

### 그랜드 모프 타킨

왜 대칭성에 집착할까? 대칭이야말로 아름다움의 본질이기 때문이다.

얼굴을 예로 들어 보자. 얼굴이 완벽히 대칭인 사람은 아무도 없다. 한쪽 귀는 조금 높이 붙어 있고 한쪽 눈은 조금 더 크고 코는 살짝 비뚤어져 있는 법이다. 하지만 얼굴이 대칭일수록 더 아름답다고 느낀다. 참 이상한 심리학적 사실이 아닐 수 없다. 아름다움에서 수학이 큰 부분을 차지한다니.

데스 스타는 슈퍼 모델의 얼굴만큼이나 강력한 경외감과 두려움을 불러일으키도록 만들어야 했다.

### 제국의 기하학자

하루는 다스 베이더 경이 내가 그려 온 그림들을 책상에서 쓸어 버리며 이렇게 고함쳤다. "더 대칭적이어야 해!" 정이십면체로 만들까 하는 생각도 했다. 이건 120가지 대칭을 가지니까. 이보다 대칭적인 것이 또 어디 있겠는가? 하지만 그 순간 내가 일하면서, 아니 내가 살아오면서 가장 자랑스러운 순간이 찾아왔다. 대칭의 극치인 도형이 생각난 것이다.

### 다스 베이더

왜 진작 구체를 생각하지 못한 거야? 쓸데없이 시간만 낭비했잖아.

### 그랜드 모프 타킨

아직 골칫거리가 남아 있었기 때문이다. 우리는 북반구에 행성 파괴용 레이저 장치를 설치해야 했는데 그것 때문에 대칭성이 약해졌다. 그것이 옥에 티라면 티였다.

나는 아직도 그 무기를 포함한 것이 실수였다고 생각한다. 적을 겁주는 데 어느 쪽이 더 효과적일까? 시시한 레이저 쇼인가, 무한한 대칭성인가?

## 2. 공기 역학 따위는 개나 줘 버리라지

### 그랜드 모프 타킨

당장 문제가 발생했다. 맞바람을 정면으로 치받는 꼴이 되어 버린 것이다. 그 당시엔 모두가 날렵하게 각 잡힌 스타 디스트로이어Star Destroyer(〈스타워즈〉에 등장하는 삼각형의 주력 전함 — 옮긴이) 디자인을 좋아했다. 이 전함들은 은하용 스테이크 나이프 같았다. 언제든 별을 헬륨 풍선처럼 뻥 하고 터트릴 준비가 되어 있는 것 같았으니까. 그냥 보기 좋으라고 전함을 그렇게 디자인한 게 아닐까 생각했는데 알고 보니 그런 디자인이 기능도 뛰어났다. 그런데 구체 디자인에는 문제가 있다.

### 제국의 물리학자

비행기를 조종한다고 상상해 보자. 아무리 훌륭한 조종사라고 해도 수많은 충돌을 겪는다. 물론 여기서 말하는 충돌은 공기 분자와의 충돌이다.

최상의 시나리오? 공기 분자가 비행기 표면과 평행하게 이동하는 것이다. 그러면 아무런 영향도 미치지 않는다. 옆 차선에서 자동차가 지나가는 것과 비슷한 경우다. 최악의 시나리오는 공기 분자가 표면에 90도 직각으로 충돌하는 것이다. 그러면 비행기는 그 충격을 고스란히 떠안는다. 비행기 앞쪽을 크고 평평하게 만들지 않는 이유도 그 때문이다. 마치 몸통에 크고 넓적한 광고판을 앞뒤로 매단 채 사람들을 헤치고 가려는 것이나 마찬가지니까.

그래서 스타 디스트로이어처럼 앞으로 갈수록 가늘어지는 디자인을 만든 것이다. 이 전함이 대기를 통과할 때는 공기 분자들이 대부분 비스듬히 스쳐 지나간다. 표면에 완전한 평행은 아니더라도 충분히 평행하게 움직인다. 반면 데스 스타는 공기 역학적으로 보면 악몽 그 자체다. 공기가 거의 완벽한 직각을 이루며 거대한 표면을 때리기 때문이다.

### 제국의 공학자

친구들은 모두 종이비행기를 날리는데 혼자만 종이비행기 대신 책상을 날리기로 했다고 상상해 보자. 들어가는 에너지도 에너지지만 예쁘게 날아갈 리만무하다.

### 그랜드 모프 타킨

원래는 데스 스타를 타고 직접 행성으로 쳐들어가 대기에 진입한 후 대륙을 한두 개 정도만 증발시킨 다음 스피커로 〈제국의 행진〉The Imperial March(영화 〈스타워즈〉 테마 음악 — 옮긴이)을 틀 생각이었다.

그런데 구체를 선택하는 순간 그 꿈은 사라지고 말았다. 공기 역학 때문에 어쩔 수 없이 우리 우주 정거장을 진공의 우주 공간에 남겨 둬야 했으니까. 그곳에는 공기 저항이 없지만, 공기가 없으니 음악도 없어지고 말았다.

### 다스 베이더

가혹한 희생이었지만 지도자는 이런 작은 일에 마음이 흔들리면 안 돼.

## 3. 실패하기엔 너무 크고, 구체로 만들기엔 너무 작다

### 그랜드 모프 타킨

머지않아 또 다른 장애물이 우리 길을 가로막고 섰다. 우리 물리학자들이 데스 스타는 울퉁불퉁한 소행성 모양이어야 한다고 계속 주장했기 때문이다.

### 제국의 물리학자

은하를 한번 둘러보자. 여기서 구체인 것이 뭐가 있을까? 항성, 행성, 덩치 큰 몇몇 위성 등 아주 크고 무거운 것들이다. 이번에는 소행성, 혜성, 먼지구름처럼 그보다 작고 밀도가 낮은 물체들을 한번 보자. 울퉁불퉁 감자 모양인 것이 많다.

이건 우연이 아니다. 중력에 따른 필연적인 사실이다. 내가 처음부터 말했다. 데스 스타는 구체로 만들기엔 너무 작다고 말이다.

### 그랜드 모프 타킨

그 말을 할 때 다스 베이더 경의 얼굴을 봤어야 하는데…….

### 다스 베이더

악의 역사상 가장 야심 찬 건설 프로젝트를 시작하려던 참이었는데 실험실 가운 입고 까만 뿔테 안경 쓴 놈이 내게 와서 하는 말이 뭐라고? 너무 작다고? 이놈이 나를 열 받게 하려고 작정했나?

## 제국의 물리학자

나는 선전 선동 전문가가 아니지만 여기 적용되는 물리학은 명확하다. 모든 물질은 나머지 모든 물질을 끌어당긴다. 물질이 많아질수록 당기는 힘도 커진다. 그게 중력이다.

공간이라는 믹싱 볼에 성분들을 던져 봐 보라. 그러면 모든 성분이 서로서로 끌어당긴다. 이것들은 일종의 3D 균형점인 질량 중심center of mass 주변으로 모여든다. 시간이 흐르면 외곽의 덩어리들과 돌출 부위 등이 이 중심을 향해 끌려가 결국 최종 평형 상태인 완벽한 구체가 된다.

하지만 이건 질량이 충분할 때 얘기다. 그렇지 않은 경우에는 인력이 너무 약해서 울퉁불퉁한 덩어리들을 다스리지 못한다. 그래서 거대한 행성들은 구체가 되지만 작은 위성들은 못생긴 감자 모양으로 남는 것이다.

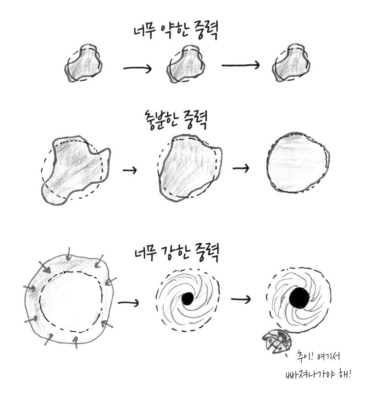

## 다스 베이더

거참 이상하군. 물리학자라는 놈들은 원래 이렇게 다 버릇이 없나? 지금 당장 이 과학자 놈들을 한 명도 빠짐없이 목을 비틀어 놔야 두 번 다시 볼 일이 없으려나?

## 제국의 물리학자

구체가 되기에 충분한 마법의 크기는 어떤 물질로 만들어졌느냐에 따라 다르다. 얼음은 지름 약 400킬로미터[68]면 구체가 될 수 있다. 얼음은 꽤 무른 편이기 때문이다. 바위는 더 단단해서 좀 더 큰 중력이 필요하다. 그래서 지름 약 600킬로미터는 돼야 구체가 된다. 지진 같은 힘에도 견딜 수 있게 설계된 제국의 강철 같은 물질이라면 훨씬 더 커야 한다. 아마 700킬로미터에서 750킬로미터 정도는 족히 되어야 할 것이다.

데스 스타? 지름이 겨우 140킬로미터에 불과하다.[69] 이 정도면 거의 조약돌 수준이다.

## 그랜드 모프 타킨

다스 베이더 경이 포스로 이 물리학자의 숨통을 조르려는 순간 절충안이 간신히 머릿속에 떠올라서 이렇게 말했다. "여러분! 이건 잘된 일입니다! 사람들이 우리의 인공 구체 구조물을 보면서 무의식적으로 실제 크기보다 더 크다고 가정할 테니까요. 추가로 들어가는 돈 한 푼 없이 우주 정거장의 지름을 세 배로 늘이는 효과를 보는 셈이죠!" 어쨌거나 우리는 물리학자의 숨통뿐만 아니라 중력도 조절할 수 있다는 점도 함께 지적했다. 마침내 이 물리학자도 그 속에 담긴 지혜를 이해하게 됐다.

### 제국의 물리학자

다스 베이더 경의 얼굴이 환해지는 것이 보였다. 그러니까…… 그런 것 같았다. 그분의 마스크 자체가 웃는 얼굴 모양 아닌가. 어쨌든 다스 베이더 경은 구체 모양이 적게 위압감을 주고 더 큰 천체를 떠올리게 만든다는 아이디어가 맘에 들었나 보다.

### 다스 베이더

바다에는 적을 겁주려고 자기 몸을 공처럼 부풀리는 무시무시한 생명체가 있지. 내가 데스 스타를 '하늘의 복어'라고 부른 것도 다 그래서 그런 거야.

### 그랜드 모프 타킨

다스 베이더 경에게 제발 '하늘의 복어'라는 표현은 쓰지 마십사 말씀드렸지만 뭐, 베이더 경은 그런 말이 통할 분이 아니다. 일단 한 가지 생각에 꽂히시면…….

## 4. 우주 공간에 떠 있는 웨스트버지니아

### 그랜드 모프 타킨

데스 스타가 등장하는 화면을 본 적이 있는가? 그걸 보면 그 안에 스톰트루퍼(〈스타워즈〉에 등장하는 제국군 ― 옮긴이)가 꽉 차 있을 것 같은 느낌이 든다. 잠수함만큼이나 빽빽하게 말이다.

하하. 실상을 보면 데스 스타는 내가 있어 본 곳 가운데 가장 외롭고 텅 빈 장소였다.

### 제국의 인구 조사원

데스 스타에는 210만 명 정도가 있었다.[70] 드로이드도 포함한 수치다. 한편 데스 스타의 반지름이 70킬로미터라면 표면적은 6만 2000제곱킬로미터 정도 된다. 만약 모든 사람을 표면 쪽으로 데려온다고 가정하면 인구 밀도가 1평방킬로미터에 30명 정도 나온다. 그러면 축구 운동장 다섯 개당 한 명 정도가 산다는 얘기다.

비교해 보자면 이는 웨스트버지니아의 크기, 인구, 인구 밀도와 대략 비슷하다. 데스 스타 사람들의 사회관계를 머릿속에 그려 보고 싶다고? 웨스트버지니아가 우주 공간에 떠 있다고 상상해 보라.

### 스톰트루퍼

젠장. 가끔 정말 외롭다. 하루 종일 한 구간을 순찰하는데 사람은커녕 드로이드 한 대도 구경 못 할 때가 있다.

### 제국의 인구 조사원

물론 상황은 그보다 훨씬 안 좋았다. 모두가 표면으로 올라와 시간을 보내는 건 아니니까 말이다! 이 우주 정거장에서 거주 가능한 지역은 4킬로미터 아래까지다. 한 층을 4미터로 보면 모두 1000층이 존재한다는 얘기다.

그럼 우주 공간에 떠 있는 웨스트버지니아가 온통 석탄 광산이라 사람들이 지하 4킬로미터까지 땅굴을 파고 들어가서 산다고 해 보자. 그럼 한 층의 인구 밀도는 40평방킬로미터당 한 명꼴이다. 지구에서 여기에 비교할 만한 곳이 어디 있을까? 그린란드가 있다.

### 스톰트루퍼

모욕 중에서도 최고의 모욕이 뭔지 아는가? 이런 넓은 공간을 두고 우리를 한 방에 60명씩 재운다는 거다. 각각의 기숙사에 화장실은 고작 세 군데, 샤워실은 고작 두 군데만 마련되어 있다. 사람들에게 악몽을 안겨 주고 싶다고? 행성을 산산조각 내는 게 뭐 별건가. 차라리 우리가 매일 아침 배를 움켜쥐고 발을 동동 구르며 화장실 밖에 줄 서 있는 모습을 보여 줘라.

황제에게는 수천조 달러짜리 구체 우주 정거장을 만들 돈이 있다면서 그 우주 정거장에서 근무하는 나는 3층 침대에서 새우잠을 자고 오줌 한 번 누려면 500미터를 걸어가라고? 젠장. 지금 생각해도 열 받는다.

| 장소 | 인구 밀도 (km² 당 사람수) |
|---|---|
| 꽉 찬 엘리베이터 | 3,000,000 |
| 잠수함 | 50,000 |
| 뉴욕 | 10,000 |
| 일반적인 교외 지역 | 1,000 |
| 하와이주 | 90 |
| 데스 스타(모두 표면에 있을 때) | 30 |
| 데스 스타(충별로 흩어져 있을 때) | 0.03 |
| 영화 〈마션〉에서의 화성 | 0.000 000 007 |

# 5. 보이지 않는 곡선

### 그랜드 모프 타킨

기본적으로 데스 스타는 거기서 일하는 인간들 편하게 해 주려고 만든 게 아니니까. 모든 인간을 비롯해 원자로, 준◆광속 엔진, 하이퍼드라이브 등 모든 기계는 이 우주 정거장의 진정한 목표, 즉 슈퍼레이저를 가동하기 위한 지원 시스템에 불과해.

### 제국의 기하학자

아하, 그것이 구체가 완벽한 도형인 또 다른 이유였다! 구체는 부피 대비 표면적이 가장 작으니까. 모든 것을 파괴하는 레이저 건처럼 거대한 무언가를 싸는 케이스를 만드는 경우 구체를 이용하면 최소의 재료로 만들 수 있지.

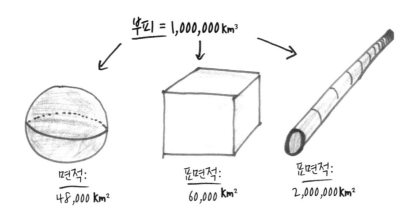

부피 = 1,000,000 km³

면적:
48,000 km²

표면적:
60,000 km²

표면적:
2,000,000 km²

### 제국의 공학자

기하학자가 구체를 이용하면 돈을 아낄 수 있다고 말할 줄 알았지. 정육면체로 만들면 강철이 24퍼센트 더 필요하니까. 하여간 수학자라는 인간들이 이렇다니까. 이론만 따질 줄 알았지 실용적인 부분에 대해서는 생각이 없어요,

생각이.

우리가 비행선을 구체로 만들기를 꺼리는 데는 다 이유가 있다고. 곡선 만들기가 얼마나 힘든지 알아? 내부 장식에 곡선을 쓰는 건 아무 문제가 없어. 하지만 뼈대를 만들 때 곡선을 쓰려면 몇 년 동안 골치깨나 썩는다고. 우주 정거장을 구체로 만들려면 강철 빔이 미터당 0도 0분 3초 정도 곡률로 휘어 있어야 해. 킬로미터당 곡률이 1도도 안 된다는 소리야.

이게 얼마나 골치 아픈 일인지 알아? 이 정도면 맨눈으로는 보이지도 않을 정도로 낮은 곡률이지만 부품을 하나하나 주문 제작해야 할 정도로 높은 곡률이라고.

### 그랜드 모프 타킨

곡선 빔이라……. 흠, 그 얘기는 꺼내지도 마. 우리가 눈치 못 챌 줄 알고 하도급 업자가 우리에게 1년 내내 직선 빔을 공급했지. 솔직히 눈치 못 채고 있었어. 그러다 어느 날 황제께서 셔틀을 타고 접근하면서 이렇게 말씀하셨지. "저기 웃기게 툭 삐져나온 건 무엇이냐?" 그 바람에 작업이 몇 달치나 지연됐다고. 그 하도급 업자에게 우리가 당한 고통보다 몇 배로 앙갚음해 준 게 그나마 위안이었지.

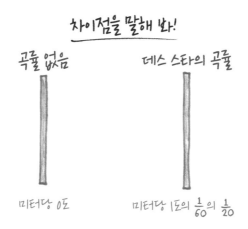

차이점을 말해 봐!

곡률 없음　　데스 스타의 곡률

미터당 0도　　미터당 1도의 $\frac{1}{60}$의 $\frac{1}{20}$

### 다스 베이더

어리석은 하도급 업자 같으니라고. 감히 사악한 제국을 상대로 사기를 치려 하다니.

# 6. 일을 너무 잘해도 탈

### 제국의 기하학자

아까도 말했지만 구체로 만들면 표면적을 최소로 줄일 수 있다. 하지만 여기에는 다른 단점도 있다는 것을 인정해야겠다.

### 그랜드 모프 타킨

폐기물 처리가 끝없는 골칫거리다.

### 제국의 환경미화원

우주에서 쓰레기를 처리하는 근본 해법은 아주 간단하다. 그냥 버리면 된다. 하지만 표면적이 최소화되어 있다는 것은 우주 정거장 본체의 내부는 대부분 표면에서 한참 떨어져 있다는 의미다. 그래서 수십 킬로미터짜리 쓰레기 슈트chute(자재 등을 미끄럼대로 이동하는 장치 — 옮긴이)가 필요하다. 내가 재활용 캠페인을 시작해 보았지만 다 소용없었다. 사람들은 그냥 음식물, 강철 빔, 살아 있는 반란군 죄수 등 온갖 것을 쓰레기 압축기에 그냥 버린다. 이 사람들은 지속 가능성sustainability 따위는 안중에도 없다는 생각이 절로 든다.

### 제국의 공학자

아직도 머릿속을 떠나지 않는 문제점은 바로 난방이다. 그곳은 우주 공간이다. 추울 수밖에 없다. 열을 뺏기지 않고 보존하려면 구체가 제격이다. 표면적이 최소니까 열 손실도 최소로 줄일 수 있다. 그런데 보아하니 우리가 일을 잘해도 너무 잘한 것 같다. 초기 시뮬레이션에서 우주 정거장이 과열되는 경향이 있는 것으로 드러났으니 말이다.

### 제국의 설계자

과도한 열을 일부 배출할 필요가 있어서 환기구를 설치했다. 크지는 않다. 폭몇 미터 정도에 불과하니까. 이 환기구를 통해 열을 우주로 배출하는 것으로 문제는 해결됐다.

그런데 그 생각은 못 했다…….

반란군이 환기구를 이용해서 우주 정거장을 파괴했다는 소식을 듣고서는 차마…….[71]

### 제국의 설계자의 변호사

기록 영상을 살펴보자. 수사 팀이 발견한 내용을 보면 데스 스타는 잘못된 원자로 때문에 파괴되었다. 이건 내 의뢰인이 설계하지 않았다. 내 의뢰인이 설계한 건 환기구다. 이 환기구는 열을 우주 정거장 밖으로 배출한다는 목표를 성공적으로 완수했다.

### 다스 베이더

양자 어뢰를 우주 정거장 안으로 들이는 데도 성공했지.

### 그랜드 모프 타킨

불안정한 출발에서 씁쓸한 결말에 이르기까지 데스 스타는 모두 타협의 결과물이었다. 돈이 많이 들었나? 그렇다. 비효율적이었나? 당연히. 오합지졸 반란군 쓰레기들에게 파괴되었나? 차마 부정할 수 없다.

하지만 그래도…… 그 거대하고 영광스러운 구체를 생각하면 이보다 더 자랑스러울 수가 없다.

멀리서 보면 이 우주 정거장은 운석의 충돌로 생긴 분화구가 있는 달처럼 보인다. 더 가까이 다가가면 그 기하학적 완벽함이 우리를 압도하기 시작한다. 그 분화구의 무수한 대칭성하며, 지각을 이루는 표면의 채널들하며, 적도를 두른 어두운 원형 흉터하며…….

## 제국의 기하학자

데스 스타는 이런 섬뜩한 융합을 완성했다. 엄청나게 거대해서 분명 자연스러워야 하지만, 너무도 완벽해서 자연스러울 수 없는 존재. 충격적이고 매력적이고 두려운 존재였다. 이것이 바로 기하학의 힘이다.

## 다스 베이더

종종 그렇듯이 우리를 비판하는 자들이 오히려 우리에게 최고의 강령을 제공해 주었지. 오랜 친구이자 적인 오비완이 "저건 달이 아니야."That's no moon. 라고 말했을 때 이거다 싶었어. 최고의 홍보 문구가 생겼구나 했지.

유클리드 아르키메데스 다이슨 베이더 팰퍼틴

# 데스 스타

"저건 달이 아니야."
오비완 케노비

당신의 행성을 조만간 파괴해 드립니다.

# 제3부

# 확률론

## 어쩌면의 수학

동전 던지기를 해 본 적이 있는가? 너무 가난해서 동전을 구경도 못 해 봤거나 너무 부자여서 동전 같은 건 아예 취급하지 않는 사람이 아니면 모두들 '그렇다'고 대답하지 않을까 싶다. 그리고 동전의 앞이나 뒤가 나올 확률은 50 대 50이지만 동전 던지기의 결과가 앞뒤 반반 섞여 나오는 일은 없다. 그 결과는 '앞' 아니면 '뒤', 둘 중 하나다.

정말 헷갈리는 세상이야!

인생도 마찬가지다. 무작위로 일어나는 일회성 사건들로 가득하다. 예상도 못 했는데 기차가 지연되기도 하고, 뜻하지 않았던 역전승을 거두기도 하고, 난데없이 마법처럼 주차할 자리가 생기기도 한다. 폭풍이 몰아치는 이 세상에서는 못 일어날 일이 없고, 운명은 결코 사건을 예고하지 않는다.

하지만 동전 던지기를 수조 번 해 보면 완전히 다른 세상이 펼쳐진다. 장기적인 평균치로 잘 다듬어진 세상이 기다린다. 여기서는 모든 동전 가운데 절반은 앞면이 나오고, 새로 태어나는 아기 가운데 절반은 사내아이고, 100만 분의 1 확률의 사건은 얼추 100만 번에 한 번꼴로 일어난다. 눈부시게 화창한 이 이론의 세상에서는 변덕이나 우연이 존재하지 않는다. 변덕과 우연은 바다에 던져진 돌멩이처럼 모든 가능성의 총합에 매몰되어 사라지고 만다.

확률론은 이 두 세상 사이에 다리를 놓아 준다. 우리가 아는 세상은 거칠고 모호한 것투성이라 확률론이 필요하다. 그리고 우리가 결코 도달할 수 없는 고요하고 차분한 세상은 그 확률론을 가능하게 해 준다. 확률론자는 이 두 세상에 양다리를 걸친 복수 국적자다. 이들은 헤드라인을 장식하는 뉴스나 연예인 스캔들을 무한히 많은 카드 패에서 뽑아낸 카드 한 장, 또는 바닥이 보이지 않는 무한한 주전자에서 따른 물 한 컵으로 이해하려고 한다. 죽을 운명인 우리는 결코 영원의 세계에 발을 들여놓을 수 없지만 확률론 덕분에 그 세계를 살짝 엿볼 수 있다.

## 제11장

# 당신이 로또 줄에서 만난 열 사람

로 또 복권. 이건 당신이 낙관주의자임을 보여 주는 증서다. 희망부에서 발행하는 희망 국채라고 할까? 꼬깃꼬깃 구겨진 칙칙한 1달러짜리 지폐에 집착할 이유가 무엇인가? 그 돈이 꽝이 될지 수십억 달러가 될지 알 수 없는 미스터리 복권을 사서 설레는 기분으로 일주일을 살 수 있는데 말이다.

이 말에 혹하지 않는다면, 흠, 아무래도 자신이 좀 별종이란 걸 인정해야 할 것 같다.

솔직히 말하면 나는 평생 로또 복권에 쓴 돈이(7달러) 이번 달에 크루아상에 쓴 돈보다도 적다(얼마인지는 묻지 말길). 하지만 매년 미국 성인 가운데 절반 정도가 로또 복권을 산다. 당신이 생각하는 그 절반이 아니다. 적어도 9만

174

달러를 버는 사람이 벌이가 3만 6000달러 미만인 사람보다 로또를 살 확률이 더 높다.[72] 대학 졸업자는 대학을 나오지 않은 사람보다 로또를 더 많이 산다. 미국에서 로또 소비율이 가장 많은 주(州)는 내 고향인 매사추세츠주다.[73] 돈 많고 교육 수준 높은 진보주의자의 안식처인 이곳에서 사람들은 로또 복권 구입에 매년 1인당 800달러를 쓴다. 로또 구입은 미식축구 관람, 이웃집 고소, 국가(國歌) 망치기와 비슷하다. 이것들은 다양한 이유로 이루어지는 미국인의 취미 활동이다.

나와 함께 로또 가게 앞에 줄을 서 보자. 그리고 돈을 내고 상품화된 우연을 사러 온 천태만상의 사람들을 살펴보자.

돈벌이는 무슨, 그냥 재미로 하는 거지.

## 1. 게이머

보라! 여기 게이머가 있다. 이들은 내가 크루아상을 사는 것과 똑같은 이유로 로또 복권을 산다. 먹고살기 위해서가 아니라 즐거움을 위해서 말이다.

'보너스 현금 1만 달러'라는 제목이 붙은 매사추세츠 복권을 예로 들어 보자.[74] 이것은 아주 기발한 제목이다. 아무 단어에나 '1만'과 '보너스'라는 단어를 함께 적어 놓으면[75] 일이 잘못될 일이 없다. 게다가 이 복권의 1달러 티켓에 사용된 그래픽을 보면 컬러 프린터 앞에서 밤새 광란의 파티를 벌인 것처럼 보인다. 뒷면을 보면 다음과 같은 복잡한 당첨 확률이 나와 있다.

| 당첨금 | 확률 |
|---|---|
| 10,000달러 | 1,000,800분의 1 |
| 5,000달러 | 1,000,800분의 1 |
| 500달러 | 50,400분의 1 |
| 100달러 | 1,000분의 1 |
| 40달러 | 1,007분의 1 |
| 25달러 | 1,000분의 1 |
| 20달러 | 300분의 1 |
| 10달러 | 100분의 1 |
| 5달러 | 150분의 1 |
| 4달러 | 100분의 1 |
| 3달러 | 100분의 1 |
| 2달러 | 13.64분의 1 |
| 1달러 | 10.기분의 1 |

흥미진진한 가능성이 아주 많네!
달콤한 미래의
뷔페 상차림이라고나 할까!

이 복권 한 장의 가치는 얼마나 될까? 아직은 알 수 없다. 1만 달러가 될 수도 있고 5달러가 될 수도 있다. 어쩌면(이 말의 속뜻은 '십중팔구'다.) 꽝이 될 수도 있다.

이 복권의 가치를 하나의 수로 추정할 수 있다면 좋을 것이다. 우리가 복권을 고작 1달러어치가 아니라 100만 달러어치씩 산다고 상상해 보자. 그러면 닭장처럼 소란스러운 단기적인 세상을 빠져나와 평화롭고 고요한 장기적인 세상으로 갈 수 있다. 이곳에서는 돈을 내고 복권을 살 때마다 예상한 비율대로 당첨금이 나온다. 복권 100만 장이 있으면 100만 번에 한 번꼴로 일어나는 사건이 대략 한 번 일어난다. 10만 번에 한 번꼴로 일어나는 사건은 대략 열 번 일어날 것이다. 그리고 네 번에 한 번꼴로 일어나는 사건은 대략 25만 번 일어날 것이다.

산더미처럼 쌓여 있는 복권을 하나하나 확인해 보면 다음과 비슷한 결과를 기대할 수 있다.

| 당첨금 | 복권 수(100만 장당) |
|---|---|
| 10,000달러 | 1 |
| 5,000달러 | 1 |
| 500달러 | 20 |
| 100달러 | 1,000 |
| 40달러 | 993 |
| 25달러 | 1,000 |
| 20달러 | 3,333 |
| 10달러 | 10,000 |
| 5달러 | 6,667 |
| 4달러 | 10,000 |
| 3달러 | 10,000 |
| 2달러 | 73,314 |
| 1달러 | 93,371 |

우와! 당첨된 복권이 무려 20만 장이야! 그런데 가만······ 이게 뭐야······?

복권 가운데 약 20퍼센트는 당첨이 된다.[76] 당첨금을 모두 더해 보니 100만 달러를 투자해서 대략 70만 달러 벌었다. 한마디로 30만 달러를 그냥 매사추세츠주 정부 호주머니에 직접 꽂아 준 셈이다.

바꿔 말하면 1달러짜리 복권 한 장의 평균 가치는 0.7달러다.

수학자들은 이것을 복권의 **기댓값**expected value이라고 부른다. 이름이 좀 웃긴 것 같다. 자녀가 1.8명인 가족을 '기대'하지 않듯이, 있지도 않은 당첨금 0.7달러짜리 복권을 '기대'하는 사람도 없을 테니까. 차라리 **장기적 평균**long-run average이라는 용어가 나을 듯하다. 이 용어는 이 로또 복권을 사고 또 사고 또 사고…… 계속 샀을 경우 복권 한 장당 벌게 될 돈의 액수를 뜻한다.

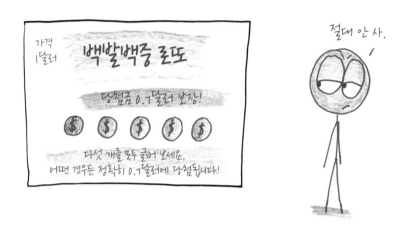

물론 이 값은 당신이 지불하는 복권 가격보다 0.3달러 적지만 복권으로 재미를 보는 값이라 생각하고 사람들은 기꺼이 복권을 산다. 미국 사람에게 로또 복권을 사는 이유에 대해 여론 조사를 해 보면[77] 절반 정도는 '돈을 벌려고'가 아니라 '재미로' 구입한다고 말한다. 이런 사람들이 게이머다. 주 정부에서 새로운 로또 게임을 내놓을 때 로또 판매량이 전체적으로 올라가는 이유도 이런 사람들 때문이다.[78] 게이머들은 새로운 로또를 기존 로또와 판매 경쟁을 벌이는 투자 기회로 바라보지 않고(만약 그랬다면 기존 로또 판매량은 그만큼 줄어들어야 했을 것이다.) 새로운 재밋거리로 생각한다. 멀티플렉스 상영관에 추가로 개봉한 영화처럼 말이다.

게이머들을 끌어당기는 로또 복권의 매력은 정확히 뭘까? 당첨의 희열? 불확실성에서 오는 아드레날린 분출? 아니면 로또 추첨을 지켜보는 동안 느끼는 두근거림? 이거야 각자 취향에 달렸다.

그래도 이건 분명 아니라고 말해 줄 수 있는 것이 딱 하나 있다. 경제적 이득이다. 장기적으로 보면 로또 복권은 거의 항상 지불 당첨금보다는 판매 수익이 더 크다.

헤헤. 부자가 되거나
빈털터리가 되거나 둘 중 하나나.

## 2. 똑똑한 바보

잠깐! '거의 항상'이라니? '거의'가 왜 붙지? 대체 어떤 멍청한 정부가 평균 당첨금 지불액이 복권 판매 수익보다 더 큰 로또 복권을 판단 말인가?

이런 예외가 생기는 이유는 로또 규칙 때문이다. 만약 어느 주에 로또 1등 당첨자가 나오지 않으면 그 당첨금이 다음 주로 이월되기 때문에 1등 당첨금이 훨씬 커진다. 이런 일이 여러 번 반복되면 복권의 기댓값이 가격을 넘어서는 경우가 생길 수 있다. 예를 들어 2016년 1월 영국 로또 복권 추첨에서 복권 가격은 2파운드에 불과한데 복권 기댓값은 4파운드를 넘어선 일이 있었다.[79] 얼핏 이상해 보이는 규칙이지만 이런 전략을 쓰면 보통 판매량이 크게 증가하기 때문에 당첨금 지급에 들어가는 비용을 보상하고도 남는다.

이런 로또 줄에 서 있으면 아주 특별한 사람을 만나게 된다. 바로 똑똑한 바보다. 이들은 공부밖에 할 줄 모르는 보기 드문 존재로 바보들이 공부할 때 항상 하는 짓을 '기댓값'을 대상으로 저지른다. 부분적인 진실을 전체적인 지혜로 착각하는 것이다.

'기댓값'은 가격, 확률 등 로또 복권의 여러 측면을 농축해서 하나의 숫자로 요약한 것이다. 이건 강력한 방법이다. 심지어 단순하기까지 하다.

각각 1달러인 이 두 복권을 예로 들어 보자.

A 복권에 1000만 달러를 투자하면 벌어들일 것으로 기대되는 당첨금은 900만 달러에 불과하다. 결국 복권 한 장에 0.1달러를 잃는 셈이다. 반면 B 복권에 1000만 달러를 투자하면 기대되는 당첨금은 1100만 달러다. 복권 한 장에 0.1달러의 이윤이 생긴다. 따라서 기댓값에 혹한 사람들의 눈에 B 복권은 황금 같은 기회이고 A 복권은 똥 덩어리만도 못한 사기로 보인다.

그런데 말이다. 1100만 달러가 생기면 900만 달러가 생겼을 때보다 더 행복해질까? 둘 다 지금 내 은행 계좌에 들어 있는 돈보다 몇 배나 많은 돈이다. 이 둘 사이의 심리적 만족감의 차이는 무시할 수 있을 정도로 작다. 그런데 왜 하나는 바가지 취급하고 다른 하나는 아주 멋진 거래라고 생각한단 말인가?

더 간단하게 억만장자 빌 게이츠Bill Gates가 당신에게 내기를 제안한다고 상상해 보자. 1달러를 주면 10억 분의 1 확률로 100억 달러를 주기로 했다. 기댓값을 계산해 보는 순간 당신의 입안에는 군침이 돌기 시작한다. 10억 달러를 투자했을 때 예상되는 수익이 무려 100억 달러. 뿌리치기 힘든 유혹이다!

똑똑한 바보들에게 충고하건대 부디 이 유혹을 뿌리치기 바란다. 당신은 이런 도박을 할 형편이 못 된다. 당신이 간신히 100만 달러를 긁어모아 투자한다고 해 보자. 억만장자 빌 게이츠는 무조건 100만 달러를 더 버는 셈이고 당신은 빈털터리가 될 확률이 여전히 99.9퍼센트나 된다. 기댓값은 장기적인 평균에 불과하다. 빌 게이츠가 제안한 도박에서 당신은 그 '장기적' 수준에 도달하기 훨씬 전에 이미 돈을 탕진하고 말 것이다.

대부분의 로또 복권이 마찬가지다. 아래 나온 1달러짜리 복권의 추상적 확률을 계산해 보면 기댓값의 배신을 뼈저리게 느낄 수 있을 것이다.

맙소사!
당첨금이 무한이야.
평생 모은 돈을 탈탈 털어서
이 복권을 사야겠어.

∞ 복권

| | | |
|---|---|---|
| 10분의 1 | 확률로 | 1달러 |
| 100분의 1 | 확률로 | 10달러 |
| 1,000분의 1 | 확률로 | 100달러 |
| 10,000분의 1 | 확률로 | 1,000달러 |
| 100,000분의 1 | 확률로 | 10,000달러 |

······ 기타 등등 ······

복권 열 장을 사면 거의 1달러를 벌게 된다. 꽤 끔찍한 확률이다. 복권 한 장의 가치가 0.1달러에 불과하다.

복권 100장을 사면 20달러를 벌 가능성이 높다(가장 적은 당첨금 10회, 그다음 적은 당첨금 1회). 그래도 살짝 덜 끔찍하다. 이제 복권 한 장의 가치는 0.2달러다.

복권 1000장을 사면 300달러를 벌 가능성이 높다(1달러 당첨금 100회, 10달러 당첨금 10회, 100달러 당첨금 1회). 이제 복권 한 장의 가치가 0.3달러로 올라왔다.

이렇게 계속 이어 가다 보면 복권을 더 많이 살수록 기댓값도 더 나아진다. 어떻게든 돈을 마련해서 복권을 1조 장 사면 기댓값은 복권 한 장에 1.2달러 정도가 된다. 1000조 장을 사면? 한 장에 1.5달러 정도로 더 높아진다. 사실 복권을 많이 살수록 장당 이윤도 더 높아진다. 말도 안 되는 일이지만 만약 당신이 1구골($10^{100}$, 1에 0이 100개 붙은 수) 달러를 투자한다면 수익금은 10구골 달러가 된다. 복권을 충분히 여러 장 구입하기만 하면 당신이 원하는 평균 수익을 얼마든지 올릴 수 있다. 이 복권의 기댓값은 무한이다.

하지만 정부가 지급을 보증해 준다 하더라도 이런 이윤을 얻을 수 있을 만큼 복권을 구입할 형편이 되는 사람이 없다. 평생 모든 돈을 이 복권에 투자해 보라. 그래 봤자 파산 가능성이 압도적으로 높다. 결국 빈털터리가 되어 똑똑한 바보라는 소리만 들을 것이다.

우리 인간은 짧게 살다 가는 존재다. 이런 장기적 평균은 불멸하는 존재를 위해 남겨 두자.

## 3. 심부름꾼

와, 방금 누가 줄 섰는지 보았는가? 심부름꾼이다!

이곳에 와 있는 대다수와 달리 심부름꾼에게는 횡재가 보장되어 있다. 심부름꾼은 복권을 자신이 가지지 않고 줄 서서 복권을 사고 다른 사람에게 건네주는 대가로 쥐꼬리만 한 돈이나마 수고비를 받는다. 변변치 않은 벌이지만 돈을 버는 것은 확실하다.

누가 이런 심부름꾼을 돈 주고 고용할까? 그것은 다음 참가자가 대답해야 할 문제다.

# 4. 큰손

언뜻 보면 이 사람은 똑똑한 바보와 아주 비슷해 보인다. 반짝거리는 눈동자 하며 뭔가 꿍꿍이를 숨긴 듯한 미소하며 기댓값에 집착하는 모습이 똑같다. 하지만 이 사람은 플러스 기댓값positive expected value (들어가는 비용보다 기댓값이 더 큰 경우)의 로또 복권을 만나면 행동이 달라진다. 똑똑한 바보는 고작 당첨도 안 될 복권 몇 장 사 들고 희망 고문에 시달리다 끝나지만 큰손은 아주 단순하면서도 무시무시한 계획을 실천에 옮긴다. 위험을 아예 초월하려면 복권 몇 장만 구입해서는 안 된다. 아예 복권을 통째로 사 버려야 한다.

어떻게 하면 이런 큰손이 될 수 있을까? 그냥 다음의 네 단계만 따르면 된다. 미친 짓 같지만 그만큼 명쾌한 방법이다.

1단계: 플러스 기댓값인 로또를 찾아낸다. 이런 로또는 생각만큼 드물지 않다. 연구자들의 추정에 따르면 로또의 11퍼센트 정도가 여기에 해당한다.[80]

2단계: 1등 당첨자가 여러 명일 가능성을 주의해야 한다. 당첨금이 커지면 로또 구입자도 더 많아지기 때문에 1등 당첨금을 다른 사람들과 나눠 가져야 할 가능성도 그만큼 높아진다. 이것은 기댓값을 갉아먹는 재앙이다.

3단계: 1등 말고 그 아래 낮은 등수를 눈여겨봐야 한다. 이 일종의 아차상들은(예를 들면 숫자 여섯 개 가운데 네 개를 맞추는 경우) 따로 떼어 놓고 보면 변변치 않은 액수지만 그만큼 당첨이 확실하기 때문에 값진 위험 분산hedge이 되어 준다. 그래서 1등 당첨금을 나누어 갖더라도 낮은 등수의 당첨금 덕분에 큰손은 지나친 손실을 피할 수 있다.[81]

마지막으로 4단계: 로또가 싹수가 보인다 싶으면 가능한 조합을 모두 구입한다.

쉬워 보이는가? 그렇지 않다. 큰손이 되려면 어마어마한 자원이 필요하다. 자본도 수백만 달러 정도가 필요하고, 수백 시간을 들여 로또 구입 용지를 작성해야 하고, 실제로 이 로또 복권을 사 올 심부름꾼도 수십 명이 필요하고, 이런 대량 주문에 응할 수 있는 소매점도 있어야 한다.

1992년 버지니아주 로또에 관련한 극적인 이야기를 들어 보면 이것이 결코 쉽지 않은 일임을 이해할 수 있을 것이다.[82]

그해 2월의 복권 추첨에서는 모든 상황이 완벽하게 맞아떨어졌다. 당첨금이 이월되면서 2700만 달러로 치솟아 신기록을 세웠고, 가능한 숫자의 조합이 700만 가지밖에 안 되었기 때문에 1달러 복권 한 장의 기댓값이 거의 4달러까지 올라갔다. 게다가 1등 당첨금을 나눠 가질 위험이 다행스러울 정도로 낮았다. 기존에 버지니아주 로또에서 1등 당첨자가 여러 명 나오는 경우의 확률은 6퍼센트에 불과했다. 그리고 이번에는 당첨금이 엄청나게 올라가 있었기 때문에 세 명이 한꺼번에 당첨되더라도 수익을 낼 수 있는 상황이었다.

그래서 큰손이 덤벼들었다. 스테판 맨들이라는 수학자가 이끌고 투자자 2500명으로 이루어진 호주의 한 연합체에서 행동에 나섰다. 이들은 전화를 돌리며 슈퍼마켓과 편의점 체인 본부에 어마어마한 양의 복권을 주문했다.

이들은 시간에 쫓겼다. 복권을 인쇄하는 데 시간이 들기 때문이다. 한 슈퍼마켓 체인점은 주문 처리에 실패하는 바람에 60만 달러를 환불해 줘야 했다. 이윽고 추첨할 시간이 되었을 때 투자자들은 700만 가지 조합 가운데 500만 가지 조합만을 확보해서 아예 1등에 당첨되지 못할 가능성이 거의 3분의 1이나 됐다.

다행히 1등을 놓치지는 않았다. 500만 장이나 쌓여 있는 복권 중에 1등 당첨 복권을 찾아내는 데 몇 주가 걸렸지만 말이다. 버지니아주 로또 복권 담당자와 법적인 다툼은 살짝 있었지만(그 담당자는 두 번 다시 이런 일이 없게 하겠노라고 맹세했다.) 이들은 당첨금을 받아 낼 수 있었다.

맨들 같은 큰손들은 1980년대와 1990년대 초반에 짭짤한 이윤을 남기며 호시절을 누렸다. 하지만 이제 그런 호시절은 옛날이야기가 됐다. 버지니아주에서 있었던 로또 사재기는 분명 쉽지 않은 일이었지만 메가 밀리언<sub></sub>Mega Millions
이나 파워볼Powerball 같은 복권을 사재기하는 일에 비하면 누워서 떡 먹기나
마찬가지였으니 말이다. 이런 복권들은 가능한 숫자 조합이 2억 5000만 가지
가 넘는다. 게다가 버지니아주 사건 이후로는 복권 대량 구입을 막기 위한 법
까지 등장했으니 이제 큰손이 이윤을 남길 만한 적절한 조건을 다시 찾아내기
는 불가능해 보인다.

아하, 나는 신경 쓰지 말아요.
그냥 당신들에게 흥미가 있어서
여기 온 거니까.

## 5. 행동 경제학자

심리학자, 경제학자, 확률론 학자 등 대학에서 −학자를 달고 다니는 다양한 이
들에게 사람들이 불확실성을 대하는 방식만큼 지대한 관심사는 없다. 사람들
은 위험과 보상을 어떻게 저울질할까? 어째서 어떤 위험은 사람들에게 매력
적으로 느껴지고, 어떤 위험은 피해야 한다고 느껴질까? 이런 의문점들을 해
결하는 과정에서 연구자들은 어떤 문제와 마주쳤다. 삶이 어마어마하게 복잡
하다는 것이다. 디저트 주문, 이직移職, 잘생긴(예쁜) 사람과의 결혼 등의 선택
을 내리는 일은 불규칙한 면이 셀 수 없이 많은 거대한 주사위를 굴리는 것과
비슷하다. 모든 결과를 상상하기도, 모든 요소를 통제하기도 불가능하다.

반면 로또는 단순하다. 결과가 분명하고 확률도 명확하다. 이는 사회 과학을 연구하는 학자들에게는 꿈 같은 연구 기회다. 알다시피 행동 경제학자들은 여기에 복권을 사러 온 것이 아니라 복권 추첨을 구경하려고 와 있다.

학자들의 로또 복권 사랑은 몇 세기를 거슬러 올라간다. 확률론이 시작된 1600년대 말을 예로 들어 보자.[83] 이 시대에는 재정학finance이라는 것이 시작되어 보험 계획insurance plan이라든가 투자 기회investment opportunity 같은 개념이 퍼지기 시작했다. 하지만 불확실성의 수학이 태어난 지 얼마 되지 않았기 때문에 이런 복잡한 증서들을 어떻게 이해해야 할지 알지 못했다. 그 대신 아마추어 확률론 학자들은 로또 복권으로 눈을 돌렸다. 로또는 단순했기 때문에 자신의 이론을 갈고닦을 완벽한 대상이 되어 주었다.

좀 더 최근에는 대니얼 카너먼Daniel Kahneman과 아모스 트버스키Amos Tversky라는 환상의 2인조가 로또에서 나타나는 강력한 심리적 패턴을 찾아냈다. 이어서 그 내용을 소개하겠다.

## 6. 어차피 잃을 것이 없는 사람

행동 경제학의 측면에서 볼 때 재미있겠다 싶은 선택 문제[84]를 소개한다.

흠……. 900달러에 만족할까,
아니면 다 잃을 위험을 감수하고
살짝 욕심을 내 볼까?

## #1: 어느 쪽을 선택하시겠습니까?

A: 900달러 수입 보장

B: 90퍼센트 확률로 1000달러 수입

장기적으로 보면 어느 쪽을 선택해도 상관없다. B를 100번 선택하면 90번 정도는 횡재를 하고 10번 정도는 꽝이다. 그러면 100번 시도해서 총 9만 달러를 받으니까 평균하면 900달러가 된다. 따라서 이 경우 기댓값은 A와 같다.

하지만 일반적인 사람이라면 여기서 강력한 선호도가 드러난다. 당신은 빈손으로 일어설 것을 감수하고 100달러를 더 욕심내느니 차라리 보장된 돈만 받겠다고 선택할 가능성이 크다. 이런 행동을 위험 회피risk-averse라고 한다.

그럼 이런 문제는 어떨까?

흠……. 900달러 손실에 만족할까,
아니면 더 큰 손실 위험을 감수하고
돈을 잃지 않을 기회를
노려 볼까?

## #2: 어느 쪽을 선택하시겠습니까?

A: 900달러 손실 보장

B: 90퍼센트 확률로 1000달러 손실

이는 1번 질문을 거꾸로 뒤집은 것이다. 장기적으로 보면 각각의 선택 모두 평균 900달러의 손실을 보게 된다. 하지만 이번에는 대부분의 사람이 손실이 보장된 쪽에 별로 매력을 느끼지 못한다. 차라리 손실 없이 빠져나갈 수 있는 기회를 얻는 대가로 약간의 추가 손실 위험을 감수하겠다고 한다. 여기서는 **위험 추구**risk-seeking가 일어난다.

이런 선택 방식은 인간의 행동에 관한 모형인 **전망 이론**prospect theory[85]의 특징이다. 이득을 얻는 문제에 관한 한 우리는 위험 회피 성향을 나타내서 확실하게 보장된 이득을 선호한다. 하지만 손실에 관해서는 위험 추구 성향을 보인다. 나쁜 결과를 피할 기회를 얻기 위해 기꺼이 주사위를 굴리는 것이다.

전망 이론의 중요한 교훈은 프레임 짜기framing가 중요하다는 것이다. 무언가를 '손실'이라 부를지 '이득'이라 부를지는 당신이 현재 무엇을 기준으로 삼고 있는지에 달려 있다. 다음의 두 조건을 비교해 보자.

1000달러 줄게.
어느 쪽이 낫겠어?

A: 추가로 500달러 보장

B: 50퍼센트 확률로
1000달러 추가 이득

2000달러 줄게.
어느 쪽이 낫겠어?

A: 그중 500달러 손실

B: 50퍼센트 확률로 그중
1000달러 손실

이 두 질문은 사실 똑같은 선택을 제공하고 있다. (a) 1500달러를 번다. 혹은 (b) 동전 던지기를 해서 1000달러를 벌지, 2000달러를 벌지 결정한다. 하지만 사람들의 반응은 다르다. 첫 번째의 경우 1500달러를 보장받는 쪽을 선호한다. 반면 두 번째 경우에는 기꺼이 위험을 감수하려 한다. 두 질문이 서로 다른 기준을 만들어 내기 때문이다. 2000달러가 이미 '당신의 것'인 경우에는 그것을 잃는다는 생각이 스트레스를 준다. 그러면 그런 운명을 피하기 위해 기꺼이 위험을 감수하려 든다.

살기가 퍽퍽해지면 주사위를 굴린다는 얘기다.

이런 연구는 로또 복권 구매자에 대해 슬프지만 수긍할 만한 내용을 암시한다. 재정적으로 암울한 상황이라면, 즉 하루하루가 계속해서 손실로 느껴진다면 로또 복권에 돈을 쓸 마음이 더 커진다.

경기 막판에 뒤지고 있는 농구 팀이 상대방에게 무리한 반칙을 저지르는 모습을 생각해 보라. 또는 한 골 차로 뒤지고 있는 하키 팀 골키퍼가 경기 종료까지 1분 남겨 둔 상태에서 골문을 버리고 상대 진영으로 뛰쳐나오는 모습을 생각해 보라. 또는 선거 후보자가 선거를 2주 앞두고 지지율이 뒤처져 있을 때 판을 뒤흔들고 싶은 마음에 네거티브 전략을 구사하는 모습을 생각해 보라. 이런 술책들은 기댓값을 깎아내리는 역할을 한다. 오히려 전보다 더 큰 격차로 질 가능성만 높아진다. 하지만 무작위성을 극대화하여 승리할 가능성을 키울 수 있다. 절망적인 순간에는 모두 이렇게라도 판을 흔들고 싶어 한다.

연구자들이 밝힌 바에 따르면 '돈을 벌기 위해' 로또를 산다는 사람은 가난할 가능성이 훨씬 높다.[86] 이들에게는 로또가 즐거움을 얻으려고 돈을 소비하는 방법이 아니라 위험을 감수하고서라도 돈을 벌기 위한 방법이다. 그렇다. 결국 평균해서 보면 로또에서 질 수밖에 없다. 하지만 이미 지고 있는 사람의 입장에서 보면 로또 가격은 기꺼이 지불할 만한 대가다.

좋았어! 오늘부터 난 투표도 하고 담배도 피우고
도박도 하고 군대도 갈 수 있어.
오늘 밤 아주 신나게 놀아야지!

## 7. 이제 막 미성년자 딱지를 뗀 사람

저기 보니 로또 사러 온 사람 중에 앳된 얼굴도 보인다. 저 모습을 보니 왠지 어린 시절의 향수가 떠오르지 않는가?

아니면 이런 생각이 날지도 모른다. "미성년자는 못 사게 막아야 할 정도로 중독성이 강한 걸 내체 왜 나라에서 팔고 있는 거야?"

음, 당신이 만나 봤으면 하는 사람이 있다…….

아니, 나 좋자고 복권 사는 게 아니라고!
나라 살림에 보탬이 되라고 하는 거지.

## 8. 성실 납세자

다음 친구와 인사하기 바란다. 자칭 시민 영웅, 성실 납세자다.

돈 달라고 손 내미는데 좋아할 사람은 없다. 아무리 내 손으로 뽑은 정부에서 그런다 해도 말이다. 정부는 온갖 것에 세금을 매긴다(소득, 판매, 부동산, 선물, 상속, 담배 등등). 이 중 국민에게 특별한 즐거움을 선사하는 세금은 없다. 그러다 1970년대와 1980년대에 이들 정부에서 고대의 꼼수를 우연히 발견했다.

세금 납부를 게임으로 바꾸라. 그리하면 국민이 세금을 내려고 길바닥에 줄을 서리라!

오! 지금 '게임'이라고 했어?!

세금 내기 게임

게임 규칙: 우리한테 돈을 주세요.
그러면 일부를 돌려 드릴지도 몰라요.

"네 돈 1달러에 0.3달러씩 내가 가져가야겠어."라는 말을 들으면 누구든 볼 멘소리가 튀어나오기 마련이다. 그런데 이 말을 다음과 같이 바꿔 보면 어떨 까? "1달러에 0.3달러씩 걷은 다음 무작위로 고른 한 사람에게 그 돈을 몰아 줄게." 그러면 경이로운 일이 일어난다. 정부는 선심을 쓰려고 로또 복권을 파 는 것이 아니다. 지금까지 고안된 방식 가운데 가장 효과적인 돈벌이 전략 중 하나를 구사하고 있을 뿐이다. 미국의 경우 주 정부에서 로또 복권 발행을 통 해 연간 300억 달러의 이윤을 남긴다.[87] 이 돈은 주 예산의 3퍼센트가 넘는 액 수다.

뭔가 위선의 냄새가 난다.[88] 정부에서 상업적 도박은 금지해 놓고 정작 자기 는 편의점을 통해 도박장을 운영한다는 건 대담무쌍한 행동이 아닐 수 없다. 주 정부에서 1980년대에 운영했던 '데일리 넘버스'Daily Numbers는 인기 많은 불 법 게임을 가져다 만든 아류 게임이었다.[89]

정부는 죄가 없다고 말해 줄 변명거리가 있을까? 공평하게 말하자면 로또 복권은 공공으로 운영하는 편이 사설로 운영하는 것보다 부패가 덜하다. 소 비에트 연방이 해체된 후 러시아인[90]에게 물어보라. 러시아에는 조직폭력배가 운영하는 규제가 안 되는 로또 복권이 넘쳐 난다. 하지만 그저 도박하는 사람 들이 사설 업체에 착취당하지 않게 보호하는 것이 목적이라면 왜 그리 공격적으로 광고를 해 댄단 말인가? 그리고 당첨금은 왜 그리 적은가?[91] 복권 디자인을 나이트클럽 전단지처럼 촌스럽고 번지르르하게 찍어 내는 이유는 또 뭔가? 그 해답은 간단하다. 로또의 목적은 수익을 남기는 것이기 때문이다.

이런 비판으로부터 방어막을 치기 위해 정부는 기발한 계략을 쓴다. 구체적인 공공의 대의명분에 사용할 자금을 배정하는 것이다. "정부에서 쓸 돈을 마련하려고 로또를 운영합니다."라고 하기보다는 "대학 장학금 조성을 위한 자금", "공원 조성을 위한 자금" 마련을 위해 로또를 운영한다고 하는 편이 훨씬 듣기 좋다. 이런 전통은 아주 오래전부터 내려온 것이다.[92] 로또는 15세기 벨기에 교회, 하버드나 컬럼비아 같은 대학, 심지어 미국 독립 혁명 당시 미국군에서 자금을 조성하는 데도 도움이 되었다.

이런 식으로 자금을 배정하면 로또 이미지가 좋아져서 도박을 즐기지 않는 시민을 끌어들이는 데 좋다. 이런 사람들이 성실 납세자다. 이들은 딱히 확률 게임을 좋아하지 않지만 그래도 '훌륭한 대의명분'을 위해서라면 기꺼이 로또를 구입할 마음이 있는 사람들이다. 하지만 안타깝게도 이들은 속고 있다. 세금으로 들어온 돈은 사용처를 얼마든지 바꿀 수 있다. 그래서 일반적으로 로또로 거둔 수익만큼 다른 세원에서 나가는 지출을 줄일 수 있기 때문에[93] 결국 로또 수익을 다른 곳에 쓰는 셈이다. 로또가 잘 팔린다고 그쪽 예산이 더 많아지지 않는다. 코미디언 존 올리버John Oliver는 이렇게 비꼬았다.[94] "로또 수익금을 특정 용도에 배정하는 것은 수영장에서 오줌을 다른 데 말고 한구석에만 싸겠다고 약속하는 것이나 마찬가지다. 하지만 오줌을 어디서 싸든 그 오줌은 결국 수영장 전체로 흘러간다."

그렇다면 어째서 이런 수익금 배정 방식이나 정부가 운영하는 로또가 계속 남아 있는 걸까? 로또 복권을 내밀며 "생각 있으면 한번 사 보든가."라고 하는 편이 세금 고지서를 내밀면서 "돈을 내든가, 감옥에 가든가."라고 하는 것보다 한결 거부감이 적기 때문이다.

언젠가는……
(아마도 호랑이가 다시 담배 피울 때쯤……)

# 9. 몽상가

이번에는 희망에 부풀어 꿈꾸는 듯한 눈을 한 사람을 소개하겠다. 이들은 내 마음속에서 특별한 자리를 차지하고 있다. 로또가 이들의 마음속에서 특별한 자리를 차지하고 있듯이 말이다. 바로 몽상가다.

몽상가에게 로또 복권은 그저 돈을 벌 기회가 아니라 돈을 버는 환상에 젖을 수 있는 기회다.[95] 로또 한 장만 손에 쥐고 있으면 이들은 부와 영광, 샴페인과 캐비어 요리, 경기장 특급 관람석과 잘빠진 2인승 자동차 등으로 휘황찬란하게 빛나는 미래로 날아가 즐겁게 뛰놀 수 있다. 심리학자들의 연구에 따르면 로또로 대박을 터트린 사람들은 불행해지는 경향이 있다[96]고 하지만 그런 건 신경 쓰지 말자. 멋대가리 없는 차를 운전하는 동안에도 이런 로또 대박의 꿈은 몇 분이나마 행복을 안겨 준다.

환상의 첫 번째 규칙은 1등 당첨금이 삶을 송두리째 바꾸고 당신을 한 단계 높은 사회 경제적 계층으로 올려 줄 수 있을 만큼 많아야 한다는 것이다.[97] 1등 당첨금이 그리 크지 않은 즉석 복권[98]에 저소득층이 많이 몰리는 이유도 그 때문이다. 매주 먹거리를 살 돈만 간신히 벌어들이는 사람이라면 1만 달러만 당첨돼도 경제적으로 차원이 달라질 수 있다. 반면 편안한 삶을 누리는 중산층은 수백만 달러 규모의 대박 복권을 좇는다. 이들은 이 정도는 돼야 그럴

듯한 몽상이 가능하다.

투자 기회를 노리는 사람이라면 확률을 무시하고 1등 당첨금에만 집착하는 것은 미친 짓이다. 하지만 그저 환상에 젖어 들 수 있는 티켓을 구하는 사람이라면 이는 더할 나위 없이 완벽한 방법이다.

이런 몽상의 경향은 로또에서 나타나는 이상한 규모의 경제economy of scale[99]를 설명하는 데 도움이 된다. 이 경우 환상에 빠지기에는 큰 주가 작은 주보나 낫다. 아주 단순화된 로또 게임을 상상해 보자. 이 로또에서는 모든 수익의 절반이 정부에 돌아가고 나머지 절반은 1등 당첨자에게 돌아간다. 만약 주 정부에서 1달러짜리 복권을 100만 장 판매했다면 각각의 복권 구입자는 1등 당첨 확률이 100만 분의 1이고 당첨금은 50만 달러다. 반면 주 정부에서 복권을 1억 장 판매했다면 당첨 확률은 1억 분의 1로 떨어지고 1등 당첨금은 5000만 달러로 껑충 뛰어오른다.

사실 기댓값은 변하지 않았다. 두 주 모두 복권 한 장의 평균 가치는 0.5달러다. 하지만 몽상가의 마음은 확률이 희박하더라도 초대박을 노릴 수 있는 쪽을 선호할 것이다.

## 10. 긁기를 엄청 좋아하는 사람

이런 사람은 만족을 아는 사람들이다. 당첨금이니 확률의 마술이니 하는 것들은 모두 잊어버리자. 그저 동전으로 종이를 박박 긁어 볼 수 있는 재미만으로도 이들은 만족한다. 긁는 즉석 복권은 어른을 위한 긁는 향기 종이scratch-and-sniff(향료를 발라 놓아 긁으면 냄새가 나게 만든 종이 — 옮긴이)인 셈이다.

## 제12장

# 동전의 자식들

학생 가르치는 일을 하면서 나를 쩔쩔매게 하고 나에게 깊은 인상을 준 것이 하나 있는데, 바로 사람의 유전遺傳이었다. 2010년에 어쩔 수 없이 10학년 생물학을 가르쳐야 했던 불행한 사건을 말하는 것은 아니다.[100] 교사라는 직업에 따라오는 최고의 장기간 특혜인 여러 가족과 알고 지내는 것을 말한다.

오빠와 여동생, 사촌과 사촌, 이모와 동갑내기 조카 등으로 짝을 지어 수업을 들으러 온 가족이나 친척을 가르칠 때마다 생물학적 유전의 마구잡이식

속성에 경이로움을 느낀다. 나는 쌍둥이처럼 보이는 형제도 가르쳐 보고 완전히 딴판으로 생긴 쌍둥이도 가르쳐 봤다. 학부모의 밤 행사가 있을 때면 항상 머리가 바빠졌다. 학부모를 만날 때마다 머릿속으로 내 앞에 선 두 어른의 얼굴을 두고 실시간으로 페이스매시Facemash(페이스북 창업자 마크 저커버그가 대학 시절 교내 전산 시스템을 해킹해 만든 웹 사이트로 둘 중 어느 여학생이 더 마음에 드는지 고르게 해서 여학생들의 인기 순위를 매겼다. ― 옮긴이)를 가동했다. 그리고 이 부모님들의 자식들이 아주 매끄럽게 이어 붙인 포토숍 작품이라는 것을 알아차렸다. 아빠의 귀가 엄마의 눈 옆에 붙어 있고 아빠의 머리카락이 엄마의 머리 모양 위에 붙어 있는 식으로 말이다. 가족들은 모두 비슷하게 생겼지만 어느 가족도 똑같은 방식으로 비슷한 경우는 없었다.

이런 닮은꼴의 수수께끼야말로 생물학의 핵심이다.[101] 하지만 학생들도 잘 알다시피 나는 생물학자가 아니다. DNA 서열 분석기도 모르고 인트론intron이나 히스톤histone 단백질에 대한 특별한 지식도 없다. 생물학에 관해서는 일자무식이다. 나는 그냥 수학자다. 내가 가진 것이라고는 동전 하나, 이론 하나, 그리고 제1 원리에서 사물의 원리를 이해할 수 있다는 막무가내 믿음밖에 없다.

어쩌면 그걸로 충분한지도 모른다.

이번 장은 확률론 분야에서 서로 관련이 없어 보이는 두 가지 질문을 다룬다. 첫 번째는 유전에 관한 질문이다. 이는 대학원 교과서를 채울 수 있을 만큼 내용이 방대하다. 두 번째는 동전 던지기에 관한 질문이다. 이는 과연 귀찮게 허리 숙여 집어 들 가치가 있을까 싶은 땅에 떨어진 동전처럼 시시하게 느껴지는 문제다.

이 두 영역을 이을 수 있을까? 단순하기 이를 데 없는 동전 던지기의 언어로 인간이라는 종의 복잡성을 표현할 수 있을까?

그렇다고 대답하고 싶다. 그리고 내가 그것을 우리 아버지한테서 물려받았다고 확신한다.

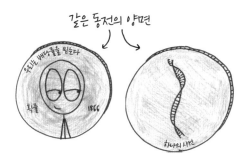

좋다. 그러면 두 가지 질문 가운데 쉬운 것부터 시작하자. 동전을 던지면 무슨 일이 일어날까?

정답: 앞 또는 뒤, 이 두 가지 결과가 같은 확률로 일어난다. 문제 풀이 끝!

음, 당신도 느껴지는가? 급하게 해결해야 할 어려운 현실 세계 문제에서 눈을 돌려 아무도 신경 쓰지 않는 퍼즐에 집중할 때 찾아오는 즐거움이 느껴진다. 이런 즐거움 때문에 사람들은 수학자가 된다.

좋다. 어쨌거나 동전 하나를 던져서는 별일이 일어나지 않는다. 하지만 두 개를 던져 보면 어떨까? 그러면 네 가지 결과가 똑같은 확률로 일어난다는 것을 알 수 있다.

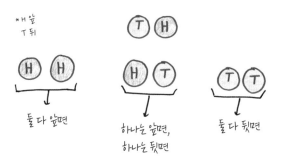

꼼꼼하게 따지는 사람은 중간에 나온 두 가지 결과를 다르다고 여길 것이다. 앞과 뒤는 뒤와 앞과 다르다고 말이다.(동전 하나는 100원짜리, 하나는 10원

짜리라고 상상해 보자.) 하지만 동전 던지기를 하는 사람들은 대부분 그런 부분까지 따지지 않고 그냥 둘을 하나의 결과(하나는 앞면, 하나는 뒷면)로 뭉뚱그려서 확률이 두 배인 것으로 친다.

계속 가 보자. 동전을 세 개 던지면 어떨까?

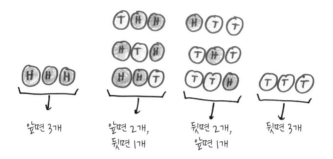

모두 여덟 가지 결과가 나온다. 동전이 모두 앞면이 나오려면 한 가지 방법밖에 없다. 모든 동전이 자신의 임무를 다해 앞면이 나와야 한다. 따라서 확률은 8분의 1이다. 하지만 앞면 두 개와 뒷면 한 개가 목표라면 모두 세 가지 방법이 있다. 뒷면이 첫 번째나 두 번째나 세 번째 던지기에서 한 번만 나오면된다. 따라서 확률은 8분의 3이다.

그러면 동전을 네 개 또는 다섯 개, 일곱 개, 아흔 개 던진다면 어떨까?

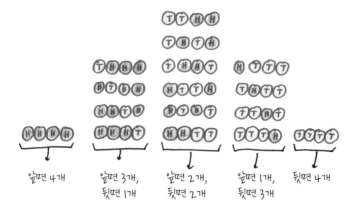

우리가 지금 여기서 탐구하고 있는 것은 **이항 분포**binomial distribution라고 알려진 확률 모형이다. 이진 사건binary event(앞면 또는 뒷면, 이기거나 지거나, 1 아니면 0 등등)을 가져다가 여러 번 반복한다. 그러면 각각의 결과가 몇 번이나 나올까? 이것이 이항 분포다. 이 수학 분야를 추적하다 보면 두 가지 선명한 경향이 드러난다.

첫째, 동전의 수를 늘리다 보면 복삽성이 꽃을 피운나. 동전 하나를 추가할 때마다 가능한 결과의 수가 2에서 4로, 4에서 8로, 8에서 16으로 두 배씩 늘어난다. 하지만 여기까지는 그래도 약과다. 동전이 열 개가 되면 나올 수 있는 결과가 1000가지를 넘어선다. 동전이 50개가 되면 $2^{50}$가지 결과가 가능해진다. 1000조가 넘는 수다. 이런 공격적인 성장 패턴을 **조합적 폭발**combinatorial explosion이라고 한다. 조합적 폭발이란 대상의 수가 선형적으로 증가할 때 그 대상들을 조합하는 방식의 수가 기하급수적으로 증가하는 현상을 말한다. 동전 한 줌이 언뜻 보기에는 단순해 보이지만 그로부터 헤아릴 수 없는 다양성이 나올 수 있다.

두 번째 경향은 오히려 그 반대를 가리킨다. 다양성이 폭발적으로 증가함에 따라 극단은 사라져 버린다. 위에 나온 동전 네 개의 경우를 확인해 보자. '중간'(앞면과 뒷면이 섞인 상태)의 결과는 열네 가지인데 반대 '극단'(모두 앞면이거나 모두 뒷면이거나)의 결과는 두 가지밖에 없다. 던지는 동전이 많아질수록 극단의 결과가 나올 가능성은 낮아지고 앞면과 뒷면이 엇비슷한 숫자로 뒤섞인 진창에 빠질 가능성이 크다.

이유는 간단하다. 평범한 결과가 평범한 이유는 바로 그런 결과에 도달할 수 있는 방법이 아주 많기 때문이다. 반면 극단적인 결과가 극단적인 이유는 바로 그런 결과에 도달할 방법이 아주 드물기 때문이다.[102]

| 동전의 숫자 | 나올 수 있는<br>결과의 수 | '극단'의 결과가 나올 확률<br>(앞면이 75퍼센트 이상 또는 25퍼센트 이하) |
| --- | --- | --- |
| 1 | 2 | 100% |
| 5 | 32 | 37.5% |
| 10 | 1024 | 10.9% |
| 20 | 100만 | 4.1% |
| 30 | 10억 | 0.5% |
| 40 | 1조 | 0.2% |
| 100 | 1000양 | 0.00006% |

동전 마흔여섯 개를 던진다고 해 보자. 모두 앞면이 나올 방법은 하나밖에 없다.

하지만 마흔다섯 개는 앞면이 나오고 한 개는 뒷면이 나와도 좋다고 해 보자. 그러면 나올 수 있는 결과가 갑자기 뻥튀기된다. 뒷면은 첫 번째 동전에서 나올 수도 있고, 두 번째, 세 번째, 네 번째, 다섯 번째 동전…… 그리고 계속 이어지다 마지막 동전에서 나올 수 있다. 이렇게 하면 모두 마흔여섯 가지 조합이 가능해진다.

마흔네 개는 앞면이고 두 개는 뒷면이어도 좋다고 하면 더 쉬워진다. 뒷면이 첫 번째와 두 번째 동전에서 나올 수도 있고, 첫 번째와 세 번째, 첫 번째와 네 번째……, 첫 번째와 마지막 동전에서 나올 수도 있고 아니면 두 번째와 세 번째, 두 번째와 네 번째, 두 번째와 다섯 번째…… 이렇게 이어지다가 두 번째와 마지막 동전에서 나올 수도 있다. 이것을 모두 세 보면 가능한 결과가 총 1000개 이상 나오고 이런 결과를 얻기가 훨씬 수월해졌다. 가장 확률이 높은 경우, 즉 앞면이 스물세 개, 뒷면도 스물세 개인 경우가 나올 수 있는 방법은 무려 8조 가지나 된다.

나는 예언가는 아니지만 당신이 동전 마흔여섯 개를 던진다면 다음과 같은 일이 일어나리라고 예상해 본다.

1. 열여섯 개에서 서른 개 사이의 앞면이 나올 것이다.[103]
2. 당신의 동전 던지기 결과는 역사적으로 지금까지 마흔여섯 개의 동전을 던져 본 사람들 중 그 누구도 얻지 못했던 특별한 순서로 나올 것이다. 역사상 단 한 번 일어난 사건이 되는 것이다.

그런데 어쩐 일인지 1번(그만그만한 결과가 나오리라는 것)이 2번(역사상 딱 한 번밖에 없는 영광스러운 결과가 나오리라는 것)을 무색하게 만들어 버린다. 우리가 보기에는 이 동전이나 저 동전이나 그게 그거다. 그래서 동전 던지기 결과가 잘 뒤섞여 나오면 동전들의 순서는 별로 특별해 보이지 않는다. 눈보라 속 눈송이 하나인 셈이다.

하지만 눈송이 각각의 구체적인 모양에도 관심을 기울인다고 하면 이야기가 달라진다. 동전 하나하나의 던지기 결과가 운명을 뒤바꿔 놓을 잠재력을 품고 있다고 상상해 보자. 만약 앞면이 몇 개 나오는지에만 신경 쓰는 것이 아니라 정확히 어떤 동전의 앞면이 나오는지도 신경 쓴다면?

앞면-앞면-뒷면?! 놀랍군!
그 무엇으로도 대체 불가능한 유일무이한 결과야!

그러면 가능한 조합 70조 가지 가운데 무엇이 나오든 우리 눈에는 절대 일어날 수 없을 정도로 확률이 낮았던 일이 일어난 것으로 보여 마치 기적처럼 느껴질 것이다. 마법처럼 하늘에 박혀 있던 별을 뽑아 손에 쥔 듯한 기분이 들지도 모를 일이다. 이 동전 마흔여섯 개가 마치…… 갓 태어난 아기처럼 소중해지는 것이다.

이것이 이번 장의 난제, 유전학으로 우리를 이끈다.

당신 몸속에 들어 있는 모든 세포에는 염색체 스물세 쌍이 들어 있다. 이것을 당신을 만드는 데 필요한 지시 사항이 들어 있는 책 스물세 권이라고 하자. 이 책에는 각각 두 가지 버전이 있다. 하나는 엄마에게서, 하나는 아빠에게서 받은 것이다.

물론 당신의 아빠, 엄마도 염색체를 한 쌍씩 갖고 있다. 하나는 할아버지에 게서, 하나는 할머니에게서 물려받은 것이다. 부모님은 이 소중한 염색체 한 쌍 가운데 어느 쪽을 물려줄지 어떻게 결정했을까? 다소 극적으로 단순화해 서 설명하자면 동전 던지기를 한 것이다. 앞면이 나오면 할아버지의 염색체, 뒷면이 나오면 할머니의 염색체로 말이다.

엄마와 아빠는 이 과정을 책 한 권에 한 번씩 모두 스물세 번에 걸쳐 되풀 이했고 그 결과가…… 바로 당신이다.

이 모형에 따르면 각각의 부부는 서로 다른 자녀 $2^{46}$가지를 만들어 낼 수 있 다. 모두 70조 가지 조합이다. 그리고 동전 던지기와 달리 여기서는 조합 하나 하나가 다 중요하다. 나는 어머니의 풍성한 모발과 독서광 기질, 그리고 아버 지의 걸음걸이와 자선 활동에 대한 사랑을 물려받았다. 만약 다른 성질의 조 합을 물려받았다면, 예를 들어 아버지의 곱슬머리와 어머니의 키를 물려받았 다면 나는 내가 아니라 다른 형제로 태어났을 것이다.

유전학에서는 앞면-뒷면이 뒷면-앞면과 똑같지 않다.

이 모형은 형제들 사이에서 보이는 다양한 정도의 닮음을 예측해 준다. 극단적으로 보면 동생에게 일어난 동전 던지기 결과가 나이 많은 형에게 일어났던 것과 모두 똑같이 나올 수도 있다. 이런 형제는 나이 차이는 몇 년 날지언정 사실상 일란성 쌍둥이인 셈이다.

또 다른 극단에서는 두 형제 사이에서 동전 던지기 결과가 **전혀 일치하지 않는** 경우도 나올 수 있다. 필립 딕Philip K. Dick의 소설 속 이야기처럼 그런 형제는 유전적으로 완전히 남남이어서 생물학적으로 남들보다 더 가깝지 않을 수도 있다.

물론 이 양쪽 극단 모두 현실에서는 거의 일어날 수 없다. 두 형제는 염색체 마흔여섯 개 가운데 절반 정도를 공유할 가능성이 가장 높다. 이항 모형 binomial model에 따르면 대다수 형제는 열여덟 개에서 스물여덟 개 정도의 염색체를 공유한다.

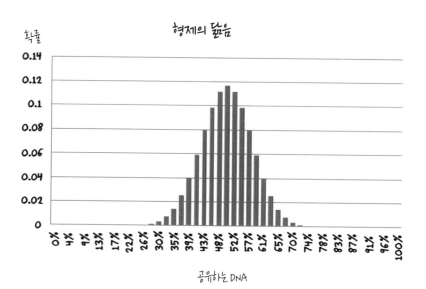

사실 블레인 베팅거Blaine Bettinger[104]가 자신의 블로그 '유전 계보학자'The Genetic Genealogist에서 거의 800쌍에 이르는 형제를 분석한 결과를 보면 우리가 대충 예측했던 부분과 꽤 잘 맞아떨어진다.

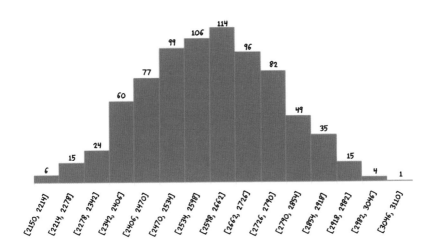

경고할 것이 있다. 여기서 아주 중요한 요소를 하나 빼먹었다. 바로 염색체의 교차crossing over 또는 재조합recombination이라는 요소다. 이런 중요한 것을 빠뜨렸으니 생물학자들이 불같이 화를 내며 지금 당장 이 책을 찢어발긴다고 해도 할 말이 없다.

나는 염색체가 아무런 변화 없이 온전하게 자식에게 전해진다고 주장했다. 하지만 내가 생물학 수업 시간에 수없이 가르쳤듯이 이건 틀린 이야기다. 각각의 염색체가 단일 버전으로 선택받기 전에 그 두 염색체는 잘라서 이어 붙이는 과정을 경험한다. 예를 들면 중간 3분의 1을 바꿔치기하는 등의 일이 일어난다. 그래서 하나의 염색체를 살펴보면 대부분 할아버지에게서 받은 것이지만 일부는 할머니에게서 받은 부분일 수 있다.

교차는 염색체당 두 번 정도 일어난다.[105] 따라서 우리 모형의 정확도를 높이려면 동전 던지기 횟수를 세 배로 늘려야 한다.(교차가 두 번 일어나면 염색체가 세 조각으로 나뉘니까.)

이것이 태어날 수 있는 자손의 가짓수에 어떤 영향을 미칠까? 대상의 숫자가 선형적으로 커질 때 그 조합의 숫자는 기하급수적으로 커진다는 사실을 기억하자. 따라서 태어날 수 있는 자손의 가짓수는 세 배 이상 커진다. 사실이 가짓수는 $2^{46}$(70조)에서 $2^{138}$(35정이라는 어마어마한 숫자. 35 뒤로 0이 마흔 개 붙는다.)으로 불어난다.

한마디로 갓 태어난 아기는 땅바닥에 흩어져 있는 10원짜리 동전 무더기와 공통점이 많다. 그렇다고 그 아기의 목숨을 460원 정도로 재평가해야 한다는 소리는 아니다. 반대로 주머니에서 떨어진 잔돈 460원을 인간의 탄생과 동등한 기적으로 존중해 줘야 한다는 뜻이다.

가족들을 보면 파란색 페인트와 노란색 페인트가 섞여 초록색이 나오듯 여러 형질이 액체처럼 뒤섞여 나온 것 같다는 생각이 든다. 하지만 사실은 그렇지 않다. 가족은 여러 벌의 카드처럼 뒤섞인다. 유전학은 조합의 게임이다. 형제들 사이에서 나타나는 보일 듯 말 듯 비슷한 생김새 패턴은 모두 그 기원을 조합적 폭발에서 찾을 수 있다. 동전 던지기를 충분히 하다 보면 극명하게 구분되는 결과(앞면이냐, 뒷면이냐)가 흐릿하게 섞이기 시작한다. 들쭉날쭉했던 그래프의 가장자리들이 서로 합쳐지며 액체처럼 매끈하게 흐르기 시작한다. 다시 말해서 우리는 조합론의 자손, 뒤섞인 카드의 후손, 동전의 자식들인 것이다.

## 제13장

# 당신의 직업에서 확률은 어떤 의미일까?

사 람더러 확률론을 '못한다'고 말하는 것은 너무 단순하고 옹졸한 얘기다. 확률론은 온갖 역설이 부비 트랩처럼 깔려 있는 현대 수학의 미묘한 가지다. 아주 기초적인 문제도 냉철한 확률론 전문가를 골탕 먹일 수 있다. 사람더러 확률론을 못한다고 깔보는 것은 왜 하늘을 날지 못하느냐고, 바닷물 삼키기 실력이 평균 이하라고, 왜 몸이 불에 타느냐고 비난하는 것과 크게 다르지 않다.

아니, 인간은 원래 확률론을 정말 **끔찍하게 못한다**고 말하는 편이 더 공평할 것이다.

대니얼 카너먼과 아모스 트버스키는 심리학 연구를 통해 사람들이 불확실한 사건에 대한 오해를 끝까지 붙잡고 늘어진다는 것을 발견했다. 사람들은 있으나 마나 한 확률을 과대평가하고 거의 확실한 일을 그럴 리 없다고 과소평가하는 실수를 계속 반복한다.

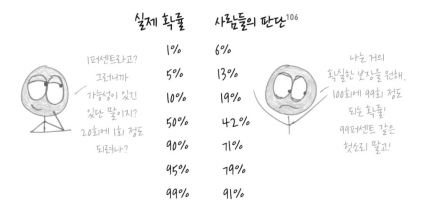

| 실제 확률 | 사람들의 판단[106] |
|---|---|
| 1% | 6% |
| 5% | 13% |
| 10% | 19% |
| 50% | 42% |
| 90% | 71% |
| 95% | 79% |
| 99% | 91% |

그게 뭐 대수라고? 그러니까 내 말은 실제 생활에서 확률론이 얼굴을 내밀 일이 얼마나 있겠느냐는 말이다. 눈뜨고 있는 내내 우리를 둘러싸고 있는 불확실성의 기운 속에서 티끌만 한 안정성이라도 제공해 줄지 말지 알 수 없는 지적 도구를 위해 인생을 낭비할 수는 없지 않은가.

어쨌든 그냥 만약을 대비하자는 소리다. 이번 장은 다양한 부류의 사람들이 불확실성에 대해 어떻게 생각하는지 보여 주는 유용한 안내서가 되어 줄 것이다. 어렵다고 해서 그 속에 재미가 숨어 있지 말라는 법은 없으니까.

## 인간

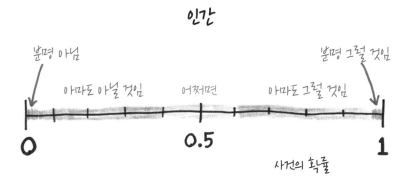

안녕! 나는 사람이야. 눈은 두 개, 코는 하나 붙어 있고, 멀쩡한 정신도 있

어. 나는 꿈꾸고 웃고 오줌도 싸. 꼭 이 순서로 한다는 말은 아니지만.

또한 나는 확실한 것이라고는 아무것도 없는 세상에 살아.

간단한 사실을 예로 들어 보자. 태양계에는 행성이 몇 개나 있을까? 요즘에는 여덟 개라고 여기지만 1930년에서 2006년까지는 아홉 개로 간주했어.(명왕성까지 쳐서.) 1850년대 교과서에는 수성, 금성, 지구, 화성, 목성, 토성, 천왕성, 해왕성, 케레스, 팔라스, 주노, 베스타 이렇게 열두 개가 등장했지.(요즘에는 맨 뒤에 나오는 네 개는 '소행성'으로 분류해.) 기원전 360년에는 수성, 금성, 화성, 목성, 토성, 달, 태양 이렇게 일곱 개라고 여겼어.(요즘에는 마지막 두 가지를 따로 '달'과 '태양'으로 취급해.)

나는 새로운 데이터와 새로운 이론이 등장할 때마다 마음이 변해. 이것이 나의 전형적인 모습이야. 지식에 관한 한 여러 가지 좋은 아이디어가 있지만 그중 확실한 건 없어. 교사, 과학자, 정치인, 심지어 내 감각 기관조차 나를 기만할 수 있고 나도 그 사실을 알아.

확률은 불확실성의 언어야. 확률을 이용하면 내가 아는 대상, 내가 의심하는 대상, 내가 알고 있는지 의심스러운 대상, 내가 의심하고 있음을 아는 대상 등을 모두 수량화할 수 있어. 이런 확신의 강도를 분명한 양적量的 언어로 표현할 수 있는 거지. 적어도 개념적으로는 그래.

## 정치부 기자

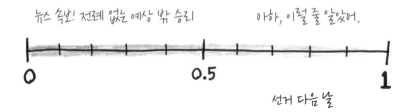

뉴스 속보! 전례 없는 예상 밖 승리

아하, 이럴 줄 알았어.

0          0.5          1

선거 다음 날

안녕! 나는 정치부 기자야. 다가온 선거에 대해 기사를 써. 그리고 지나간 선거에 대해서도 기사를 쓰지. 드물기는 하지만 아주 특별한 날에는 '정책'이나 '정치'에 관한 기사도 쓰고.

나는 별로 있을 것 같지 않았던 사건이 일어나서 지금 좀 당황스러워.

늘 이랬던 건 아니야. 한때는 선거를 마법과도 같은 무한한 가능성의 순간으로 보기도 했었지. 마지 끝나는 순간까지 승부를 알 수 없는 경기처럼 보이게 만들어 긴장감을 구축하려고 유력한 가능성을 고의로 무시하곤 했어. 2004년 선거일 밤에 개표하지 않은 표가 10만 장 정도밖에 남지 않은 상황에서 조지 부시George W. Bush가 오하이오주에서 10만 표 차이로 이기고 있는 동안에도 나는 박빙의 대결이라 승부를 예측할 수 없다고 말했어. 그리고 확률론 모형을 통해 2012년 대선에서 버락 오바마Barack Obama가 승리할 확률이 90퍼센트로 나왔을 때도 나는 가능성이 '반반'이라고 보도했지.

그런데 2016년에 세상이 거꾸로 뒤집히고 말았어. 도널드 트럼프Donald Trump가 힐러리 클린턴Hillary Clinton을 이긴 거야.[107] 다음 날 아침 눈을 뜬 나는 양자 특이점quantum singularity을 경험한 기분이었어. 아무것도 없었던 공중에서 토끼 한 마리가 짠 하고 나타난 것처럼 예측 불가능한 세상이 된 것 같았지. 하지만 확률론 학자 네이트 실버Nate Silver나 그와 비슷한 부류의 사람들이 보기에는 크게 놀랄 일이 아니었어. 이건 확률이 3분의 1인 사건이었던 거지. 주사위를 굴려서 5나 6이 나올 확률과 같은 확률 말이야.

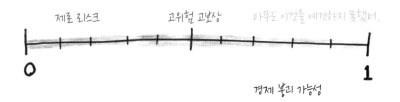

투자 은행 전문가

제로 리스크   고위험 고보상   아무도 이것을 예견하지 못했어.

0   1

경제 붕괴 가능성

안녕! 나는 투자 은행 전문가야. 투자를 전문으로 하지. 나는 은행에 투자해. 내 옷은 당신 자동차보다 비싸.

1970년대까지만 해도 이 일이 좀 지겨웠어.[108] 자금을 깔때기처럼 빨아들인 다음 그 돈으로 '주식'(회사를 잘게 나눈 증권)이나 '채권'(빚을 잘게 나눈 증권)을 사들였지. 주식은 재미있었지만 채권은 심심했어.

그런데 요즘 이 일이 안전 검사를 통과하지 못한 롤러코스터처럼 흥미진진해졌어. 1970년대와 1980년대부터 나는 아무도 온전히 이해하지 못하는, 아니면 적어도 정부 규제 기관은 전혀 이해하지 못하는 복잡한 금융 상품에 투자하기 시작했어. 가끔 이걸로 보너스를 크게 받았지. 그리고 가끔 100년 넘은 오래된 회사를 망하게 만들어 경제 전반에 거대한 구멍을 숭숭 뚫어 놓았지. 공룡을 멸종시킨 소행성 충돌처럼 말이야. 아주 짜릿한 시기였다고!

공정하게 말하면 자본 분배는 자본주의에서 꽤 중요한 일이고 그 과정에서 많은 가치를 창출할 수 있는 잠재력도 있어. 헐뜯기 좋아하는 수학 교사들이 내 직업을 무시할 때 정말 화가 나. 그럴 땐 내가 받는 봉급이 그 잘난 수학 교사의 봉급보다 몇 배나 많은지 계산해 보면 기분이 싹 풀려.

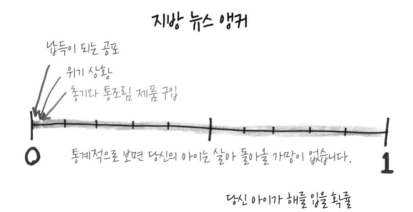

지방 뉴스 앵커

납득이 되는 공포
위기 상황
총기와 통조림 제품 구입

통계적으로 보면 당신의 아이는 살아 돌아올 가망이 없습니다.

당신 아이가 해를 입을 확률

안녕! 나는 지방 뉴스 앵커야. 끝내주는 머릿결에 발음도 아주 또박또박하고 아주 오랫동안 같이 진행하는 앵커와 부자연스러운 농담을 주고받지.

그리고 일어날 확률이 아주 낮은 사건에 집착하는 성향이 있어.

나는 아주 섬뜩한 위험을 다루는 뉴스를 좋아해. 지역에서 일어난 살인 사건이나 공기 중에 퍼져 있는 발암 물질, 영화 〈에이리언〉에 등장하는 괴생명체처럼 아기의 동동한 볼에 착 날라붙는 결함 있는 장난감 등등. 표면적으로는 시청자에게 정보를 전달하기 위해 이런 짓을 하는 것처럼 보이겠지. 하지만 솔직히 말할게. 내가 이런 일을 하는 이유는 시청자의 관심을 끌기 위해서야. 정말로 아이들이 해를 입을 수 있는 통계적 위험에 대해 경각심을 높이고 싶었다면 총기 사고나 수영장 익사 사고 등 집 안에서 일어나는 사고를 경고해야겠지. 하지만 나는 그 대신 야외에서 벌어지는 사건 현장을 생생하게 보여 줘. 그런 곳에서 유괴보다 더 긴급한 위험은 악어의 공격밖에 없는데 말이야. 사람들이 그런 끔찍한 장면에서 눈을 떼지 못한다는 것을 잘 알고 있거든. 특히나 그런 장면에 부자연스러운 농담 하나만 양념으로 섞어 주면 효과 만점이지.

## 기상 캐스터

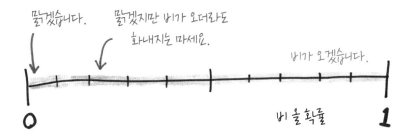

안녕! 난 기상 캐스터야. 방송에 출연하는 구름 예언가지. 나는 확신에 찬 몸짓으로 일기를 예보한 다음 모든 대화를 이렇게 끝내. "지금까지 날씨였습

니다."

그리고 시청자가 나한테 화를 내지 않도록 확률을 애매하게 얼버무려.

물론 정직하려고 노력은 해. 비 올 확률이 80퍼센트라고 하면 이건 아주 정확한 예보야. 그런 날 가운데 80퍼센트는 비가 오니까. 하지만 비 올 확률이 낮을 때는 수치를 조금 부풀리지. 내 말만 믿고 우산을 두고 갔다가 비라도 내리면 화가 난 사람들이 트위터로 공격할까 봐 솔직히 겁나거든. 그래서 기상 캐스터들이 비 올 확률이 20퍼센트라고 하면 그런 날 가운데 정말로 비가 오는 날은 10퍼센트 정도야. 확률을 크게 부풀릴수록[109] 항의 이메일은 줄어들거든.

사람들이 확률을 더 잘 이해한다면 나도 진실을 말할 수 있을지 몰라. 사람들은 '10퍼센트'라고 하면 '절대 일어나지 않을 일'이라고 이해하나 봐. 사람들이 이 말의 진정한 의미('열 번 중 한 번꼴로 일어나는 일')를 받아들이기만 하면 내 속마음에 담겨 있는 수치를 자유롭게 이야기할 수 있을 텐데. 그때까진 절반의 진실을 말할 수밖에.

그럼 지금까지 날씨였어.

## 철학자

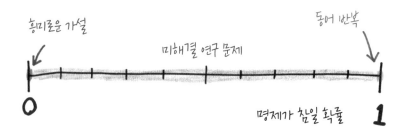

안녕! 나는 철학자야. 이상한 책을 읽고, 그보다 더 이상한 책을 쓰고, 성직

자나 랍비와 함께 술집에 가기를 좋아하지.

그리고 확률론 같은 걸 겁내지도 않아.

'개연성 있는'probable 이라는 말은 경험주의자나 쓰라고 해. 나는 개연성 없는 아이디어를 추구하지. 아무도 묻지 않을 질문을 묻고 다른 누구도 생각하지 않을 생각들을 생각해. 대부분 그 이유는 이런 것들이 현학적이고 기술적이고 아마도 서섯이기 때문이야. 하지만 이게 내가 할 일이야! 살하면 새로운 분야를 탄생시킬 수도 있어. 아리스토텔레스부터 윌리엄 제임스William James 까지 심리학도 그 뿌리는 철학이었다고. 그리고 최악의 경우에도 이런 탐구는 우리를 신선하게 자극할 수 있어. 다른 누구도 할 수 없는 일이지.

## 미션 임파서블 요원

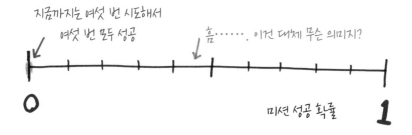

안녕! 나는 미션 임파서블 요원이야. 굳게 잠긴 금고의 천장에 매달리기도 하고, 석션 컵(흡착기)으로 초고층 건물을 오르기도 하고, 내가 방금 삼중으로 배신한 이중 배신자에게 나의 진짜 정체를 드러내기도 하지.

근데 나는 도대체 '불가능'(임파서블)이 무슨 뜻인지 모르겠어.

'불가능'은 '분기별 수익 보고처럼 늘 있는 일'이라는 의미가 아니야. '아주 드물다'는 의미도, '좀 어렵다'는 의미도, '휴, 칼날이 톰 크루즈Tom Cruise 눈에서 1밀리미터 벗어나서 다행이야.'라는 의미도 아니야. 한마디로 이건 '가능하지 않다'not possible 는 의미지. 그런데도 그 불가능하다는 일이 계속 일어난단 말이지. 아무래도 내가 출연하는 영화는 테마 음악은 귀에 착 감기게 좋은데 제목만큼 정직하진 않은 것 같아.

하지만 나만 그렇지도 않더라고. 모든 허구의 이야기는 그럴듯한 일들을 꾸며 내지. 나는 〈프라이데이 나이트 라이츠〉Friday Night Lights라는 미식축구 드라마를 좋아해. 텍사스 작은 도시에 사는 평범한 사람들의 소소한 이야기를 다루지. 하지만 이 드라마도 미식축구 막판에 가서는 꼭 평생 한 번 나올까 말까 한 극적인 사건으로 끝난단 말이지. 90야드(약 82미터) 터치다운 패스를 하지 않나, 골라인에 다 가서 공을 놓치지 않나, 필드 골로 들어갈 공이 크로스바에 맞아서 튕겨 나오질 않나. 이런 걸 보다 보면 진짜 궁금해져. 우리가 일어날 수 없는 환상을 텔레비전 화면에 투영하고 있는 걸까? 아니면 애초에 텔레비전 화면이 그런 환상을 우리 안에 심어 놓은 걸까?

## 밀레니엄 팰컨 호 선장

확률 같은 애미는 집어치워

0

소행성대를 무사히 빠져나갈 확률 1

안녕! 나는 밀레니엄 팰컨Millennium Falcon 호 선장이야. 악동 중의 악동이지. 내 평생 파트너는 2미터 40센티미터나 되는 키에 늘 탄띠를 두르고 다니는 우주 개space dog야.

그리고 확률 같은 건 아예 무시하지.

나는 뭔가 냉철하게 판단하고 전략을 세우는 사람이 아니야. 밀수업자에 제국의 반란군이지. 나는 총을 누가 먼저 뽑느냐로 삶과 죽음을 오가는 사람이야. 한 치의 의심이나 망설임도 없어야 해. 그건 곧 죽음을 의미하니까. 전쟁터의 참호에는 확률론 학자가 들어설 자리가 없어. 나는 평생 그런 참호 속에서 살아 왔고. 내 입장에서 보면 힘든 확률 계산은 마치 신경 쇠약에 걸린 황금색 로봇이 옆에서 계속 이렇게 떠드는 것만큼이나 거추장스러운 일이야. "맙소사! 선생님, 이런 말씀 드려도 될까 모르겠지만⋯⋯." 사람들 마음속에는 나와 비슷한 속성이 모두 조금씩은 있어. 아주 냉정하고 침착한 평가가 필요할 때는 확률론이 도움이 되지만 때로는 객관화된 수치로 정당화할 수 없는 자신감이 필요할 때가 있어. 본능과 행동이 필요한 순간에 확률만 따지고 있다가는 때를 놓친다고. 가끔은 수치 따위는 잊어버리고 그냥 행동에 나서야 할 때가 있는 법이야.

## 제14장

# 이상한 보험

### 깊이 이상한 보장 제도에서 이상하게 깊은 보장 제도까지

아이들 낙서 같은 최악의 그림을 그리며 최선을 다했음에도 불구하고, 나는 결국 어른이 되고 말았다. 이제 나는 커피를 마실 때 설탕을 넣지 않는다. 세상을 비꼬는 넥타이를 매지 않는다. 아이들은 나를 '아저씨'라고 부른다. 그중에서도 가장 맥 빠지는 부분은 내가 보험에 대해 고민하며 보내는 시간이 생겼다는 점이다. 의료 보험, 치아 보험, 주택 보험, 자동차 보험 등등. 이러다가 오래지 않아 넥타이에 커피 얼룩이 지는 것을 대비하는 보험도들 것 같다. 웃자고 하는 소리가 아니다.

어른들을 짓누르는 이런 삶의 무게 아래에서는 뭔가 재미있는 일이 벌어지고 있다. 보험 회사는 사실 제품을 파는 것이 아니다. 이들은 마음의 평화를 제공하는 심리학 자판기다. 이들은 나처럼 짧게 살고 떠날 인간들에게 기나긴 영원으로부터 한 줌의 안정감을 판다.

이번 장에서는 커피 따위 어른들이나 마시라고 하고 그 대신 초콜릿 우유로 손을 뻗어 보자. 신선한 시선으로 보험을 바라보면서 이 괴짜 같은 산업의 수학을 탐험해 보자. 전통적인 보험 제품이 아니라 기이하고 독특한 여러 가지 보험을 통해 탐험할 것이다. 보험은 서로 이득을 보는 것이라는 약속, 보험을 통해 착취당할 위험, 그리고 보험을 제공하는 자와 보험에 가입하는 자 사이에서 데이터를 두고 벌어지는 느린 줄다리기에 대해서 살펴보자. 가다 보면 대학 미식축구 팀과 외계인 이야기도 등장할 것이다.

어른이 된다는 깊고 어두운 구렁텅이에 빠져 있다고 해도, 보험은 이상하고 어리석은 일임을 기억할 필요가 있다.[110] 어른이 된다는 것 그 자체처럼 말이다.

## 난파 보험

세상에 배가 등장한 후로 언제나 난파되는 배가 있었다. 5000년 전 중국에서는[111] 상인들이 배를 타고 강 하류로 가서 물건을 거래했다. 평소대로 모든 일이 잘 풀리기만 하면 화물이 도착하고 아무런 문제도 없었겠지만, 배가 급류에 휘말리거나 바위에 부딪히기라도 하면 배에 실은 화물이 강에 잠겨 떠내려가는데 이런 화물로 돈을 받아 내기는 힘들었을 것이다.

운명은 카드 두 장을 내밀었다. 적당한 성공을 거두거나, 폭삭 망하거나. 전자는 당신에게 이 게임에 참여할 이유를 제공하지만 후자는 당신을 파멸로 이끌 수 있다.

고대 중국 상인들은 어떻게 대처했을까?

간단하다. 위험을 재분배하는 것이다. 상인들은 화물을 자기 배에 다 싣는 대신 다른 상인의 배에 나누어 실었다. 그래서 각각의 배에 여러 상인의 화물이 뒤섞여 실리게 됐다. 이렇게 위험을 분산함으로써 높은 손실이 발생할 작은 확률을 작은 손실이 발생할 높은 확률로 바꾼 것이다.

이런 종류의 위험 재분배는 역사 이전에 시작되었다. 유대가 강한 공동체에서 이런 경우를 찾아볼 수 있다. 이런 공동체의 사람들은 자기도 언젠가 공동체로부터 똑같이 도움을 받을 날이 오리라는 것을 알고 이웃을 돕기 위해 자신을 희생하기도 한다.

요즘에는 '유대가 강한 공동체'가 '이윤을 추구하는 보험 회사'로 바뀌었다. 구식의 사회적 강제 메커니즘(예를 들면 인색한 사람들은 돕지 않기 등)이 정확한 공식에 의해 작동하는 메커니즘(예를 들면 위험 요소를 바탕으로 정확한 보험료율 산출하기 등)에 자리를 내주었다. 역사는 사회적 처리 방식을 정제해서 수학적 처리 방식으로 바꿔 놓았다.

**상자 100개, 배 1대**

| 화물 손실 | 확률 |
|---|---|
| 없음 | 99% |
| 전부 | 1% |

너무 위험해!

**상자 100개, 배 100대**

| 화물 손실 | 확률 |
|---|---|
| 없음 | 36.6% |
| 1/100 | 37.0% |
| 2/100 | 18.5% |
| 3/100 | 6.1% |
| 4/100 | 1.5% |
| 5/100 | 0.3% |

아마도 몇 개는 잃겠지만 전부 잃을 일은 없겠어.

원리만 놓고 보면 오늘날의 보험은 5000년 전과 아주 비슷한 방식으로 작동한다. 지금도 똑같이 치명적 위험을 마주하는 사람들이 있다. 그래서 우리는 위험을 맞교환한다. 그러면 배가 침몰해도 우리가 침몰할 일은 없다는 것을 알기 때문에 안심하고 강에 배를 띄울 수 있다.

# 왕이 확실하게 당신의 뒤를 봐주는 보험

고맙구나! 홍수나 기근이 닥쳤을 때 내가 값을 매길 수 없을 정도로 귀한 꽃병 두 개로 되갚아 주마.

흠, 감사합니다……

잠깐 시간 여행을 다녀오자. 시계를 '이란, 기원전 400년'[112] 노루즈Norouz 신년 축제'로 맞춰 보자.

우리는 궁전에 도착했다. 군주가 관료와 공증인 들을 옆에 끼고 길게 늘어 선 방문객을 맞이하고 있다. 방문객은 각각 하나씩 선물을 들고 왔다. 왕의 회계사들이 이 선물들을 돌려 보며 그 가치를 평가하고 기록한다. 우리는 지금 가장 기쁜 기념행사를 목격하고 있다. 바로 보험 등록이다.

만약 금화 1만 개 이상의 가치가 있는 물품을 선물하면 당신의 이름은 특별히 명예로운 장부에 올라간다. 그리고 당신이 어려워지면 금화 2만 개를 받을 것이다. 그보다 가치가 떨어지는 선물은 그런 보장을 받을 자격이 없지만 그래도 후하게 보상받을지도 모른다. 어떤 사람은 사과 하나를 선물해서 나중에 그 보답으로 금화로 가득한 사과 하나를 받기도 했다.

이 장면을 보면 보험의 개념을 조금 비딱하게 정립하고 싶다는 생각이 든다. 보험이란 부유한 사람이 가난한 사람에게 약간의 회복력resilience을 파는 행위다.

부유한 사람은 나쁜 일이 생겨도 감당할 수 있다. 당신이 왕이거나 억만장자거나 월마트 최고 경영자 샘 월턴Sam Walton의 손자쯤 된다면 교통사고가 나더라도 병원비도 내고 자동차도 새로 사서 계속 삶을 즐길 수 있을 것이다. 하지만 가난한 사람은 나쁜 일이 생기면 처절하게 몸부림을 쳐야 한다. 병원 치료는 그냥 포기하고 빚을 지고 직장까지 가는 교통수단을 이용할 처지가 못 돼서 직업을 잃을 수도 있다. 부유한 사람은 불행을 겪은 다음에도 홀가분하게 털고 일어날 수 있지만 가난한 사람은 악순환에 빠져들고 만다.

그래서 아주 뒤죽박죽 논리적 단계를 거쳐 보험이 탄생한다. 위험을 감수할 능력이 안 되는 가난한 사람이 부유한 사람에게 돈을 내고 그 위험을 감당할 책임에서 벗어나는 것이다.

## "안 돼! 내 직원들이 모두 로또에 당첨됐어" 보험

직원들이 단체로 일을 관두고 싶은 마음에 십시일반 돈을 모아 로또 계를 만드는 광경은 꽤 흔하다. 이들은 더 이상 뭉쳐 있기 싫다는 꿈 때문에 하나로 뭉친 동지다. 하지만 이들이 정말로 로또에 당첨되었다고 해 보자. 그러면 그 가엾은 상사에게는 무슨 일이 벌어질까? 어느 날 아침 눈을 뜨고 출근해 보니 갑자기 부서 사람들이 모두 사표를 낸다면? 한마디로 재앙이다.

두려워하지 말지어다, 버림받은 상사여. 그대를 괴롭히는 병을 치료할 방법이 있나니.

1990년대에는 1000곳이 넘는 영국 사업체가 전국 로또 긴급 사태 대처 계획National Lottery Contingency Scheme에 투자했다.[113] 만약 직원이 로또 1등에 당첨되면 보험 회사에서 지급하는 돈이 신입 사원을 채용해 교육하고 손실을 만회하고 임시 노동력을 확보하는 데 도움이 될 것이다.

(나는 로또를 운영하는 정부에서 이런 보험도 함께 팔아야 한다고 생각한다. 병 주고 약 주는 셈 치고 말이다.)

당신이 추측한 대로 기댓값은 보험 회사에 유리하다. 그런데 그 마진이 얼마나 되는지 들으면 놀랄 것이다.[114] 로또 복권 한 장이 1등에 당첨될 확률은 1400만 분의 1이다. 그런데도 배당 성향payout ratio은 높아야 1000 대 1에 불과하다. 규모가 작은 업체는 훨씬 상황이 안 좋다. 직원이 두 명에 불과한 경우에는 직원 한 명이 로또를 1만 장씩 산다고 해도 기댓값이 여전히 불리하게 나온다.

| | 배당금 대 보험료 비율 | 보장되는 직원 수 | 기댓값이 대등해지려면 ↓ 직원당 복권 구입 매수 |
|---|---|---|---|
| 최고의 거래 (보험료 300파운드) ↗ | 1000 대 1 | 100 | 140 |
| 최악의 거래 (보험료 50파운드) ↗ | 500 대 1 | 2 | 14,000 |

물론 보험 업체가 보험료를 기댓값 수준으로 정확히 책정할 수는 없다. 보험을 운용하는 데 따르는 위험도 있고 보험 운용에 들어가는 비용도 있으니까 말이다. 보험 업체에서 마진을 너무 낮게 잡았다가 평소보다 살짝 더 많은 고객이 보험금 배당을 요구하는 순간 바로 파산하고 말 것이다.

겁에 질린 상사에게 더 나은 선택지는 없을까? 보험을 들 수 없다면 직원들의 로또 계에 동참하는 편이 낫다.[115] 이 계에 돈을 조금 투자하는 것 자체가 보험이다. 소규모 투자지만 만에 하나 로또에 당첨될 경우 그 값을 톡톡히 할 것이다.

## 쌍둥이 출산 보험

가만…… 내가 새로 태어난 우리 아기를 안고 있는데 자기도 새로 태어난 아기를 안고 있으면…….

맙소사. 쌍둥이잖아. 도움을 요청해야겠어.

보살필 아기의 숫자는 '하나'도 감당하기 힘들다고 생각한다. 하물며 '둘'이라면 마치 아기를 단체로 집에 들이는 기분이고 '셋'이라는 숫자는 상상할 수도 없다. 무량대수쯤 되는 숫자 같다. 그러니 임신 예순일곱 건 가운데 한 건은 쌍둥이 출산으로 이어진다는 이야기를 들으면 아찔할 수밖에. 영국에서 나처럼 두려움에 떠는 예비 부모가 있다면 '쌍둥이 출산 보험'[116]에 가입할 수 있다.

쌍둥이를 낳으면 보험 회사에서 5000파운드(약 700만 원)를 배당해 준다.

재정 분석가 겸 개인 재정 상담사 데이비드 쿠오David Kuo는 이런 보험에 대해 콧방귀를 뀌며 이렇게 말한다. "차라리 그 돈으로 경마를 하세요." 그 말의 의미를 어렵지 않게 이해할 수 있다. 여기서 기댓값은 아주 형편없이 나온다. 나이가 만 25세 미만이고 쌍둥이 출산 가족력이 없는 산모는 제일 낮은 보험료가 210파운드다. 이런 산모 100명이 보험에 가입한다면 보험 회사에는 2만 1000파운드가 들어오는 반면 보험금은 5000파운드 한 번만 배당할 가능성이 농후하다. 아주 편안하게 짭짤한 수입을 올리는 셈이다. 바가지도 이런 바가지가 없다.

쌍둥이를 낳을 가능성이 높은 부모도 사정이 나아지진 않는다. 스스로 쌍둥이인 만 34세 산모는 보험료가 700파운드다. 배당 성향이 고작 7 대 1이다.

불임 치료를 받았거나 임신 11주에 초음파 검사를 받을 때까지 이 보험에 가입하지 않았다면 아예 보험 가입 자격이 되지 않는다.

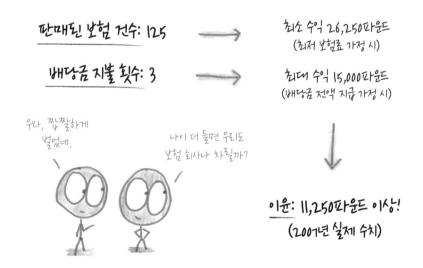

판매된 보험 건수: 125  →  최소 수익 26,250파운드
(최저 보험료 가정 시)

배당금 지불 횟수: 3  →  최대 수익 15,000파운드
(배당금 전액 지급 가정 시)

우와, 짭짤하게 벌었네.

나이 더 들면 우리도 보험 회사나 차릴까?

이윤: 11,250파운드 이상!
(2007년 실제 수치)

보험을 두 종류로 구분하는 편이 도움이 될 것 같다. 바로 재정적 보험과 심리적 보험이다.[117]

의료 보험, 생명 보험, 자동차 보험 등 제일 흔한 보험은 재정적으로 몰락했을 때를 대비하는 것이다. 하지만 심리적 보험은 그리 심각하지 않은 상황에 대비하는 보험이다. 여행 보험을 예로 들어 보자. 아마도 당신은 비행기표를 날린다고 큰 문제가 생기지는 않을 것이다.(제기랄, 이미 표 값은 다 지불했는데.) 하지만 휴가가 취소됐는데 기분 좋을 사람은 없다. 보험은 이런 경제적 비용을 상쇄함으로써 심리적 비용을 덜어 준다.

이 책은 재테크 책이 아니다. 하지만 딱 하나 해 주고 싶은 조언이 있다. 심리적 보험을 경계하라.

쌍둥이 보험 회사에서 다른 보험 상품을 여럿 출시했다고 상상해 보자. 당신이라면 산후 우울증 보험에 200파운드(약 28만 원)를 내고 가입하겠는가? 아니면 자폐 아동 육아 보험은 어떨까? 또는 다운 증후군으로 태어난 아이를 위한 보험이나 만성 질환을 타고난 아동을 위한 보험은? 이런 각각의 위험을 모두 대비해 두면 나쁘지 않겠다 싶겠지만 200파운드씩 주고 보험 상품에 빠짐없이 가입하다 보면 결국 누적 보험료가 어떤 보험 배당금보다도 많아질 것이다. 만약 이런 보험에 일일이 가입할 돈이 있는 사람이라면 그 보험으로 대비하려는 일이 실제로 일어나더라도 감당할 여유가 될 것이다.

더 바보 같은 사례를 들어 보자. 20달러 미만 티셔츠에 대해 장당 3달러에 보험에 가입해 주는 상품이 있다. 평소 아끼는 옷을 보호하고 싶었던 당신은 제일 아끼는 티셔츠 열다섯 장을 골라 보험에 가입한다. 그러면 이제 당신의 강아지나 쌍둥이 형제가 티셔츠를 물어서 찢어 놓기라도 하면 보험 회사에서 똑같은 새 옷을 보내 줄 것이다. 하지만 이런 일이 1년에 한 번 정도 일어난다면 당신은 가치가 20달러도 안 되는 서비스에 45달러를 지불하는 셈이다. 이럴 바에야 그 돈을 아껴 뒀다가 티셔츠를 새로 구입하는 편이 낫지 않을까?

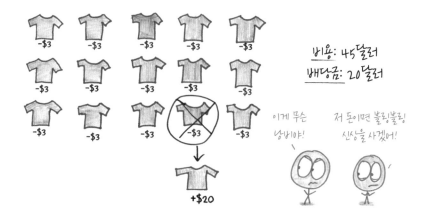

이것은 모든 심리적 보험에서 나타나는 기본적인 문제다. 스스로 충분히 감당할 수 있는 위험을 떠넘기려고 그 큰돈을 쏟아부을 이유가 있을까?

## 외계인 납치 보험

1987년 미국 플로리다에 사는 마이크 로런스Mike St. Lawrence가 19.95달러짜리 외계인 납치 보험[118]을 내놓았다. 이 보험의 보장 금액은 1000만 달러였고 1년에 1달러씩 배당되었다(배당이 마무리될 때까지나 사망할 때까지). 이 보험은 유괴된 사람들에게 '정신과 치료'와 '비웃음 보상'(직계 가족의 비웃음에 한정)

의 권리도 보장해 주었다. 이 보험의 구호는 이랬다. "내게 납치 광선을 쏴 주세요. 나, 보험 들었거든요."Beam me up. I'm covered. 만약 "이걸 진지하게 받아들이고 계십니까?" 또는 "부모님이 결혼하기 전부터 가족 관계였습니까?"라는 질문에 그렇다고 대답하면 보험 가입을 거절당했다. 한눈에 봐도 장난임을 눈치챌 수 있다.

그러다가 어느 영국 회사에서 진지하게 외계인 납치 보험 상품을 팔기 시작했다.[119] 그리고 100파운드에 팔아서 계약 건수 3만 7000건을 올렸다.(놀랄 노 자다!) 지금까지 보험금 지급은 단 한 건도 이루어지지 않았다. 그러면 거의 400만 파운드(약 50억 원)가 넘는 순수익을 올린 셈이다. 한 운영 사원은 이렇게 말했다. "멍청한 사람들이 돈과 헤어지게 만드는 일이라면 망설여 본 적이 없어요."

이 어리석은 이야기는 진정한 위험이 무엇인지 말해 준다. 심리적 보험은 순식간에 탐욕스러운 포식자로 돌변할 수 있다. 우리가 두려움 그 자체에 대비하는 보험을 사면 보험 회사는 우리를 더욱 겁주려고 달려들기 때문이다.

## 시험 낙제 보험

캘리포니아 대학교 버클리 캠퍼스에서 수학과 박사 과정을 밟으면 '퀄'the Qual이라는 중요한 자격 검정 시험을 치러야 한다. 이 시험은 혼자 맞서 싸워야 하는 괴물이다. 세 시간 동안 세 명의 전문가 교수 집단을 상대로 구두 시험을 봐야 한다. 이 시험을 준비하는 과정에서 진이 빠질 대로 빠지지만 시험 합격률은 적어도 90퍼센트 정도로 높다. 이 시험을 치를 준비가 되지 않으면 아예 시험 일정이 잡히지도 않기 때문이다. 심사에 참여하는 교수들도 학생들만큼이나 학생이 합격하기를 열망한다.

그렇다면 퀄 낙제는 다음 기준을 충족한다.[120] (1) 드문 일이다. (2) 가슴 아픈 일이다. (3) 많은 사람이 직면하는 일이다. (4) 다소 무작위로 찾아오는 일이다. 이 정도면 여기에 대비하는 보험이 등장할 분위기가 무르익는 듯하다.

## 보험 상품을 언제 팔아야 할까?
### 사업가를 위한 체크 리스트

흠······.
'실망스러운 드라마 결말'
보험은 어떨까?

1. 위험이 드물게 발생해야 한다.

내가 원하는 만큼
드물지는 않아.

2. 그 위험이 고통을 불러일으켜야 한다.

그건 확실하지.

3. 그 위험이 수많은 사람을
위협해야 한다.

시청자가
수백만 명이나 되니까!

4. 그 위험이 다소 무작위의 사람들에게
찾아와야 한다.

그건 아닌데······.
딱장 드라마 팬들을
대상으로 한 거라서.

232

일부 박사 과정 대학원생들이 논의 끝에 이렇게 결론을 내렸다. 계를 결성해서 각각의 참가자가 5달러씩 낸다. 만약 시험에 낙제하는 사람들이 있으면 그들이 돈을 모두 가져간다. 만약 모든 사람이 통과하면 그 돈으로 기념 맥주 파티를 벌인다.

대학원생들이 설계한 금융 상품은 어떤 식으로든 그 끝에 맥주가 반드시 등장해야 한다고 생각한다. 그거야말로 최고의 심리적 보험이니까.

## 홀인원 상 보험[121]

저속한 경쟁만큼 미국적인 것도 없다. 1만 달러 상금의 하프 라인 숏, 3만 달러 상금의 주사위 굴리기, 100만 달러 상금의 홀인원 상 등등. 이런 홍보용 상품을 출시할 때 따라오는 위험은 아주 작다.

누군가는 상금을 타기도 한다.

사실 이 시장은 보험 회사에게 꿈같은 시장이다. 확률을 파는 장사꾼인 이들의 지불 능력은 정확한 계산에 달려 있다. 사건의 확률은 100 대 1인데 배당금은 50 대 1이라면 흑자를 볼 것이다. 반면 사건의 확률은 50 대 1인데 배당금은 100 대 1이라면 파산할 것이다. 주택 보험, 생명 보험, 의료 보험 등은 보험 회계가 복잡하기 때문에 보험 회사에서 계산이 틀리기 쉽다.

하지만 경품 상금은? 아무런 문제 없다!

홀인원을 예로 들어 보자. 아마추어 골퍼는 대략 1만 2500번 시도할 때마다 한 번꼴로 홀인원이 나온다. 따라서 홀인원 상금이 1만 달러인 경우, 골퍼 한 사람에게 들어가는 평균 상금 비용은 0.8달러다. 여기에 참여하는 골퍼 한 사람에 2.81달러씩(어느 회사에서 광고하는 보험료) 보험료를 받으면 보험 회사는 쏠쏠하게 재미를 본다. 똑같은 보험 회사에서 홀인원 상 주최 측을 상대로 1만 달러 홀인원 상금 보험을 300달러에 판매했다. 이것은 양쪽 모두에게 좋은 거래다. 주최 측은 위험 부담을 덜 수 있고 보험 회사 측은 비용 기댓값이 80달러에 불과하기 때문이다.

이 회사는 NBA 팬들을 대상으로 하프 라인 숏 성공 시, 상금 1만 6000달러를 주는 대회에도 800달러에 보험을 팔았다. 팬의 하프 라인 숏 성공률이 50분의 1 정도라면 이것은 공정한 거래다. 하지만 50분의 1은 NBA 프로 농구 선수들이 게임을 할 때 간신히 나오는 확률이다. 할리데이비슨은 여섯 글자가 새겨진 주사위를 던져 H-A-R-L-E-Y가 차례로 나오는 고객에게 상금 3만 달러를 걸었는데 보험 회사는 이에 대해서도 보험을 가입해 주었다. 이 경우 참가자당 기댓값은 0.64달러에 불과했지만 보험 회사는 참가자당 보험료를 1.5달러 받았다. 보험 회계의 수학이 쉬워도 이렇게 쉬울 수가 없다.

배당금 확률: 12,500 대 1
배당 성향: 3,500 대 1

배당금 확률: 200 대 1
배당 성향: 50 대 1

배당금 확률: 46,656 대 1
배당 성향: 20,000 대 1

그렇다고 이런 유형의 보험이 전혀 위험하지 않다는 얘기는 아니다. 2007년 보스턴 지역 가구 소매 업체 조던스 퍼니처에서 현란한 광고를 시작했다.[122] 소파, 탁자, 침대, 매트리스를 4월이나 5월에 구입한 사람에게 10월에 보스턴 레드삭스가 월드 시리즈에서 우승하면 구매 가격을 환불해 준다는 파격적인 조건을 내걸었다. 그러자 판매 건수가 3만 품목에 이르렀고 총 매출은 2000만 달러에 육박했다.

그런데 레드삭스가 정말로 우승을 했다. 조던스 퍼니처에서 일하는 레드삭스 팬들은 짜릿한 기분을 느꼈다. 보험에 들어 두었던 것이다.

보험 회사에서 일하는 레드삭스 팬들은 어땠느냐고? 물론 좋기야 했겠지만 떨떠름했을 것이다.

## '변심' 결혼 취소 보험

나와 함께 사고 실험을 해 보자. 낯선 사람이 당신에게 동전을 하나 건넨다. 당신은 그 동전을 던진 다음 결과를 숨긴다. 앞면이 나올 확률은 얼마인가?

- 지나가던 사람 아무나 : "잘 모르겠는데……. 50퍼센트?"
- 당신에게 그 동전을 건네주었고 그 동전은 앞면이 더 잘 나온다는 사실을 알았던 뻬딱한 사람 : "70퍼센트!"
- 결과를 슬쩍 훔쳐본 당신 : "100퍼센트."

아무것도 모르는 사람　　　　뭘 좀 아는 사람　　　　모든 것을 아는 사람

여기서 틀린 사람은 아무도 없다. 불확실성uncertainty 이란 앎knowledge 의 정도를 측정하는 것이고 개개인은 쓸 수 있는 정보를 바탕으로 잘 보정한 이성적인 반응을 내놓았다. 사실 모든 확률에는 이런 수식어가 따라붙어야 한다. "내가 지금 아는 내용을 바탕으로 한."

이러한 역학이 보험 회사 입장에서는 악몽이 될 수 있다. 만약 보험 회사는 아무것도 모른 채 지나가던 사람이고 보험 가입자는 동전의 결과를 훔쳐본 사람이라면?

웨드슈어Wedsure 라는 회사[123]에서는 결혼과 관련해 당할 수 있는 온갖 낭패에 대비하는 보험을 판매한다. 신부의 웨딩드레스가 망가진다거나 결혼 선물을 도난당한다거나 결혼식 당일 사진사가 나타나지 않는다거나 하객들이 단체로 식중독에 걸리는 등등. 하지만 이 회사에서 제공하는 가장 놀라운 보장 옵션이 가장 말썽 많은 보장 옵션이 됐다. 바로 '변심' 조항이다.

여기 이 두 사람이 결혼하지 말아야 할 이유를
아는 사람이 있다면 지금 말씀해 주시기 바랍니다.
아니면 결혼 취소 보험금 청구는 이것으로 영원히 안녕입니다.

1998년 어느 기자가 웨드슈어 소유자 롭 누치오_Rob Nuccio_에게 변심으로 결혼을 취소하는 경우에 배상해 주는 보험을 판매할 생각이 없는지 물어보았다.[124] 그러자 누치오는 코웃음을 치며 이렇게 말했다. "그러면 당사자들끼리 짜고 우리 회사에 사기 치기가 너무 쉽죠. 혹시 그게 당신 이야기라면 결혼하지 마세요." 하지만 2007년에 누치오는 마음을 바꿔 적어도 120일의 예고 기간을 두고 결혼을 취소한 경우 결혼 비용을 부담하는 제삼자(결혼 당사자는 안 됨)에게 배상해 주는 보험을 판매하기 시작했다.[125] 하지만 누치오에 따르면 한 가지 문제가 생겼다고 한다. "신부 엄마들이 보험금을 청구하기 시작했습니다. 이 엄마들은 그 결혼에 뭔가 문제가 있음을 미리 알고 있었던 거죠." 확실히 이 여성들은 보험 회사보다 자기 딸의 속마음을 더 잘 알고 있었던 것 같다. 동전 던지기 결과를 훔쳐본 것이다. 누치오는 예고 기간을 180일, 그다음엔 270일, 결국에는 365일로 늘렸다.

이는 보험 회사에서 마주해야 하는 전형적인 문제다. 보험으로 보장받으려는 사람은 보험 제공자가 알지 못하는 구체적인 내용을 아는 경우가 많다. 보험 회사가 쓸 수 있는 해결 방안은 다섯 가지가 있다.

1. 이윤 마진을 정상보다 훨씬 높게 잡는다.
2. 구체적인 내용을 보험 가입자와 동등한 수준으로 알 수 있도록 꼼꼼한 보험 가입 절차를 거친다.
3. 저렴한 저보장 옵션과 값비싼 고보장 옵션을 제공한다. 위험도가 높은 사람은 자연히 후자에 더 끌릴 것이다.
4. 판매하는 보험 상품이 대비하는 위험에 대해 전문가 수준으로 파악해서[126] 고객보다 더 잘 숙지한다.
5. 그런 위험한 보험 상품의 판매를 중지한다.

# 보험 회사 보험

무슨 소리야, 보험금을 지급할 수 없다니?
우린 보험에 가입했잖아!

허리케인이 당신과 이웃들을
같은 날에 덮칠 줄 알았나.

보험 가입자와 보험 회사 사이에 지식 격차가 있기 때문에 보험 회사가 겁을 먹는 것은 사실이지만 그렇다고 한밤중에 식은땀을 흘리며 잠에서 벌떡 깰 정도는 아니다. 이들에게 진정한 악몽은 따로 있다. 바로 종속성dependence이다.

앞서 나왔던 중국 상인들을 다시 떠올려 보자. 이들은 자신의 화물을 배 100대에 나누어 실었다. 그런데 배가 하나씩 난파하지 않는다면? 99퍼센트의 날에는 배가 한 척도 침몰하지 않는데 1퍼센트의 날에 폭풍우가 닥쳐 배를 모두 침몰시켜 버린다면? 그러면 보험도 무용지물이다. 이 경우에는 재분배로 완화할 수 있는 개별 위험에 직면한 것이 아니기 때문이다. 우리는 똑같은 끔찍한 파멸로 이어지는 똑같은 끔찍한 티켓을 손에 쥐고 있는 셈이다. 이럴 때는 운명을 조각으로 나누어 거래해 봤자 아무 소용이 없다. 침몰하면 모두 함께 침몰한다.

이것이 종속성이다. 보험 회사 입장에서 보면 악몽이다. 예를 들어 허리케인 카트리나는 단 한 번에 총 410억 달러의 손실을 가져왔다. 여기에 비하면 20억 달러 정도 되는 연간 총 보험료도 새 발의 피다. 이런 경우 보험 회사도 보험을 가입한 개인과 똑같은 위험에 직면한다. 달걀이 모두 한 바구니에 담기는 것이다.

해법은 보험의 규모를 끌어올려 보험 회사가 보험에 가입하는 것이다. 이것을 '재보험'reinsurance [127]이라고 한다. 서로 다른 지역 보험 회사들이 자산을 거래하는데 사실상 고객을 맞교환하는 것이다. 이렇게 하면 한 지역의 한 보험 회사가 더 광범위한 지역에 걸쳐 위험 포트폴리오를 구성할 수 있다.

배 100척에 걸쳐 위험을 분산하는 것으로 충분치 않다면 강 100줄기에 걸쳐 분산하면 된다.

## 대학 미식축구 선수의 기량이 떨어졌을 때를 대비한 보험

판타지 역할극을 즐길 시간이 됐다. 당신이 대학 미식축구 스타 선수가 되었다고 해 보자. 사람들은 당신네 팀 색깔을 가슴에 칠하고 응원한다. 당신에게는 수백만 달러 가치의 재능이 있다. 하지만 대학 재학 중에는 프로가 아니라서 돈을 벌 수 없다. 게다가 언제 끔찍한 부상을 당해 선수 생활을 마감할지도 모를 일이다. 당신의 몸은 1등 당첨 로또이기는 한데 세탁기에 넣고 몇 번 돌린 다음에야 현금으로 바꿀 수 있는 복권이나 마찬가지다. 그저 복권에 새겨진 번호가 빨래하면서 지워지지 않기만을 바라는 수밖에 없다.

이런 경우는 대체 어떻게 해야 할까?

선수 경력이 끝장나는 부상에 대비한 보험에 들 수 있겠지만[128] 그걸로는 충분치 않다. 부상으로 선수 경력이 끝장나지는 않고 그냥 경력을 이어 가는 데 방해만 된다면? 부상 때문에 1차 드래프트(700만 달러짜리 계약)에서 6차 드래프트(100만 달러짜리 계약)로 밀려난다면? 그러면 신수 생활로 벌 수 있는 돈의 80퍼센트 이상이 연기처럼 사라지지만 앞에서 가입한 값비싼 보험은 아무런 도움이 되지 않는다(보험료 1만 달러로 100만 달러 보험금 보장).

일류 선수들이 추가로 '가치 손실'loss of value 보험에 가입하기 시작한 이유도 이 때문이다.[129] 이런 보험료는 싸지 않다. 보장 액수를 100만 달러 높일 때마다 보험료가 4000달러 추가된다. 하지만 대단한 유망주에게는 충분한 가치가 있다. 코너백cornerback(미식축구에서 라인배커 뒤쪽에서 수비하는 선수 ― 옮긴이) 이포 엑프레 올로무Ifo Ekpre-Olomu 나 타이트 엔드tight end(미식축구에서 태클 가까이에서 뛰는 공격수 ― 옮긴이) 제이크 버트Jake Butt[130]는 이미 보험금을 받았다. 분명 더 많은 선수가 그 뒤를 따를 것이다.

## 의료 보험

제가 지금 아픈데, 의료 보험 가입되나요?

꺼져.

위험을 줄여 준다는 보험 상품 가운데 제일 이상한 것은 마지막을 위해 아껴 두었다. 바로 의료 보험이다.[131]

의료 보험이 뭐 그리 이상하길래? 첫째, 미국 의료 보험은 무척 복잡하다. 본인 부담금deductibles 이니, 보상 한도coverage limit 니, 기존 병력preexisiting condition 이니, 기본 진료비co-pay 니, 변동 보험료variable preniums 니……. 무슨 뇌 수술도 아닌데 뇌 수술만큼이나 복잡하다. 둘째, 기냐 아니냐를 따지는 성가신 질문이 따라붙는다. 의학 지식과 예측 능력이 발전해야 의료 보험도 계속 기능할 수 있기 때문이다.

간단한 의료 모델을 살펴보자. 각자 동전 열 개를 던진다. 만약 동전 열 개가 모두 앞면이 나오면 당신은 무시무시한 '앞면 열 개 병'에 걸린 것이다. 이 질병을 치료하는 데는 50만 달러가 필요하다.

각자 이 병에 걸릴 위험은 1000분의 1 정도 된다. 하지만 우리가 모두 각자 800달러씩 갹출해서 보험에 가입한다면 일이 잘 해결된다. 보험 회사는 가입자 1000명당 보험료를 80만 달러 거두어들이는 대신 보험금으로는 50만 달러만 지불하기 때문이다. 이로써 보험 회사는 이윤을 남기고 우리는 재정 파탄 위험에 대비할 수 있다. 그러면 모두 행복해진다.

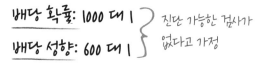

배당 확률: 1000 대 1
배당 성향: 600 대 1 } 진단 가능한 검사가 없다고 가정

이봐, 적어도 보장은 해 주잖아.

보험료: 800달러

하지만 우리가 아는 게 더 있다면? 만약 보험에 가입할지 말지 결정하기 전에 첫 동전 다섯 개의 결과를 엿볼 수 있다면?

이제 1000명당 970명 정도는 뒷면인 동전 하나가 들어 있는 것을 살짝 엿보고 안도의 한숨을 내쉰다. 우리는 안전하다. 보험이 필요 없다. 하지만 나머지 30명은 초조해진다. 그중 한 명은 아마도 끔찍한 병에 걸렸을 것이다. 이 30명 집단은 총 50만 달러의 의료비가 필요해진다. 이 의료비를 30명에게 공평하게 재분배한다고 해도 한 사람이 부담해야 하는 액수가 엄청나다. 보험이 마음의 평화를 가져다주기는커녕 있던 평화마저 앗아 간다.

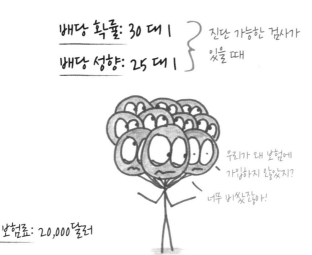

동전 던지기 결과를 엿보는 순간 불확실성이 감소했다. 그리고 불확실성이 사라지면 보험은 붕괴하고 만다. 고통받을 사람이 누구인지 미리 알 수 있다면, 즉 누구의 배가 가라앉을지, 어느 직원들이 로또에 당첨될지, 선수 생활의 꿈을 박살 내는 부상을 누가 입을지 미리 알 수 있다면 보험이라는 제도는 존재할 수 없다. 위험을 공유하는 사람들끼리만 위험을 재분배해야 하기 때문이다.

미국 의료 제도에서는 매년 이런 문제점들이 노출되고 있다. 유전자 검사와 통계학의 개선으로 보험의 기본 논리 자체가 위협받고 있다.

쉬운 해법은 보이지 않는다. 이런 자료를 바탕으로 보험료를 개인별로 차등화하면 어떤 사람은 돈 몇 푼으로 끝나고 어떤 사람은 진료비 청구서에 적힌 돈만큼 비싼 보험료를 내야 한다. 그렇다고 모든 사람에게 보험료를 동일하게 매겨 버리면 서로가 서로의 위험에 대비하게 돕자는 취지로 생겨난 프로젝트가 집단 자선 프로젝트로 변질되어 일부 사람들이 다른 사람들에게 보조금을 지급하는 꼴이 되어 버린다. 이건 보험 강매다. 이것이 미국 의료 체계를 둘러싸고 논란이 지속되는 이유 중 하나다.

가르치는 일을 하다 보니 안다는 것은 모두 축복이라 생각하고 싶다. 하지만 보험을 생각하면 이야기가 복잡해진다. 자신에게 닥칠 운명을 모르면 우리는 그 위험에 대처하기 위해 협력할 수밖에 없다. 우리는 불확실성을 바탕으로 민주주의를 쌓아 올렸다. 하지만 새로운 지식이 그런 균형을 위협할 것이 불 보듯 뻔하다.

## 제15장

# 주사위 한 쌍으로
# 경제 파란 내는 법

## 1. 썰렁한 취업 박람회

2008년 9월에 나는 '대학'이라는 거대한 공짜 피자 찾기 게임의 마지막 해를 시작했다. 완전히 곧이곧대로 믿은 건 아니지만 대학을 졸업하고 난 후에는 돈을 버는 사람만 피자를 사 먹을 수 있다는 것을 알았기 때문에 나는 연례 취업 박람회에 가 보기로 마음먹었다. 체육관을 가득 채운 고용주 부스에서 공짜 증정품을 나눠 주고 취업 지원서(이건 부차적인 문제였다.)도 나눠 주리라 생각했다.

하지만 막상 도착하고 보니 체육관은 유령 도시처럼 절반은 텅 비어 있었다. 갑자기 투자 은행들이 모두 한마음으로 지금은 사람을 고용하기에 좋은 시기가 아닌 것 같다고 판단한 것이다.

우리도 그 이유를 알고 있었다. 그 전 달에 전 세계 금융 시장이 마치 블루 스크린이 뜬 컴퓨터 화면처럼 얼어붙어 리부팅을 하려고 해도 말을 듣지 않고 있었기 때문이다. 월가에서는 셰익스피어의 비극 마지막 장면이 펼쳐지고 있었다. 몇백 년 된 기관들이 칼에 관통당한 몸에 흙을 뒤집어쓴 채 마지막으로 죽음의 독백을 뱉어 내고 있었다. 기자들은 '대공황 이후로', '최악의', '경기 침체' 등의 말을 여기저기 갖다 붙였다. 이런 용어들이 나란히 붙어서 나올 때도 많았다. 피자 크러스트를 씹을 때도 불안의 맛이 느껴졌다.

이 장에서 우리는 확률에 대한 마지막 수업을 한다. 어쩌면 마지막이자 가장 어려운 수업이 될지도 모르겠다. 수많은 예비 확률론 학자들은 **독립 성**independence이라는 개념의 유혹에 넘어가 우리 세상이 독립된 사건들의 집합이라고 상상해 버린다. 하지만 확률을 가지고 세상의 불확실성과 마주하려면 세상이 서로 연결되어 있음을 받아들여야 한다. 세상은 인과의 사슬로 모두 연결되어 있다.

간단한 사례를 들어 보자. 주사위 두 개를 굴리는 것과 주사위를 한 번 굴려서 그 값을 두 배로 하는 것의 차이는 뭘까?

각각의 경우에 주사위 값의 합은 최소 2에서 최대 12까지 나올 수 있다.

독립적인 주사위 두 개로 굴릴 경우 극단적인 값은 몇몇 방법으로만 펼쳐질 수 있다.(예를 들어 3이 나오는 조합은 두 가지밖에 없다.) 중간값은 여러 방식으로 펼쳐질 수 있다. 예를 들면 6이 나오는 조합은 일곱 가지다. 따라서 중간값이 나올 확률이 더 높다.

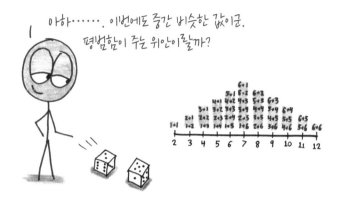

그럼 주사위를 한 번만 굴려서 그 값을 두 배로 하면 어떨까? 이 경우 '두 번째' 주사위 굴리기 값은 전적으로 첫 번째 굴리기에 달려 있다. 한 번의 사건을 두 번의 사건으로 위장한 것이기 때문이다. 그래서 극단적인 결과가 나올 확률이 중간값이 나올 확률과 비슷해진다.

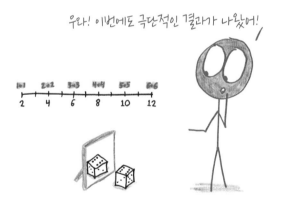

그 차이는 분명하다. 독립성은 극단을 해소하는 반면 종속성은 극단을 증폭한다.

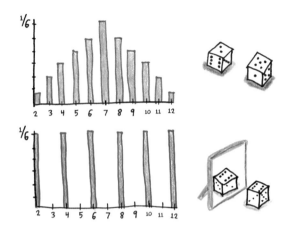

이 개념을 좀 더 확장할 수 있다. 주사위 두 개에서 주사위 100만 개로 넘어가 보자. 그러면 그 결과는 최소 100만(모두 1)에서 최대 600만(모두 6)까지 가능해진다.

각각의 주사위가 나머지 99만 9999개와 독립적으로 행동한다면 어떻게 될까? 그러면 장기적으로 안정적인 성향을 나타내는 세상이 된다. 여기서는 짜릿한 6과 실망스러운 1이 같은 비율에 도달한다. 모든 주사위 값의 총합이 양극단에서 멀리 떨어진 딱 한가운데 떨어질 가능성이 압도적으로 높다. 총합이 349만에서 351만 사이에 떨어질 확률이 99.9999995퍼센트나 된다. 최솟값인 100만이 나오기는 사실상 불가능하다. 그 확률은 구골의 구골의 구골의 구골 분의 1보다도 작다.(구골은 10의 100제곱, 즉 1에 0이 100개 붙는 수다. 그런데 이 구골을 7000번이나 더 쓸 수 있다. 그러면 이것이 얼마나 낮은 확률인지 대충 감이 올 것이다.)

하지만 개별 주사위를 굴리는 게 아니라면? 주사위 하나를 굴리고 그것을 사방이 거울인 복도에 반사해 그 값을 100만 배로 키운다면? 그러면 우리는 무작위 우연이 지배하는 혼돈의 세상에 남을 것이다. 나머지 주사위 '굴리기'가 온전히 첫 번째 굴리기에 달려 있기 때문에 균형이 잡히지 않는다. 이제는 최솟값인 100만이 나온다 해도 하늘을 나는 돼지처럼 말도 안 되는 일이 아니게 된다. 6분의 1 확률이니까 말이다.

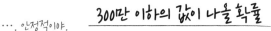

흠…… 안정적이야.

독립적인 주사위 100만 개:

한 번 굴려서 100만 배 한 결과: $\frac{1}{2}$

만약 그런 일이 실제로 일어났다면 우주 역사상 확률이 가장 낮은 사건이 벌어진 것이다.

너무 불안정해!

보험, 포트폴리오 다양화를 통한 위험 분산, 달걀을 여러 바구니에 나누어 담기 등은 모두 똑같은 근본 원리에 바탕을 두고 있다. 사건들을 결합하여 위험을 극복하자는 것이다. 주식 한 종목에만 매달리는 것은 도박이다. 하지만 여러 주식을 결합해 지수를 만들면 그것은 투자가 된다.

하지만 이 모든 것은 독립성에 달려 있다. 달걀을 여러 바구니에 나누어 담아도 그 바구니들을 하나로 묶어 한 트럭에 싣는다면 아무런 의미가 없다. 종속성의 세계는 작은 사건들이 도미노처럼 꼬리에 꼬리를 물며 몸집을 불려 극단으로 치닫는 세계다. 이런 세상에서는 취업 박람회가 축제 분위기 아니면 장례식 분위기가 되고 그 중간은 찾아보기 힘들다. 이런 세상에서는 은행들이 모두 잘 먹고 잘살다가 어느 날 갑자기 다 같이 망해 버린다.

## 2. 공짜는 없다

돌발 퀴즈! 월가 은행은 기본적으로 무슨 일을 할까?[132]

A. 자본의 지능적 분배를 통해 세계 경제가 돌아가게 만드는 것
B. 노동자 계급의 주머니에서 피땀 어린 돈을 강탈해 이탈리아 명품 양복을 사는 것
C. 사물에 가격을 매기는 것

A라고 답했다면, 당신은 월가에서 일하는 사람이다.(양복 멋지군요! 이탈리아산인가요?) B라고 답했다면, 제 책을 읽어 주셔서 대단히 영광입니다, 버니 샌더스Bernie Sander(미국 상원 의원으로 2016년 미국 대선에서 힐러리 클린턴과 민주당 대통령 경선 후보로 경합을 벌였던 진보 정치인 — 옮긴이) 의원님. C라고 답했다면, 당신은 이미 이 장의 핵심 주제를 잘 이해하고 있는 사람이다. 사물의 가치를 결정하는 것이 금융의 기본 기능이라는 것이 이 장의 주제다. 주식, 채권, 미래, 레인보우 샤우트 계약, 파리지안 배리어 옵션 등 당신이 무엇을 사거나 팔거나 이 중에서 내가 지어 낸 말이 뭔지 찾아보려고 인터넷 검색을 할 때, 우리는 이런 사물들의 값어치가 얼마나 되는지 알고 싶어 한다. 먹고사는 일이 거기에 달려 있기 때문이다.

그런데 가격 매기기가 쉽지 않다는 것이 문제다.

이건 어느 CDO*의 두 번째 트랜치를 위한 CDS*야. 하지만 TARP*가 당신의 그레이트 배리어 리프 옵션을 그린고트에서 바라본 알제리 흑백 옵션보다 더 비싸게 만들어 줄 수도 있다는 걸 기억해. 그러면 얼마에 살래?

음…… 5달러?

* CDO: 자산 담보부 증권
* CDS: 신용 부도 스와프
* 트랜치: 분할 발행된 채권이나 증권
* TARP: 미국이 금융 위기를 극복하기 위해 만든 재무부 금융 구제 프로그램

채권을 예로 들어 보자. 채권은 돈을 갚겠다는 약속, 즉 채무를 조각으로 나누어 놓은 증서다. 어떤 사람이 집을 사기 위해 돈을 빌리고 나서 5년 후에 10만 달러를 갚기로 약속했다고 하자.

이 차용증의 가치는 얼마나 될까?

가격 매기기 1번 도전 과제인 시간에 가치 매기기부터 시작하자. 금융의 카르페 디엠(현재를 즐겨라.) 논리에 따르면 오늘의 1달러는 내일의 2달러보다 더 가치 있다. 첫째, 인플레이션이 있고(이것은 1달러의 가치를 점진적으로 낮춘다.) 둘째, 기회비용opportunity cost이 있다.(즉 오늘 머리를 잘 굴려서 1달러를 투자하면 내년에는 더 많은 가치를 창출할 수 있다.) 이런 식으로 대략 계산해 보니 오늘의 1달러는 내년에는 1.07달러의 가치가 있다. 이것을 해마다 이월하며 계산해 보면 오늘의 1달러는 5년 후 1.4달러와 동등한 가치가 있음을 알 수 있다.

| 지금으로부터의 햇수 | 오늘 1달러의 가치 |
| --- | --- |
| 0 | 1.00달러 |
| 1 | 1.07달러 |
| 2 | 1.14달러 |
| 3 | 1.23달러 |
| 4 | 1.31달러 |
| 5 | 1.40달러 |

흠, 내 돈 가져다가 이자 좀 불려 놀까?

5년 후에 10만 달러를 받는다고 하면 아주 큰돈을 받는 기분이 들지만 사실은 그렇지 않다. 이것을 오늘의 가치로 환산하면 고작 7만 1000달러다.

그럼 이것으로 채권의 진정한 가격이 나온 걸까? 이만하면 됐다고 하고 찝

찝한 월가의 느낌을 씻어 내면 될까? 어림없는 소리. 이제 막 시작이다. 위험에도 가격을 매겨야 한다. 우리에게 빚을 진 사람은 누구인가? 그 사람이 빚을 갚으리라 믿을 수 있을까? 부부가 맞벌이를 하고 신용도 깨끗하고 번쩍이는 금니를 하고 있는 집안에서 돈을 빌려 갔다면 일단 믿을 만하다. 하지만 돈을 빌려 간 사람이 뭔가 뒤가 구린 사람이라면, 예를 들어 피자 중독이고 대학원을 졸업한 지 얼마 안 되고 이상한 그림이나 즐겨 그리는 사람이라면 이 채권이 결국 휴지 조각이 되어 버릴 가능성을 무시할 수 없다.

그러면 가격을 어떻게 조정해야 할까?

간단하다. 기댓값을 이용하면 된다. 빚을 돌려받을 확률이 90퍼센트라면 채권 가격 역시 90퍼센트 정도로 쳐 주면 된다.

| 빚을 돌려받을 확률 | 100,000달러 채권의 가치 |
|---|---|
| 100% | 71,000달러 |
| 90% | 64,000달러 |
| 75% | 53,000달러 |
| 50% | 36,000달러 |
| 25% | 18,000달러 |
| 10% | 7,000달러 |

딱 되네. 확률이 절반이면 가격도 절반이야.

아직 끝나지 않았다. 부도는 기면 기고 아니면 아닌 식의 이진법이 아니다. 전부 갚거나 하나도 갚지 않는 경우만 있는 것이 아니라는 소리다. 현실에서는 법원과 변호사가 개입해 채권자가 빌려 준 돈의 일부라도 갚도록 거래를 중재한다. 그래서 쥐꼬리만큼만 돌려받기도 하고 거의 전부 돌려받기도 한다. 그러면 우리의 채권은 큰돈이 걸린 특이한 로또 복권과 비슷한데 이런 다양한 가능성에 어떻게 단일 가격을 매길 수 있을까?

이번에도 역시 정답은 기댓값이다. 아는 지식과 경험을 바탕으로 얼마나 돌려받을 수 있을지 추측한 후[133] 우리가 그런 채권을 수백만 장, 수억 장 산다고 상상해 보는 것이다. 파악할 수 없는 이 특정 채권의 가격을 예측하려고 끙끙대는 대신 이런 채권들을 엄청 많이 사들였을 때 되돌려 받는 돈의 장기적인 평균을 계산해 본다.

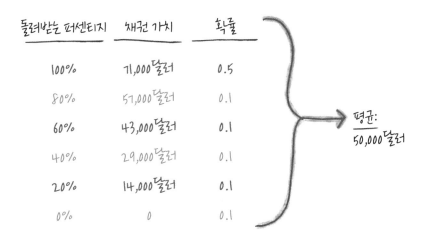

이제 가격이 나왔다. 5만 달러짜리 채권이었다.

월가에서는 가격 매기기가 숨 쉬기와 같다. 끊임없이 일상적으로 이루어지는 생존에 필수적인 일이다. 하지만 수십 년 동안 은행에서 편하게 가치를 평가할 수 있는 금융 상품은 주식(회사를 잘게 나눈 증권)과 채권(빚을 잘게 나눈 증권)밖에 없었다. '파생 상품' derivatives 은 여기에 해당하지 않았다. 파생 상품은 주식도 아니고 채권도 아닌, 그 둘의 돌연변이 후손이다. 파생 상품은 금융 산업의 변두리에 살았다. 고상한 은행 옆 그늘진 골목길에 늘어선 카지노처럼 말이다.

그런데 1970년대 '계량적 분석'quantitative analysis 덕분에 상전벽해 수준으로 세상이 변했다. 금융 시장 분석가들이 수학적 모형의 힘을 이용해 파생 상품의 가격을 매기는 법을 알아낸 것이다. 닥터 수스Dr. Seuss(콜더컷 상과 퓰리처상을 수상한 아동 문학 작가— 옮긴이) 수준의 기괴한 파생 상품이라 해도 말이다. 그중에서도 가장 복잡한 것은 CDOCollateralized Debt Obligations(자산 담보부 증권)였다.[134]

이것은 아주 다양한 형태로 존재하지만 흔히 이런 식으로 구성된다.

1. (우리가 앞에서 가격을 매겨 본 것 같은) 수천 가지 모기지 대출을 모아서 하나의 꾸러미로 묶는다.
2. 이 꾸러미를 '저위험'에서 '고위험'까지 여러 층('트랜치'tranche 라고 한다.)으로 자른다.
3. 지급된 이자가 쏟아져 들어올 때 저위험 트랜치 소유자가 제일 먼저 받고 고위험 트랜치 소유자가 마지막에 받는다.

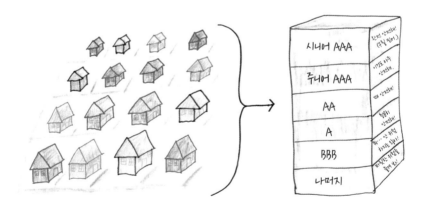

CDO는 위험과 보상을 따로따로 시켜 먹을 수 있는 메뉴를 제공한다. 어떤

입맛이든 맞춰 줄 수 있는 트랜치가 준비되어 있다. 안전한 배팅을 위해 추가로 지불할 용의가 있나요? 그럼 이 맛있는 상위 트랜치를 드셔 보세요. 저렴한 고위험 옵션을 원하신다고요? 그럼 당신 입맛에 딱 맞는 매콤한 후순위 트랜치가 준비되어 있습니다. 그 중간을 원하신다고요? 그럼 우리 주방장에게 알려 주세요. 주문하신 대로 만들어 드릴 겁니다!

투자자들은 입맛을 다시고 식탁을 두드리며 더 많은 음식을 내오라고 주문했다. ······그러다 2008년 9월, 드디어 그 계산서가 날아왔다.

# 3. 집 문제

(내 그림 솜씨에 속지 말기 바란다.
이것은 거의 완벽에 가까운 복사본일 뿐 원본이 아니다.)

1936년 초현실주의 화가 르네 마그리트<sub>René Magritte</sub>[135]는 '집 문제'<sub>Le Problème de la Maison</sub>라는 일련의 그림을 그렸다. 이 그림을 보면 집들이 이상한 위치에 자리 잡고 있다. 나뭇가지에 둥지를 튼 집, 절벽 동굴 속에 숨어 있는 집, 거대한 배수로 바닥에 쌓아 올린 집 등이다. 내가 좋아하는 그림에서는 집들이 텅 빈 평원에 똑바로 서 있다. 이웃한 두 집만 제외하면 평범한 집이다. 이 이웃한 두 집은 다름 아닌 한 쌍의 거대한 주사위다.

마그리트가 무슨 뜻으로 이런 그림을 그렸는지 누가 알겠는가? 이 사람은 새가 발로 여자의 신발을 붙잡고 있는 그림을 그리고는 〈신은 성인이 아니다〉God Is No Saint 라는 제목을 붙이기도 했다. 다만 내가 보기에는 그가 집을 안전의 상징이라 여기는 우리의 생각에 의문을 제기한 것이 아닌가 싶다. 당신을 겁주려고 하는 소리는 아니지만 오히려 집은 불확실하고 위태로운 존재이자 실존적 위험이다. 아마도 집은 평생 당신이 한 투자 가운데 규모가 가장 큰 투자일 것이다. 집값은 연봉의 몇 배나 되고 꼬박 한 세대 내내 갚아야 할 만큼 빚을 지는 경우가 많다. 집은 안정성의 상징이 아니라 확률의 상징이다.

마그리트의 시각적 장난 이후로 70년이 흐른 시점에서 월가는 자기만의 작은 집 문제에 직면했다. 바로 CDO에 가격 매기기였다. 다양한 모기지 대출 간의 관계를 밝히는 것이 문제였다. 지난번에 확인했을 때는 당신과 내가 별개의 사람이었다. 따라서 내가 부도를 내도 아마 당신하고는 아무런 상관이 없을 것이다. 반면 우리는 같은 경제를 공유하고 있다. 여름이면 어디서나 흘러나오는 바캉스 음악을 누구도 피할 수 없듯이 큰 경기 침체가 찾아오면 피할 도리가 없다. 따라서 내가 부도를 낸다는 것은 어쩌면 당신 역시 위험하다는 의미일지도 모른다. 이것을 월가 언어로 표현하면 다음과 같다. 문제는 이 부도가 제기하는 위험이 고유 변동성idiosyncratic risk 인가, 아니면 체계적 변동성systematic risk 인가다.[136]

집들은 별개의 주사위 수천 개가 모여 있는 것일까? 즉 각각 서로 독립적인 주사위 굴리기인가? 아니면 주사위 하나만 굴려서 거울로 가득한 복도에 비춰 수천 배로 키운 것일까?

우리가 위에서 살펴보았던 모기지 대출 1000개로 구성된 CDO를 상상해 보자.(현실 세계 기준으로 보면 작은 규모다.) 이 CDO 한 장의 가격을 5만 달러로 매겼으니까 전체 꾸러미의 가치는 5000만 달러에 해당한다.

이 모기지 대출들이 서로 독립적이라면 월가는 편하게 꿀잠을 잘 수 있다. 수익이 기대보다 100만 달러 정도 떨어질 수도 있지만, 200만 달러나 떨어지기는 힘들 것이고, 500만 달러나 떨어지는 건 상상도 못 할 일이다. 그 확률이 10억 분의 1도 안 되니까 말이다. 독립성은 재앙 수준의 손실이 일어날 가능성을 제거해서 안정성을 강화해 준다.

## 만약 완전히 독립적이라면……

아, 이렇게 안정적일 수가.

| 투자 가치 | 그 가치 이하로 떨어질 확률 |
|---|---|
| 4900만 달러 | 13% |
| 4800만 달러 | 1% |
| 4700만 달러 | 0.02% |
| 4600만 달러 | 0.00008% |
| 4500만 달러 | 0.00000008% |

한편 모든 집이 한 번의 주사위 굴리기에 해당한다면 월가는 한밤중에 식은땀을 흘리며 악몽을 꿀 것이다. 방금 전까지 생각조차 못 했던 위험이 현실이 될 가능성이 아주 높아지기 때문이다. 이런 경우에는 3분의 1 확률로 투자 금액의 거의 절반을 잃고, 10분의 1 확률로 전부를 잃을 모골이 송연할 가능성이 존재한다.

### 만약 완전히 종속적이라면……

이러다 정말 큰일나겠어.

| 투자 가치 | 그 가치 이하로 떨어질 확률 |
|---|---|
| 4300만 달러 | 40% |
| 2800만 달러 | 30% |
| 1400만 달러 | 20% |
| 제로 | 10% |

물론 현실 세계에서 이런 양극단의 경우는 나오지 않는다. 우리는 꿀벌처럼 완벽하게 한몸처럼 살지도 않고, 이웃에 전혀 영향을 받지 않는 철저한 개인주의자도 아니다. 우리의 삶은 그 중간 어딘가에 있고 우리의 미래는 정교하게 서로 얽혀 있다. 한 사람이 부도를 내면 또 다른 부도가 발생할 가능성이 높아지는 것은 분명해 보인다. 하지만 어떤 조건에서 얼마나 높아질까? 이것은 확률론 모형이 맞닥뜨릴 수 있는 대단히 미묘한 해결 과제다.

### 만약 부분적으로 종속적이라면……

| 투자 가치 | 확률 |
|---|---|
| ??? | ??? |
| ??? | ??? |
| ??? | ??? |
| ??? | ??? |

월가가 내놓은 해법 중에는 그 악명 높은 '가우시안 코퓰러'Gaussian copula도 있었다.[137] 이 공식은 생명 보험에서 나왔는데, 배우자가 사망하고 난 후 남은 배우자의 생존 확률을 보정하는 데 도움이 됐다. '배우자'를 '집'으로, '사망'을 '부도'로 바꿔치기하면 모기지 대출의 종속성을 계산하는 모형이 나온다.

이 공식은 두 모기지 사이의 상관관계를 하나의 수에 담아낸다. 바로 −1과 1 사이의 상관 계수correlation coefficient다.

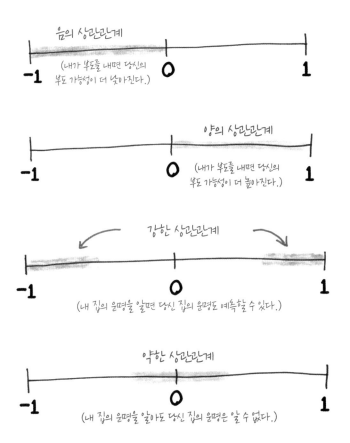

단순함과 우아함으로 따지면 코퓰러는 아주 훌륭한 수학이다. 하지만 세계 경제는 그런 단순함과는 거리가 있다. 이제 와서 돌이켜 보면 코퓰러 공식(그리고 그와 비슷한 공식들)이 무엇을 놓쳤는지 쉽게 눈에 들어온다.

첫째, 데이터가 부족했다. 월가 컴퓨터들은 집값이 가득 입력된 스프레드시트를 대량으로 처리하고 있었다. 하지만 도시별로 그 안에 들어 있는 수치들은 대부분 최근 똑같은 기간 동안 취합한 데이터였다. 우연히도 그 기간에는 집값이 꾸준히 올랐다. 이 모형들은 마치 미국 집값의 전체 역사를 조사하기라도 한 것처럼 자신의 신뢰도를 조정했다. 하지만 사실 이 모형은 주사위를 한 번 던져 보고 그 값을 100만 배로 키운 결과였다.

둘째, 이것은 쌍couple을 대상으로 만든 모형이었다(그래서 '코퓰러'). 하지만 집은 쌍으로 존재하지 않는다. 이 집들은 전체가 전국 단위로 느슨하게 연결된 시장을 형성하여 존재한다. 그래서 하나의 변화가 동시에 미국의 모든 모기지 대출에 영향을 줄 수 있다. 하늘 높은 줄 모르고 가격이 치솟던 시장이 고꾸라질 때도 이런 일이 일어났다. 도미노 하나가 이웃 도미노를 칠까 봐 걱정해 봐야 거대한 도미노 하나가 작은 도미노들 위로 쓰러지는 상황에서는 다 부질없는 걱정이다.

이봐, 나 건드리지 마!
나도 안 건드리는 게 좋을걸!

마지막으로 통계학을 좀 아는 사람이라면 '가우시안'이라는 용어를 보는 순간 경고음이 울리기 시작할 것이다. 수학에서 '가우시안'이라는 단어는 서로 독립적인 많은 사건들을 함께 더할 때마다 나타난다. 하지만 그게 문제였다. 이 사건들은 독립적이지 않았다.

이렇게 해서 월가는 마그리트가 보았던 위험을 보지 못하고 넘어갔고 결국 이 화가의 상상을 뛰어넘을 정도로 비현실적인 재앙이 이어졌다. 하지만 아직 최악의 재앙 이야기는 꺼내지도 않았다. 값을 잘못 매긴 CDO 액수는 몇조 달러에 이르렀다. 경제에 충분히 손상을 입힐 수 있는 액수지만 2008년 9월에 겪어야 했던 치명타를 설명할 수 있을 정도는 아니다. 이때 세계 경제는 어디서 날아왔는지 모를 결정타를 얼굴에 맞고 링 위에 고꾸라진 권투 선수처럼 무너지고 말았다. 경제는 대체 무엇 때문에 이렇게 무너지고 말았을까? 훨씬 큰 규모에서 일어난 확률론의 실패 때문이었다.

## 4. 60조 달러로 두 배를 벌거나 무일푼이 되거나

앞 장을 읽어 본 사람이라면 다들 알겠지만 보험에 드는 것은 합리적인 행동이다. 집을 잃을 수는 없으니까 말이다.(집이 없다면 피자 배달은 어디로?) 그래서 나는 행여 집이 불탄 경우에 큰 배당금을 받을 수 있도록 기꺼이 매달 약간의 보험료를 낼 용의가 있다. 나는 실존적 위험을 제거하고 보험 회사는 이윤을 남긴다. 누이 좋고 매부 좋다.

하지만 여기서 이상한 개념이 등장한다. 만약 내가 아니라 당신이 우리 집 보험을 든다면?

당신은 내가 했던 거래를 그대로 따라 할 수 있다. 정기적으로 소액을 납입하고 행여 재앙이 닥치면 크게 횡재하는 것이다. 이것은 보험의 금융 구조는 그대로 복제하되 보험의 원래 목적은 사라진 형태다. 이것은 도박이다. 돈을 따거나 잃는 제로섬 게임인 것이다. 만약 내 집이 불타서 사라지면 당신이 돈을 번다. 만약 내 집이 안전하게 남아 있으면 보험 회사가 돈을 번다. 여기서 더 이상한 개념이 나온다. 만약 수천 명이 이 도박에 뛰어들어 우리 집이 불타면 돈을 버는 조건으로 각자 우리 집 보험을 든다면?

우리 집에 싸구려 화약 장난감이나 진짜 수류탄 같은 선물이 익명으로 배달되면서 나는 초조해질지도 모른다. 하지만 이 시나리오에서 패배자는 비단 나뿐만이 아니다. 보험 회사는 나보다 더 겁에 질린다. 쉽게 수익을 올릴 확률이 95퍼센트나 되지만 이것으로는 폭삭 망할 확률 5퍼센트를 상쇄할 수 없다.

월가에 이런 점을 지적해 준 사람이 없었다니 참 안타까운 일이다.

월가의 경우 이 악몽은 세 글자짜리 약자로 시작되었다. 바로 CDS다. 이는 '신용 부도 스와프'credit default swap를 뜻한다.[138] 기본적으로 이것은 CDO에 대한 보험 증권이다. 당신은 정기적으로 소액을 지불한다. CDO에서 이자만 꼬박꼬박 들어오면 아무 일도 생기지 않는다. 하지만 충분히 많은 모기지 대출에서 부도가 일어나면 CDS가 큰 배당금을 들고 들어온다.

여기까지는 대단히 합리적이다. 그런데 월가가 그다음에 무슨 짓을 했는지 아는가? 각각의 CDO에 대해 수십 장의 CDS를 팔았다. 이것은 똑같은 집을 놓고 수십 장의 보험 증권을 파는 것과 같은 행위다. 다만 차이가 있다면 끝에

0이 훨씬 더 많이 붙는다. 2008년이 시작될 즈음에는 위태로워진 돈이 60조 달러에 달했다. 지구 전체 GDP(국내 총생산)와 대략 맞먹는 액수다.

간단히 복습해 보자. CDO는 원래 주사위 100만 개를 통해 안정성을 달성할 목적으로 만들어졌으나 실제로는 주사위 한 개의 취약함을 그 안에 고스란히 담게 됐다. CDS는 열심히 몸집을 불리다가 결국 전 세계 경제를 위험에 빠뜨릴 정도로 도박판을 키우고 말았다.

월가 사람들이 어떻게 이리도 멍청할 수 있었을까?[139]

일류 대학 출신의 최고의 지성들을 뽑아 수백만 달러짜리 슈퍼컴퓨터를 사주고 천문학적인 임금을 주고 일주일에 90시간씩 일을 시켰다. 그런데 결과가 이토록 참담하다니?

나도 이 '종속성 대 독립성' 오류를 한 번 지나가고 마는 일탈이었다고 생각하고 싶다. CDO와 CDS에서나 나타나는 특이한 상황이라고 말이다. 행여 마음속으로 바라기만 하면 집이 뚝딱 생기는 상황이었다면 CDO도 가망이 있었을지 모르겠다. 하지만 이런 오류가 금융 시장 핵심부까지 깊숙이 뿌리내리고 있다는 것이 암울한 현실이다.

# 5. 뻥튀기 주사위로 올인 하기

신자유주의자의 앞잡이라는 소리를 들을까 걱정이 돼서 한마디 하자면 나는 시장이 꽤 잘 작동하고 있다고 믿는 사람이다. 아니, 시장은 정말 잘 작동하고 있다.

예를 들어 보자. 지구에 어쩌다 '사과'라는 아주 맛있고 동그란 과일이 생겨났다. 이 과일을 어떻게 분배해야 할까? 만약 농부들이 고객들이 원하는 것보다 더 많은 사과를 재배하면 거리마다 가득 쌓여 썩어 가는 사과를 보게 될 것이다. 만약 고객들이 농부들이 재배하는 것보다 더 많은 사과를 원하면 재고가 부족해져서 사람들이 마지막 사과 한 톨을 낚아채려고 서로 으르렁대는 모습을 보게 될 것이다. 하지만 어쩐 일인지 이런 문제가 있는데도 우리는 사과를 딱 적당한 만큼만 재배한다.

비결이 뭐냐고? 바로 가격이다. 우리는 가격이 우리 행동을 결정한다고 생각하지만("너무 비싸잖아. 안 살래.") 그 역도 마찬가지로 참이다. 우리가 각자 내리는 선택이 물건 가격에 조금씩 영향을 미친다. 그 값에 물건을 사지 않겠다는 사람이 충분히 많아지면 가격은 떨어진다. 그 값에 물건을 팔지 않겠다는 사람이 충분히 많아지면 가격은 오른다. 가격은 우리 각자의 독립적인 판단과 결정의 총합으로 기능한다.

그리고 독립적인 사건들의 총합이 다들 그렇듯이 가격 또한 균형적이고 안정적이고 합리적인 결과를 내놓는 경향이 있다. 아리스토텔레스는 이것을 '군중의 지혜'라고 불렀다.[140] 애덤 스미스Adam Smith는 이것을 '보이지 않는 손'이라고 불렀다. 나는 이것을 이번에도 '독립적인 주사위'라고 부르련다. 다만 이번에는 우리가 바로 그 주사위다.

이론적으로 따지면 사과에 효과가 있는 것은 CDO에도 효과가 있어야 한다. 어떤 사람은 CDO의 가치를 과대평가할 것이고 어떤 사람은 과소평가할 것이다. 하지만 결국 독립적인 투자자로 가득한 시장은 이 가격을 안정적 평형을 향해 몰고 갈 것이다.

문제는 딱 하나다. 투자자들이 독립적인 주사위 수백만 개보다는 주사위 하나를 100만 배 뻥튀기한 것처럼 행동할 때가 너무 많다는 점이다.

1987년 주식 시장 붕괴를 예로 들어 보자.[141] 10월 19일에 주가가 20퍼센트 넘게 곤두박질쳤다. 아무런 경고도 없이 찾아온 일이었다. 시장을 뒤흔드는 뉴스도, 잘나가던 은행이 파산한 일도 없었고, 연방 준비 제도 의장이 이제는 감당할 수 없는 지경이 됐다는 말을 꺼낸 것도 아니었다. 그냥 시장이 붕괴하고 말았다. 나중에야 부검을 통해 이 사건을 촉발한 기이한 이유를 확인할 수 있었다. 당시 월가의 많은 금융 회사가 투자 포트폴리오를 관리할 때 똑같은 기본 이론에 의지했다. 그리고 똑같은 소프트웨어를 들여와 쓰는 곳도 많았다. 그런데 시장이 삐끗하자 일제히 똑같은 자산을 팔아 치우기 시작했다. 그 바람에 가격이 곤두박질친 것이다.

포트폴리오 관리의 목적은 다양화를 통한 안전 추구다. 하지만 모든 사람이 정확히 똑같은 방식으로 다양화한다면 거기서 비롯한 시장은 다양성이 취약해진다.

만약 투자자들이 스스로 판단을 내린다면 하루하루의 가격 변화는 종 모양의 정규 분포normal distribution를 따라야 한다. 어떤 날은 살짝 올라가기도 하고 어떤 날은 내려가기도 하겠지만 지나치게 빠르게, 혹은 지나치게 멀리 뛰어오르거나 추락하는 일은 절대 일어나지 않는다. 하지만 안타깝게도 현실은 그렇지 못하다. 시장에서는 가끔 폭락도 일어나며 그 움직임은 **멱법칙 분포**power-law distribution를 더 많이 따른다. 이것은 지진, 테러 공격, 대단히 민감한 시스템에 일어나는 대규모 혼란을 분석할 때 사용하는 것과 똑같은 수학 모형이다.

시장은 수많은 주사위를 한데 모아 놓은 것 같은 무작위가 아니라 눈사태 같은 무작위다.

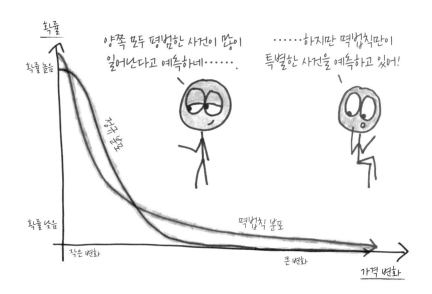

수많은 은행에서 (가우시안 코퓰러 같은) 몇 개 안 되는 똑같은 모형에 의존했던 것도 2008년 금융 붕괴를 알리는 서곡이었다. 신선하고 새로운 통찰을 제시하는 대신 그들은 한 가지 전략 주변으로 모여들었다. 심지어 독립적인 분석을 내놓는 것을 본연의 목적이자 임무로 삼는 신용 평가 기관들조차 은행에서 하는 주장을 앵무새처럼 따라 했을 뿐이다. 심판을 봐야 할 자들이 치어리더 노릇을 한 셈이다.

다시 2008년 9월로 돌아가 보자. 내가 도착했을 때 체육관은 왜 침울하게 절반 정도가 텅 비어 있었을까? 바꿔 말하면 금융 시스템은 왜 붕괴했을까?

복잡한 얘기다. 대부분의 실패 사례가 그렇듯 무능력도 한몫했다.(언젠가 내가 빵 굽는 것을 한번 보길.) 왜곡된 인센티브, 맹목적 낙관주의, 노골적인 탐욕, 어지러울 정도의 복잡성, 제대로 기능하지 못한 정부, 금리 등도 모두 한몫했다.(이번에도 역시 내 빵 굽기를 한번 보길.) 지면이 넉넉하지 못해 이 장에서는 '실제로는 종속성이 팽배한 상황에서 함부로 독립성을 가정했을 때의 위험'이라는 특정 주제를 중심으로 단편적인 이야기만 전했다.

모기지 대출은 다 같이 부도가 일어난다. CDS는 다 같이 배당금을 지급한다. 그리고 시장의 참가자들은 비슷한 가격 전략 주변으로 모여든다.

주사위 한 쌍으로 경제를 파탄 내고 싶다고? 솔직히 누워서 떡 먹기다. 주사위 한 쌍을 던지면서 주사위 100만 쌍을 던지고 있다고 자기 자신을 설득한 다음 전 재산을 거기에 올인 하면 된다.

# 제4부

# 통계학

### 정직하게 기짓말하는 기술

의료계 종사자들을 대상으로 하는 설문 조사[142]에서 임상 평가를 좀 더 통계적인 접근 방식과 비교해 보라고 했다. 다음은 이들이 각각의 방법을 묘사할 때 사용한 단어들이다.

## 임상 방법은……

| | | |
|---|---|---|
| 역동적이다 | 패턴이 있다 | 진짜다 |
| 포괄적이다 | 체계적이다 | 살아 있다 |
| 의미있다 | 풍부하다 | 구체적이다 |
| 전인적이다 | 심오하다 | 자연스럽다 |
| 미묘하다 | 진솔하다 | 사실 그대로다 |
| 환자와 교감한다 | 세심하다 | 이해심이 있다 |
| 형태 구성적이다 | 세련된다 | |

생명은 그물망 같아. 모든 존재는 하나로 이어져 있어.

# 통계적 방법은……

기계적이다 　독단적이다 　정적이다

원자론적이다 　죽어 있다 　피상적이다

부가적이다 　세세한 데 얽매인다 　융통성이 없다

무미건조하다 　파편화되어 있다 　독창성이 없다

인위적이다 　하찮다 　탁상공론이다

불완전하다 　강제적이다 　사이비 과학이다

비현실적이다 　맹목적이다

생명은 존재의 양탄자 위에 묻은 티끌 하나에 불과해.

온 세상의 통계학자들을 대신해 한마디 하겠다. 아야!

통계학은 들쭉날쭉 거칠고 예측 불가능한 세상을 고분고분한 수치로 길들이는 학문이다. 여기에 환원주의적 요소가 들어 있다는 점은 나도 인정한다. 통계를 접할 때 회의적 시각으로 조심스럽게 접근해야 하는 이유도 바로 그 때문이다. 통계란 본질적으로 현실을 압축하는 과정이다. 통계학은 잘라 내고 생략하고 단순화하는 학문이다.

통계학의 막강한 힘도 바로 거기서 나온다.

과학 논문에는 왜 초록이 있을까? 뉴스에 왜 제목을 붙일까? 액션 영화 예고편에는 왜 최고의 폭발 장면과 폭발 후의 재미난 대화가 줄줄이 이어서 등장할까? 단순화가 필수이기 때문이다. 하루 종일 변화무쌍한 현실 세계를 감탄하며 바라볼 시간적 여유는 누구에게도 없다. 시간 내서 가 봐야 할 데도 있고 대충 훑어봐야 할 기사들도 있고 멍하니 있으면서 봐야 할 유튜브 동영상도 있다. 나는 7월에 새로운 도시로 갈 일이 생기면 습도나 풍속 같은 것을 장황하게 다 살펴보지 않는다. 그냥 온도만 본다. 이런 통계는 '살아 있지도',

'심오하지도', '형태 구성적'(대체 무슨 뜻인지 모르겠지만)이지도 않다. 통계는 꾸밈없고 분명하고 유용하다. 통계학은 세상을 압축함으로써 그것을 이해할 기회를 제공한다.

그리고 그보다 더한 일도 한다. 통계학은 분류, 추정, 예측을 통해 우리가 현실의 강력한 모형을 구축할 수 있게 해 준다. 그렇다. 이 모든 과정이 단순화에 달려 있다. 그렇다, 단순화는 생략을 통해 거짓말을 하는 것이다. 하지만 잘만 사용하면 통계학은 정직한 거짓말이 될 수 있다. 이 과정은 호기심에서 연민에 이르기까지 인간의 생각 속에 들어 있는 온갖 미덕을 필요로 한다.

그렇게 따지면 통계학은 이 책에 그려 넣은 막대 인간stick figures과 그리 다를 바 없다. 통계학은 현실 세계를 그린 이상한 그림이다. 손도 코도 없는 그림이지만 그래도 그 나름대로 독특한 진리를 이야기하고 있다.

## 제16장

# 통계를 믿지 않는 이유

## 그래도 통계를 쓰는 이유

**좋** 다. 우리 시스템에서 이걸 없애 버리자. 통계는 거짓말이다. 믿을 게 못 된다. 역사를 보면 똑똑하다는 사람들이 한결같이 그렇게 말하지 않는가?

| 구글 검색으로 찾은 유명한 인용문 | 더 깊이 검색해서 알아 낸 실제 내용 |
|---|---|
| "세상에는 세 종류의 거짓말이 있다. 그냥 거 짓말, 빌어먹을 거짓말, 그리고 통계다."라고 마크 트웨인Mark Twain 이 말했다. | 마크 트웨인이 이 말을 했다고 잘못 알고 있 는 사람들이 오늘날 많다. 그래도 이건 공평 한 편이다. 마크 트웨인 자신도 이것을 벤저 민 디즈레일리 Benjamin Disraeli 가 한 말 로 잘못 알고 있었으니까. 누가 한 말인지는 미상이다. |
| "자기가 직접 조작한 것이 아니면 그 어떤 통 계도 믿지 말라."라고 윈스턴 처칠Winston Churchill 이 말했다. (또는 이 말일지도. "나는 내가 조작한 통계만 믿는다.") | 처칠을 모략하려고 만들어 낸 거짓말이다. 나 치 선동가 요제프 괴벨스 Joseph Goebbels 가 한 말일지도 모른다. |

| | |
|---|---|
| "통계의 87퍼센트는 즉석에서 꾸민 것이다." | "그리고 인용문의 87퍼센트는 즉석에서 다른 사람의 말로 잘못 인용된 것이다."라고 오스카 와일드Oscar Wilde는 말했다. |
| "통계에는 두 종류가 있다. 당신이 찾아보는 통계와 당신이 꾸며 낸 통계."라고 렉스 스타우트Rex Stout가 말했다. | 렉스 스타우트는 소설가다. 이것은 그가 한 말이 아니라 그의 소설 속 등장인물 가운데 하나가 한 말이다. |
| "정치인은 술 취한 사람들이 가로등 기둥을 이용하듯이 통계를 이용한다. 세상을 밝히기 위해서가 아니라 자신의 지지대로."라고 앤드루 랭Andrew Lang이 말했다. | 좋다. 이건 사실이다. 아주 훌륭한 지적이다. |
| "언젠가는 글을 쓰고 읽는 능력처럼 통계적 사고방식이 효율적인 시민의 필수 자격이 될 것이다."라고 허버트 조지 웰스H. G. Wells가 말했다. | 그렇다. 심지어 내가 통계학에 대해 호의적으로 말한 내용까지도 잘못 인용되고 있다. 웰스는 실제로는 "지금 글을 쓰고 읽는 능력이 필수적으로 여겨지듯이 언젠가는 계산하고 평균, 최댓값, 최솟값 등으로 생각하는 능력이 필수적인" 날이 오리라 예견할 수 있다고 말했다. |

내 말의 요점이 뭘까? 맞다. 수치는 우리를 속일 수 있다. 하지만 그건 말도 마찬가지다. 그림, 손짓, 힙합 음악인, 모금 캠페인 이메일도 예외일 수 없다. 우리 도덕 체계에서는 거짓말에 사용된 매체가 아니라 거짓말을 한 사람에게 도덕적 책임을 묻는다.

내가 보기에 통계학에 대한 가장 흥미로운 비판은 통계학자의 부정직함이 아니라 수학 그 자체를 겨누고 있다. 하지만 통계학의 불완전함을 이해하고 각각의 통계적 방법이 담아내려는 것이 무엇인지, 그리고 일부러 누락하는 것이 무엇인지 이해하면 통계학의 가치를 다시금 드높일 수 있을 것이다. 그럼 어쩌면 우리는 웰스가 머릿속에 그렸던 시민이 될 수 있을지도 모른다.[143]

# 1. 평균

**평균의 작동 방식:** 당신이 갖고 있는 모든 데이터를 더한다. 그 총합을 데이터 집합의 크기로 나눈다.

**평균의 용도:** 평균은 통계학의 기본적인 필요를 충족해 준다. 한 집단의 '중심 경향'central tendency 을 담아낸다. 그 농구 팀은 키가 얼마나 클까? 당신이 하루에 아이스크림을 몇 개 팔까? 이번 시험에서 우리 반 성적은? 전체 집단을 하나의 수치로 요약할 때 제일 먼저 생각해 봐야 할 값은 평균이다.

**평균을 맹신하면 안 되는 이유:** 평균은 두 가지 정보만 고려한다. 총합과 그 총합에 기여하는 사람들 숫자.

해적의 보물을 나눠 본 적이 있다면 평균이 얼마나 위험한지 이해할 것이다. 노획물을 나누는 방법은 아주 많다. 각각의 해적은 보물을 얼마나 가져갈까? 고르게 나눠 가질까, 아니면 한쪽이 일방적으로 많이 가져갈까? 내가 피자 한 판을 몽땅 먹어 치우고 당신한테는 하나도 남겨 주지 않았는데, 우리가 '평균적으로' 피자를 반 판씩 먹었다고 주장하면 과연 정당할까? 파티에서 '사람은 평균적으로' 난소 하나와 고환 하나를 갖고 있다고 말하면 대화가 중단되고 어색한 침묵이 흐르지 않을까?(내가 한번 해 봤는데 실제로 그랬다.)

사람들은 분배의 문제에는 예민하면서 평균의 문제는 대수롭지 않다고 무시해 버린다.

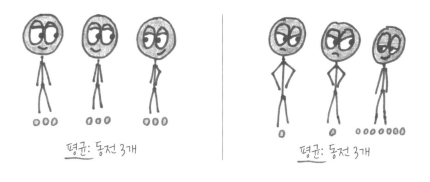

평균: 동전 3개                    평균: 동전 3개

여기에 평균의 장점이 있다. 이런 특성 덕분에 평균을 계산하기가 간단해진다. 당신의 시험 점수가 87점, 88점, 96점이라고 해 보자. 당신의 평균 점수는 몇 점일까? 덧셈과 나눗셈으로 머리를 과열시킬 필요 없다. 그 대신 점수를 재분배해 보면 된다. 마지막 점수에서 6점을 빼자. 그래서 그중 3점은 첫 번째 점수에, 그리고 2점은 첫 번째 점수에 분배하자. 그러면 점수는 90점, 90점, 90점이 되고, 여기에 1점이 남는다. 이 외로운 1점을 세 점수에 나누어 주면 평균 90⅓이라는 점수가 나온다. 골치 아프게 계산할 필요 없다.

# 2. 중간값

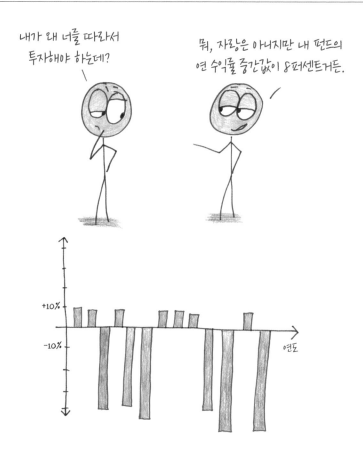

**중간값의 작동 방식:** 중간값은 당신의 데이터 집합에서 한가운데 있는 값이다. 데이터 가운데 절반은 중간값 아래에 오고 나머지 절반은 중간값 위에 온다.

 **중간값의 용도:** 중간값도 평균과 마찬가지로 집단의 중심 경향을 담아낸다. 그 차이는 이상값$_{outlier}$에 민감하느냐, 둔감하느냐 하는 것이다.

 가계 소득을 예로 들어 보자.[144] 미국에서는 부유한 가정이 가난한 가정보다 수십 배(심지어 수백 배) 많은 소득을 올린다. 평균은 모든 가정이 소득의 총합을 균등하게 나눠 갖는 것처럼 착각하게 만들기 때문에 이런 예외적인 값의 유혹에 넘어가 대부분의 데이터와 크게 차이 나는 엉뚱한 값이 나오기 쉽다. 이런 식으로 계산하면 미국 가정의 평균 가계 소득은 7만 5000달러가 나온다.

중간값은 이상값의 유혹을 이길 수 있다. 중간값을 이용하면 확실한 미국 중산층 가정의 수입을 확인할 수 있다. 절반은 이것보다 잘살고 절반은 이것보다 못사는 완벽한 중간 지점이다. 미국에서는 가계 소득의 중간값이 5만 8000달러 가깝게 나온다. 평균과 달리 이 값은 '전형적인' 가정의 모습을 분명하게 보여 준다.

**중간값을 맹신하면 안 되는 이유:** 일단 중간값을 찾고 나면 데이터의 절반은 그 위에, 나머지 절반은 그 아래 있다는 것을 알 수 있다. 하지만 그 데이터 값들은 서로 얼마나 떨어져 있을까? 중간값에서 머리카락 두께만큼 살짝 떨어져 있을까? 대륙 횡단 비행처럼 널찍하게 떨어져 있을까? 정중앙에 있는 파이 조각만 보고 있는 셈이라 나머지 조각이 얼마나 크거나 작은지 알 길이 없다. 이것 때문에 길을 잃고 헤맬 수 있다.

벤처 투자가가 새로운 사업에 투자할 때는 대부분 실패할 거라고 예측한다. 그래도 드물게 열 번에 한 번꼴로 터지는 홈런이 이 작은 손실들을 보상해 준다. 하지만 중간값을 사용하면 이런 역학 관계를 파악하지 못하고 이렇게 경악한다. "이거 뭐야! 전형적인 결과가 부정적이네. 사업 철수!"

반대로 보험 회사는 1000번에 한 번꼴로 터지는 재앙이 여러 해에 걸쳐 살뜰하게 모아 놓은 이윤을 싹쓸이해 갈 수 있음을 알기 때문에 신중하게 포트폴리오를 구성한다. 하지만 중간값을 이용하다가 재앙의 잠재력을 간과하고 신나서 이렇게 얘기할 수 있다. "이봐, 전형적인 결과가 긍정적이야. 절대 철수하지 마!"

중간값이 평균과 함께 제시될 때가 많은 이유도 이 때문이다. 중간값은 전형적인 값을 말해 주고, 평균은 총체적인 값을 말해 준다. 불완전하게 사건을 목격한 두 증인처럼 중간값과 평균도 각자 혼자만 얘기할 때보다 함께 얘기할 때 사건의 전말에 더 가까이 다가갈 수 있다.

# 3. 최빈값

**최빈값의 작동 방식**: 최빈값은 가장 흔한 값, 제일 유행하는 값이다.

그런데 각각의 값이 다 달라서 반복되는 값이 없다면? 그 경우에는 데이터를 범주category별로 묶고 가장 많이 등장하는 것을 '최빈 범주'modal category라고 부른다.

| 점수 범주 | 시험 성적 개수 |
|---|---|
| 90점대 | 0 |
| 80점대 | 0 |
| 70점대 | 2 |
| 60점대 | 1 |
| 50점대 | 1 |
| 40점대 | 1 |
| 30점대 | 1 |
| 20점대 | 1 |

**최빈값의 용도:** 최빈값은 여론 조사를 할 때와 수치로 나타낼 수 없는 데이터를 표로 만들 때 빛을 발한다. 사람들이 좋아하는 색깔을 요약하고 싶을 때 '색깔을 모두 더해서' 평균값을 계산할 수는 없다. 또는 선거를 할 때 투표용지를 '가장 진보적인' 유권자의 표부터 '가장 보수적인' 유권자의 표까지 일렬로 나열하고 중간값 표를 받은 후보를 뽑는다면 유권자들이 불같이 화를 낼 것이다.

**최빈값을 맹신하면 안 되는 이유:** 중간값은 총합을 무시한다. 평균은 총합의 분포를 무시한다. 그러면 최빈값은? 최빈값은 총합도 무시하고 분포도 무시하고 거의 다 무시한다.

최빈값은 가장 흔히 등장하는 하나의 값을 구한다. 하지만 '흔히'라는 것이 '대표적인'이라는 의미는 아니다. 미국의 최빈 급여는 0달러다. 미국인이 모두 실직해서 파산했기 때문이 아니라 급여를 받는 사람의 급여 액수는 1달러에서 1억 달러까지 골고루 흩어져 있는데 직업이 없는 사람의 급여 액수는 모두 0달러로 똑같기 때문이다. 이 통계치는 미국에 관해 어떤 특별한 정보를 알려주지 않는다. 사실상 모든 나라가 마찬가지이기 때문이다. 이는 돈의 작동 방식 때문에 생기는 인위적인 현상이다.

'최빈 범주'로 바꿔도 문제는 부분적으로만 해결할 수 있다. 이 방법을 사용하면 데이터를 제시하는 사람은 대단히 막강한 권력을 쥐게 된다. 자신이 내놓은 의제에 맞게 범주의 경계를 제멋대로 변경할 수 있기 때문이다. 경계선을 어디에 긋느냐에 따라 미국의 최빈 가계 소득이 1만 달러에서 2만 달러 사이라고 주장할 수도 있고(1만 달러 단위로 자를 경우) 2만 달러에서 4만 달러 사이라고 주장할 수도(2만 달러 단위로 자를 경우) 3만 8000달러에서 9만 2000달러 사이라고 주장할 수도 있다(미국 과세 등급 단위로 자를 경우).

똑같은 데이터에 똑같은 통계 방식을 적용하는데 틀을 어떻게 잡느냐에 따라 그림이 완전히 달라져 버린다.

# 4. 백분위

| 결과 | 확률 |
| --- | --- |
| +100달러 | 90% |
| -10달러 | 9% |
| -1,000,000달러 | 1% |

**백분위의 작동 방식:** 데이터 집합을 한가운데에서 나눈 값이 중간값임을 기억하자. 백분위는 밝기 조절 스위치가 달린 중간값이라고 생각하면 된다. 50퍼센타일이 바로 중간값이다(절반의 데이터는 그 위에, 나머지 절반은 그 아래).

하지만 다른 백분위 값을 고를 수도 있다. 90퍼센타일은 데이터의 거의 꼭대기에 해당한다. 그 위에는 데이터가 10퍼센트만 있고 그 아래에는 90퍼센트나 있다. 반면 3퍼센타일은 데이터 집합의 거의 밑바닥에 가깝다. 그 아래로는 3퍼센트밖에 없고 그 위로는 97퍼센트가 있다.

**백분위의 용도:** 백분위는 간편하고 융통성이 뛰어나며 사람들이 좋아하는 취미인 등수 매기기에 안성맞춤이다. 표준화 검사standardized test에서 점수를 백분위로 즐겨 표시하는 이유도 그 때문이다. "72점 받았어."라는 절대 점수만 봐서는 별다른 정보를 얻을 수 없다. 그 시험이 모두를 쩔쩔매게 만든 힘든 시험이었는지, 답이 손을 들고 서 있는 쉬운 시험이었는지 알 수 없다. 하지만 "나 80퍼센타일이야."라고 대답하면 어느 정도의 성적을 거두었는지 바로 감이 온다. 시험 응시생 가운데 80퍼센트보다는 잘 봤고 20퍼센트보다는 못 본 것이다.

**백분위를 맹신하면 안 되는 이유:** 백분위는 중간값의 치명적 약점을 그대로 안고 있다. 백분위는 한 가지 값을 기준으로 그 위나 아래로 얼마나 많은 데이터가 있는지는 말해 주지만 그것이 서로 얼마나 멀리 떨어져 있는지는 말해 주지 않는다.

금융업을 예로 들어 보자. 금융권에서는 투자의 불리한 점을 측정할 때 백분위를 사용한다. 먼저 대성공에서 대재앙에 이르기까지 가능한 모든 결과를 펼쳐서 상상해 본다. 그러고 나서 백분위 값을 고른다(보통 5퍼센타일). 이것을 '최대 예상 손실액'value at risk, 즉 VaR이라고 한다. 이것의 목적은 최악의 시나리오가 무엇인지 파악하는 것이다. 하지만 엄밀히 따지면 그 시나리오보다 더 나쁜 결과를 얻을 확률이 5퍼센트다. VaR은 거기서 얼마나 더 나빠질 수 있는

지에 대해서는 아무런 단서를 주지 않는다. 몇 푼 정도 더 잃는 수준인지, 수십 억 달러를 잃는 수준인지 알 수 없다는 말이다.

3퍼센타일, 1퍼센타일, 0.1퍼센타일 등 더 다양한 VaR을 확인해 보면 가능성의 풍경을 더 폭넓게 바라볼 수 있다. 하지만 본질적으로 백분위는 가장 극단적이고 파괴적인 손실은 파악하지 못하므로 진짜 최악의 시나리오는 항상 보이지 않는 곳에 도사리게 된다.

## 5. 백분율 변화

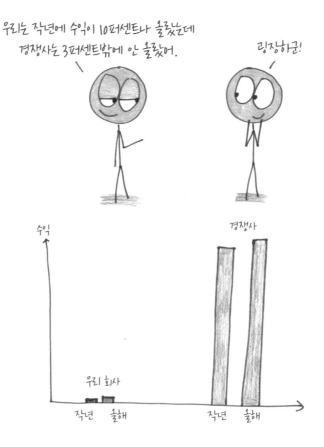

**백분율 변화의 작동 방식:** 변화량만 보고하는 것이 아니다. 먼저 변화량을 원래의 총합으로 나누어야 한다.

**백분율 변화의 용도:** 백분율 변화는 결국 대상을 큰 맥락에서 바라보려는 것이다. 이득과 손실을 전체와 비교했을 때의 비율이라는 틀에서 바라보는 것이다.

100달러 이득을 예로 들어 보자. 처음 시작할 때 내가 200달러밖에 없었다면 50퍼센트나 늘어났으니 대박이다. 춤이라도 춰야 할 판이다. 하지만 이미 내가 2만 달러를 가지고 있었다면 새로 들어온 수입은 겨우 0.5퍼센트 늘어난 셈이다. 그러면 주먹을 불끈 쥐고 그래도 손해는 안 봤으니 만족이라고 해야 할 것이다.

시간에 따른 양적 성장을 지켜볼 때는 이렇게 큰 맥락에서 바라보는 것이 중요하다. 70년 전에 살던 미국인에게 2017년에 미국 GDP가 5000억 달러 늘었다고 말하면 아마 입이 떡 벌어졌을 것이다. 하지만 GDP가 3퍼센트 늘었다고 바꿔 말하면 그러려니 했을 것이다.

**백분율 변화를 맹신하면 안 되는 이유:** 큰 맥락에서 바라보는 것이 중요하기는 하지만, 그런 맥락을 보여 주려고 노력하다가 오히려 맥락을 망쳐 놓기도 한다.

내가 영국에 살 때는 한 병에 2파운드인 맛있는 토마토소스[145]를 가끔 할인해서 1파운드에 팔기도 했다. 그런 날은 대박이 터진 기분이었다. 50퍼센트나 싸다니! 그러면 토마토소스를 열 병 정도 사 온다. 몇 달치 스파게티를 만들어 먹기에 충분한 양이다. 그런데 나중에 미국에서 결혼식이 있어서 항공권을 살 일이 생겼다. 구입 시기를 일주일만 늦추면 가격이 5퍼센트 정도 떨어질지도 모른다. 그런데도 귀찮아서 그냥 바로 사 버린다. 이렇게 말하면서 말이다. "겨우 5퍼센트밖에 안 되는데, 뭐."

좋았어! 파일 속지하고 단추를
90퍼센트 할인받았다!

건물 임대료를 1퍼센트 더 내라고?
뭐, 고작 1퍼센트라면……

뭐가 문제인지 보일 것이다. 내 본능은 푼돈 앞에서는 똑똑했고 큰돈 앞에서는 멍청했다. 토마토소스 '대박' 세일 덕분에 절약한 돈은 10파운드였는데 항공권을 살 때는 별것 아닌 5퍼센트 때문에 30파운드가 더 들었다. 20달러짜리 식료품 영수증의 일부든, 20만 달러짜리 모기지 대출의 일부든 1달러는 1달러다. 싼 물건을 대박 할인으로 사서 아껴도, 아주 비싼 물건을 조금 더 비싸게 사 버리면 말짱 헛수고다.

## 6. 범위

우리 학생들의 사회경제적 배경은
그 범위가 아주 다양하고
폭이 넓지……

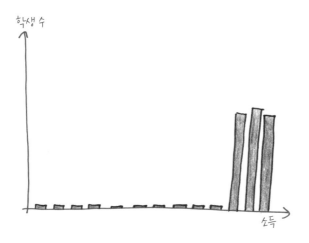

**범위의 작동 방식:** 범위는 가장 큰 데이터 값과 가장 작은 데이터 값 사이의 거리다.

**범위의 용도:** 평균, 중간값, 최빈값은 '중심 경향'을 다룬다. 이 값들의 목적은 다양하게 퍼져 있는 집단 전체를 하나의 대푯값으로 뭉뚱그리는 것이다. '범위'range의 목적은 그 반대다. 차이를 숨기기보다는 그 차이를 수량화해서 보여 준다. 이 값은 데이터들이 얼마나 넓게 펼쳐져 있는지 측정한 결과다.

범위의 장점은 단순하다는 것이다. 이 값은 집단을 '가장 작은 것'에서 '가장 큰 것'까지 이어지는 하나의 스펙트럼으로 보고 그 스펙트럼의 폭을 알려 준다. 다양성을 빠르고 간편하게 요약해 주는 셈이다.

**범위를 맹신하면 안 되는 이유:** 범위는 케이크의 가장 큰 조각과 가장 작은 조각만 따진다. 그래서 엄청나게 많은 중요한 정보를 빼먹는다. 즉 중간 크기 케이크 조각을 모두 무시해 버리는 것이다. 이 조각들은 최댓값에 가까울까, 아니면 최솟값에 가까울까? 아니면 그 사이에 고르게 퍼져 있을까? 범위는 이런 부분을 알지 못할뿐더러 거기에 관심도 없다.

데이터 집합이 커질수록 범위는 더욱 의심스러워진다. 범위는 양극단에 있는 두 이상값을 묻기 위해 그 중간에 존재하는 수백만 개의 값을 깡그리 무시해 버린다. 만약 당신이 외계인이라면 다 자란 인간의 키 범위가 2.1미터(가장 작은 키는 60센티미터가 안 되고 가장 큰 키는 거의 2미터 70센티미터다.)라는 것을 알고 지구를 찾아왔을 때 실제로 인간의 키가 150센티미터에서 180센티미터 정도로 거의 비슷비슷한 것을 알고 꽤 실망할 것이다.

# 7. 분산

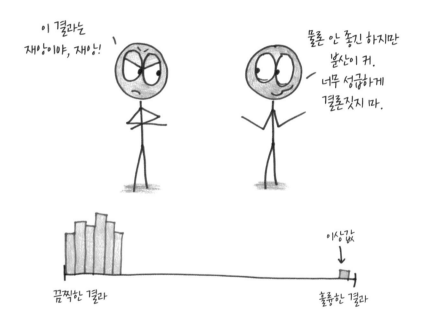

**분산과 표준 편차의 작동 방식:** 표준 편차standard deviation는 전형적인 데이터 값들이 평균값에서 대략 얼마나 떨어져 있는지 말해 준다.

자기 집 주방에서 분산을 요리하고 싶은 사람은 다음 레시피를 따르면 된다. (1) 데이터 집합의 평균을 구한다. (2) 각각의 데이터 값이 평균과 얼마나 떨어져 있는지 알아낸다. (3) 그 거리들을 제곱한다. (4) 그 제곱한 거리들의 평균을 구한다. 이것으로 '평균으로부터의 거리를 제곱한 값의 평균', 즉 분산variance을 얻을 수 있다.

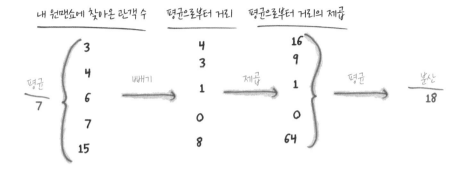

여기서 그치지 않고 마지막에 그 값의 제곱근을 구하면[146] 그것이 '표준 편차'다. 이것이 더 직관적인 측정값이라 할 수 있다. 분산은 이상한 제곱 단위를 갖고 있기 때문이다. ('제곱 달러'가 대체 무슨 뜻일까? 아무도 모를 일이다.)

분산과 표준 편차는 함께 등장하기 때문에 여기서도 함께 다루겠다.

**분산과 표준 편차의 용도:** 범위와 유사하게 분산과 표준 편차는 데이터 집합의 다양성을 수량화해서 보여 준다. 하지만(여기서 '하지만'은 사랑하는 자식 앞에서 오히려 더 엄해지는 부모의 마음으로 하는 소리다.) 범위는 데이터가 펼쳐져 있는 정도를 임시변통으로 신속하게 측정하는 값일 뿐이다. 반면 분산은 통계를 떠받치는 기둥 역할을 한다. 범위는 두 개의 음으로 구성된 짤막한 노래에 불과한 반면, 데이터 집합의 모든 구성원이 기여하는 바를 총합해서 구하는 분산은 세련된 교향곡에 견줄 수 있다.

분산을 구하는 논리가 좀 난해하기는 해도 가까이 들여다보면 이치에 맞다. 결국 데이터가 평균에서 얼마나 떨어져 있는지 거리를 알아내려는 것이니까 말이다. '분산이 크다'는 것은 데이터들이 넓은 범위에 걸쳐 흩어져 있다는 뜻이고 '분산이 작다'는 것은 데이터들이 가까이 붙어 있다는 뜻이다.

분산과 표준 편차를 맹신하면 안 되는 이유: 분산이 데이터 값이 기여하는 부분을 모두 취하는 것은 사실이다. 하지만 어느 데이터가 얼마나 기여하는지는 알 수 없다.

특히나 이상값 하나가 분산 값을 크게 키워 놓을 수 있다. 제곱하는 단계를 거치기 때문에 큰 거리 하나(예를 들면 $12^2 = 144$)가 작은 거리 열 개(예를 들면 $3^2 = 9$. 이런 항을 열 개 총합해도 90에 불과하다.)보다 더 크게 기여할 수 있다.

분산에는 많은 사람을 당황하게 만드는 또 다른 특성이 있다.(나쁜 특성은 아니고 그냥 직관에 좀 어긋난다.)

학생들은 서로 다른 값이 많이 들어 있는 데이터 집합(예를 들면 1, 2, 3, 4, 5, 6)이 반복되는 값이 많이 들어 있는 데이터 집합(예를 들면 1, 1, 1, 6, 6, 6)보다 더 넓게 펼쳐져 있다고 생각하는 경향이 있다. 하지만 분산은 '다양성'에는 관심이 없다. 평균으로부터의 거리만 신경 쓸 뿐이다.

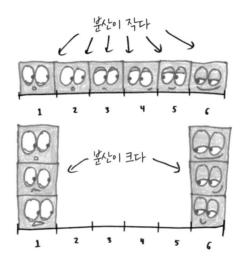

분산의 입장에서 보면 후자의 데이터 집합(평균과 먼 값이 반복해서 등장)이 펼쳐져 있는 정도가 전자(반복은 없지만 평균값에 더 가까움)를 훨씬 능가한다.

# 8. 상관 계수

우리 회사 에너지 음료 마셔 봐.
성적과 상관관계가 높거든!

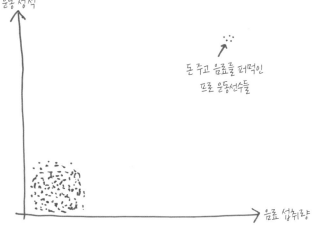

운동 성적

돈 주고 음료를 퍼먹인
프로 운동선수들

음료 섭취량

상관 계수의 작동 방식: 상관 계수는 두 변수 사이의 상관관계를 측정한다. 예를 들면 사람의 키와 몸무게 사이의 상관관계 또는 자동차의 가격과 판매 대수 사이의 상관관계 또는 영화의 예산과 박스 오피스 수익 사이의 상관관계

등이다.

이 값은 최대치 1("우와, 완전히 같이 움직이네.")에서 시작해 중간점인 0("여기는 아무런 상관관계도 없군.")을 거쳐 최소치인 −1("흠, 둘이 완전히 **반대로** 움직이는군.")까지 움직일 수 있다.

어쨌든 간단히 요약하면 그렇다. 상관 계수가 **실제로** 어떻게 작동하는지[147] 확인하고 싶은 사람은 주석을 참고하기 바란다.

**상관 계수의 용도**: 나라가 부유하면 국민이 더 행복할까? '깨진 유리창' broken windows(자동차의 깨진 유리창 하나를 방치하면 그 지점을 중심으로 계속 금이 간다는 뜻으로 사소한 무질서를 방치하면 대형 범죄로 이어질 가능성이 크다는 이론―옮긴이) 이론에 따른 치안 유지 활동이 범죄를 예방해 줄까? 적포도주를 마시면 수명을 연장해 줄까, 아니면 그냥 저녁 파티 시간만 연장해 줄까? 이 모든 질문은 두 쌍의 변수, 가상의 원인과 그에 대해 추정한 결과 사이의 관계를 묻고 있다. 이상적으로는 직접 실험해 보고 답하는 편이 좋다. 100명에게는 적포도주를, 다른 100명에게는 포도 주스를 주고 누가 더 오래 사는지 보는 것이다. 하지만 이런 연구는 너무 느리고 비용이 많이 들고 윤리적으로 문제가 될 때도 많다. 이 실험 때문에 평생 적포도주를 입에도 댈 수 없는 불쌍한 대조군을 생각해 보라.

상관 계수를 이용하면 똑같은 문제를 측면에서 접근할 수 있다. 사람들을 모아서 이들의 포도주 섭취량과 수명을 비교한 다음 포도주를 마시는 사람이 더 오래 사는지 확인해 보는 것이다. 솔직히 말하면 강한 상관관계가 나타난다고 해도 그것이 인과 관계로 연결되는지는 판단할 수 없다. 포도주 때문에 수명이 길어졌을 수도 있고, 반대로 장수한 덕분에 포도주를 많이 마시게 되었을 수도 있다. 아니면 양쪽 모두 제3의 변수(예를 들면 부자는 더 오래 살고 포도주를 마실 돈도 넉넉하다.)에 의해 일어난 현상일지도 모른다. 어느 쪽이 맞는지 알 방법이 없다.

그렇다 해도 상관관계 연구는 훌륭한 출발점을 제공해 준다. 적은 비용으로 신속하게 연구할 수 있기 때문에 대규모 데이터 집합도 취급할 수 있다. 원인을 정확히 밝혀낼 수는 없어도 감질나는 단서 정도는 제공할 수 있다.

**상관 계수를 맹신하면 안 되는 이유:** 상관 계수는 가장 공격적인 통계적 요약 가운데 하나다. 이 수치는 각각 두 개의 측정값을 가진 수백, 수천 개의 데이디 값을 −1과 1 사이의 수치 하나로 뭉뚱그린다. 그냥 뭔가 빠뜨리는 것이 있다고만 말해 두자. 이는 앤스컴의 콰르텟Anscombe's quartet으로 알려진 기이한 수학 현상에서도 잘 드러난다.

앤스컴 마법 학교에 들어가 보자. 학생들은 이곳에서 몇 주에 걸쳐 마법의 물약 만들기, 변신하기, 부적 만들기, 어둠의 마법으로부터 보호하기, 이렇게 네 과목의 시험을 준비한다. 각각의 시험에 대해 우리는 다음의 두 가지 변수를 고려할 것이다. 각각의 학생이 시험 준비에 할애한 시간과 시험 성적(13점 만점)이다.

네 가지 시험은 모두 동일했다고 가정하겠다.

<u>평균 공부 시간:</u> 9

<u>공부 시간의 분산:</u> 11

<u>평균 성적:</u> 7.5 (가장 가까운 0.01 단위로 반올림)

<u>성적의 분산:</u> 4.125 (가장 가까운 0.125 단위로 반올림)

<u>상관관계:</u> 0.816 (가장 가까운 0.001 단위로 반올림)

그런데…… 그냥 한번 보자. (각각의 점은 학생을 나타낸다.)

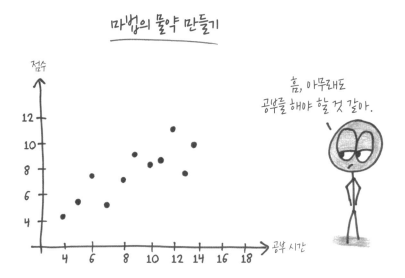

마법의 물약 만들기

흠, 아무래도
공부를 해야 할 것 같아.

첫 번째 과목인 마법의 물약 만들기는 내가 일반적으로 생각하는 공부 시간과 시험 성적의 상관관계와 잘 맞아떨어진다. 공부를 오래 할수록 성적도 오른다. 하지만 확실하진 않다. 무작위 잡음이 끼어든다. 따라서 상관 계수는 0.816이다.

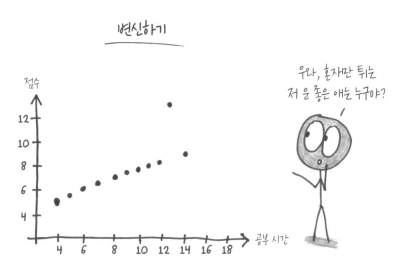

변신하기

우와, 혼자만 튀는
저 운 좋은 애는 누구야?

반면 변신하기 과목 점수는 완벽하게 선형적인 관계를 따라서 한 시간 더 공부할 때마다 시험에서 0.35점을 더 받는다. 다만 혼자만 튀는 학생이 있다. 이 학생 때문에 상관 계수가 완벽한 1에서 0.816으로 낮아진다.

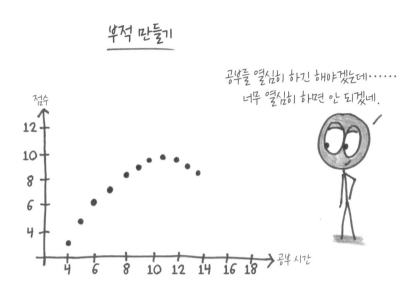

부적 만들기 과목 시험은 훨씬 분명한 패턴을 따른다. 공부를 하면 성적이 오르기는 하는데 한계 효용 체감diminishing marginal returns(일정 기간 동안 소비를 할 때 소비한 재화의 양이 증가할수록 그 추가분에서 느끼는 만족이나 즐거움의 크기가 점점 줄어드는 현상 — 옮긴이) 현상이 나타난다. 공부 시간이 열 시간에 도달한 후로는 오히려 공부를 더 할수록 점수가 떨어진다.(잠이 부족해지기 때문일 수도 있다.) 하지만 상관 계수는 선형적인 관계를 감지하기 위해 만들어졌기 때문에 이런 2차 방정식 패턴은 파악하지 못한다. 그래서 여기서도 마찬가지로 상관 계수가 0.816이다.

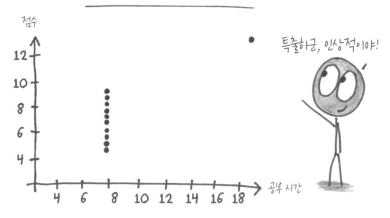

마지막으로 어둠의 마법으로부터 보호하기 과목에서는 모든 학생이 여덟 시간 공부했다. 한마디로 공부 시간은 최종 점수를 예측하는 데 도움이 안 된 다는 얘기다. 다만 예외가 하나 있었다. 공부를 아주 열심히 하는 학생 하나가 열아홉 시간을 공부했는데 혼자만 튀는 걸출한 성적을 거둔 것이다. 이 데이 터 값 하나만으로 상관 계수는 0에서 무려…… 0.816으로 껑충 뛰어오른다.

각각의 시험 과목은 서로 구분되는 자기만의 논리를 따르고 고유의 패턴을 따랐다. 하지만 상관 계수는 이런 이야기를 다 놓친다. 다시 한번 말하지만 이 것이야말로 통계의 본질이다. 내가 즐겨 하는 말이 있다.

## 통계학은 불완전한 목격자다.
## 진실을 말하지만, 결코 진실을 전부 말하지는 않는다.

내 말은 얼마든지 다른 데서 인용해도 좋다. 혹은, 전통적인 방식을 더 좋 아하는 사람이라면 그냥 마음대로 말을 꾸며 낸 다음 내가 한 말이라고 해도 상관없다.

## 제17장

# 마지막 4할 타자

### 타율의 흥망성쇠

야구는 태생부터가 숫자 놀음이었다. 요즘 위키피디아는 DICE Defense-Independent Component ERA (수비 도움을 고려하지 않은 방어율), FIP Fielding Independent Pitching (수비 무관 평균 자책점), VORP Value Over Replacement Player (대체 선수 대비 생산력) 등 122종류의 야구 관련 통계를 제공하고 있다.

ILL – 늦장 부리다가 진 이닝 수innings lost to lollygagging
VHW – 배 바지very high waistbands
ETV – 텔레비전 시청자 만족도enjoyability on television
BFD – 수비를 제일 잘하는 친구best friends on defense
CTD – 잡고 던지고 춤추기catch, throw, dance
NGS – 꿀밤noogies

이봐, 이제 ILL을 줄일 때가 됐어.
다음에 VHW 때문에 ETV가 떨어지는 일이 생기면
BFD한테서 날아오는 공으로 CTD도 못 하게
NGS를 정신없이 눌러 줄 거야.

이번 장에서는 초라하게 탄생한 통계치가 서서히 죽어 가기까지의 과정을 살펴보려고 한다. 바로 BA~batting average~, 즉 타율이다.

한때는 타율이 잘나가던 시절이 있었다. 하지만 요즘 통계학자들은 타율을 싸구려 물건 취급 한다. 마치 멋모르던 순진한 시절이 남긴 유산처럼 말이다. 이제 타율이라는 통계는 은퇴할 때가 된 것일까? 아니면 관절 마디마디 쑤시고 결리는 이 늙은 베테랑에게도 아직 마법의 불꽃이 남아 있을까?

## 1. 번개를 박스에 담기

1856년에 〈뉴욕 타임스〉 크리켓 기자로 일하던 헨리 채드윅~Henry Chadwick~이라는 영국 사람[148]이 우연히 처음으로 야구 경기를 관람하게 됐다. 그리고 야구가 그의 마음을 사로잡았다. "야구에서는 모든 게 다 번개처럼 빠르다." 그는 크리켓 팬답게 이렇게 말했다. 번개처럼 빠른(?) 거북이를 보고 감동받은 나무늘보처럼 채드윅은 머지않아 이 미국식 취미에 자신의 삶을 바치게 됐다. 그는 야구 규칙 위원회에서 일했고 최초의 야구 서적을 썼으며 최초의 연례 가이드도 편집했다. 하지만 채드윅이 '야구의 아버지'로 통하게 된 데는 그보다 더 근본적인 이유가 있다. 바로 통계 때문이다.

채드윅은 '박스 스코어'~box score~를 고안했다. 이 표만 보면 경기의 주요 사건(득점, 안타, 아웃 등등)을 한눈에 파악할 수 있다. 각각의 이닝이 어떻게 진행되었는지 생생하게 지켜보는 기분이 들 정도다. 박스 스코어는 장기적인 예측이나 통계적 타당성 검증을 위한 것이 아니었다. 그저 승리의 주역인 영웅이 누구이고 패배의 원흉인 악당은 누구인지를 수치로 표현하기 위한 것이었다. 이것은 (라디오나 텔레비전, MLB.com 같은 것이 없던 시절에) 기상 조건과 경기 하이라이트를 요약해서 사람들이 경기 흐름을 엿볼 수 있게 해 주었다. 1870년

대의 스포츠 뉴스 채널이었던 셈이다.

채드윅의 '타율' 개념은 크리켓에서 온 것이다. 크리켓에는 베이스가 두 개 밖에 없고 한 베이스에서 다른 베이스로 진루할 때마다 점수가 난다. 크리켓 에서는 타자가 아웃 될 때까지 계속 타격을 하기 때문에 훌륭한 선수가 아웃 될 즈음이면 수십 점을 뽑아 올리게 된다.(역대 최고 기록은 400점이다.)[149] 그래 서 크리켓에서는 타율을 '아웃을 한 번 당하는 동안 올린 점수'로 정의한다. 훌륭한 선수는 평균 50점, 잘하면 60점 정도를 유지할 수 있다.

이런 정의가 야구에서는 거의 의미가 없었다. 안타를 한 번 치고 나가면 타 석에서 물러나니까 말이다. 따라서 다른 훌륭한 수학자들과 마찬가지로 채드 윅은 규칙을 새로 만져서 몇 가지 정의를 시험해 보았고 그러다 결국 오늘날 사용되는 타율로 정의를 내렸다.

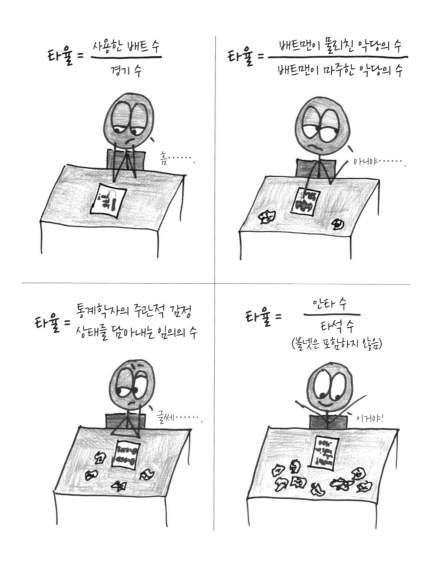

타율의 목적은 성공률을 간단한 분수로 나타내는 것이다. 바로 안타를 치고 나간 횟수를 안타를 친 횟수 더하기 아웃 당한 횟수로 나눈 값이다. 채드윅은 이것을 '타석에서의 능력을 말해 주는 단 하나의 진정한 기준'이라고 불렀다.[150]

이론적으로 타율은 0.000(안타 절대 못 침)에서 1.000(안타를 못 치는 법이 없음)까지 나올 수 있다. 실제로는 거의 모든 선수는 0.200과 0.350 사이 타율을 기록한다. 그 차이가 그리 크지 않다. 야구에서 왕족(타율 30퍼센트)과 백성(27.5퍼센트)의 차이는 마흔 번의 타석에서 안타를 한 번 더 치느냐 못 치느냐의 차이에 불과하다. 맨눈으로는 이 차이를 구분하기가 쉽지 않다. 한 시즌을 다 봐도 더 못 치는 타자가 순전히 운으로 더 잘 치는 타자보다 좋은 성적이 나올 수 있다.

## 3할 타자가 타율 2할 7푼 5리 타자보다 안타를 더 많이 칠까?

10번의 타석

100번의 타석

1000번의 타석

뭐야? 두 시즌이 지나도 내가 낫다는 걸 못 보여 줄 수도 있다고?!

3할 타자

내가 보기엔 두 시즌이 지나도 더 나아지긴 힘들다는 의미 같은데?

2할 7푼 5리 타자

그래서 통계학이 필요하다. 한 선수의 타율은 씨앗에서 싹이 트고 꽃이 만개할 때까지의 과정을 스톱 모션 애니메이션으로 촬영한 것과 비슷하다. 이렇게 하면 우리의 감각으로는 알아차리지 못했을 진실이 드러난다. 번개를 병에 담는 대신 박스 스코어에 담는 것이다.

통계학은 확률론과 마찬가지로 두 세상을 하나로 잇는 역할을 한다. 첫 번째는 불규칙 바운드 같은 우연한 요소들이 지저분하게 뒤엉켜 있는 일상 현실 세상이다. 두 번째는 매끄러운 평균과 안정적인 경향이 존재하는 장기적인 낙원이다. 확률론은 장기적인 세상에서 시작해 하루하루 일들이 어떻게 펼쳐질지 상상한다. 통계학은 그와 반대로 얼기설기 뒤엉켜 있는 일상의 데이터에서 시작해 그런 데이터를 등장시킨 눈에 보이지 않는 장기적인 분포를 추론하려 한다.

다시 말해 확률론 학자는 카드 한 벌에서 시작해 거기서 어떤 카드가 나올지 설명한다. 반면 통계학자는 탁자 위에 펼쳐진 카드들을 보면서 그 카드 한 벌 전체의 속성을 추론하려 한다.

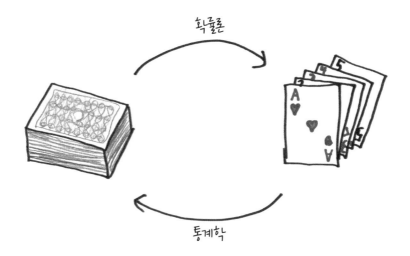

야구는 통계를 실제로 적용할 수 있을 정도로 카드를 넉넉하게 나눠 준다. 아마 이런 스포츠는 또 없지 싶다. 162게임을 치르는 한 시즌 동안 한 팀의 타자들은 대략 2만 4000개의 투구를 상대한다. 축구에서 별개의 데이터 값이 이 정도로 나오려면 한 시즌 내내 5초마다 한 번씩 센터 스폿center spot(전후반전을 시작할 때나 득점한 후, 경기 시작 전에 공이 놓이는 중앙선 가운데 지점—옮긴이)에서 공을 다시 차야 한다.[151] 더군다나 다른 팀 운동 종목들은 여러 명이 뒤엉켜 경기를 하는 반면 야구에서는 타자가 혼자 타석에 들어서기 때문에 다른 선수들과 명확하게 분리된 데이터를 얻을 수 있다.

이것이 바로 타율을 찬양해야 하는 이유다. 하지만 자고로 모든 통계는 뭔가를 빼먹는 법이다. 이 경우에는 아주 중요한 것이 빠진다.


## 2. 노인과 출루율

1952년 《라이프》에서는 어니스트 헤밍웨이Ernest Hemingway의 《노인과 바다》The Old Man and the Sea 초판을 발행했다.[152] 이 판은 500만 부가 팔렸고 헤밍웨이는 노벨 문학상을 받았다.

그리고 1954년 8월 2일 《라이프》는 전국적인 관심을 다른 방향으로 돌리기로 했다. 바로 야구 통계다. "낡은 야구 개념들이여, 안녕"Goodbye to Some Old Baseball Ideas[153]이라는 헤드라인 아래 미국 메이저 리그 구단 피츠버그 파이리츠Pittsburgh Pirates 단장 브랜치 리키Branch Rickey가 분석에만 무려 열 쪽이 필요한 방정식 하나를 올렸다.

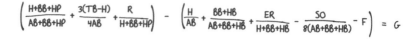

$$\left( \frac{H+BB+HP}{AB+BB+HP} + \frac{3(TB-H)}{4AB} + \frac{R}{H+BB+HP} \right) - \left( \frac{H}{AB} + \frac{BB+HB}{AB+BB+HB} + \frac{ER}{H+BB+HB} - \frac{SO}{8(AB+BB+HB)} - F \right) = G$$

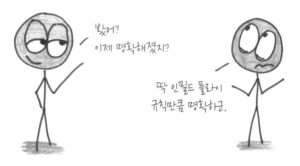

공식 그 자체는 문법적으로 맞지 않았다. 등호(=)는 실제로는 '같다'는 의미가 아니었고 빼기(−)도 실제로 빼라는 의미가 아니었다. 하지만 이 기사는 몇몇 '낡은 야구 개념'에 날카로운 비판을 가하고 있었다. 그중에서도 타율에 대해 날 선 비판을 가했다. 이 공격은(리키의 글로 알려져 있지만 사실은 캐나다의 통계학자 앨런 로스Allan Roth가 대필한 글이다.) 두 글자로 시작한다. BB다. 'base on balls', 즉 흔히 말하는 '볼넷'(지금은 볼이 네 개면 한 베이스 진루하는 규칙이 완전히 자리 잡았지만 그 전에는 달랐다. 우리가 쓰는 '볼넷', '사구' 등의 용어는 이 규칙이 자리 잡은 후에 나왔다. ─ 옮긴이)이다.

야구가 성년에 이르렀던 1850년대에 타자들은 공을 치거나 세 번 헛스윙을 할 때까지 계속 타석에 섰다. 그래서 아주 참을성이 좋은 타자가 나오면 경기가 늘어지기 일쑤였다. 그래서 1858년에 '스트라이크 선언'called strike이 탄생했다.[154] 치기 좋은 공이 들어오는데 타자가 그냥 보내면 헛스윙으로 간주한 것이다. 그러자 상황이 역전됐다. 조심성이 많은 투수들이 타자가 칠 만한 공을 전혀 던지지 않은 것이다. 1863년에 그 해결책이 도입되었다. 과녁에서 너무 벗어나 타자가 치기 힘든 공은 '볼'로 선언하기로 한 것이다. 그런 '볼'이 너무 많아지면[155] 타자는 1루까지 공짜로 걸어간다.

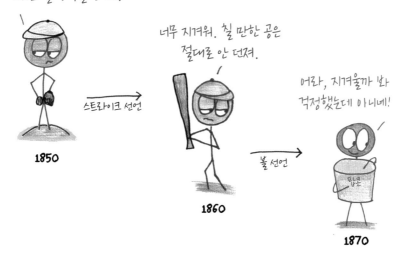

너무 지겨워. 내가 무슨 공을 던져도 칠 생각을 안 해.

스트라이크 선언 →

1850

너무 지겨워. 칠 만한 공은 절대로 안 던져.

볼 선언 →

1860

어라, 지겨울까 봐 걱정했는데 아니네!

팝콘

1870

채드윅은 볼넷에 당황했다. 크리켓에서 볼넷과 제일 가까운 건 '와이드'wide다. 이것은 일반적으로 타자가 잘한 것이 아니라 공을 던진 사람이 실수한 것으로 생각했기 때문에 볼넷은 타율에서 제외됐다. 마치 타석에 들어선 적도 없었다는 듯이 말이다. 1910년까지만 해도 볼넷은 공식 통계에 넣지 않았다.[156]

요즘에는 실력이 뛰어나고 참을성이 좋은 타자가 볼넷으로 걸어 나갈 가능성은 18퍼센트에서 19퍼센트 정도 된다.[157] 반면 일단 휘두르고 보는 선수들은 볼넷 진루 비율이 2퍼센트에서 3퍼센트 정도에 불과하다.[158] 그리하여 리키의 방정식 첫 번째 항이 등장하게 되었다. 이 항은 요즘에 '출루율'OBP, on-base percentage이라고 부르는 것을 복잡한 수식으로 나타낸 것이다. 이 값은 안타를 치고 나갔든 볼넷으로 걸어 나갔든 1루로 나간 비율이다. 바꿔 말하면 아웃을 당하지 않은 비율이다.

팀이 득점을 예측하는 데 더 유리한 통계는 어느 쪽일까? 타율일까, 출루율일까? 2017년 데이터를 바탕으로 타율의 상관 계수를 구해 보면 0.73이라는 꽤 강력한 값이 나온다. 하지만 출루율은 훨씬 더 강력하다. 0.91이 나온다.

### 타율이 좋다.

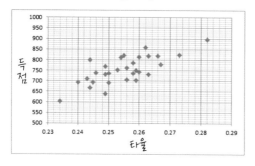

### 출루율은 더 좋다.

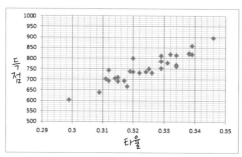

(각각의 점은 한 팀의 2017년 시즌 성적을 나타냄)

다음으로 리키(즉 로스)는 타율의 또 다른 단점을 강조했다. 안타는 1루타 (한 베이스 진루)에서 홈런(네 베이스 진루)까지 네 종류가 있다. 디저트나 리트윗 처럼 진루하는 베이스의 수는 많을수록 좋은 법이다. 하지만 타율은 이것들을 모두 똑같이 취급해 버린다. 그래서 리키의 방정식에 두 번째 항이 들어갔다. 이 값은 1루 이후로 '추가로 진루한 베이스의 숫자'를 나타낸다.

요즘에는 이와 관련 있는 통계인 '장타율'SLG, slugging percentage 을 선호한다. 이것은 타석당 달성한 진루 숫자의 평균을 계산한 결과다. 이 값은 최소 0.000에서 이론적으로는 최대 4.000(타석마다 홈런)까지 나올 수 있다. 실제로는 지금까지 시즌 전체를 통틀어 1.000을 기록한 선수도 없었다.

타율과 마찬가지로 장타율 역시 볼넷은 무시하고, 다른 통계치늘이 그렇듯 구분해야 할 의미 있는 것들을 모두 뭉뚱그려 버린다. 예를 들어 열다섯 번 타석에 들어서 장타율 0.800을 기록하려면 총 열두 개의 베이스를 진루해야 한다(12÷15=0.8이므로). 이런 방법은 여러 가지가 있는데 가치가 모두 똑같지는 않다.

홈런, 아웃, 아웃, 아웃, 아웃
홈런, 아웃, 아웃, 아웃, 아웃
홈런, 아웃, 아웃, 아웃, 아웃

홈런 3개 × 각각 4 베이스
= 12 베이스

아웃, 아웃, 2루타, 아웃, 2루타
아웃, 2루타, 아웃, 2루타, 아웃
2루타, 아웃, 2루타, 아웃, 아웃

2루타 6개 × 각각 2 베이스
= 12 베이스

아웃, 3루타, 아웃, 아웃, 아웃
3루타, 아웃, 아웃, 3루타, 아웃
아웃, 아웃, 3루타, 아웃, 아웃

3루타 4개 × 각각 3 베이스
= 12 베이스

1루타, 1루타, 1루타, 1루타, 아웃
1루타, 1루타, 1루타, 1루타 아웃
1루타, 1루타, 1루타, 1루타, 아웃

1루타 12개 × 각각 1 베이스
= 12 베이스

출루율과 장타율은 각각 게임의 다른 측면을 드러내는 역할을 하기 때문에 함께 쓰일 때가 많다. 간단하게 흔히 사용되는 것으로 이 둘을 더해서 '출루율 더하기 장타율'OPS, on-base plus slugging [159]이라는 통계를 계산하는 방법이 있다. 2017년 자료를 바탕으로 분석해 보면 이 통계치와 득점 사이의 상관관계는 0.935다. 눈이 번쩍 뜨이는 값이다. 출루율이나 장타율만 고려한 경우보다 낫다.

《라이프》 50주년 기념행사에서[160] 〈뉴욕 타임스〉는 이 공식을 뉴욕 양키스New York Yankees 단장 브라이언 캐시먼Brian Cashman에게 보여 주었다. 그러자 그는 이렇게 말했다. "우와! 이 친구는 자기 시대보다 몇 세대는 앞서 있었군." 하지만 그의 칭찬은 실상을 가리고 있다. 캐시먼은 《라이프》 기사에 대해 한 번도 들어 보지 못했다. 이 기사가 나온 후에도 타율은 수십 년 이상 군림했지만 출루율과 장타율은 구석에 웅크려 기를 펴지 못하고 있었다. 《노인과 바다》에 나오는 야구 대화[161]는 경기보다는 리키의 선언문에 더 많은 영향을 미친 것 같다.

야구는 대체 무엇을 기다리고 있었을까?

## 3. 지식이 그래프를 움직인다

뭔가 혁명을 일으키려면 두 가지 조건이 필요하다. 지식과 필요성이다.

지식에 대해서는 작가 빌 제임스Bill James[162]에게 크게 빚을 졌다. 1977년에 경비원으로 야간 근무를 하던 그는 자가로 첫 번째 《빌 제임스 야구 초록》Bill James Baseball Abstract을 출판했다. 이 책은 대부분 통계로 이루어진 특이한 68쪽짜리 문서였고 "어느 투수와 포수가 도루를 가장 많이 당했는가?" 등 내부자 질문에 대해 정확하게 분석한 답변을 담고 있었다. 판매량은 75부에 불과했지만 반응은 좋았다. 그다음 해에 나온 판은 250부가 팔렸다. 그리고 5년 후에 제임스는 대형 출판 계약을 맺는다. 2006년 《타임》은 제임스(지금은 보스턴 레드삭스 소속으로 일하고 있다.)를 지구에서 가장 영향력 있는 100인 가운데 하나로 선정했다.

제임스의 통찰력 넘치는 분석적 접근 방식은 야구계에 통계의 르네상스를 불러일으켰다. 그는 이것을 '세이버메트릭스'Sabermetrics 라고 이름 붙였다. 이런 움직임에 담긴 통찰 가운데 하나가 바로 타율은 실제 성과를 말해 주는 지표로는 너무 조잡한 부차적인 기록에 불과하다[163]는 것이었다. 이는 한 가지 재료만 샘플로 뽑아서 음식 질을 추론하는 셈이다. 음식을 진지하게 평가하려 한다면 모든 재료를 다 맛보거나 아예 음식 자체를 맛보는 편이 더 나은 방법이다.

《라이프》기록 보관 담당자라면 고개를 끄덕이겠지만 사실 이것은 아주 오래된 지식이다. 이 지식이 제임스 혼자만의 힘으로 전면에 등장하지는 않았으며 야구의 경제적 조건이 변화했기 때문이기도 하다. 1970년대 초반까지만 해도 야구 선수들은 '보류 조항'reserve clause의 그늘 아래 살고 있었다. 즉 계약이 만료된 후에도 팀이 선수에 대한 권리를 유지한다는 의미였다. 자신이 몸담았던 팀의 허가 없이는 다른 어떤 팀과도 계약을(심지어 협상조차도) 할 수 없었다.

그러다 1975년에 법적 판결(1970년 세인트루이스 카디널스 선수 커트 플러드가 트레이드를 거부하며 법적 소송을 제기한 것이 발단이었다. — 옮긴이)로 보류 조항이 새롭게 정의되면서 '자유 계약'FA, Free Agency 시대가 막을 열었다. 이렇듯 막혔던 수문이 열리자 연봉이 급등했다.[164]

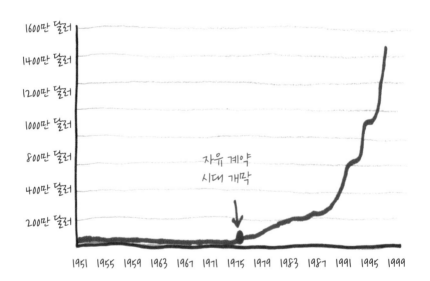

1951~1998년 메이저 리그 최고 연봉

그보다 10년 전에는 구단주가 선수를 물건처럼 살 수 있었다. 하지만 이제는 그 물건들이 에이전트를 갖추게 되었고 그 에이전트들이 연봉 인상을 요구했다. 이런 재정적 압박을 받은 구단주들은 타율 같은 조잡한 통계가 아니라 출루율, 장타율 같은 더 신뢰할 만한 통계 쪽으로 마음이 기울었을 것이다. 하지만 헨리 채드윅만 빼고 모두들 알고 있듯이 야구는 느린 스포츠다. 오클랜드 애슬레틱스Oakland Athletics가 출루율을 이용해 선수를 평가하기 시작하는 데까지도 20년이라는 세월이 필요했다.

불이 붙기 시작한 건 1990년대 초반 샌디 앨더슨Sandy Alderson 단장 때였고, 밝게 불타오른 건 그의 후임 빌리 빈Billy Beane 때였다. 오래지 않아 오클랜드 애슬레틱스는 통계에 바탕을 둔 똑똑한 선수 쇼핑으로 성공 가도를 달렸다. 그리고 2003년 샌프란시스코 베이 지역에 사는 마이클 루이스라는 사람이 빌리 빈에 대한 책을 썼다. 그는 그 책에 《머니볼》Moneyball이라는 제목을 붙였고 막대한 판매량을 올리는 과정에서 그 책은 《라이프》가 하지 못한 일을 해냈다. 몇몇 낡은 야구 개념에 진정으로 '안녕'을 고한 것이다. 변두리에 머물던 출루율과 장타율은 루이스의 도움으로 이렇게 주류로 편입하게 되었다.

## 4. 소수점 넷째 자리의 드라마

외야수 테드 윌리엄스Ted Williams가 한번은 이렇게 말했다. "전문 분야 중에 사람이 열 번 가운데 세 번 정도 성공할 수 있고 그 정도면 훌륭한 성적으로 쳐주는 곳은 야구밖에 없다."[165]

1941년에 윌리엄스는 그보다 나은 성적을 거둘 수 있는 페이스를 유지하고 있었다. 그대로만 가면 열 번에 네 번꼴로 성공을 거둘 성적이었다. 꿈의 4할 타율. 이것만 성공하면 야구계의 반신반인이라는 전설로 남을 참이었다. 윌리엄스는 시즌 마지막 주를 타율 4할 6리로 시작했다. 11년 만에 최초의 4할 타자가 탄생하려는 순간이었다.

그런데 그가 흔들리고 말았다. 다음 네 경기에서 그는 타석에 열네 번 올라

안타 세 개만 쳐서 가슴 아프게도 타율이 0.39955로 떨어지고 말았다.[166]

이것은 마치 학생이 소수점 개념을 이해하는지 시험하려고 억지로 만들어 낸 가짜 수치 같았다. 이 값은 0.400일까, 아닐까? 그다음 날 주요 일간지들이 자신의 관점을 분명하게 밝혔다. 아니었다. 〈뉴욕 타임스〉는 이렇게 말했다. "윌리엄스 현재 0.3996". 〈시카고 트리뷴〉은 다음과 같이 썼다. "윌리엄스 0.400 아래로 떨어져". 〈필라델피아 인콰이어러〉는 반올림 규칙을 왜곡해 "윌리엄스 0.399로 떨어져"라고 기사를 냈고, 윌리엄스의 고향 신문사 〈보스턴 글로브〉는 그 통계를 그대로 따라 "현재 타율 0.399"라는 기사를 냈다.

소수점 넷째 자리까지 이렇듯 열정을 쏟는 스포츠를 대체 어떻게 사랑하지 않을 수 있단 말인가?

1941년의 뜨거운 반올림 논쟁

시즌 마지막 두 경기는 9월 28일 하루에 연이어 치러졌다. 그 전날 저녁에 윌리엄스는 잠이 오지 않아 필라델피아 거리를 15킬로미터 정도 쏘다녔다. 한 스포츠 기자의 말에 따르면 "그는 첫 번째 경기에 나가기 전에 벤치에 앉아 손가락을 물어뜯고 있었다. 솥뚜껑 같은 그의 손이 떨리고 있었다." 그 기자는 나중에 이렇게 기사를 썼다. "첫 타석에 나갈 때는 사시나무 떨듯이 떨고 있었나."

하지만 이 스물셋의 야구 선수는 끈기를 잃지 않았다. 그날 오후 그는 여덟 번의 타석에서 가까스로 안타 여섯 개를 때려 타율을 0.4057로 끌어올렸다. (헤드라인 뉴스 기자들은 이것을 0.406으로 불러도 트집 잡지 않았다.) 그 후 80년이 흐르는 동안 누구도 4할 타율을 기록하지 못했다.[167]

1856년에 헨리 채드윅은 흙바닥에서 맨손으로 하는 게임을 구경했다. 무더운 여름 한낮에 어울리는 게임은 아니었다. 하지만 이 영국인은 거기에 수치를 부여했고, 수치는 이 경기에 대한 이해력을 부여했다. 한 세기하고도 절반이 지난 지금 야구는 큰 성공을 거두었고 한 팀의 연봉 액수가 수억 달러에 이른다. 하지만 아직도 19세기 타율이 21세기 경기와 보조를 맞추기 위해 안간힘을 쓰고 있다. 빨랫줄같이 뻗어 나가는 공을 맨손으로 잡으려는 사내아이처럼 말이다.

4할 타율은 온갖 도전에도 불구하고 여전히 난공불락 요새로 남아 있다. 시즌이 시작한 지 얼마 안 돼서 표본 크기가 이른 봄의 새싹만큼이나 자그마한 3월과 4월이면 4할 타율을 간신히 넘나드는 선수가 한두 명 정도는 보인다. 그리고 그 희망은 이내 사그라지고 만다. 하지만 그래도 일주일 정도는 4할 타율에 대한 희망이 곳곳을 물들인다. 용 같은 신화적 존재를 믿듯이 사람들은 4할 타자가 아직 사라지지 않았다고 믿는다. 출루율 5할을 기록하고 장타율 8할을 기록한 선수가 나왔다고 해도 사람들 마음이 이처럼 설레지는 않으리라. 사람들이 4할 타율을 사랑하는 이유는 예측 능력이 뛰어나서도,

수학적으로 우아해서도 아니다. 4할 타율이라는 말에 전기가 오듯 짜릿한 뭔가가 있기 때문이다. 그 안에는 소수점 셋째 자리로 전하는 이야기가 담겨 있기 때문이다. 좀 까다롭게 굴고 싶은 사람이라면 소수점 넷째 자리라 해도 좋다.

어쩌면 4할 타율을 기록할 선수가 아무도 없을지도 모른다. 아니, 어쩌면 당장 내년에라도 그런 선수가 등장할지도 모른다. 윌리엄스는 대수롭지 않다는 듯 50년 후에 이렇게 말했다. "4할 타율 기록이 이렇게 엄청난 일이 될 줄 알았으면[168] 한 번 더 할 걸 그랬네."

## 제18장

# 과학의 성문 앞에 들이닥친 야만인

## p값의 위기

만 세! 재미있는 과학 팩트 체크 시간이 돌아왔다! 일단 먼저, 혹시 자유
의지 같은 건 존재하지 않는다고 주장하는 글을 읽고 난 후에 시험을
보면 부정행위를 할 가능성이 더 높다는 사실을 알았는가?

당신의 '의식'이라는 것은 스스로 작동하는 기계에 탑승한 무기력한 승객에 불과하다······.

흠, 그게 맞다면 누구도 나를 비난할 수 없지······.

또는 모눈종이 위에 가까이 붙어 있는 두 점을 표시하고 나면, 멀리 떨어진
두 점을 표시하고 난 후보다 가족과 감정적으로 더 가까워진 기분이 든다는
사실을 알았는가?

또는 어떤 '파워 포즈'power pose(당당하고 힘 있는 자세 — 옮긴이)를 취하면 스트레스 호르몬이 억제되고 테스토스테론 분비가 활성화되어 타인의 눈에 자신감 넘치고 인상적인 사람으로 비친다는 사실을 알았는가?

내가 꾸며 낸 이야기가 아니다. 진짜 실험실 가운을 입은 진짜 과학자들이 진짜로 연구해서 나온 내용이다. 이 내용들은 이론적 기반을 갖추었고, 실험으로 입증도 되었고, 동료들에게서 심사도 받았다. 이 연구자들은 과학적 방법론을 충실히 따랐으며 몰래 부정행위를 하지도 않았다.

하지만 이 세 가지 연구에 현재 의문이 제기되고 있다.(그 밖에도 마케팅과 의학 등 광범위한 분야에서 수십 가지 이상의 연구에 의문이 제기되고 있다.) 어쩌면 그들이 틀렸을지도 모른다.

가만…… , 진짜?

   과학계 전반에서 우리는 지금 위기의 시대를 살고 있다.[169] 수십 년 동안 끌어들일 수 있는 최고의 과학을 총동원하여 연구를 진행해 온 수많은 학자들은 자신이 평생을 바친 연구가 위기에 빠졌음을 알아차렸다. 정직하지 못해서도, 도덕성이 결여되어서도, 자유 의지는 존재하지 않는다고 주장하는 수많은 구절 때문도 아니다. 이 고질병은 연구 과정의 핵심에 자리 잡은 한 가지 통계 수치에 깊숙이 뿌리내리고 있다. 현대 과학을 가능하게 해 준 수치인데, 이것이 지금 현대 과학의 안정성을 위협하고 있다.

## 1. 요행 잡아내기

모든 과학 실험은 질문을 던진다. 중력파가 실제로 존재할까? 미국 밀레니얼 세대millenials(1982~2000년 사이 출생자 — 옮긴이)는 사회 보장 제도를 싫어하나? 이 신약이 피해망상증을 가라앉힐 수 있을까? 어떤 질문이든 가능한 진실은 두 가지다.('참' 또는 '거짓') 그리고 근본적으로 증거를 완벽하게 신뢰할 수 없다는 사실 때문에 두 가지 결과가 가능하다.('제대로 이해하거나' 또는 '잘못 이해하거나') 따라서 실험 결과는 다음의 네 가지로 분류할 수 있다.

# 질문: 유령은 존재하는가?

과학자들은 **참 긍정**true positive 을 원한다. 참 긍정을 다른 말로는 '과학적 발견'이라고 하며, 이것을 이루면 노벨상도 타고 연인에게 사랑이 듬뿍 담긴 키스도 받을 수 있고 연구 자금도 계속 지원받을 수 있다.

**참 부정**true negative 은 재미가 덜하다. 집 청소도 다 하고 세탁도 다 한 줄 알았는데 알고 보니 생각만 하고 있었지 실제로는 하지 않았음을 깨달은 경우와 비슷하다. 진실을 알긴 해야겠지만 차라리 진실이 그 반대였으면 얼마나 좋았을까 하는 바람이 생긴다.

반면 **거짓 부정**false negative (부정 오류)은 가슴 아픈 경우다. 마치 잃어버린 열쇠를 찾다가 결국 그 열쇠가 있는 곳까지 갔는데 어쩐 일인지 열쇠를 못 보고 지나친 경우와 비슷하다. 본인은 자기가 거의 찾을 뻔했다는 사실조차 모를 것이다.

마지막 경우가 가장 무섭다. 바로 거짓 긍정 false positive (긍정 오류)이다. 한마디로 '요행'이다. 거짓이 운 좋게 진실의 자리를 꿰찬 경우다. 이것은 오랫동안 발각되지 않고 과학 문헌에 자리 잡고 앉아 후속 연구들을 모두 시간 낭비로 만들어 놓는, 과학계의 재앙이다. 진리 추구가 끝없이 이어지는 과학에서 거짓 긍정을 완전히 피하기는 불가능하다. 하지만 최소한으로 줄여야 한다.

여기서 p값 p-value (유의 확률)이 등장한다. p값의 목적은 오로지 히나, 요행을 거르는 것이다.

이해를 돕기 위해 실험을 해 보자. 초콜릿을 먹으면 더 행복해질까? 열혈 실험 참가자들을 무작위로 두 집단으로 나눈다. 절반은 초코바를 먹고 절반은 통밀 비스킷을 먹는다. 그다음에는 모두 자신의 행복도를 1(극도의 괴로움)에서 5(천상의 기쁨) 사이의 점수로 매긴다. 우리는 초콜릿 집단의 점수가 더 높으리라고 예측한다.

하지만 여기에는 위험이 존재한다. 실제로는 초콜릿을 먹으나 안 먹으나 아무런 차이가 없다 해도 실험을 해 보면 어차피 한 집단은 다른 집단보다 점수가 살짝 높게 나올 수밖에 없다. 예를 들어 내가 똑같은 모집단으로부터 무작위로 다섯 표본을 만들었을 때 어떤 일이 벌어지는지 살펴보자.

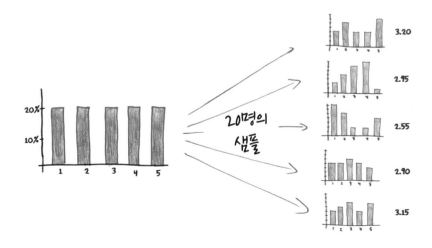

이론적으로는 동일한 두 집단에서 무작위 우연 덕분에 아주 다른 결과가 나올 수 있다. 만약 순전히 우연으로 초콜릿 집단의 점수가 더 높게 나온다면? 정말로 초콜릿 때문에 행복해진 효과를 무의미한 요행과 어떻게 구분할 수 있을까?

요행을 제거하기 위해 p값은 세 가지 본질적인 요인을 포함한다.

1. **차이의 크기.** 박빙의 차이(예를 들면 3.3과 3.2)는 큰 차이(예를 들면 4.9와 1.2)보다 우연에 의한 것일 가능성이 더 높다.

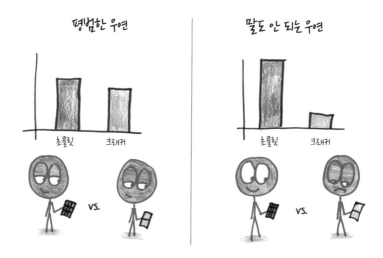

2. **데이터 집합의 크기.** 두 사람으로 구성된 표본으로는 확신을 얻기 힘들다. 우연히도 초콜릿은 인생을 열렬히 사랑하는 사람에게 주고 통밀 크래커는 세상에 고마워할 줄 모르는 허무주의자에게 주었을지도 모른다. 하지만 2000명을 무작위로 나누어 실험하면 개개인의 차이는 그 속에 묻힐 것이다. 이런 경우에는 3.08 대 3.01 같은 작은 차이도 요행에 의한 것일 가능성이 낮다.

평범한 우연

말도 안 되는 우연

"초콜릿을 먹으면 더 행복해져."

"초콜릿을 먹으면 더 행복해져."

3. 각각의 집단 안에서의 분산. 점수가 제멋대로라 분산이 크면 두 집단이 요행으로 다른 결과가 나오기 쉽다. 하지만 점수가 일관되고 분산이 작다면 미세한 차이라 해도 우연으로 생겨나기 어렵다.

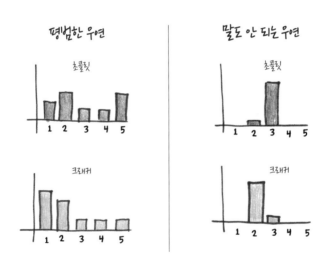

p값은 이 모든 정보를 0과 1 사이의 수 하나로 압축한다. 이 수는 이를테면 '우연이 얼마나 말이 안 되는지 보여 주는 점수'라고 할 수 있다. 이 값이 낮을수록 이런 결과가 순전히 우연만으로 일어나는 것은 말이 안 된다는 의미다. p값이 0에 가깝다는 것은 이런 일이 우연히 일어나는 것은 너무나 말이 안 되

기 때문에 우연이 전혀 아닐지도 모른다는 이야기다.

(좀 더 기술적인 부분은 주석을 참고하기 바란다.)[170]

어떤 p값은 해석하기 쉽다. 0.000001은 100만 번에 한 번 나오는 요행이다. 이런 우연은 너무 드물기 때문에 그 효과는 거의 분명히 진짜라 할 수 있다. 이 경우는 초콜릿이 사람을 더 행복하게 만든다.

반면 p값이 0.5면 두 번에 한 번 일어나는 사건이다. 이런 결과는…… 절반 정도의 경우에 일어난다. 이건 바닥에 굴러다니는 돌멩이처럼 흔하다. 이 경우라면 초콜릿이 차이를 만들어 내는 것 같지 않다.

이런 명확한 사례 중간에는 치열한 논쟁을 불러일으키는 중간 지대가 존재한다. p값이 0.1이라면 어떨까? 0.01이라면? 이런 수치는 운 좋은 요행임을 알려 주는 것일까, 아니면 너무 극단적인 결과라서 요행이 아님을 알려 주는 것일까? p값은 낮을수록 좋다. 하지만 얼마나 낮아야 충분히 낮을까?


## 2. 요행 거르는 필터 눈금 조정하기

1925년에 R. A. 피셔Fisher 라는 통계학자[171]가 《연구원을 위한 통계학 방법론》Statistical Methods for Research Workers 이라는 책을 발표했다. 그 책에서 그는 하나의 기준선을 제시했다. 0.05다. 바꿔 말하면 요행 스무 개 중 열아홉 개는 걸러 내자는 얘기다.

스무 개 중 한 개는 왜 통과시키냐고? 뭐, 원한다면 기준을 5퍼센트보다 낮게 잡을 수도 있다. 피셔 자신도 2퍼센트나 1퍼센트로 하면 어떨까 생각했다. 하지만 이렇게 기짓 긍정을 피하려고 욕심을 내다 보면 새로운 위험이 생긴다. 바로 거짓 부정이다. 요행을 더 많이 솎아 낼수록 참인 결과가 필터에서 걸러지는 경우도 많아진다.

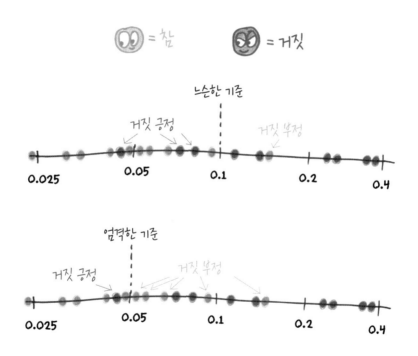

당신이 남자가 여자보다 키가 큰지 연구하고 있다고 해 보자. 힌트: 실제로 그렇다. 하지만 당신의 표본에 살짝 요행이 끼어 있다면? 만약 당신이 우연히 평균보다 키가 큰 여자들과 평균보다 키가 작은 남자들을 표본으로 뽑는 바

람에 평균의 차이가 1~2센티미터에 불과하다고 나오면? 여기서 p값을 엄격하게 잡으면 그 결과를 요행으로 잘못 판단할 수도 있다. 실제로는 남자가 더 큰 것이 사실인데 말이다.

0.05라는 수치는 타협점이다. 무죄인 사람을 감옥에 집어넣을 위험과 유죄인 사람을 자유롭게 놓아줄 위험 사이의 균형점인 셈이다.

피셔는 결코 0.05를 절대적 기준으로 제시하지 않았다. 그는 연구 활동을 하는 동안 인상적인 융통성을 보여 주었다. 어느 논문에서는 0.089라는 p값에는 호의적이었지만("분포가 전적으로 우연에 의한 것은 아니라고 의심할 만한 이유가 있다.") 0.093이라는 p값에는 고개를 저었다.("이러한 연관성은 실제로 존재한다고 하더라도 유의미하게 나타날 정도로 강하지 않다.")

내가 보기엔 말이 되는 얘기다. 엉터리 일관성은 가엾은 통계학자들을 괴롭히는 말썽쟁이 요정이다. 만약 내게 저녁을 먹은 후 박하를 먹으면 입 냄새가 없어진다고 한다면(p=0.04) 당신 말을 믿을 의향이 있다. 그런데 만약 저녁을 먹은 후 박하를 먹으면 골다공증이 치료된다고 하면(p=0.04) 잘 설득될 것 같지 않다. 4퍼센트가 낮은 확률이라는 것은 인정한다. 하지만 내가 보기에는 수십 년 동안 골격계 건강과 박하사탕 사이의 강력한 상관관계를 과학이 간과했을 가능성이 훨씬 더 낮을 것 같다.

모든 새로운 증거는 기존 지식과 비교 검토해 봐야 한다. 0.04라고 다 똑같은 것이 아니다.

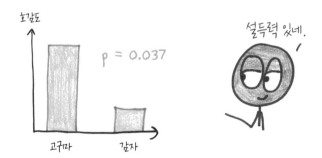

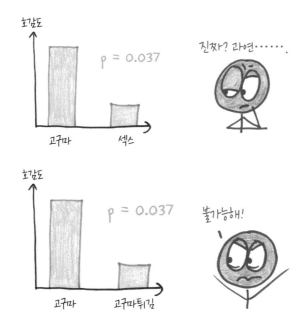

과학도 이런 점을 안다. 하지만 표준화와 객관성을 자랑으로 여기는 분야에서 사례별로 미묘하게 판단 기준이 달라지는 것을 용납하기는 어렵다. 그래서 20세기를 거치며 심리학이나 의학 같은 인문 과학에서는 5퍼센트가 하나의 '제안'에서 '지침'으로, 다시 '산업 규격'으로 진화했다. $p=0.0499$라고? 유의미하군. $p=0.0501$이라고? 미안하지만 다음을 기약하기를.

이것은 입증된 연구 결과 가운데 5퍼센트는 요행이라는 의미일까? 꼭 그렇지는 않다. 현실은 그 반대다. 요행 가운데 5퍼센트가 입증된 연구일 수 있다. 같은 말 아닌가 싶겠지만 그렇지 않다.

이쪽이 훨씬 무섭다.

$p$값이 과학이라는 성을 지키는 수호자라고 상상해 보자. 이 수호자는 참 긍정은 성문 안으로 들이고 야만적인 거짓 긍정은 성문 앞에서 돌려보내고 싶어 한다. 야만인 가운데 5퍼센트는 용케 성문 안으로 들어오리라는 것은 알지만 모든 것을 감안할 때 그 정도는 감당할 만하다.

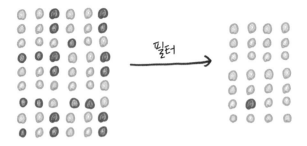

하지만 공격해 오는 야만인의 수가 우리 병사보다 20 대 1로 많다면? 침입군의 5퍼센트 정도면 문명인 병사 전체의 수와 맞먹는다.

그보다 상황이 더 안 좋아져서 만약 문명인 병사 한 명당 야만인 100명이 덤벼든다면? 그러면 야만인 5퍼센트만으로 문명인 군대 전체를 압도할 수 있다. 성에는 거짓 긍정이 득실거리고 참 긍정은 구석에 찌그러져 있게 될 것이다.

그렇다면 과학자들이 실제 정답은 '아니오'인 연구를 너무 많이 진행하고 있다는 것이 진짜 위험이다. 립싱크를 하면 금발로 변할까? 광대의 신발을 신으면 산성비가 내릴까? 이런 엉터리 연구를 100만 건 진행해도 그중 5퍼센트는 필터를 통과할 것이다. 무려 5만 건이다. 이런 엉터리 연구가 과학 학술지에 넘쳐 나고 신문에 대서특필될 것이고 트위터에는 읽을 만한 내용이 평소보다 더 없어질 것이다.

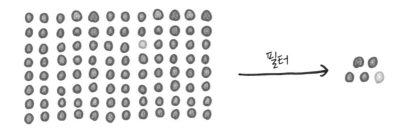

여기서 끝이 아니다. 상황이 더 나빠진다. 의도와 달리 과학자들이 성을 공격할 수 있는 갈고리와 공성퇴(예전에 성문이나 성벽을 부수는 데 쓰던 무기 — 옮긴이)로 야만인을 무장해 주었기 때문이다.

## 3. 요행은 어떻게 새끼를 치는가

2006년 크리스티나 올슨Kristina Olson이라는 심리학자가 특이한 편견bias을 연구한 내용을 보고하기 시작했다. 아이들이 운이 나쁜 사람보다 운이 좋은 사람을 선호한다[172]는 것이다. 올슨과 공동 연구자들은 만 세 살부터 성인까지 여러 문화권에 걸쳐 이런 편견을 발견했다.[173] 그리고 이 내용은 미미한 사고(진흙탕에 빠지기 등)를 당한 사람이나 대재앙(허리케인 피해 등)을 당한 사람에게 적용됐다. 그 효과는 지속적으로 강력하게 나타났다. 따라서 참 긍정이었다.

그러다 2008년에 올슨은 책임감 없는 스물한 살짜리 학생의 졸업 논문 지도 교수를 맡아 주기로 한다.[174] 그 학생이 바로 나다. 지도 교수의 헌신적인 도움을 받으며 나는 그리 대단치 않은 후속 연구를 고안했다. 만 5세 어린이와 만 8세 어린이가 운이 나쁜 사람보다 운이 좋은 사람에게 장난감을 더 많이 줄지 알아보는 실험이었다.

마흔여섯 명을 시험해 봤는데 결과는 '아니오'였다.

오히려 그 반대였다. 실험 참가자들은 운이 좋은 사람보다 운이 나쁜 사람에게 장난감을 더 많이 주는 것으로 보였다. 꼭 '재미있는 과학적 사실 알아보기' 시간이 아니어도 당연한 일이었다. 장난감을 잃어버린 사람에게 장난감을 주는 것이 당연하기 때문이다. 이 실험에서 어떻게든 30쪽 분량을 뽑아내야 했기 때문에 나는 데이터에 기대를 걸었다. 각각의 실험 참가자는 질문 여덟 개에 답했고 나는 다양한 조건을 실험했다. 따라서 몇 가지 방식으로 수치를 나눌 수 있었다.

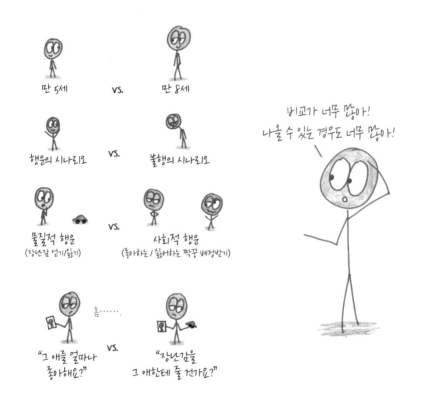

만 5세    VS.    만 8세

행운의 시나리오    VS.    불행의 시나리오

물질적 행운
(장난감 얻기/잃기)    VS.    사회적 행운
(좋아하는/싫어하는 짝꿍 배정받기)

음……
"그 애를 얼마나 좋아해?"    VS.    "장난감을 그 애한테 줄 건가요?"

비교가 너무 많아!
나올 수 있는 경우도 너무 많아!

326

스프레드시트의 겸손한 세로줄, 바로 이곳에서 위험이 시작된다.

표면적으로 보면 내 논문은 성문 앞에 들이닥친 야만인에 해당했다. 중요한 p값이 0.05보다 한참 높았다.[175] 하지만 열린 마음으로 보면 다른 가능성이 떠오른다. 만약 만 5세 어린이만 고려한다면? 또는 만 8세 어린이만 고려한다면? 아니면 운 좋게 장난감을 받은 사람만 고려한다면? 아니면 운이 나쁜 사람만 고려한다면? 성별도 차이를 만들어 냈을까? 만약 6섬 만섬의 '호감도' 등급에서 자기가 적어도 4점으로 평가한 아이에게 장난감을 줄 때 만 8세 여자아이가 만 5세 남자아이보다 상황에 더 민감한 것으로 밝혀진다면?

만약에, 만약에, 만약에…….

나는 데이터를 쪼개고 또 쪼개서 실험 하나를 스무 개로 바꿔 놓을 수 있었다. p값이 야만인을 한 번, 두 번, 열 번 거부한다고 해도 문제가 되지 않았다. 마침내 성 안으로 몰래 숨어 들어갈 수 있을 때까지 얼마든지 새로운 가면을 씌워 줄 수 있었으니까.

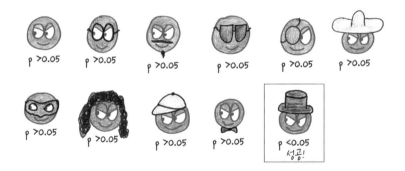

그리하여 어쩌면 21세기 초반의 가장 큰 방법론적 위기가 탄생했다. 바로 p값 해킹이다. 진리를 사랑하는 과학자 한 무리를 데려다가 긍정적인 결과를 달성하는 사람이 모든 것을 독식하는 경쟁을 붙인 다음 지켜보라. 그러면 이 과학자들은 자기도 모르는 사이에 스물한 살의 나처럼 부정직해 보이는 결정들을 합리화하기 시작한다. "계산 방식을 좀 다르게 해 볼까." "이 결과는 당연히 맞으니까 이 이상값들은 그냥 빼 버리자." "우와, 일곱 번째 변수를 조정하니까 p값이 0.03으로 떨어지네." 대부분의 연구는 애매모호하다. 수많은 변수가 뒤엉켜 있고 데이터 해석 방법도 다양하다. 당신은 그중 어떤 방법을 선택하겠는가? 연구 결과에 '통계적으로 무의미함'이라는 낙인을 찍어 줄 방법인가, 아니면 p값을 0.05 아래로 슬쩍 밀어서 낮춰 줄 방법인가?

이런 터무니없는 연구 결과들을 솎아 내기는 쉽지가 않다. 사이비 상관관계Spurious Correlations[176]라는 웹 사이트에서 타일러 비겐Tyler Vigen은 수천 가지 변수를 꼼꼼히 뒤져서 아주 긴밀하지만 순전히 우연에 의해 상관관계로 얽힌 변수 쌍을 찾아낸다. 예를 들면 1999년에서 2009년 사이에 수영장에 떨어져 익사한 사람의 수는 니컬러스 케이지Nicolas Cage가 출연한 영화의 수와 충격적인 상관관계가 있다고 나온다.

요행 거르는 필터를 인해 전술식으로 두드리다 보면 거짓 긍정이 필연적으로 섞여 들어갈 수밖에 없다.

이런 사실을 직접 확인하고 싶어서 아흔 명을 세 집단으로 나눠 보았다. 각각의 실험 참가자는 수돗물, 병에 든 생수, 또는 둘을 섞은 것 이렇게 세 종류의 음료수를 갖고 있었다. 그다음에 각각의 실험 참가자에게서 100미터 달리기 시간, 지능 지수IQ, 키, 비욘세Beyoncé를 좋아하는 정도, 이렇게 네 가지 변수를 측정했다. 그리고 나서 가능한 모든 조합으로 비교해 보았다. 수돗물을 마신 사람은 병에 든 생수를 마신 사람보다 빨리 뛰는가? 병에 든 생수를 마신 사람은 섞은 물을 마신 사람보다 더 열렬한 비욘세 팬인가? 등등. 이 연구를 하는 데 장장 여덟 달이나 걸렸다.

물론 거짓말이다. 스프레드시트 프로그램으로 이 실험을 시뮬레이션해 보니 불과 몇 분 만에 실험을 50번이나 진행할 수 있었다.

모든 실험 참가자는 원칙적으로 동일하다. 이들은 사실 똑같은 과정을 거쳐 만들어 낸 난수의 집합체일 뿐이다. 따라서 여기서 나타나는 모든 차이는 필연적으로 요행일 수밖에 없다. 그런데도 세 집단을 두고 변수 네 가지로 비교해 보니 50번의 실험에서 열여덟 번이나 '통계적으로 유의미한' 결과를 얻을 수 있었다.

p값이 요행 스무 개 중 한 개가 아니라 요행 세 개 중 한 개 이상을 통과시키고 있었다.

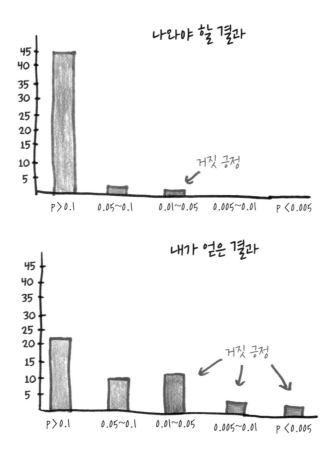

p값을 해킹 하는 다른 방법도 있다. 2011년에 익명으로 진행된 한 설문 조사[177]에서 상당수 심리학자가 '의문스러운 연구 관행'이 다양하게 이루어지고

있음을 인정했다.

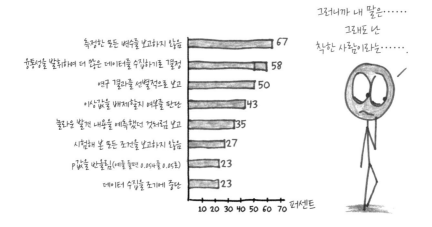

측정한 모든 변수를 보고하지 않음 67
융통성을 발휘하여 더 많은 데이터를 수집하기로 결정 58
연구 결과를 선별적으로 보고 50
이상값을 배제할지 여부를 판단 43
놀라운 발견 내용을 예측했던 것처럼 보고 35
시험해 본 모든 조건을 보고하지 않음 27
p값을 반올림(예를 들면 0.054를 0.05로) 23
데이터 수집을 조기에 중단 23

10 20 30 40 50 60 70 퍼센트

그러니까 내 말은······
그래도 난
착한 사람이라는······.

심지어 여기서 제일 문제없어 보이는 사례도 사람 뒤통수를 칠 수 있다. 이를테면 이렇게 생각하는 것이다. 초기 연구 결과가 어떤 결론에 이르지 않는다 싶을 때 데이터를 더 수집하는 정도는 별문제 없지 않을까?

이런 p값 해킹이 얼마나 막강한지 측정해 보려고 "누가 동전 던지기를 더 잘하나?"Who's the Better Coin Flipper? 라는 연구를 시뮬레이션했다. 아주 간단하다. 두 '사람'('사람'이라 적고 '스프레드시트 세로줄'이라고 읽는다.)이 동전을 열 번씩 던진다. 그러고 나서 둘 중에 누가 앞면이 더 많이 나왔는지 확인한다. 시뮬레이션을 스무 번 돌려서 통계적으로 유의미한 결과가 한 번 나왔다. 그럼 p=0.05로 놓았을 때 예상할 수 있는 바로 그 결과다. 실험 스무 번에 요행 한 번 발생. 이 정도면 안심이다.

그다음에는 내가 내키는 대로 동전 던지기를 계속해 보았다. 동전을 한 번 더 던지고, 또 한 번 더 던지고, 다시 또 한 번. 그러다가 p값이 0.05 아래로 떨어지면(또는 1000번 던지고도 성공하지 못하면) 멈춘다.

그랬더니 연구 결과가 확 바뀌었다. 이번에는 스무 번 가운데 열두 번이나 통계적으로 유의미한 결과가 나왔다.

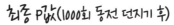

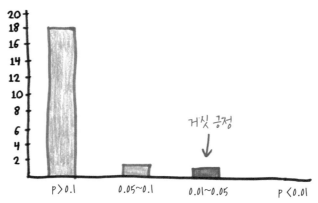

최종 P값(1000회 동전 던지기 후)

거짓 긍정

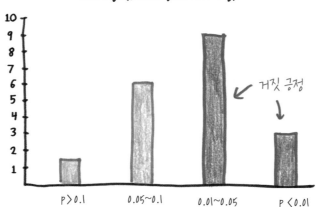

최소 P값(1000회 동전 던지기 중)[178]

거짓 긍정

이런 얄팍한 꼼수는 좋은 과학이 아니지만 그렇다고 사기도 아니다. 설문 조사를 연구한 결과를 발표하는 논문에서 세 저자는 이런 방법을 "수행 능력을 인위적으로 강화함으로써 일종의 군비 경쟁을 유발하여 규칙을 엄격하게 준수하는 연구자들을 경쟁에 불리하게 만드는 과학계의 스테로이드"라고 불렀다.

경쟁이 공평하게 이루어지도록 만들 방법은 없을까?

# 4. 요행과의 전쟁

재현성 위기<sub>replication crisis</sub>(학계에 큰 영향을 미친 연구를 그대로 다시 실험했는데 똑같은 결과가 재현되지 않는 것 — 옮긴이)가 두 통계학자 집단 사이의 오랜 경쟁 관계에 다시 불을 지폈다. 바로 빈도주의 학파<sub>frequentists</sub>와 베이즈 학파<sub>Bayesians</sub>다.

피셔 이후로는 빈도주의 학파가 득세했다. 이들의 통계학 방법론은 중립성과 최소주의<sub>minimalism</sub>를 목표로 한다. 여기에는 심판 판정도, 개인 견해도 없다. 예를 들면 p값은 자신이 확실한 가설을 검증하는 것인지 미친 과학자의 가설을 검증하는 것인지 신경 쓰지 않는다. 이런 주관적 분석은 나중에 이루어진다.

베이즈 학파는 이런 공명정대성을 부정한다. 어째서 통계학이 설득력 있는 가설과 터무니없는 가설의 차이점에 무관심한 척해야 한단 말인가? 마치 모든 0.05가 다 평등하다는 식으로 말이다.

베이즈 학파의 대안은 이런 식으로 작동한다. 일단 '사전 확률'prior에서 시작한다. 이는 당신의 가설이 옳을 확률을 추정한 값이다. "박하가 입 냄새를 치료한다?" 확률이 높다. "박하가 병든 뼈를 치료한다?" 확률이 낮다. 베이즈 공식Bayes's formula이라는 규칙을 이용해서 이런 추정을 수학에 담아낸다. 그런 다음 실험을 진행하면 통계를 통해 새로운 증거를 기존 지식과 비교함으로써 사전 확률을 업데이트할 수 있다.

베이즈 학파에서는 연구 결과가 임의로 설치한 요행 필터를 무사히 통과하는지는 신경 쓰지 않는다. 이들은 데이터가 우리를 충분히 설득하고 있는지, 데이터를 통해 우리가 기존에 가졌던 믿음이 바뀌는지 여부에 신경 쓴다.

## 베이즈 학파: 판단을 통계학에 담아낸다

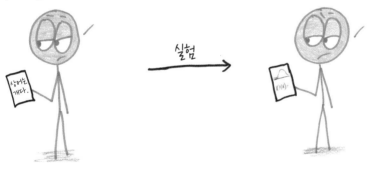

터무니없는 가설이군. 참일 확률을 300만 분의 1 정도로 봐야겠어.

좋아. 확률이 6만 분의 1로 올라가긴 했지만 아직은 설득력이 약해.

실험

요즘 베이즈 학파는 드디어 자신들의 시간이 왔다고 생각한다. 이들은 빈도주의 학파의 왕국이 이러한 파국을 만들어 냈으며 이제 새로운 시대를 열 때가 되었다고 주장한다. 이에 대해 빈도주의 학파는 사전 확률이라는 개념이 너무 임의적이어서 남용되기 쉽다고 반박한다. 빈도주의 학파는 자체 개혁안을 제시하고 있다. 예를 들면 p값의 기준치를 0.05(스무 번 가운데 한 번)에서 0.005(200번 가운데 한 번)로 낮추는 것이다.[179]

통계학자들이 신중하게 움직이고 있는 반면 과학자들은 한가하게 기다릴 시간이 없다. 심리학 연구자들은 p값 해킹을 제거하는 느리고 어려운 과정을 이미 시작했다. 쉽게 말하면 투명성을 높이기 위한 개혁을 시작한 것이다. 이들은 연구를 미리 등록해서 측정할 변수들을 미리 모두 목록으로 작성하고, 언제 데이터 수집을 멈출지, 이상값을 배제할지 안 할지를 미리 구체적으로 제시하라고 요구한다. 이 모든 것이 의미하는 바는 거짓 긍정이 교묘하게 자신의 p값을 0.05 아래로 낮춰서 끼어들어도 논문을 보면 그 전에 이루어졌던 열아홉 번의 시도에서 실패가 있었음을 확인할 수 있다는 것이다. 한 전문가는 어떤 수학 철학을 받아들이느냐의 문제가 아니라 이런 일련의 개혁이 차이를 만들어 낼 것이라고 내게 말했다.

도움이 되는 말인지는 모르겠지만 내 졸업 논문은 이런 기준을 대부분 충족한다. 수집한 변수들을 모두 목록으로 제시했고 이상값을 배제하지 않았으며 분석이 탐험적 속성을 가지고 있음을 분명하게 밝혔다. 그런데 이 장을 올슨 교수에게 보여 줬더니 그는 이렇게 말했다. "2018년에 2009년에 나온 논문을 읽으니까 정말 재미있군요. 요즘 내가 지도하는 학생들은 모두 자신의 가설, 표본 크기 등을 빠짐없이 미리 등록해요. 그동안 우리가 참 많이 배우고 성장했다는 생각이 드네요!"

이렇게 함으로써 성문으로 밀려들어 오는 야만인의 속도를 늦출 수 있다. 하지만 그래도 이미 들어와 있는 야만인은 여전히 문제로 남는다. 이들을 확인하는 방법은 한 가지밖에 없다. 실험을 재현해 보는 것이다.

1000명이 동전 던지기 열 번의 결과를 예측한다고 하자. 분명 그중에 한 명 정도는 열 번의 결과를 모두 정확히 맞힐 가능성이 높다. 그러면 새로 찾아낸 이 초능력자와 기념 셀프 카메라를 찍기 전에 먼저 이 실험을 재현해 봐야 한다. 그 사람에게 다시 한번 동전 던지기 열 번의 결과를 예측해 보라고 하자. (또 성공하면 다시, 그것도 성공하면 또다시.) 진짜 초능력자라면 여기서도 성공해야 한다. 어쩌다 운이 좋아 맞춘 거라면 보통 사람과 비슷한 결과로 돌아갈 것이다.

긍정적인 결과들은 모두 마찬가지다. 어떤 연구 결과가 참이라면 그 실험을 다시 진행했을 때 일반적으로 같은 결과가 나와야 한다. *거기서 거짓으로 나오면 이 연구 결과는 신기루처럼 사라지고 만다.*

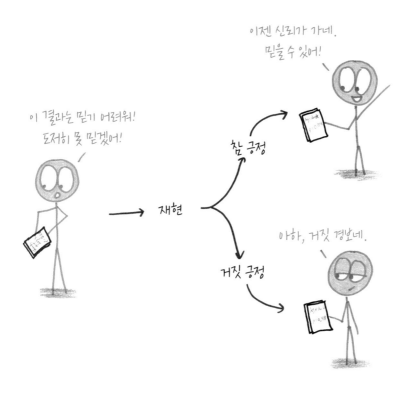

실험 재현은 느리고 따분한 일이다. 시간과 돈은 많이 들어가는데 새롭고 혁신적인 것은 아무것도 나오지 않는다. 하지만 심리학에서는 이것이 얼마나 중요한지 알고 그 악마와 마주하기 시작했다. 2015년에 발표된 어느 주목할 만한 프로젝트에서는 100개의 심리학 연구를 조심스럽게 재현해 보았다.[180] 그리고 100개 가운데 예순한 개가 재현에 실패했다는 연구 결과가 헤드라인을 장식했다.

나는 이 암울한 뉴스에서 발전을 보았다. 학계가 정신을 차리고 자신의 모습을 거울에 비춰 보며 진실을 고백하고 있다. 비록 추악한 진실이라도 말이다. 이제 사회 심리학자들은 의학 같은 다른 분야도 자신들이 가고 있는 길을 따라오기를 바라고 있다.

과학은 결코 절대적 확실성이나 슈퍼맨 같은 완벽함으로 정의되었던 적이 없다. 과학에서는 언제나 건강한 회의주의 시각에서 모든 가설을 검증하는 것이 가장 중요했다. 이런 싸움에서 통계학은 없어서는 안 될 동맹이다. 통계학이 과학을 벼랑 끝으로 몰고 가는 데 한몫했던 것은 사실이지만 과학을 다시 제자리로 돌려보내는 데도 한몫하리라는 점 역시 분명하다.

## 제19장

# 득점판 전쟁

### 측정이 측정만은 아니다?

아마도 나는 20대에 수업을 5000번은 한 것 같다. 그중에서 다른 어른이 수업을 참관하러 온 경우는 열다섯 번을 넘지 않는다. 지금은 '학교 책무성'school accountability의 시대인데도 교실은 별로 알려지지 않은 어둑한 곳으로 남아 있다. 나는 정치인과 외부인이 왜 기를 쓰고 교실 안을 들여다보려고 하는지 이해한다. 그리고 그들이 학교가 내부적으로 어떻게 돌아가는지 이해하려 하고 거기에 영향을 미치려 애쓰는 모습을 그들의 눈으로 바라보는 것이 참 흥미롭다.

## 1. 미국 최고의 교사

1982년에 제이 매슈스Jay Mathews는 〈워싱턴 포스트〉 로스앤젤레스 지국장이었다.[181] 이론적으로 이것은 그가 미국 서부에서 가장 큰 사건들을 다룬다는 의미였다.

그런데 실제로는 고등학교 미적분 수업을 파헤치게 됐다.

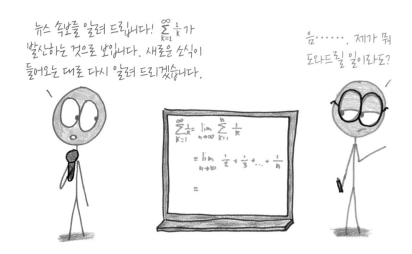

매슈스는 매일같이 로스앤젤레스 동부에 위치한 제이미 에스칼란테Jaime Escalante 교사의 교실에 들르지 않을 수 없었다. 이 볼리비아 이민자에게는 그를 끌어당기는 힘이 있었다. 에스칼란테는 인격 모독 코미디insult comedy, 엄한 사랑, 스페인식 캐치프레이즈, 학생들에 대한 끝없는 기대 등을 섞어 가며 가필드 고등학교Garfield High School 학생들이 대학 과목 선이수제AP, Advanced Placement 미적분학 시험에서 전례 없는 좋은 성적을 받도록 도왔다. 이 학생들은 부유한 집안 출신도, 특권층도 아니었다. 매슈스가 설문 조사를 진행한 학생 109명 가운데 고등학교를 졸업한 부모의 자식은 서른다섯 명밖에 안 됐다. 그런데 미국에서 가장 까다롭다는 과목에서 이 학생들이 우수한 성적을 올린 것이다. 1987년에는 미국 전체에서 AP 미적분학 시험을 통과한 멕시코계 미국인 가운데 4분의 1 이상이 이 학교에서 나왔다. 1988년에는 에스칼란테가 미국에서 가장 유명한 교사가 됐다. 조지 부시Geoge H. W. Bush가 대선 후보 토론회에서 이름을 언급했고 에드워드 제임스 올모스Edward James Olmos가 출연한 영화 〈스탠드 업〉Stand and Deliver에서 그의 이야기를 다루기도 했고(올모스는 이 연기로 아카데미상 후보에 올랐다.) 매슈스가 그의 이야기를 《에스칼란테, 미국 최고의 교사》Escalante: The Best Teacher in America라는 책으로 펴내기도 했다.

매슈스는 에스칼란테에게서 몫의 규칙quotient rule 말고 다른 것도 배웠다. 학생들을 압박하면 뛰어난 성적을 올린다는 것이었다. 도전 의식을 북돋우는 수업이야말로 좋은 수업이었다. 그래서 이것을 기준으로 학교들을 비교해 보고 싶은 마음에 통계 자료를 찾아 나섰다. 사회 경제적 지위나 인구 통계학과 상관없이 학생들에게 가장 강력하게 도전 의식을 북돋는 학교는 어디인가?

그는 'AP 평균 점수'에는 고개를 저었다. 이 통계 자료를 이용하면 AP 시험을 소수 상위권 학생에게만 허용하고 대다수 일반 학생의 시험 기회는 박탈해 버리는 학교에 초점을 맞추게 된다고 믿었다. 매슈스는 학교에서 학생들을 지적 도전의 기회로부터 차단하는 것이 너무도 이상하고 왜곡된 일이라고 생각했다. 그는 AP 프로그램이 학생들을 얼마나 배제하는지가 아니라 그 프로그램이 학생들에게 얼마나 폭넓은 기회를 제공하는지 측정하고 싶었다.

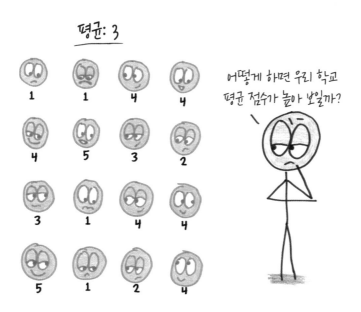

평균: 4.5

흐흐······ 안녕하세.

그는 '통과한 AP 시험의 평균 숫자'도 세고 싶지 않았다. 그가 보기에 이 수치는 사회 경제적 지위와 상관관계가 있었다. AP 수업의 목적은 시험 통과 여부에 상관없이 이 수업을 들은 학생이 듣기 전보다 대학 수업에 더 잘 적응할 수 있도록 준비시켜 주는 것이었다. 점수보다는 경험이 훨씬 중요했다.

결국 매슈스는 훨씬 단순한 수치를 선택했다. 졸업하는 학생당 치른 AP 시험(그리고 다른 대학 수준 시험)의 숫자였다. 점수는 상관없었다. 그냥 시험 응시 여부만 따졌다. 그는 이것을 도전 지표Challenge Index라고 불렀다. 그리하여 1998년에《뉴스위크》에 상위권 학교의 목록이 실렸고 2000년에 다시, 그리고 2003년에 또다시 게재되었다. 이번에는 아예 표제 기사로 실렸다.

시작부터 이 순위 매기기는 논란을 일으켰다. 어느《뉴스위크》독자는 이 것을 '순 엉터리'라고 불렀다.[182] 어느 교육학 교수는 이 목록을 보고 수천 개 학교에 왜 이런 모진 짓을 하느냐고 지적하면서, 이 학교들에서 헌신적인 교사들이 수백만 명을 대상으로 도전적이고 적절한 교육을 제공하기 위해 매일같이 고생하고 있는데도 그 학생들을 AP나 국제 바칼로레아IB, International Baccalaureate 수업에서 볼 수 없는 데는 그럴 만한 여러 가지 이유가 있다고 주장했다.

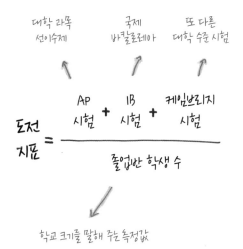

도전
지표 =
$$\frac{\text{AP 시험} + \text{IB 시험} + \text{케임브리지 시험}}{\text{졸업반 학생 수}}$$

대학 과목 선이수제 → AP 시험

국제 바칼로레아 → IB 시험

또 다른 대학 수준 시험 → 케임브리지 시험

학교 크기를 말해 주는 측정값

그렇게 20년이 지났다. 이 목록은 지금도 〈워싱턴 포스트〉에 매년 올라오고 매슈스는 자신의 방식을 고수하고 있다. 그는 다음과 같이 적었다. "내가 이렇게 순위를 매기는 이유는 사람들이 이 목록에 대해 논쟁하고,[183] 그 과정에서 이 논쟁이 불러일으키는 사회적 이슈에 대해 생각해 보기를 바라기 때문이다."

너무 순진하게 이 말에 넘어가는 게 아닌가 싶기는 하지만 나는 기꺼이 그 미끼를 물려고 한다. 나는 도전 지표가 심오한 질문을 제시하고 있다고 생각한다. 이것은 그냥 우리 교육에서 가장 중요한 것이 무엇인가에 관한 질문이 아니라 뒤죽박죽 뒤엉킨 다면적 세상을 수량화하려는 노력이 과연 정당한가 하는 질문도 던지고 있다. 복잡한 측정값을 이용해야 할까, 단순한 측정값을 이용해야 할까? 정교함sophistication과 명료함transparency이 균형을 이루는 지점은 어디일까? 그리고 제일 중요한 부분은 따로 있다. 과연 도전 지표 같은 통계 자료는 세상을 있는 그대로 측정하려는 시도일까, 아니면 세상을 바꾸려는 시도일까?

# 2. 나쁜 지표 호러 쇼

인생에는 두 종류의 사람이 있다. 조잡하게 둘로 나누기를 좋아하는 사람과 그렇지 않은 사람. 나는 전자에 해당하는 사람임을 이미 밝혔으니 내가 유용하다고 생각하는 통계적 구분법을 하나 소개하겠다. **창문 대 득점판**이다.

 '창문'은 현실을 엿볼 수 있게 해 주는 숫자를 가리킨다. 이것은 어떤 장려책으로 이어지지 않는다. 갈채를 이끌어 내지도 못하고 처벌을 받게 하지도 못한다. 이것은 거칠고 부분적이고 불완전하지만 그래도 호기심 많은 관찰자에게는 유용하다. 심리학자가 실험 참가자들에게 행복도를 1점에서 10점 사이 점수로 표현해 달라고 하는 경우를 상상해 보자. 여기서 나온 수치는 조잡한 단순화에 불과하다. 이 수치가 정말로 행복이라 믿는 사람은 '1'이라고 답한 가장 절망적인 사람밖에 없을 것이다.

 아니면 당신이 전 세계를 대상으로 건강을 연구하는 사람이라고 해 보자. 한 나라에 사는 모든 사람의 육체적, 정신적 행복을 수량화하는 것은 불가능하다. 그 대신 당신은 기대 수명, 어린 시절의 가난, 1인당 팝타르트Pop-Tarts(켈로그에서 나오는 시리얼 종류 — 옮긴이) 소비량 등의 요약 통계를 살펴본다. 이것은 온전한 현실을 반영하지는 않지만 그래도 현실을 들여다볼 수 있는 소중한 창문이다.

모든 것을
보여 주지는 않는다.

그래도 막힌 벽보다는
훨씬 낫다.

두 번째 측정법은 '득점판'이다. 이것은 확실하고 최종적인 결과를 보고한다. 그냥 무심하게 관찰한 내용이 아니라 요약해서 판단을 내리는 것이다. 이것은 일종의 장려책이라 영향력이 있다.

야구 경기 득점을 생각해 보자. 물론 가끔 약팀이 강팀을 이기기도 한다. 하지만 득점을 두고 '팀의 질을 평가하기에는 결함이 있는 값'이라고 하면 사람들이 눈을 흘길 것이나. 팀의 실을 입증하려고 득점을 기록하는 것이 아니다. 더 높은 득점을 올리기 위해 팀의 질을 향상하는 것이다. 득점판은 대략적인 측정값이 아니라 누구나 바라 마지않는 결과 그 자체다.

아니면 판매원의 총수익을 생각해 보자. 이 수치가 높을수록 당신은 일을 잘한 것이다. 그걸로 끝이다.

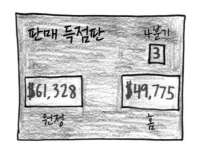

하나의 통계치는 누가 보느냐에 따라 창문으로도 득점판으로도 작동할 수 있다. 교사로서 나는 시험 성적을 창문이라 생각한다. 이 점수는 진실을 가리키지만 결코 수학적 능력(융통성, 독창성, 사인sine/코사인cosine 말장난에 대한 애정 등등)을 총체적으로 포착하지 못한다. 하지만 학생들 입장에서 시험 점수는 득점판이다. 이것은 모호한 장기적 결과를 말해 주는 잡음 섞인 지표가 아니다. 그 자체로 결과다.

통계학자들이 만들어 내는 창문은 중요한 역할을 하고 있지만 그들이 만드는 득점판은 제대로 기능하지 못하고 있다. 예를 들어 영국 구급차 이야기를 살펴보자.[184] 1990년대 말에 영국 정부는 '즉각적으로 생명이 위험한 상태'에서 이루어진 호출에 긴급 의료원paramedic이 8분 내로 도착한 횟수의 백분율이라는, 아주 분명한 측정법을 도입했다. 그리고 그 목표를 75퍼센트로 잡았다.

이 통계치는 창문으로서는 훌륭했다. 하지만 득점판으로서는 끔찍했다.

첫째, 데이터 조작이 일어났다. 기록을 살펴보면 7분 59초에 대응한 경우는 엄청 많았지만 8분 1초에 대응한 경우는 거의 없었다. 게다가 이상한 행동을 장려하는 부작용도 낳았다. 목표 시간 8분에 맞추려고 꽉 막힌 길에 구급차를 아예 버리고 자전거를 타고 간 대원도 있었다. 내 생각에는 특수 설계된 환자 수송 트럭이 9분 안에 도착하는 편이 자전거를 타고 8분 안에 도착하는 것보다 더 낫지 않나 싶은데 이 득점판은 생각이 달랐다.

이번에는 이 주제의 이해를 돕기 위해 '나쁜 지표 호러 쇼'라는 시리즈 이야기를 해 볼까 한다.

## 클릭 수

# 호출 응답 시간

이제 고객 불만 상담 가운데 90퍼센트가 45초 이내로 처리되고 있어!

우리는 분명 전국에서 가장 효율적인 콜센터야!

어라, 45초네······. '감사합니다. 이상으로 상담을 마치겠습니다. 영원히 안녕!'

---

# 가난의 정의

약속대로 정부가 가난을 완전히 종식시켰어.

그렇지. 이 지역에 이제 가난은 없어.

공식적으로 '가난'을 '귀리죽을 먹고 런던 사투리를 쓰는 음악적 재능이 있는 고아의 상태'라고 재정의해서 그런 거잖아!

# 학생의 성적 향상

학생들 성적이 예비 시험에서
사후 시험으로 가면서 극적으로 올랐어.

우와! 그 사이에 엄청
잘 가르쳤나 보네!

예비
사후

## 예비 시험

이름: ————

1. 신의 본질은
무엇인가?

끝

## 사후 시험

이름: ————

1. 본인 이름의
글자 수는?

끝

---

# 영양

왜요? 세상에서 제일 건강한 간식인데!
트랜스 지방이 제로예요!

설탕

# 판매 수익

이것 좀 봐! 이번 달 판매 수익이 어마어마하게 올랐어!

그건 우리 기술자들을 은색으로 칠한 다음에 '최고급 가정용 로봇'이라고 노예로 팔아서 그런 거 아닌가요?

그러니까 기술자들이 애초에 가정용 로봇을 제대로 만들었으면 그럴 필요 없었잖아.

그냥 돈을 제대로 받았나 궁금해서······.

살려 주세요.

# 대학 순위

축하해! 너희 대학교가
객관적으로 전국 최고가 됐어!

우리가 가르치는 걸 못 봐서 그런 소리가 나오지.
그 점수는 돈 많은 동문회에서 기숙사 방마다
아이스크림 기계를 사 줘서 나온 거야.

그렇지.
우리는 아이스크림처럼
명백한 기준을 좋아하거든.

---

# 고용 관행

그러니까······ 지금부터는
제가 상자 안에 있다고
상상하세요.

왜 이런 끔찍한
무언극 배우를 고용했어?

저도 놀랐어요.
전화 면접에서는
아주 괜찮았거든요.

# 생존율

걱정 마. 이 의사는 생존율 99퍼센트래. 안심해도 돼.

지난 10년 동안 발가락 다친 사람만 전문으로 봤거든. 그동안 사망자는 세 명밖에 없어.

---

# 교사의 부가 가치[185]

미안하지만 자네는 형편없는 교사야.

하지만…… 왜요? 기준이 뭔데요?

자네 1반 학생들이 올해 시험에서 받은 점수를 작년 시험에서 똑같은 점수를 받은 전국의 모든 학생과 비교해 백분위로 계산한 다음 반 전체 평균을 내 봤더니 점수가 낮게 나왔어.

수학적 의미? 그걸 내가 어떻게 알아! 현실적 의미? 자네는 해고야!

하지만…… 그게 대체 무슨 의미인데요?

다시 매슈스와 《뉴스위크》 얘기로 돌아가 자연스럽게 나오는 질문과 마주하고자 한다. 도전 지표는 어떤 종류의 측정법일까?

## 3. 창문인가, 득점판인가?

매슈스는 1998년에 이 지표를 처음 소개하면서 이렇게 적었다.

> 거의 모든 교육 전문가[186]는 학교에 등급을 매기는 행위는 역효과를 낳고 비과학적이고 마음에 상처를 주는 옳지 못한 일이라 말할 것이다. 그런 평가를 내릴 때 사용하는 기준들이 모두 편협하고 왜곡될 수밖에 없다고 말이다. (……) 이런 주장들을 모두 인정한다. 하지만 한 명의 기자이자 부모로서 환경에 따른 한계는 있을지언정 등급 매기기 시스템 자체는 유용하다고 생각한다.

여기서 핵심은 '한계'다. 학교는 생태계나 막장 아침 드라마처럼 환원 불가능한 수준의 복잡성을 특징으로 한다. 이런 복잡한 작동 방식을 하나의 지표에 담으려 할 때는 두 가지 기본 옵션이 있다. (1) 수많은 변수를 합쳐서 하나의 복잡한 종합 점수를 만든다. 또는 (2) 그냥 명확하고 이해하기 쉬운 변수 하나만 선택한다.

내가 미국에 사는 네안데르탈인이다 보니 미식축구가 떠오른다. 쿼터백의 성적을 측정하는 단순한 방법은 컴플리션completion(미식축구에서 쿼터백이 전방을 향해 성공한 패스 — 옮긴이) 비율을 재는 것이다. 그가 던진 패스 가운데 리시버가 잡는 데 성공한 것은 몇 개인가? 대부분의 시즌에서 리그 선두권 선수들은 70퍼센트 근처로 나온다. 리그 전체 평균은 60퍼센트 가깝게 나온다.

많은 창문과 마찬가지로 컴플리션 비율은 '단순함'과 '지나친 단순함' 사이에 걸쳐 있다. 이것은 보수적인 5야드(약 4.5미터) 패스와 게임의 승패를 좌우하는 50야드(약 45미터) 패스를 똑같이 '잡았다고' 친다. 그리고 잡지 못하고 떨어뜨리는 바람에 약간의 실망을 안긴 패스 실패와 가로채기interception 당해서 뺏긴 재앙과도 같은 패스 실패를 똑같이 '잡지 못했다고' 친다. 물론 모든 통계치에는 결점이 있지만 적어도 이 결점은 명료하기라도 하다. '컴플리션 비율'을 거짓 홍보라고 비난할 수는 없다.

스펙트럼의 반대쪽에는 '패서 레이팅'passer rating[187]이 있다. 프랑켄슈타인처럼 누덕누덕 꿰매 놓은 이 아찔한 통계치는 패스 시도 횟수, 컴플리션, 야드, 터치다운, 가로채기 등을 모두 포함하며, 최소 0점에서 최대 158⅓점까지 나올 수 있다. 이 수치는 팀 승리와 긴밀한 상관관계가 있는데 나는 지금까지 이 수치를 어떻게 계산하는지, 이 수치의 맹점이 무엇인지 이해한다고 하는 사람을 한 명도 만나 보지 못했다.

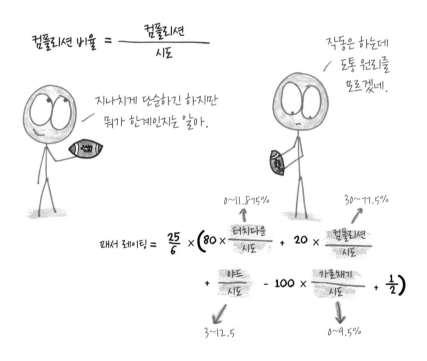

정교함이냐 명료함이냐, 패서 레이팅이냐 컴플리션 비율이냐, 이 사이에서 타협해야 한다. 내가 보기에 매슈스는 분명 '컴플리션 비율' 쪽 사람이다. 2009년 《뉴스위크》에 순위 목록을 소개하면서 그는 이렇게 적었다.

> 이것의 장점 중 하나는 기준의 종류가 제한되어 있다는 것이다.[188] 학교의 도전 지표를 산출하는 간단한 산수는 누구든 이해할 수 있고 그에 관해 지적으로 논의할 수 있다. 반면 U.S. 뉴스 월드 리포트에서 발표하는 '미국 최고 대학' America's Best Colleges 같은 순위 목록은 너무 많은 요소가 포함되어 있어 나는 도통 이해할 수가 없다.

이 모든 것을 고려해 보면 그의 도전 지표는 대략적인 측정값이라 할 수 있다. 아무것도 측정하지 않는 것보다는 낫고, 자신의 불완전성을 솔직히 드러낸다는 점에서는 훨씬 더 낫다. 정직한 창문인 셈이다.

하지만 통계치를 '미국 최고의 고등학교'라는 표제 기사로 전국 단위 시사 잡지에 발표한다면? 그 순간 그 통계는 득점판의 성격을 띤다.

2002년에 미국 국립 연구 회의 National Research Council 는 이렇게 적었다. "이 순위 목록은 그 자체로 생명력을 얻었다.[189] 이제는 이 목록에서 100위에 들어가는 것이 너무도 중요해져서 여기에 포함되지 못한 일부 경쟁심이 강한 학교에서는 홈페이지에 그 사유를 따로 고지하기까지 한다."

위스콘신 밀워키의 한 교사는 이렇게 말했다. "대부분은 부모들 때문에 시끄러워진다.[190] AP 수업을 더 많이 하면 《뉴스위크》 순위 목록 100위 안에 들지도 모르고, 그러면 지역에서 학교의 입지가 올라갈 테니까."

나쁜 득점판을 가려내는 특징 가운데 하나는 경쟁으로 변질되기 쉬운가 하는 점이다. 도전 지표의 경우 학교에서 학생들에게 AP 수업을 듣도록 압박을 가할 수 있다. 매슈스의 〈워싱턴 포스트〉 동료 밸러리 슈트라우스 Valerie

Strauss는 이렇게 적었다. "이 지표는 오로지 AP 시험에 응시한 학생 수만 고려하지[191] 실제 성적은 고려하지 않기 때문에 학교는 최대한 많은 학생을 시험의 파이프라인으로 내몰려고 한다."

분수 계산에 또 다른 문제점이 있다. 편의를 위해 매슈스는 분모에 '전체 학생 수'가 아니라 '졸업반 학생 수'를 썼다. 모든 학생이 4년 만에 졸업한다고 가정하면 계산은 똑같아진다. 하지만 중퇴율이 높은 학교는 왜곡된 형태의 보상을 받게 된다. 학생 세 명이 각각 AP 시험을 치렀는데 두 명이 중퇴할 경우 매슈스의 계산에 따르면 남은 한 명이 AP 시험을 세 번 치른 것으로 되기 때문이다.

그렇다면 여기서 도전 지표에 관한 이야기를 한 가지 말할 수 있겠다. 이것은 훌륭한 창문으로 시작했다. 시험에 통과한 학생 수가 아닌 시험에 응시한 학생 수를 고려함으로써 이 지표는 부와 특권을 넘어 과연 학교가 학생들에게 도전 의식을 북돋아 주고 있는가 하는 더욱 심오한 질문을 던졌다. 이 지표에는 결함이 없는가? 물론 있다. 가치는 있는가? 그렇다.

그러고 나서 이 지표는 몸집이 커졌다. 더 이상 '학생들의 도전 의식을 제일 잘 북돋아 주는' 학교를 찾아내려고 애쓰는 한 기자의 노력으로 남지 않았다. 이제 이것은 '최고의 학교'를 찾아 왕관을 씌워 주는 권위 있는 지표가 되었다. 이것이 비뚤어진 장려책으로 변질되어 기이한 결과를 만들어 내면서 좋은 창문은 결국 나쁜 득점판으로 바뀌고 말았다.

이쯤에서 이야기를 매듭짓고 미식축구 경기나 관람하거나 AP 시험 공부를 하러 갈 수도 있다. 하지만 그러면 가장 흥미로운 반전을 놓치고 만다. 매슈스가 벌이고 있는 이 게임의 진정한 본질을 말이다.

## 4. 서열 따지기 좋아하는 유인원

일반적으로 소비자들이 매기는 순위는 뭔가 선택하는 데 필요한 정보를 제공한다. 어떤 차를 살지, 어느 대학에 지원할지, 어떤 영화를 볼지 등등. 하지만 이런 논리를 전국 단위 고등학교 순위 매기기에도 그대로 적용할 수 있을지는 불분명하다. 《뉴스위크》에서 승인받은 학교를 찾아 플로리다에서 몬태나로 가족이 다 같이 이사를 가야 하나? 당신이라면 일리노이주 스프링필드와 매사추세츠주 스프링필드를 놓고 어디로 갈지 고민할 때 이런 통계를 참고하겠는가? 대체 이 지표는 누구를 위한 것인가?[192]

매슈스가 시인한 바에 따르면 아주 간단하다. 순위 매기기 자체를 위해서 순위를 매긴다.

그는 이렇게 말했다. "우리는 순위가 나열된 목록을 보면 보지 않고는 못 배긴다.[193] 자동차 목록이든 아이스크림 가게든 미식축구 팀이든 비료 살포기든 그것이 무엇의 목록인지는 중요하지 않다. 우리는 그저 누가 1등이고 누가 1등이 아닌지만 보려고 한다." 2017년에는 이렇게 적었다. "우리는 모두 서열 따지기에 끝없이 흥미를 느끼는 유인원이다."[194] 도전 지표는 이런 별난 영장류 심리학을 무기로, 학교들이 학생들의 도전 의식을 더욱 고취하도록 부추기는 것이 목적이다.

비평가들은 이 목록이 경쟁으로 변질되기 쉽다고 비판한다. 하지만 매슈스는 상관하지 않는다. 사실 그게 핵심이다. 시험에 응시하는 학생들이 많을수록 좋다. 이 경우는 학교에서 학생들을 재촉하고 회유하고 장려한다고 해서 부정행위를 하는 것이 아니다. 오히려 학생들을 공정하게 대하는 것이다. 그는 심지어 '최고'라는 제목을 좋아한다. 그는 〈뉴욕 타임스〉에 이 단어는 "우리 사회에서 아주 탄력적으로 사용되는 용어"[195]라고 말했다.

자신의 관점을 뒷받침하기 위해 매슈스는 2002년 텍사스주에서 30만 명이 넘는 학생을 대상으로 이루어진 연구를 즐겨 인용한다.[196] 연구자들이 SAT(한국의 대학 수학 능력 시험과 비슷한 표준 시험 — 옮긴이) 점수가 낮은 학생들을 집중 조사해 봤더니 AP 시험에서 2등급(불합격 등급)을 받은 학생들이 AP 시험을 아예 응시하지도 않았던 또래 학생들보다 나중에는 성적이 더 높았다. 시험에 통과하지 못했더라도 그런 노력 자체로 대학에서 성공하는 기틀이 다져지는 듯하다.[197]

이러면 이야기가 완전히 반전된다. 매슈스는 결함이 있는 창문이자 미국이 필요로 하는 득점판으로 도전 지표를 구상한 듯하다.

좋든 싫든 이 목록은 현실에 영향을 미쳤다. 매슈스는 항상 1,000을 기준선으로 잡았다. 졸업반 학생 한 명당 AP 시험에 응시하는 횟수가 한 번이라는 의미다. 1998년에는 미국 전체 고등학교 가운데 이 기준을 통과하는 곳이 1퍼센트에 불과했다. 2017년에는 그 비율이 12퍼센트에 달했다.[198] 매슈스가 미친 영향력의 진원지인 워싱턴 D.C.(어쨌든 그가 글을 올리는 매체가 〈워싱턴 포스트〉니까.)에서는 무려 70퍼센트가 넘는다.

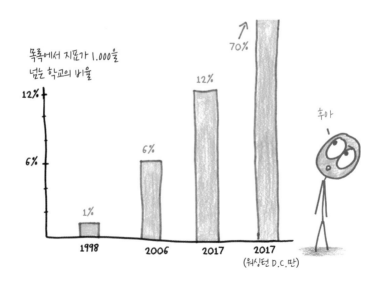

매슈스에게 도전 지표는 전혀 바뀔 기미가 보이지 않는 무기력한 현 상황에 대한 날카로운 공격이다. "부유한 집 아이들이 많은 학교는 좋은 학교이고[199] 가난한 집 아이들이 많은 학교는 나쁜 학교라는 건 나쁜 관점이다." 그는 저소득층 가정 학생으로 가득한 학교들이 높은 순위에 오른 것을 뿌듯해하며 이렇게 지적한다. 도전 지표 순위는 높지만 상당수 학생의 읽기 능력이 그 학년 수준에 못 미치는 플로리다 게인스빌의 이스트사이드 고등학교나 중퇴율이 우려스러울 정도로 높은 로스앤젤레스의 로크 고등학교 학생들은 대체 뭐냐고 이의를 제기하는 사람도 있다. 하지만 매슈스는 이런 학교들은 그런 어려움으로 비난을 들을 것이 아니라 그런 노력을 인정받을 자격이 있다는 말로 이런 반박을 일축한다.

모든 통계는 자신이 측정하려고 하는 세상에 대한 비전을 담고 있다. 도전 지표의 경우 그 비전에 제이미 에스칼란테에 대한 기억과 그의 접근 방식을 미국 전역으로 전파하려는 희망이 가미되어 있다. 매슈스의 통계에 대해 당신이 어떻게 생각할지는 결국 그의 비전을 어떻게 생각할 것인지 하는 문제로 귀결된다.[200]

## 제20장

# 책 파쇄기

도서관에서 살아 움직이는 야수가 있다. 디지털 인문학Digital Humanities 이라고 알려진 키메라(사자의 머리에 염소의 몸통, 뱀의 꼬리를 단 그리스 신화 속 괴물 — 옮긴이)다. 이 야수는 문학 비평가의 몸통에 통계학자의 머리, 스티븐 핑커Steven Pinker (하버드 대학교 심리학 교수 — 옮긴이)의 흐트러진 머리카락을 갖고 있다. 어떤 이는 어두운 동굴 속에 밝게 드리운 한 줄기 빛이라며 이 야수를 칭송한다. 어떤 이는 《보바리 부인》Madame Bovary 초판에 이빨을 박고 침을 흘리는 개라며 이 야수를 경멸한다. 이 야수가 대체 뭘 하길래?

간단하다. 책을 데이터 집합으로 바꿔 놓는다.

## 1. 생각건대 뭐 별일 있겠어?

2017년에 나는 벤 블랫Ben Blatt 의 유쾌한 책[201] 《나보코프가 가장 좋아하는 단어는 모브》Nabokov's Favourite Word is Mauve 를 읽었다. 이 책은 통계 기법을 이용해 위대한 문학 작가들을 분석한다. "사용을 삼가라"Use Sparingly는 제목이 붙은 1장에서는 글쓰기에 대해 조언할 때 약방의 감초처럼 나오는 말을 탐구한다. 이것은 '부사를 피하라'(부사 사용이 자연스러운 우리말과 달리 영어에서는 부사를 남발하는 문장을 좋지 않게 인식하는 편이다. — 옮긴이)는 조언이다. 예를 들면 스티븐 킹Stephen King은 부사를 잡초에 비교하며 이렇게 경고했다. "지옥으로 가는 길은 부사로 포장되어 있다."

그래서 블랫은 다양한 작가들의 작품에서 –ly(형용사를 부사로 만들어 주는 접미사 — 옮긴이)로 끝나는 부사('firmly'(확고히), 'furiously'(맹렬히) 등)의 발생 빈도를 세어 봤다. 그 결과 아래와 같은 내용을 발견했다.

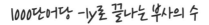

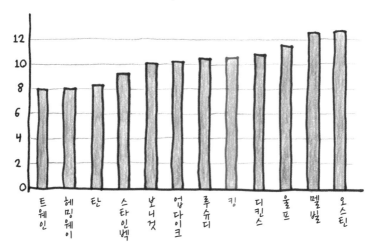

1000단어당 –ly로 끝나는 부사의 수

가장 문장력이 뛰어난 소설가 중 하나로 인정받는 오스틴이 부사를 즐겨 사용한 것을 보면 앞서 나온 조언을 반박할 수 있을 것 같다. 하지만 여기서 블랫은 재미있는 패턴을 지적한다. 한 작가의 작품 전체를 놓고 봤을 때 제일 위대한 소설[202]은 부사를 제일 적게 사용한 경우가 많았다.

(소설의 '위대성'을 어떻게 측정했는지는 주석을 참조하라.)

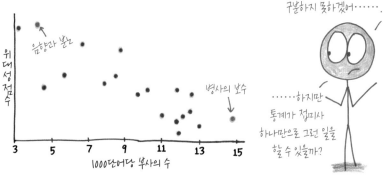

포크너의 소설들

포크너의 소설을 읽으며 한 학기를 보냈지만 아직 횡설수설하는 말과 천재적인 표현을 구분하지 못하겠어……

위대성점수

음향과 분노

병사의 보수

1000단어당 부사의 수

……하지만 통계가 접미사 하나만으로 그런 일을 할 수 있을까?

F. 스콧 피츠제럴드F. Scott Fitzgerald 작품 가운데 부사가 가장 적게 나오는 소설은? 《위대한 개츠비》Great Gatsby. 토니 모리슨Toni Morrison 은? 《빌러비드》Beloved. 찰스 디킨스는? 《두 도시 이야기》A Tale of Two Cities, 그리고 《위대한 유산》Great Expectations 이 그 뒤를 따른다. 물론 예외도 있었다. 나보코프의 부사 사용 빈도는 그의 대표작이라 할 수 있는 《롤리타》Lolita 에서 정점을 찍는다. 하지만 이런 경향만큼은 분명하게 관찰된다. 부사를 적게 쓸수록 더욱 명료하고 강력한 글이 나온다. 부사를 많이 사용한다는 것은 이류 작품일 가능성을 암시한다.

어느 날 대학에서 있었던 일이 떠올랐다. 룸메이트였던 닐레시가 웃으면서 이렇게 말했다. "너 그거 알아? 네가 '생각건대'conceivably 라는 말을 얼마나 자주 쓰는지. 너 하면 떠오르는 말이 그거야."

그 순간 나는 얼어붙고 말았다. 그리고 곰곰이 생각해 봤다. 그 순간 '생각건대'라는 단어가 내 사전에서 지워졌다.

원래의 편안한 상태에서
쓰는 언어

통계라는 현미경 아래에서
쓰는 언어

재치와 매력뿐만 아니라 나의
자기 지시성self-referentiality으로도
너를 황홀하게 만들어 주지.
이 자기 지시성이야말로
나의 탁월한 언어 구사 능력을 말해 주는
징표라 할 수 있거든.

VS.

내가…… 어……
그러니까…… 어……
내 말은……

널레시는 그 단어를 못 듣게 된 것을 몇 달 동안 아쉬워했고 그동안 나는 두 친구, 즉 그 단어와 룸메이트를 동시에 배신했다는 죄책감과 싸워야 했다. 그 죄책감을 피할 수 없었다. 내 머릿속에 들어 있는 유령, 의미를 단어로 바꾸는 그 유령은 본능에 충실하며 음지에서 활발하게 일한다. 하지만 내가 특정 단어 선택에 주의를 기울이는 순간 그 유령은 놀라서 숨어 버린다.

블랫의 통계를 접하자 다시 그런 일이 일어났다. 부사 편집증이 생긴 것이다. 그 후로 나는 끝없이 도망 다니는 탈주차처럼 글을 써 왔다. 그 망할 −ly가 마치 잠든 내 입속으로 기어 들어오는 거미처럼 내 문장에 숨어들까 봐 겁났기 때문이다. 나는 이것이 부자연스럽고 인위적인 언어 접근법임을 깨달았다. 말할 것도 없이, 상관관계는 곧 인과 관계라고 생각하는 순진한 통계학 접근법이었다. 하지만 어쩔 수 없었다. 간단히 말하면 이것이 바로 디지털 인문학의 약속이자 위험이었다.

단어의 집합으로 바라보면 문학은 놀라울 정도로 풍부한 데이터 집합이다. 하지만 단어의 집합으로 보는 순간, 문학은 더 이상 문학이 아니다.

통계학은 맥락을 걷어 내는 방식으로 작동한다. 통계학에서는 통찰에 대한 추구가 의미를 소멸하는 데서 시작한다. 통계학을 사랑하는 사람으로서는 이런 방식에 끌리지만, 책을 사랑하는 사람으로서는 주춤할 수밖에 없다. 문학의 풍부한 맥락과 통계학의 냉정한 분석 능력이 평화롭게 공존할 수는 없을까? 아니면 내가 가끔 두려워하듯이 이 둘은 타고난 천적인가?

## 2. 통계학자는 해방자로 환영받을 것이다

2010년에 (장 바티스트 미셸Jean-Baptiste Michel과 에레즈 리버만 에이든Erez Lieberman Aiden이 이끄는) 과학자 열네 명이 〈수백만 권의 디지털 서적을 이용한 문화의 정량 분석〉Quantitative Analysis of Culture Using Millions of Digitized Books이라는 블록버스터급 연구 논문[203]을 발표했다. 이 논문의 첫 문장을 읽을 때마다 이렇게 나지막이 속삭이지 않을 수 없다. 빌어먹을. 이 논문은 이렇게 시작한다. "우리는 디지털화된 텍스트로 말뭉치corpus(언어 연구를 위해 텍스트를 컴퓨터가 읽을 수 있는 형태로 모아 놓은 언어 자료 — 옮긴이)를 구축했다. 이 안에는 지금까지 인쇄된 모든 책의 4퍼센트 정도가 담겨 있다."

빌어먹을.

모든 통계 프로젝트가 그렇듯 이것 역시 공격적인 단순화가 필요하다. 저자들이 처음 한 일은 총 500만 권, 총 5000억 단어에 해당하는 데이터 집합 전체를 그들이 '1-그램'1-gram이라고 부르는 것으로 분해한 것이었다. 이들은 이렇게 설명했다. "1-그램은 공백이 사이에 끼어들지 않은 문자열을 말한다. 여기에는 'banana'(바나나), 'SCUBA'(스쿠버) 등도 포함되지만 '3.14159' 같은 수나 'excesss'(excess의 오자) 같은 오자도 들어간다.

문장, 문단, 주제문 등은 모두 사라지고 오직 텍스트의 토막만 남는다.

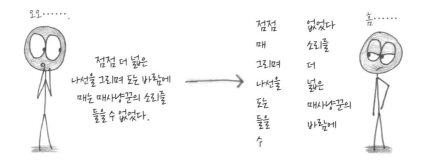

자기네 데이터의 심도를 입증하기 위해 저자들은 최소 10억 분의 1 빈도로 출현하는 모든 1-그램의 목록을 작성했다. 이들의 말뭉치로 20세기 초반, 중반, 후반을 들여다보면 언어가 양적으로 성장했음을 알 수 있다.

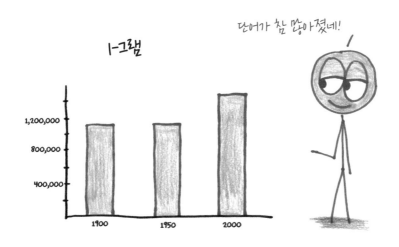

자세히 들여다봤더니 1900년 이후의 1-그램 가운데 수, 오자, 약자 등이 아닌 실제 단어는 절반 미만으로 밝혀진 반면, 2000년 이후에는 그런 단어가 3분의 2 이상이었다. 표본에서 직접 세어 본 결과를 바탕으로 저자들은 각각의 해에 사용된 영어 단어의 총 숫자를 추정해 보았다.

그다음에는 이 1-그램들을 유명한 사전 두 종과 비교해 봤더니 사전 편찬자들이 언어의 양적 성장을 따라가기 위해 고군분투하는 흐름이 보였다. 특히 사전은 드물게 등장하는 1-그램들을 대부분 놓치고 있었다.

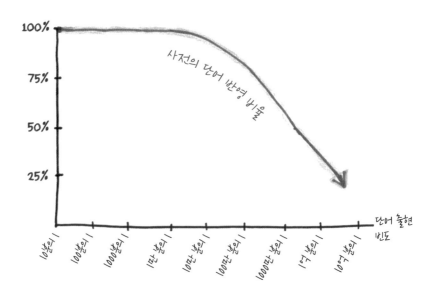

내가 책을 읽다가 사전에 안 나오는 단어를 접하는 경우는 많지 않다. 그것은…… 음…… 그런 단어는 드물기 때문이다.(책을 많이 읽지 않아서가 아니라!) 하지만 언어에는 1억 분의 1 빈도로 드물게 등장하는 침묵의 단어들이 어마어마하게 많다. 전체적으로 저자들은 이렇게 추정했다. "영어 어휘의 52퍼센트(영어 책에서 사용되는 단어들의 과반수)는 표준 참고 문헌에는 등록되지 않은 어휘의 '암흑 물질'dark matter로 이루어져 있다." 사전들은 그저 수박 겉핥기식으로만 단어들을 담고 있을 뿐 '슬렌템'Slenthem(인도네시아 자바섬에 있는 저음역대의 선율 타악기. 악기가 보석처럼 화려하게 장식되어 있다. — 옮긴이) 같은 보석 같은 단어들은 놓치고 있다.

이 연구자들에게 어휘의 동굴 탐험은 그저 몸풀기였다. 저자들은 이어서 문법의 진화, 명성의 궤적, 검열의 흔적, 역사적 기억의 변화 패턴 등을 조사했다. 이들은 주로 잘 고른 1-그램의 빈도를 추적하는 방법으로 불과 열 장 남짓한 분량 안에 모든 조사 결과를 담아냈다.

이 논문은 입이 떡 벌어질 만한 결과를 내놓았다. 이 논문이 얼마나 중요한지 알아차린 과학 학술지 《사이언스》는 이 논문을 모두에게 무료로 공개했다. 〈뉴욕 타임스〉는 '문화를 바라보는 새로운 창'[204]이 열렸다고 선언했다.

문학 연구자들은 '정본'canon만을 연구하는 경향이 있다. 소수 엘리트 작가만을 대상으로 심도 있고 집중적인 분석이 이루어지는 이유다. 모리슨. 조이스. 조이스의 타자기 위에 앉아 《피네간의 경야》Finnegans Wake라는 작품을 생산한 고양이 등. 하지만 이 논문은 또 다른 모형을 가리키고 있었다. 포괄적인 '말뭉치' 모형이다. 이 안에서는 유명한 작품부터 이름 없는 작품까지 수많은 책들이 모두 관심을 공유한다. 통계학은 문학적 과두정을 전복하고 문학적 민주주의를 이끌어 내는 데 기여할 수 있다.

이제는 자세히 읽기close reading 그리고 통계학, 정본 그리고 말뭉치 등 두 가지 접근 방식이 나란히 공존하지 못할 이유가 없다. 하지만 '정확한 측정'precise measurement [205] 같은 문구는 갈등의 여지를 남긴다. 문학의 의미가 '정확할' 수 있을까? 과연 그 의미를 '측정할' 수 있을까?

혹은 이 새롭고 강력한 도구가 망치로 두드릴 수 있는 못만 찾아 나서다가 행여 수량화하기 어려운 예술적 심오함으로부터 우리를 멀어지게 만들지는 않을까?

## 3. 이것은 여성이 쓴 문장이다 This sentence is written by a woman

나는 산문을 중성적인 존재로 생각하는 경향이 있다.

내 글은 바다수세미 같은 중성이고 버지니아 울프의 글은 은하계나 [206] 신의 계시 같은 중성이라고 말이다. 하지만《자기만의 방》A Room of One's Own 에서 버지니아 울프는 반대되는 관점을 취했다. 그녀는 1800년에 단언하기를 당시에 만연한 문체는 여성이 아니라 남성의 생각을 담기 위해 진화한 것이라고 했다.

산문 자체의 속도나 패턴에 성별 특유의 뭔가가 들어 있다는 것이다.

이런 개념이 몇 달 동안 머릿속에서 뒹굴던 중에 '애플 매직 소스' Apple magic Sauce [207] 라는 온라인 프로젝트를 우연히 접했다. 다양한 알고리즘적 재주 중에서, 이 프로젝트는 복사하고 붙여 넣기를 해서 가져온 글을 읽고 (대체 무슨 신비로운 분석 과정을 거치는지는 모르겠지만) 글쓴이의 성별을 예측할 수 있다고 했다.

나도 해 보지 않을 도리가 없었다.

| 내 블로그에서 발췌한 글 | 점수 | 내 감정 반응 | |
|---|---|---|---|
| 블로그 소개 페이지 | 여성성 90퍼센트 | 이상하게 무죄를 입증받은 기분 | <br>오, 예! |
| 제일 인기 있는 게시물 ('궁극의 틱택토') | 남성성 96퍼센트 | 왠지 모를 죄책감 |  |
| 처음 인기를 얻은 게시물 ('수학 못하는 사람의 기분') | 남성성 50퍼센트 여성성 50퍼센트 | 교사나 하기엔 너무 쿨한 거 아냐? |  |

나는 완전히 인터넷에 빠져서 2013년부터 2015년 사이에 올렸던 내 블로그 게시물 스물다섯 개[208]를 복사하고 붙여 넣기 하느라 한 시간을 보냈다. 거기서 나온 최종 결과는 이렇다.

## 내 블로그 성 감별

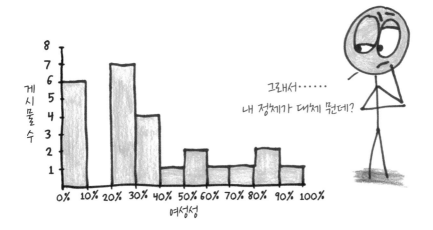

그래서……
내 정체가 대체 뭔데?

애플 매직 소스에서는 자기네 기술의 비밀을 공개하지 않기 때문에 나는 이 알고리즘이 대체 어떻게 작동하는지 알아내려고 여기저기 기웃거리기 시작했다. 내 문장들을 도표로 그려 봤나? 내 문장에 잠재하는 가부장적인 냄새를 맡았을까? 이것이 독서를 일종의 영혼 읽기로 승화시켜 버지니아 울프가 그랬으리라 상상하듯이 내 생각 속으로 몰래 침투해 들어왔나?

그렇지 않다. 단어 출현 빈도를 살펴봤을 가능성이 높다.

〈문서 텍스트를 작가의 성별로 자동 분류하기〉Automatically Categorizing Written Texts by Author Gender 라는 2001년 논문에서[209] 세 연구자는 몇 가지 표본 단어의 출현 빈도를 세서 남성 작가와 여성 작가를 정확도 80퍼센트로 가려 낼 수 있었다. 〈공식 문서 텍스트에 나타나는 성별, 장르 그리고 문체〉Gender, Genre, and Writing Style in Formal Written Texts 라는 제목으로 나중에 발표된 논문[210]에서는 이런 차이를 쉬운 말로 설명했다. 첫째, 남성은 명사 한정사를 더 많이 쓴다 ("an", "the", "some", "most" 등). 둘째, 여성은 대명사를 더 많이 쓴다("me", "himself", "out", "they" 등).

## 논픽션에 나타나는 단어 유형

|  | 대명사 | 명사 한정사 |
|---|---|---|
| 남성 | 2.8% | 12.5% |
| 여성 | 3.9% | 11.5% |

놀라운걸!

세상에!

심지어 특별할 것이 전혀 없는 "you"라는 한 단어의 출현 빈도만으로 저자 성별에 대한 단서를 얻을 수 있었다.

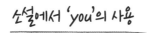

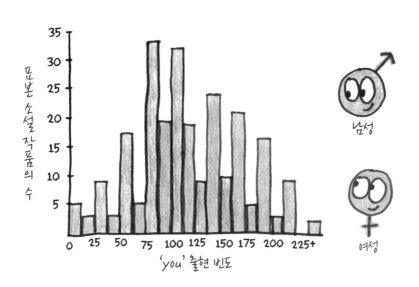

이 시스템이 얼마나 단순한지 생각하면 그 정확도가 더욱 인상적이다. 이 접근 방식은 모든 맥락, 모든 의미를 다 무시하고 오직 선택받은 몇 조각의 단어에만 초점을 맞춘다. 블랫이 지적한 대로[211] 이 시스템은 'This sentence is written by a woman.'(이것은 여성이 쓴 문장이다.)라는 문장을 남성이 썼을 가능성이 대단히 높다고 평가할 것이다. 만약 시야를 넓혀서 문법적 어휘 몇 개가 아니라 모든 단어를 포함하면 판에 박힌 결과가 나온다. 크라우드플라워CrowdFlower라는 데이터 회사[212]에서 알고리즘을 훈련시켜 트위터 계정 소유주의 성별을 추론하게 했더니 그 알고리즘은 다음과 같은 성별 예측 단어 목록을 내놓았다.

## 가장 남성적

wrestling (레슬링)
#thisiswhyweplay
(#이것이우리가플레이하는이유)
director (감독)
producing (연출)
blushing (부끄러움)
Martin (마틴)
notes (메모)
Celtic (켈트족)
Patrick (패트릭)
dad (아빠)

## 가장 여성적

♡
camgirl (캠걸)
makeup (화장)
hurry (서두르다)
actress (여배우)
communication (소통)
I (나)
mommy (엄마)
yours (네 거)
psych (심리)

《나보코프가 가장 좋아하는 단어는 모브》에서 벤 블랫은 고전 문학에서 가장 정확하게 성별을 암시해 주는 단어[213]를 찾아냈다.

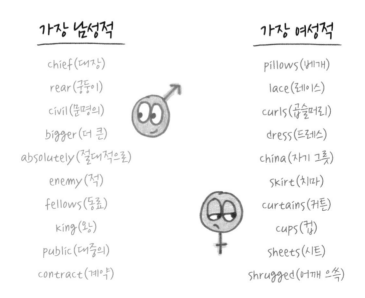

## 가장 남성적

chief (대장)
rear (궁둥이)
civil (문명의)
bigger (더 큰)
absolutely (절대적으로)
enemy (적)
fellows (동료)
king (왕)
public (대중의)
contract (계약)

## 가장 여성적

pillows (베개)
lace (레이스)
curls (곱슬머리)
dress (드레스)
china (자기 그릇)
skirt (치마)
curtains (커튼)
cups (컵)
sheets (시트)
shrugged (어깨 으쓱)

애플 매직 소스도 이런 단서들에 의존하는 것으로 보인다. 수학자 캐시 오닐 Cathy O'Neil[214]이 이 알고리즘에 남성이 패션에 대해 쓴 글을 적용해 봤더니 여성성 점수 99퍼센트가 나왔다. 여성이 수학에 관해 쓴 글을 확인해 봤더니 남성성 점수 99퍼센트가 나왔다. 캐시 오닐이 직접 쓴 글 세 편을 입력해 봤더니 남성성 99퍼센트, 94퍼센트, 99퍼센트가 나왔다. 그녀는 이렇게 적었다. "대량으로 검증해 본 것은 아니지만 나 같으면 이 모형이 글쓴이가 선택한 대상을 바탕으로 그 사람의 성을 판단하는 고정 관념을 나타내고 있다는 데 돈을 걸겠다."

이런 부정확성에도 불구하고 뭔가 오싹한 느낌이 가라앉지 않았다. 내 남성성이 내 사고에 워낙 만연하다 보니 알고리즘이 서로 중복되지 않는 두 가지 방식으로 그것을 감지할 수 있는 듯 보였다. 하나는 나의 대명사 사용 습관이고, 나머지는 내가 유클리드를 유난히 좋아한다는 점이다.

어떤 수준에서는 이것이 울프의 주장이 정당함을 입증하고 있음[215]을 안다. 그녀는 남자와 여자는 세상을 서로 다르게 경험하기 때문에 여자들에게 목소리를 부여하기 위한 투쟁이 문장 수준부터 시작되어야 한다고 믿었다. 대강의 통계도 이것을 입증한다. 여성은 남성과 다른 주제에 대해, 다른 방식으로 글을 쓴다.

그래도 나는 여전히 조금은 우울하다. 만약 울프의 글이 그녀의 여성성을 드러내고 있다면, 나는 그 여성성이 명사 한정사의 밀도가 낮다는 사실이 아니라 그녀의 지혜와 유머 감각에 들어 있다고 생각하고 싶다. 울프가 남성의 산문을 여성의 산문과 구분하는 것을 보면 신뢰할 수 있는 의사를 찾아간 기분이다. 하지만 알고리즘에게 그와 똑같은 일을 시키면 마치 공항에서 몸수색을 당하는 기분이다.

# 4. 건물, 벽돌, 회반죽

1787년에 집필된 《연방주의자 논문집》The Federalist Papers 은 미국의 통치 방식을 정의하는 데 도움이 되었다. 그 안에는 정치적 지혜, 기민한 논증, 시간을 초월하는 캐치프레이즈("격동과 논쟁이 어우러진 장관"spectacles of turbulence and contention 등)가 가득하다. 이런 글을 자기가 썼다고 이력서에 한 줄만 올리면 그것으로 어디든 바로 붙었을 것이다. 다만 문제가 하나 있다.

저자들이 이름을 적어 놓지 않았다.

역사가들은 초판에 실린 글 일흔일곱 편 가운데 마흔세 편은 알렉산더 해밀턴Alexander Hamilton, 열네 편은 제임스 매디슨James Madison, 다섯 편은 존 제이John Jay, 세 편은 공동 저작으로 파악할 수 있었다. 하지만 나머지 열두 편의 주인공은 수수께끼였다. 해밀턴의 글일까, 매디슨의 글일까? 거의 두 세기가 지나자 이 궁금증은 사람들 머릿속에서 사라져 버렸다.

그러다 1960년대에 통계학자 두 사람이 등장한다.[216] 프레더릭 모스텔러Frederick Mosteller 와 데이비드 월리스David Wallace 였다. 모스텔러와 월리스는 이게 얼마나 미묘한 문제인지 알아차렸다. 문장당 평균 단어 개수가 해밀턴은 34.55개이고 매디슨은 34.59개다. 두 사람은 이렇게 적었다. "일부 측정값에 관한 한 두 저자는 사실상 쌍둥이나 다름없었다." 그래서 이들은 까다로운 문제를 마주한 훌륭한 통계학자가 할 일을 했다.

《연방주의자 논문집》을 파쇄기에 집어넣어 잘게 찢어 버렸다.[217]

맥락? 그런 거 없다. 의미? 완전히 증발했다. 《연방주의자 논문집》이 기본 문장의 집합으로 남는 한 통계학에서는 무용지물이었다. 이것들은 길게 잘린 종잇조각, 경향성의 더미, 즉 데이터 집합이 되어야 했다.

그렇게 했는데도 대부분의 단어는 쓸모없는 것으로 밝혀졌다. 단어 출현 빈도는 저자가 누구냐가 아니라 주제가 무엇이냐에 따라 달라졌다. '전쟁'war 을 예로 들어 보자. 모스텔러와 월리스는 이렇게 적었다. "군대에 대해 논의할 때는 출현 빈도가 높아질 것으로 예상되고, 투표에 대해 논의할 때는 낮아질 것으로 예상된다." 두 사람은 이런 단어를 '맥락 관련'contextual 단어라고 이름 붙였고 이런 단어는 어떻게든 피하려고 했다. 이런 단어는 의미가 너무 많았다.

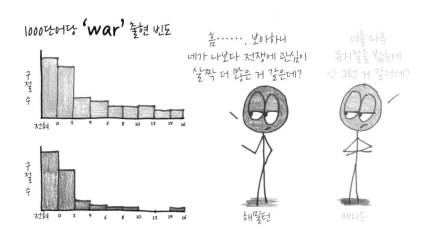

무의미한 단어를 찾으려고 노력하던 이들은 'upon'에서 노다지를 만났다. 이 단어를 매디슨은 거의 사용하지 않은 반면 해밀턴은 약방의 감초처럼 즐겨 사용한 것이다.

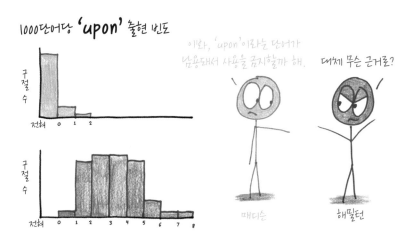

이런 데이터로 무장한 모스텔러와 월리스가 딜러처럼 각각의 저자를 카드 한 벌과 비슷한 존재로 환원한 후에 거기 담긴 단어들로 패를 돌려 보니 단어들이 예측 가능한 비율로 나왔다. 이를 바탕으로 저자 미상 논문에서 단어 출현 빈도의 합계를 내 보면 이 문장이 어느 카드 패에서 나왔는지 추론할 수 있었다.

이 방법은 효과가 있었다. 이들은 이렇게 결론 내렸다. "저자 미상인 논문 열두 편은 매디슨이 썼을 가능성이 대단히 높다."

그 후로 반세기가 지난 지금은 이들의 기법이 표준으로 자리 잡았다. 이 기법은 고대 그리스 시대의 산문, 엘리자베스 1세 시대의 소네트sonnet(음절 열 개로 구성되는 시행 열네 개가 일정한 운율로 이어지는 14행시 — 옮긴이), 로널드 레이건Ronald Reagan 전 미국 대통령 연설문의 저자를 밝히는 데도 도움이 됐다. 벤 블랫은 불과 250개의 흔한 단어로 알고리즘을 거의 3만 번 적용해서 두 저자 가운데 주어진 책을 누가 썼는지 판단해 보았다. 그랬더니 그 성공률이 99.4퍼센트에 달했다.

나도 이성적으로는 이런 방법에 아무런 잘못이 없음을 안다. 하지만 내 감성은 저항하고 있다. 어떻게 책을 조각조각 찢어서 이해할 수 있단 말인가?

2011년에 스탠퍼드 문학 실험실Stanford Literary Lab [218]의 저자 팀에서 쉽지 않은 도약을 시도했다. 저자를 밝혀내는 수준을 넘어 장르를 밝혀내는 수준으로의 도약이었다. 이들은 두 가지 방법을 사용했다. 단어 빈도 분석word-frequency analysis과 그보다 더 정교한 문장 단위 분석 도구(일명 다큐스코프Docuscope)였다. 그랬더니 놀랍게도 두 방법 모두 똑같이 장르를 정확하게 판단했다.

그he는 나뒹구는 돌무더기 위로 안마당 비슷한 곳을 가로지르다 아치형 입구에 도달했다. 거기서 그는he 발걸음을 멈췄다. 두려움이 다시 그를him 덮쳤기 때문이다. 하지만 그는he 다시 용기his courage를 내어 가던 길을 재촉했다. 그 사람이 지나간<sub>had passed</sub> 길을 따라가려고 애쓰고 있는데 갑자기 주변을 보니 그가<sub>he</sub> 폐허 가운데 사방이 막힌 부분에 와 있었다. 이곳은 그가<sub>he</sub> 그때까지 보았던<sub>he had yet seen</sub> 어떤 장면보다도 거칠고 황량한 모습이었다. 그가<sub>he</sub> 이길 수 없는 불안에 휩싸여 물러나려는<sub>was retiring</sub> 순간 고통에 겨운 사람의 낮은 목소리가 그의<sub>his</sub> 귓가에 들려왔다<sub>struck his ear</sub>. 그 소리에 그의<sub>his</sub> 가슴이 덜컥 내려앉고 그의<sub>his</sub> 팔다리도 사시나무 떨듯 떨렸다. 그는<sub>he</sub> 꿈쩍도 할 수 없었다<sub>was utterly unable to move</sub>. 죽어 가는 사람이 마지막으로 뱉어 내는 신음 같은 그 소리가 반복되고 있었다…….

이 글은 두 가지 의미에서 섬뜩하다. 첫째, 폐허가 된 고딕 양식의 아치형 입구와 죽음의 향기가 풍기는 신음 때문이다. 둘째, 컴퓨터가 '아치형 입구'<sub>arch-way</sub>, '폐허'<sub>ruin</sub>, '죽어 가는 사람이 마지막으로 뱉어 내는 신음'<sub>last groan of a dying person</sub> 이라는 말을 보지 않고도 이 글이 풍기는 고딕 분위기를 감지한다는 점이다. 컴퓨터는 대명사('그'<sub>he</sub>, '그를'<sub>him</sub>, '그의'<sub>his</sub>)와 조동사('had', 'was'), 동사의 구성('struck the', 'heard the') 등을 바탕으로 구절에 태그를 붙여 놓았다.

무기력한 기분이 들었다. 이 알고리즘이 내가 모르는 뭔가를 알고 있나?

하지만 저자들이 잠정적이나마 해답을 내놓아서 안심이 됐다. 작가나 장르를 구분할 수 있게 해 주는 단일 요소라든가, 작가나 장르가 일관되게 따르는 독특한 특성 같은 것은 존재하지 않는다. 그보다 글에는 소설의 전체 구조에서 음절의 분자 구조에 이르기까지 서로 구분되는 수많은 특성이 들어 있다. 통계적 경향과 그보다 더 큰 의미들이 똑같은 단어의 나열 속에 나란히 공존할 수 있다.

대부분 나는 글의 구조를 파악하기 위해 읽는다. 글의 줄거리, 주제, 등장인물 같은 것들 말이다. 이는 높은 수준의 구조에 해당한다. 글을 읽는 누구나 볼 수 있지만 통계학은 접근할 수 없는 면들이다.

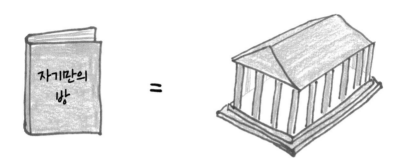

더 가까이 들여다보면 벽돌을 볼 수 있다. 절, 문장 구성, 단락 설계 등등. 이것은 고등학교 영어 시간에 선생님이 나더러 꼼꼼히 살펴보라고 가르쳐 주었던 미시 수준의 구조다. 컴퓨터도 똑같은 것을 배울 수 있다.

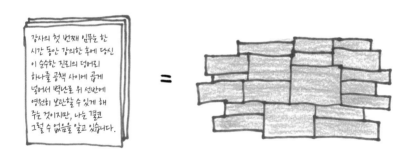

그리고 그 밑으로 내 눈에는 보이지 않는 회반죽이 존재한다. 대명사, 전치사, 부정 관사 같은 것이다. 이것은 나노 수준의 구조물이다. 모든 구조를 하나로 붙잡아 주는 석회 시멘트 같은 것이고, 너무 미묘해서 내 눈에는 보이지 않지만 통계학자들이 화학적으로 분석하기에는 딱 안성맞춤인 존재다.

·······한 시간 동안 강의한 후에 ＝
　　　당신이·······

이게 그냥 비유라는 건 나도 안다. 하지만 비유는 바로 머릿속 유령이 말하는 언어다. 그렇게 생각하니 왠지 기운이 나서 이 책의 제1부 머리말('수학자처럼 생각하는 법')을 가져다가 −ly 부사를 얼마나 썼는지 표본 조사를 해 보았다. 1000단어당 열한 번이 나온다. 버지니아 울프와 대략 비슷한 수치다. 뭔가 기분 좋은 징조라 생각했다. 그러다 참지 못하고 1000단어당 여덟 개 이하 수준으로 떨어질 때까지 그 글에서 지워도 상관없는 −ly를 지워 버렸다. 이 정도면 어니스트 헤밍웨이나 토니 모리슨과 버금가는 수치다. 정직하지 못한 행동이지만 어쨌든 기분은 좋았다.

새로운 통계 기법이 더 풍부하고 인간적으로 언어를 이해하는 옛날 방식과 조화를 이룰 수 있을까? '생각건대' 그럴 것이다.

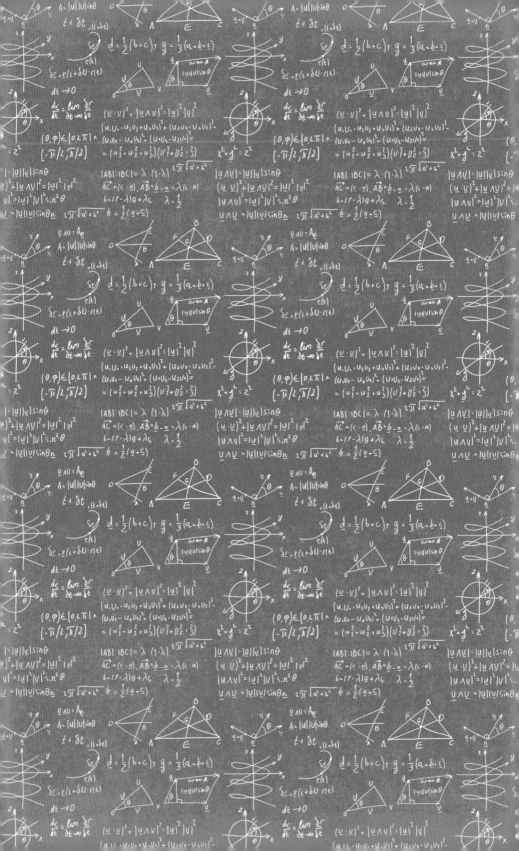

# 제5부

# 전환점

## 한 걸음의 힘

스마트워치나 만보계를 차고 다니는 사람은 자기가 그날 몇 걸음이나 걸었는지 잘 알고 있을 것이다. 별로 움직이지 않은 날에는 3000걸음, 활발하게 움직인 날에는 1만 2000걸음, 느려 터진 곰에게 하루 종일 쫓겨 다닌 날에는 4만 걸음. (아주 빠른 곰에게 쫓겨 다닌 날에는 네다섯 걸음 정도?)

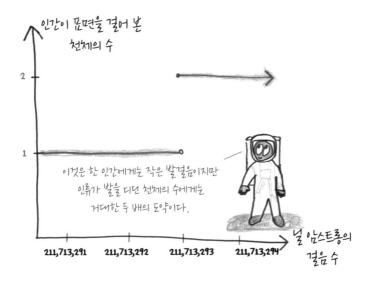

인간이 표면을 걸어 본 천체의 수

이것은 한 인간에게는 작은 발걸음이지만 인류가 발을 디딘 천체의 수에게는 거대한 두 배의 도약이다.

211,713,291    211,713,292    211,713,293    211,713,294

닐 암스트롱의 걸음 수

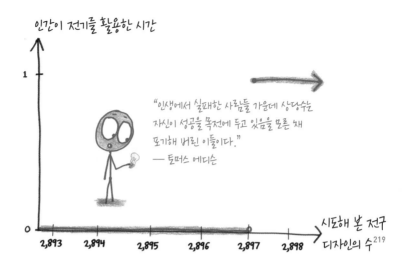

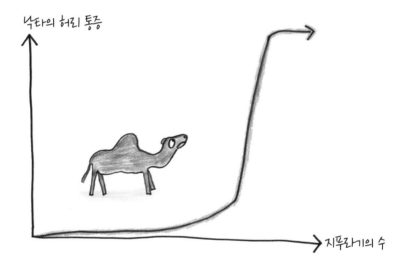

 이런 식의 걸음 수 측정은 우리 모두 아는 진실을 감추고 있다. 모든 걸음이 다 똑같지는 않다는 사실!

 수학에서는 두 종류의 변수를 구분한다. 연속 변수continuous variable 는 변화 증가량으로 어떤 값이든 임의로 취할 수 있다. 얼마든 작게 잡을 수 있는 것이다. 다이어트 콜라를 1리터 마실 수도, 2리터 마실 수도, 아니면 치아를 녹일 수 있는 양인 그 사이의 어느 값만큼이라도 마실 수 있다. 고층 건물은 하늘 위로 300미터 솟아오를 수도, 300.1미터, 300.0298517미터 또는 그 사이의 어느 높이로도 솟아오를 수 있다. 두 값이 아무리 가까이 붙어 있어도 언제나 그 사이를 비집고 들어가 다른 값을 취할 수 있다.

반면 이산 변수discrete variable는 덩어리 단위로 움직인다. 형제가 한 명 또는 두 명일 수는 있지만 1¼명일 수는 없다. 연필을 팔 때 가게에서 50센트를 받을 수도, 51센트를 받을 수도 있지만 50.43871센트는 받지 못한다.[220] 이산 변수에는 더 이상 비집고 들어갈 수 없는 간격이 존재한다.

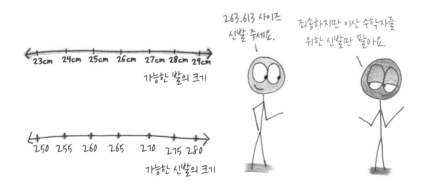

인생에는 연속 변수와 이산 변수가 아주 흥미롭게 뒤섞여 있다. 아이스크림은 연속적인 양이지만(연속적인 즐거움을 준다.) 팔 때는 이산적인 크기로 판다. 취업 면접의 질은 연속적으로 다양하게 나타나지만 그 결과 제안받는 일자리 수는 이산적이다.(1이나 0) 자동차의 속도는 연속적이지만 속도 제한은 이산적인 기준값 하나만 있다.

이런 변환 과정을 거쳐 작은 증가량이 거대한 변화로 증폭할 수 있다. 아주 살짝만 가속했을 뿐인데 갑자기 과속 딱지를 뗄 수 있다. 취업 면접을 보다가 눈치 없이 딸꾹질을 한 번 했다가는 일자리가 날아갈 수 있다. 아이스크림을 딱 한 입만 더 먹고 싶은데 그러려면 당신 잘못은 아니지만 어쩔 수 없이 특대 하프갤런 사이즈를 주문해야 할 수도 있다.

이것이 바로 '연속적인 것'을 '이산적인 것'으로 바꾸는 세상에서 일어나는 일이다. 인생에서 어떤 갈림길에 설 때마다 그곳에는 결정적인 전환점이 있다. 그곳에서는 작디작은 한 걸음이 모든 것을 뒤바꿔 놓을 힘을 갖는다.

## 제21장

# 다이아몬드 가루에 붙은
# 마지막 알갱이

약250년 전 경제학자 애덤 스미스는 아기나 물어볼 것 같은 질문을 던졌다.[221] 왜 다이아몬드는 물보다 훨씬 비쌀까?

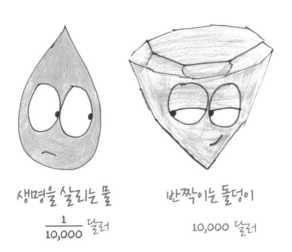

생명을 살리는 물
$\dfrac{1}{10,000}$ 달러

반짝이는 돌덩이
10,000 달러

그는 이 수수께끼를 제기하는 데 100단어를 할애했고, 뒤이어 가격 이론을 발전시키는 데 1만 3000단어를 할애했지만, 마지막에 가서도 여전히 해답을 찾지 못했다. 외계인이 와서 봐도 아마 당황하지 않을까 싶다. 대체 얼마나 바보 같은 행성이기에 생명을 살리는 $H_2O$ 물방울 가격이 딱딱한 장식용 탄소 알갱이보다 싸단 말인가? 이 행성에서는 쓸모와 가격 사이에 아무런 상관관계도 없단 말인가? 인간은 정말 구제 불능으로 비논리적인 존재일까?

이 질문에 대한 탐구가 경제학을 바꿔 놓았다. 학자들은 이 여정을 도덕 철학자의 전체론적 정신holistic spirit에서 시작했지만 결국에는 수학자의 가차 없는 엄격함으로 마무리했다. 그들은 마침내 해답을 찾아냈다. 우리 콩팥이 일할 수 있게 도와주는 음료보다 반짝이는 돌덩어리를 훨씬 더 비싸게 쳐 주는 이유를 알고 싶은가?

쉽다. 그냥 한계margin('한계'란 뭔가를 하나 더 추가한다는 뜻이다. 경제학에서는 한계를 최적의 상태가 어느 지점에서 결정되는지 가늠하는 지표로 쓴다. ─ 옮긴이)를 생각하면 된다.

# 1. 레옹 발라(바다코끼리) 왈, "많은 것들을 이야기할 때가 되었군."

고전 경제학은 1770년대부터 1870년대까지 한 세기 동안 지속되었다.[222] 그 세기 동안 많은 뛰어난 지성들이 인간 이해의 경계를 넓히는 데 도움을 주었다. 하지만 나는 지금 고전 경제학을 칭송하러 온 것이 아니다. 고전 경제학을 조롱하기 위해 왔다. 고전 경제학자들은 현대인의 미각으로는 흙을 씹은 맛, 뭔가 실수다 싶은 맛이 날 것 같은 개념을 덥석 물었다. 바로 '노동 가치설'labor theory of value이다.

이 이론에서는 상품 가격이 그것을 생산하는 데 필요한 노동력에 의해 결정된다고 말한다.

이 전제가 맞는지 확인하기 위해 수렵 채집 사회로 여행을 떠나 보자. 여기서는 사슴을 사냥하는 데 여섯 시간이 걸리고 산딸기 한 바구니를 모으는 데 세 시간이 걸린다. 노동 가치설에 따르면 가격은 한 가지 요소로 좌우된다. 희소성도, 맛도, 유행하는 식생활도 다 필요 없고 오직 생산에 필요한 노동의 비율만 중요하다. 사슴을 잡는 데는 산딸기 한 바구니를 모으는 것보다 시간이 두 배로 걸리니까 사슴 한 마리가 산딸기 한 바구니보다 두 배 비쌀 것이다.

물론 생산에 노동력만 투입되지는 않는다. 사슴 사냥에는 품질 좋은 사냥용 창(만드는 데 네 시간)이 필요한데 산딸기 채집에는 흔해 빠진 바구니(만드는 데 한 시간)만 필요하다면? 그걸 모두 더하면 된다. 그러면 사슴 사냥에는 6 더하기 4 해서 열 시간의 노동이 필요하고 산딸기 채집에는 3 더하기 1 해서 네 시간의 노동이면 된다. 따라서 사슴 한 마리는 산딸기보다 2.5배 비싼 가격에 팔린다. 이렇게 조정하면 생산에 투입되는 모든 요소를 설명할 수 있다. 심지어 작업자 교육까지도 말이다.

이런 이론 아래에서는 모든 것이 노동이고 노동이 모든 것이다.

이런 경제학적 비전에서는 가격은 공급이 결정하고 매출량은 수요가 결정한다. 이 논리는 대단히 자연스러워 보인다. 사슴 고기와 최신 태블릿을 사러 마트에 가 보면 가격을 결정하는 사람은 내가 아니다. 판매자다. 나는 오로지 그걸 살 것이냐 말 것이냐만 결정할 수 있다.

직관적이고 솔깃한 주장이다. 하지만 오늘날 최고의 전문가들에 따르면 아주 잘못된 주장이다.

1870년대에 경제학자들은 급격한 지적 성장을 경험했다. 유럽 전역에 느슨하게 흩어져 있던 사상가 집단은 선임자들의 성공과 역경을 깊이 탐구하다가 애매모호한 철학적 접근으로는 충분하지 않음을 느꼈다. 이들은 경제학을 개인의 심리학, 세심한 실증주의, 무엇보다도 엄격한 수학 등 더욱 확고한 토대 위에 세우려 했다.

이 신세대 경제학자들은 이산이냐, 연속이냐 하는 질문과 씨름했다. 현실에서는 다이아몬드를 하나나 두 개 살 수 있을 뿐 그 중간 개수는 살 수 없다. 우리는 이산적인 덩어리로 구입한다.

참 안타깝다. 수학적으로 보면 매끄럽고 연속적인 성장을 통해 변화하는 양보다는 도약적으로 변화하는 양을 다루기가 훨씬 어렵기 때문이다. 그래서 편리를 위해 이 신세대 경제학자들은 우리가 제품을 임의의 양만큼 구입할 수 있다고 가정했다. 증가량을 무한히 작게 잡을 수 있다고 말이다. 다이아몬드 하나를 통째로 사지 않고 다이아몬드 가루에 붙은 알갱이가 하나만 살 수도 있다는 것이다. 물론 이는 현실을 단순화한 것이며 현실을 반영하지는 않는다. 하지만 대단히 유용하다.

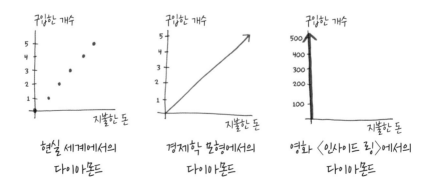

현실 세계에서의 다이아몬드 / 경제학 모형에서의 다이아몬드 / 영화 〈인사이드 링〉에서의 다이아몬드

이것 덕분에 새로운 종류의 분석 방법이 도입되었다. 경제학자들이 한계에 대해 생각하기 시작한 것이다. 다시 말해 "산딸기 한 바구니는 **평균** 얼마나 할까?"가 아니라 "**추가된** 산딸기 한 바구니의 가치는 얼마나 될까?" 또는 더 나아가 "추가된 산딸기 한 개의 가치는 얼마나 될까?"라는 질문을 던진 것이다. 바로 현대 경제학의 여명이 밝아 온 순간, '한계 혁명'marginal revolution이다.

이 혁명의 지도사 중에는 윌리엄 스탠리 제번스William Stanley Jevons, 카를 멩거Carl Menger 그리고 레옹 발라Léon Walras라는 뜻밖의 영웅 이름도 올라 있다.(walras는 공교롭게도 영어로 바다코끼리라는 뜻 — 옮긴이) 훗날 한 해설자는 그를 일컬어 "모든 경제학자 가운데 가장 위대한 경제학자"라고 했다. 그런 호칭을 받기까지 그는 공학도, 기자, 철도 직원, 은행 지점장, 연애 소설 작가 등 다방면에 걸쳐 이력을 쌓았다. 그러다 1858년 어느 여름밤 그는 아버지와 함께 운명적인 산책을 나서게 된다. 그의 아버지는 분명 설득력이 뛰어난 사람이었을 것이다. 그날 저녁이 끝날 무렵 발라가 자신의 방랑벽을 떨쳐 버리고 경제학을 공부하기로 마음먹은 것을 보면 말이다.

무릇 경제학이 그렇듯,
간단한 수학에서 시작해야겠군.
두 가지 일반 상품generic goods을 대량으로
거래하는 중개 상인 두 사람이 있어.
그러고 나서 아이가 자라 어른이 되듯
한 단계, 한 단계씩 이론이 성장하지.

고전 경제학자들은 시장과 사회의 본질을 둘러싼 크고 담대한 질문과 씨름해 왔다. 반면 한계주의 경제학자marginalist들은 한계에 대한 작은 결정을 내리는 개인들에 초점을 맞췄다. 발라의 목표는 작은 수학적 단계들을 토대로 두 가지 수준의 분석 방법을 하나로 통합해 그 위에 경제 전체를 쌓아 올리는 포괄적인 비전을 구축하는 것이었다.

## 2. 머핀, 농장, 커피숍……
## 그리고 살짝 누른 스프링에 대하여

역할극 시간이 찾아왔다. 축하한다. 이번에 당신이 맡을 역할은 농부다!

안타깝게도 당신은 땅을 더 많이 경작할수록 추가로 넓어진 1마지기당 생산량이 줄어드는 현상을 경험할 것이다.

땅은 모두 똑같지 않다. 농사를 처음 시작할 때는 제일 기름진 땅을 골라 농사를 짓는다. 이렇게 해서 기름진 땅을 모두 쓰고 나면 새로 땅을 넓히는데 1마지기씩 추가할 때마다 그 전에 비해 같은 땅에서 나오는 생산량이 조금씩 줄어든다. 그리고 결국 농사짓기 힘든 척박한 돌밭만 남는다.

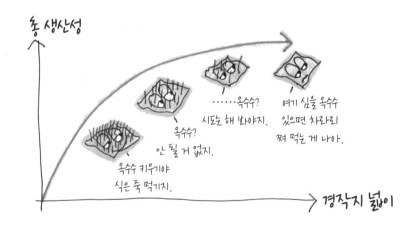

이런 개념은 한계주의 학파 이전부터 오랫동안 존재해 왔다.[223] 고전 경제학 이전의 한 경제학자는 이것을 기계에 비유했다.

> 토양의 생산성은 연이어 추를 올려 내리누른 스프링과 비슷하다.[224] 스프링은 어느 정도까지 눌리면 앞서 1인치나 그 이상 스프링을 내리눌렀던 무게를 올려놓아도 머리카락 한 올만큼도 더 내려가지 않는다.

한계주의 학파는 똑같은 개념을 농사에서 인간 심리학으로 확장함으로써 돌파구를 찾았다. 그 예로 내가 옥수수 머핀 먹는 모습을 지켜보기 바란다.

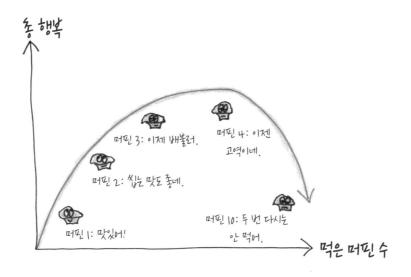

아마도 머핀은 모두 다 비슷비슷하겠지만 내가 머핀을 먹는 동안에는 그런 생각이 들지 않는다. 배 속에 들어간 양이 많아질수록 한입 더 베어 물 때의 기쁨은 줄어든다. 처음에는 만족을 주던 머핀이 머지않아 고문이 된다.

음식만 그런 것이 아니다. 스카프, SUV(레저, 스포츠형 다목적 차량 — 옮긴이), 심지어 커트 보니것 소설에 이르기까지 모든 소비재에 똑같은 원리가 적용된다. 어떤 경우든 첫 번째 물품에서 얻었던 한계 즐거움<sub>marginal pleasure</sub>을 열 번째 물품에서도 똑같이 이끌어 내기는 힘들다. 즉 한 단계에서 얻는 편익은 그 전에 이미 얼마나 많은 단계를 거쳤느냐에 따라 달라진다. 오늘날 경제학자들은 이것을 '한계 효용 체감의 법칙'이라고 부른다. 나라면 '내가 해장술을 즐기지 않는 이유'라고 부를 테지만 말이다.

이 편익이 얼마나 빠른 속도로 줄어들까? 그거야 경우마다 다양하다. 중요한 한계주의 경제학자 윌리엄 스탠리 제번스는 이렇게 적었다.

> 이 효용 함수는 대상마다 그리고 개인마다 고유하다.[225] 따라서 버터를 바르지 않은 빵에 대한 욕구는 포도주, 의복, 멋진 가구, 미술 작품, 마지막으로 돈에 대한 욕구보다 훨씬 빠른 속도로 충족된다. 그리고 모든 사람은 자기만의 특이한 기호를 갖고 있으며, 자기가 좋아하는 대상에 대해서는 거의 만족을 모른다.

이 구절은 윌리엄 스탠리 제번스의 개인 취향을 드러내는 데 그치지 않고 경제적 수요에 관한 새로운 이론도 지적하고 있다. 사람들이 한계 효용을 바탕으로 결정을 내린다는 것이다.

머핀과 커피, 딱 이 두 가지 상품만 존재하는 아름다운 경제가 있다고 상상해 보자. 내 지출을 어떻게 할당해야 할까? 1달러 쓸 때마다 똑같은 질문을 던진다. 이 1달러를 머핀과 커피 가운데 어느 쪽 예산으로 잡는 편이 더 즐거울까? 나처럼 머핀에 환장하는 바보도 머핀을 연이어 열한 개쯤 먹다 보면 결국 첫 커피 한 잔에 손이 갈 것이고, 카페인에 중독된 경제학자도 커피를 열한 잔쯤 마시다 보면 결국 첫 머핀에 손이 갈 것이다.

이 논리는 결국 간단한 기준으로 귀결된다. 완벽하게 예산을 세웠을 때, 각각의 상품에 지출하는 마지막 1달러는 똑같은 편익을 가져다줄 것이다.

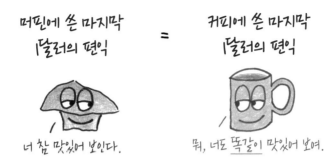

머핀에 쓴 마지막
1달러의 편익

=

커피에 쓴 마지막
1달러의 편익

너 참 맛있어 보인다.

뭐, 너도 <u>똑같이</u> 맛있어 보여.

이 바다코끼리(발라) 같은 통찰은 경제학에 좀 더 심리학적인 새로운 토대
가 등장할 것을 예고했다. 제번스는 이렇게 적었다. "진정한 경제학 이론[226]은
인간의 행동을 좌우하는 위대한 스프링으로 돌아갈 때만 도출할 수 있다. 바
로 쾌락과 고통이다." 처음으로 학자들은 '경제'가 눈에 보이는 거래 장부뿐만
아니라 선호도와 욕망이라는 보이지 않는 심리학도 포함한다는 사실을 이해
하게 되었다.

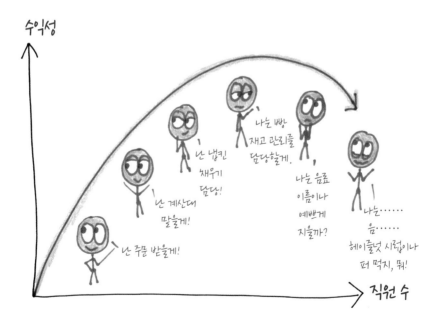

수익성

난 주문 받을게!

난 계산대
맡을게!

난 냅킨
채우기
담당!

나는 빵
재고 관리를
담당할게.

나는 음료
이름이나
예쁘게
지을까?

나는……
음……
헤이즐넛 시럽이나
퍼 먹지, 뭐!

직원 수

나아가 한계주의 경제학자들은 판매자 역시 소비자와 비슷한 방식으로 기능한다고 판단했다. 예를 들어 이번에는 당신을 커피숍 사장이라고 해 보자. 직원을 몇 명이나 고용해야 할까?

사업 규모가 커지면서 당신이 직원 한 명을 새로 고용할 때 생기는 수익이 점점 줄어든다. 그러다가 결국 직원을 한 명 더 고용해도 그로 인한 커피 판매 수익보다 임금으로 지출하는 돈이 더 많아지는 시점에 도달한다. 그 시점이 되면 더 이상 직원을 고용하지 않는다.

이런 논리를 이용하면 커피숍에 투입하는 다양한 요소들의 균형을 맞추는 데 도움이 된다. 기계를 다룰 직원을 충분히 고용하지 않은 상태에서 에스프레소 머신을 열 대 사거나, 새로운 고객에게 제공할 커피 원두를 충분히 확보하지 않은 상태에서 광고에 돈을 들여 봐야 아무 소용 없다. 어떻게 하면 이런 투입 요소들 사이에서 합리적 조화를 달성할 예산을 짤 수 있을까? 간단하다. 각각의 투입 요소에 지출하는 마지막 1달러가 생산성을 1달러 추가로 높여 주는 시점까지 계속 지출하면 된다. 이보다 덜 지출하면 얻을 수 있는 수익을 놓치고, 이보다 더 지출하면 수익을 깎아먹는다.

학교에서 나는 경제학이 소비자와 생산자 사이에 거울 대칭성을 가진다고 배웠다.[227] 소비자는 효용을 극대화하기 위해 상품을 구입한다. 생산자는 이윤

을 극대화하기 위해 생산 투입 요소를 구입한다. 양쪽 모두 다음 품목을 구입했을 때의 한계 편익이 더 이상 비용을 정당화하지 못할 때까지 계속 구입한다. 이렇듯 나란히 맞물리는 깔끔한 틀을 만들어 준 한계주의 경제학자들에게 고마운 마음을(혹은 자본주의에 대한 입장에 따라서는 비난을) 전한다.

## 3. 다이아몬드가 물보다 훨씬 비싼 이유

노동이 가격을 결정한다는 낡은 이론은 절반의 진실만 담고 있다. 어쨌든 우물에서 물을 긷는 것보다 광산에서 다이아몬드를 채굴하는 데 더 많은 노동력이 투입되는 것은 사실이다. 하지만 아직 정작 중요한 질문에 대한 답이 나오지 않았다. 대체 누가 작은 탄소 덩어리를 많은 돈과 맞바꾸려 할까?

당신이 부자라고 상상해 보자.(아마 전에도 이런 놀이를 해 봤을 것이다.) 당신에게는 이미 필요한 만큼의 물이 있다. 마시고 씻고 꽃에 물 주고 뒤뜰 수영장에 물을 댈 정도로 충분한 양이다. 여기에 또다시 1000달러어치 물을? 아무 의미 없다.

하지만 1000달러짜리 다이아몬드라면? 새로워! 반짝거려! 마치 머핀 열한 개를 꾸역꾸역 입에 넣은 후에 처음 마시는 커피 맛과 흡사하다.

부자 한 사람에게 통하는 이야기는 집단에게는 더욱 잘 통한다. 처음 세상에 판매된 다이아몬드는 터무니없는 가격이라도(예를 들면 10만 달러(약 1억 원)) 기꺼이 사겠다는 사람이 나설 것이다. 두 번째 다이아몬드는 사겠다는 의지가 살짝 꺾여 가격도 내려갈 것이다.(9만 9500달러) 열혈 구매자가 모두 사라지고 나면 가격을 낮춰야 한다. 시장에 풀린 다이아몬드가 많을수록 마지막에 남는 다이아몬드의 효용은 낮아진다.

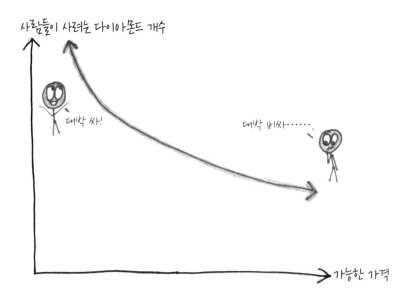

공급에서도 비슷한 원리가 작동한다. 첫 번째 다이아몬드를 채굴하는 데 500달러가 든다면 다음 것은 502달러, 이런 식으로 뒤로 갈수록 다이아몬드 채굴 비용이 조금씩 늘어난다.

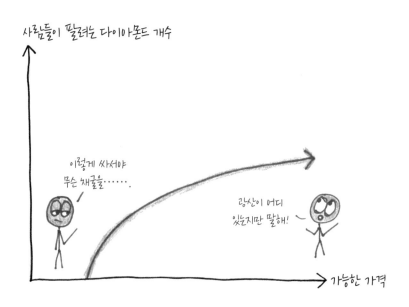

시장이 커지면서 이 수들이 수렴한다. 조금씩 조금씩 공급에 드는 비용이 늘어난다. 그리고 조금씩 조금씩 소비의 효용은 떨어진다. 그리하여 결국 이 두 수는 '시장 균형'market equilibrium이라는 하나의 가격에서 만난다.

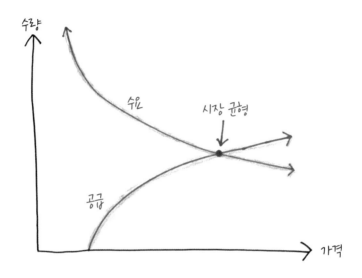

그렇다. 경제에서 최초의 물 한 컵은 최초의 다이아몬드 조각보다 훨씬 가치가 높다. 하지만 가격을 결정하는 것은 첫 번째 증가량도, 심지어 평균 증가량도 아니다. 가격은 마지막 증가량, 다이아몬드 가루에 붙은 마지막 알갱이에 달려 있다.

참으로 아름다운 이론이다. 그리고 너무나 완벽해서 보정을 얼마나 했는지 의심스러운 잡지 표지 모델의 피부처럼 이 이론을 볼 때도 한 가지 의심이 생긴다. 진짜일까? 생산자와 소비자는 실제로 한계에 대해 생각할까?

음, 그렇지 않다. 경제학 박사이자 자칭 소장파 경제학자[228]인 요람 바우먼Yoram Bauman의 말을 빌려 보자. "식료품 가게에 가서 이렇게 말하는 사람은 하나도 없다. 오렌지를 하나 사자. 하나 더 사 보자. 또 하나만 더 사 보자……"

진화론이 초기 포유류가 어떤 동기로 움직였는지 묘사하지 못하듯이 한계주의 학파도 사람들의 의식적인 사고 과정을 포착하지 못한다. 이것은 유용하고 단순화된 지도를 얻기 위해 구체적인 현실 세계 지형은 깡그리 무시해 버리는 경제적 추상화다. 이론을 판단하는 기준은 그 예측 능력이다. 이런 점에서는 한계주의 학파의 승리다. 항상 자각하고 있지는 않지만 어떤 추상적인 수준에서 보면 우리는 모두 한계의 생물이다.

## 4. 한계 혁명

한계 혁명은 경제학이 되돌아올 수 없는 길을 건넌 역사적 전환점이었다. 바로 경제가 수학으로 넘어간 순간이었다.

최후의 위대한 고전 경제학자 존 스튜어트 밀John Stuart Mill도 몸은 이쪽으로 기울어 있었다. 그는 이렇게 적었다. "적절한 수학적 비유[229]로 방정식이 있다. 수요와 공급이 (……) 같아질 것이다." 다이아몬드 시장을 예로 들어 보자. 만약 수요가 공급을 초과하면 사려는 사람들이 경쟁해서 가격이 올라간다. 만약 공급이 수요를 초과하면 파는 사람들이 경쟁해서 가격이 낮아진다. 밀은 이것을 간결하게 표현했다. "경쟁은 균등을 만든다."

밀의 분석은 매력적이었지만 한계주의 학파는 수학적으로 불충분하다며 그것을 업신여겼다. 제번스는 이렇게 적었다. "경제학이 진짜 과학이 되려면 비유에 머물러서는 안 된다. 진짜 방정식을 이용해 추론해야 한다." 발라는 이렇게 말했다. "왜 우리는 존 스튜어트 밀이 되풀이하듯 (……) 성가시고 부정확하기 이를 데 없는 일상 용어로 설명하겠다고 고집을 부려야 하는가?[230] 수학의 언어를 활용하면 똑같은 내용을 훨씬 간결하고 정확하고 분명하게 전달할 수 있는데 말이다."

방정식하고 비슷하잖아,
안 그래? 공급 = 수요!

그건 약해, 존. 그런 약한 거
들고 올 거면 오지 마.

발라는 실제 행동으로 보여 주었다. 그의 대표작 《순수 경제학 요론》Éléments d'économie politique pure은 수학적인 역작이다. 이 책은 명확한 가정에서 출발해 그로부터 포괄적인 균형 이론을 구축한다. 자신이 현실에 무관심하다는 것을 증명이라도 하려는 듯 그는 상상할 수 있는 가장 단순한 경제를 분석하는 데 60쪽 이상을 할애했다. 바로 두 사람이 양이 고정되어 있는 두 가지 상품을 교환하는 경제다. 전례 없는 엄격함과 심오한 추상적 개념으로 쓰인 이 책은 훗날 "경제학자가 쓴 작품 가운데 이론 물리학의 업적과 비견할 수 있는 유일한 작품"[231]이라 칭송받는다. 발라가 이런 얘기를 들었다면 무척 좋아했을 것이다. 어느 여름밤 아버지와 산책을 다녀온 후로 계속해서 그에게 동기를 부여해 준 목표는 경제학을 엄격한 과학의 수준으로 끌어올리는 것이었으니까.

한 세기 이상 지난 지금, 그 목표를 한번쯤 검토해 봐도 좋겠다. 수학적 중심축이 발라와 그 학파에게는 어떻게 작용했을까?

좋든 싫든 한계 혁명은 어떤 의미로 경제학을 과학화했다. 그 바람에 경제학은 아무나 접근할 수 없는 학문이 되었다. 애덤 스미스와 고전 경제학파는 (수준에 맞는 교육은 받은 사람이어야겠지만) 일반 대중을 위해 글을 썼다. 반면 발라는 수학적 능력을 갖춘 전문가를 위해 글을 썼다. 그의 비전은 상당한 성공을 거두었다고 볼 수 있다. 요즘 경제학 박사 과정 학생을 뽑을 때는 경제학 학위는 있지만 수학 교육은 부족한 학생보다 경제학 지식은 부족해도 수학 학위가 있는 학생을 선호한다.

한계 혁명은 경제학에서 또 다른 과학적 유산, 새로워진 실증주의[232]를 남겼다고 할 수 있다. 오늘날 연구자들은 경제학적 개념이 그저 직관이나 논리에만 호소할 수 없다는 데 동의한다. 현실 세계를 관찰한 내용과도 잘 맞아떨어져야 한다.

물론 경제학은 물리학이 아니다. 인간이 만들어 낸 시장 같은 시스템은 깔끔한 수학 법칙을 따르지 않는다. 기껏해야 날씨나 유체의 난류 같은 현상에서 보이는 복잡성을 흉내 낼 뿐이다. 이런 현상들은 아직 수학조차 완전히 이해하지 못하고 있는 분야다.

물리학아, 미분 방정식, 행렬, 거리 공간 등 나도 안 해 본 게 없어. 그런데 왜 나는 아직 너만큼 정확하지 않은 걸까?

경제학아. 어떻게가 아니라 무엇을 모형화하느냐가 중요한 거야.

한계주의가 경쟁 관계에 있는 사고 체계를 서서히 몰아내면서 또 다른 변화가 찾아왔다. 자연 과학과 비슷하게 경제학도 반역사적인 학문이 되어 버렸다.[233] 한계주의 이전에는 개념이 등장했다가 쇠락하면서 수십 년 단위로 순환했다. 사람들은 경제학에 대한 전체론적 비전을 추구하기 위해 과거 사상가들의 글을 읽고 그들의 언어를 통해 그들의 세계관을 흡수했다. 반면 오늘날의 경제학자들은 기본 개념에 내해 내체로 의견이 일치하고 있어 굳이 원래의 낡은 표현으로 적혀 있는 개념들을 읽어 보려 하지 않는다. 이 개념들을 잘 빠진 현대적 버전으로 만들어 쥐여 주면 고마워할 뿐이다. 한계주의 학파는 경제학자들이 역사적 사상가들에게 더 이상 관심을 둘 필요가 없게 만들어 주었다. 역설적이게도 한계주의 학파 자신들을 포함해서 말이다.

## 제22장

# 과세 등급 이야기

가끔은 말 한마디만 입 밖으로 잘못 뱉어도 잘못된 개념이 드러날 수 있다. "펭귄처럼 하늘 높이 솟구쳐 올라라!" 아니다. 펭귄은 날지 못한다. "역사적으로 유명한 벨기에 사람."[234] 미안한 얘기지만 벨기에에서 제일 유명한 토박이는 사람이 아니라 와플이다. "배가 너무 불러서 디저트를 못 먹겠어." 어림없는 소리! 어떤 핑계로도 컵케이크를 거절하는 것을 정당화할 수는 없는 법! 하지만 말 한마디에 담긴 오류 가운데 내가 제일 좋아하는 것은 미국인이라면 수없이 들어 봤을 말이다.

"과세 등급 상향 조정."Bumped into the next tax bracket.

이 짤막한 말에 널리 퍼져 있는 오해에서 비롯한 진짜 두려움이 담겨 있다. 수입이 아주 조금 늘었을 뿐인데 더 높은 과세 등급으로 올라가 버린다면? 그러면 전체적으로는 늘어난 수입보다 세금이 더 많아져서 주머니가 오히려 가벼워지지 않을까?

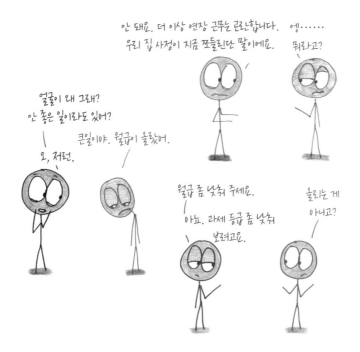

이 장에서는 소득세 뒤에 숨어 있는 기초적인 수학에 대해 설명할까 한다. 미국 시민의 생활에서 이것이 어떤 역할을 했는지 간략하게 역사를 살펴보고, 디즈니 캐릭터 중에 가장 열렬하게 소득세를 옹호했던 것이 누구였는지도 살펴보겠다. 하지만 먼저 과세 등급은 한밤중에 귀신을 만난 것처럼 무서운 존재가 아니라고 안심시켜 주고 싶다. 무시무시한 '과세 등급 상향 조정'은 역사적으로 유명한 벨기에 사람처럼 허구의 이야기다.

이야기는 1861년으로 거슬러 올라간다.[235] 남북 전쟁이 일어날 조짐이 어렴풋이 보이자 미국 연방 정부는 단기간에 큰돈을 걷어 들일 정책을 고안했지만 그중에 싹수가 보이는 것은 없었다. 오랫동안 수입 물품에 물려 온 관세로는 더 이상 적절한 자금을 끌어모을 수 없었다. 소비자가 구매하는 물품에 세금을 물렸다간 가난한 미국인들이 더 큰 타격을 받아 유권자들이 등을 돌릴 수 있었다. 부자들의 재산(부동산, 투자금, 저금 등)을 표적으로 세금을 물리면 '직접' 과세를 금지하는 헌법에 위배될 것이다. 재정난에 처한 의회가 할 수 있는 일이 무엇일까?

할 수 있는 것은 딱 하나였다. 8월에 연방 정부는 임시로 긴급 소득세를 도입했다. 소득 800달러 이상에 대해 세금 3퍼센트를 물리기로 한 것이다.[236]

조세의 근거는? 돈은 한계 효용이 감소한다. 달러를 많이 가질수록 거기서 1달러 많아지는 의미는 줄어들 것이다. 따라서 처음 1달러를 벌어들인 사람에게 세금을 매기기보다는 이미 몇천 달러를 갖고 있는 사람에게 세금을 매기는 편이 고통이 적다. 그 결과 수입이 많은 사람에게 더 높은 한계 세율marginal tax rate을 적용하는 시스템이 탄생했고 이것을 '누진 세율'progressive tax rate이라고 부른다. ('역진 세율'regressive tax rate은 수입이 낮은 사람에게 더 높은 세율을 적용한다. '단일 세율'flat tax rate은 모든 사람에게 똑같은 세율을 적용한다.)

당시 미국 사람들이 덥수룩한 수염을 긁으며 조금 수입이 오른 바람에 무과세 등급에서 과세 등급으로 튀어 오르는 게 아닐까 조바심을 내는 모습이 그려진다. 결국 소득 799.99달러에는 세금이 붙지 않지만 800.01달러에는 세금이 붙으니까 말이다. 소득이 0.02달러만 올라도 정말 세금이 24달러나 부과된단 말인가?

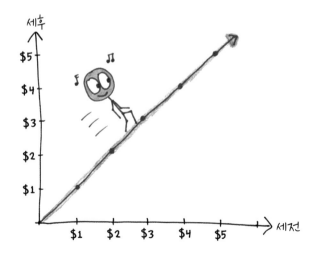

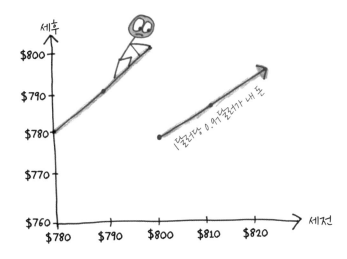

다행히 그렇지 않다. 현대의 소득세처럼 이 경우에도 모든 소득에 세금이 적용되지는 않는다. 한계, 즉 마지막에 얻은 1달러에만 적용된다. 가난한 농부든 빌 게이츠 같은 억만장자든 처음 벌어들인 800달러까지는 세금이 붙지 않는다.

당신이 801달러를 벌었다면 마지막 1달러에만 세금 3퍼센트가 붙는다. 따라서 세금은 총 0.03달러에 불과하다. 900달러를 벌어들였다면 마지막 100달러에만 세금 3퍼센트가 붙으니까 총 세금은 3달러, 이런 식이다.

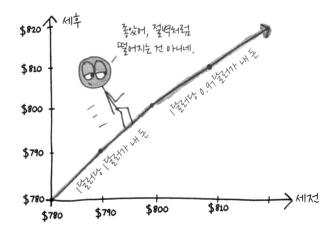

시각적으로 이해할 수 있게 정부가 당신의 돈을 양동이에 나눠 담는다고 상상해 보자. 첫 번째 양동이에 800달러를 담고 '생존 자금'이라는 라벨을 붙인다. 그 양동이에는 세금을 물리지 않는다.

두 번째 양동이에는 '여유 자금'이라는 라벨을 붙인다. 첫 번째 양동이가 가득 차면 나머지 돈은 여기에 담는다. 이 중 3퍼센트를 정부가 가져간다.

1865년 미국 정부는 세율을 높이면서 동시에 세 번째 양동이를 도입했다.

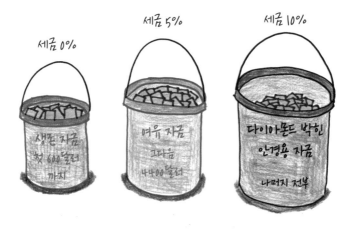

그러다가 전쟁이 끝났다. 그 후 몇십 년 동안 소득세는 휴면기에 들었다가 그 세기 말에 일진광풍처럼 다시 불어닥쳤다. 1893년 금융 공황이 미국을 황폐하게 만들었다. 그러자 1894년에 소득세가 구세주로 등장했다. 그런데 1895년 대법원이 직접세 금지 원칙이 소득세에도 그대로 적용된다는 판결을 내렸다. 소득세는 위헌이었다! 당혹스럽게도.

헌법을 개정해 소득세를 되살리기까지 20년이 걸렸다. 그때도 소득세는 팡파르를 울리며 깃발을 치켜들고 오지 못하고 남들 몰래 살짝 돌아왔다. 상시적인 소득세 부과가 적용된 첫해인 1913년[237]에는 전체 가정의 2퍼센트만 이세금을 냈다. 한계 세율도 많아야 고작 7퍼센트였고 그조차도 소득 50만 달러(인플레이션을 감안한 현재의 가치로는 1100만 달러 정도(약 120억)) 이하에는 적용되지도 않았다.

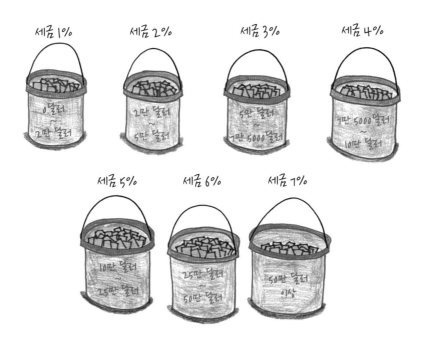

이 세율은 간결하고 우아한 맛이 있었다. 세율이 1퍼센트에서 7퍼센트까지 깔끔하게 직선적으로 올라갔고, 기준 금액은 대충 보기 좋은 액수로 정했다.

하지만 왜 하필 그 금액으로? 솔직히 별다른 이유는 없었다.

우드로 윌슨 대통령은 이렇게 썼다.[238] "일반적인 수준보다 높은 소득에 얼마만큼 부담을 주는 것이 옳은가에 관해서는 개개인의 판단이 자연히 다를 수밖에 없다." '올바른' 세율을 콕 짚어 줄 정확한 수학 공식 따위는 존재하지 않는다. 세율 조정은 추측, 정치적 판단, 가치 판단 등이 들어가는 주관적 과정이다.

세금에만 임의의 법적 기준을 설정하는 것은 아니다. 미국에서는 스물한 번째 생일을 맞이하기 전날에는 주류 구매가 금지되어 있다. 하지만 그날 이후로는 금지가 풀린다. 이론적으로는 주류 구매를 점진적으로 풀어 주는 법도 가능하다. 예를 들어 만 19세에는 맥주, 20세에는 포도주, 21세에는 독한 증류주, 이런 식으로 말이다. 하지만 사회는 집행하기 어려운 단계별 금지법보다는 간단명료한 하나의 기준선을 선택했다.

1913년 소득세 구조는 그와 반대되는 방식을 택했다. 얼마 안 되는 세금을 그렇게 작은 증가량으로 나누었다는 것이 참 재미있다. 요즘에도 세금 등급을 그때처럼 7등급으로 나누지만 그 당시에는 제일 높은 세율과 제일 낮은 세율의 차이가 6퍼센트에 불과한 반면 지금은 27퍼센트 정도로 벌어졌다. 아무래도 당시 정부는 이 조세 체계의 근본 한계를 믿지 못하고 세율 사이 간격을 크게 벌리지 않으려고 했던 것 같다. 어쩌면 다음 페이지에 나오는 그래프를 머릿속에 그리고 있었는지도 모른다.

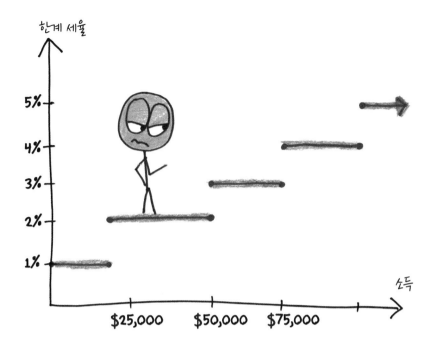

이렇게 세율 자체에만 초점을 맞춰서 보면 모든 세율 변화가 갑작스럽고 날카롭게 일어나는 듯 보인다. 그래서 입법자들은 이 체계가 안전하고 점진적으로 부드럽게 변화하는 것처럼 보이게 하려고 노력을 기울였다.

내가 보기에 그들은 쓸데없이 힘만 뺐다. 영리한 납세자들은 세금 제도의 추상적 속성 따위는 아예 신경 쓰지 않는다. 오직 자기 주머니에서 나갈 돈이 얼마인지만 관심을 둔다. 그리고 소득세는 1달러를 더 벌어도 이미 지불한 세금은 절대 바뀌지 않도록 설계되어 있다. 이것을 그래프로 표현하면 다음 페이지와 같다.

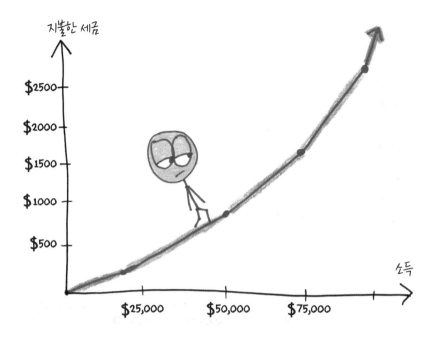

첫 번째 그래프에는 갑작스레 도약하는 선이 나오지만 두 번째 그래프에는 하나로 이어지는 선이 나온다. 여기서는 세율 변화가 기울기에 반영되어 있다. 낮은 세율에서는 그래프가 낮게 깔려서 올라가고, 높은 세율에서는 가파르게 올라간다. 사람들이 체감할 세율 등급의 변화는 이 그래프가 더 잘 포착하고 있다.

사람들은 갑작스러운 도약(수학 용어로는 불연속성discontinuity)이 아니라 하나의 기울기가 다른 기울기로 넘어가는 순간(미적분학 용어로는 미분 불가능 지점nondifferentiable point)으로서 과세 조정을 경험한다.

아무도 의회에 이런 점을 말해 주지 않았나 보다. 1918년 세금 제도[239]와 관련해 의회가 이 기울기를 둘러싸고 웃길 정도로 극단적인 신중함을 보인 것을 보면 말이다.

| 소득 | 한계 세율 |
|---|---|
| 0~4000달러 | 6% |
| 4000~5000달러 | 12% |
| 5000~6000달러 | 13% |
| 6000~8000달러 | 14% |
| 8000~1만 달러 | 15% |
| 1만~1만 2000달러 | 16% |

점점
터무니없어지는데!

(기타 등등······ 기타 등등······
과세 등급 간 차이는 2000달러이고 등급마다
1퍼센트씩 상승······. 어디까지······?)

| | |
|---|---|
| 9만 8000~10만 달러 | 60% |
| 10만~15만 달러 | 64% |
| 15만~20만 달러 | 68% |
| 20만~30만 달러 | 72% |
| 30만~50만 달러 | 75% |
| 50만~100만 달러 | 76% |
| 100만 달러 이상 | 77% |

이젠 정말
터무니없군.

이 난장판을 들여다보면 세율이 화난 헐크처럼 뻥튀기된 것이 제일 먼저 눈에 들어온다. 불과 5년 만에 미국 최고 부자들에게 부과하는 한계 세율이 열한 배로 불어났다. 나라가 '모든 전쟁을 끝내기 위한 전쟁'에 휘말리면 이런 일이 일어나지 않나 싶다.(하지만 전쟁이 끝난 후에도 이렇게 바뀐 부분은 오랫동안 적용되었고 최고 세율도 그 후 24퍼센트 밑으로 떨어져 본 적이 없다.)

(적어도 나한테는) 훨씬 더 눈에 잘 들어오는 부분은 당시 도입된 과세 등급

의 어마어마한 개수다. 미국의 주가 당시 마흔여덟 개였는데 과세 등급은 그보다 많은 쉰여섯 개였다.

이걸 보면 캘리포니아에서 미적분학 준비 과정을 가르칠 때 좋아했던 프로젝트가 떠오른다. 매년 나는 11학년 학생들에게 자기만의 세금 제도를 설계해 보라고 했다. 그랬더니 J. J.라는 성실한 학생[240]이 '점진적 이행'이라는 개념에서 출발해 자연스러운 결론을 이끌어 냈다. 어떤 갑작스러운 도약도 없이 한계 세율이 연속해서 변화하는 세금 제도를 설계한 것이다.

한계 세율을 0퍼센트에서 시작해 결국 50퍼센트(소득이 100만 달러 이상일 경우)에 도달하게 만들고 싶다고 가정해 보자. 이렇게 과세 등급을 두 단계로 설정하면 가능하다.

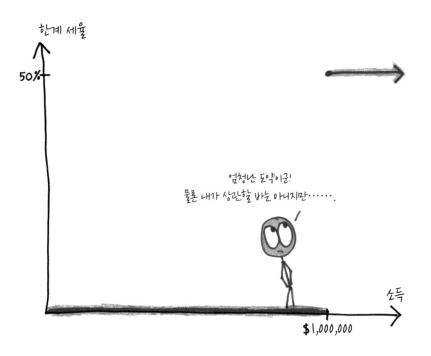

아니면 1차 세계 대전 당시의 접근 방식을 가져와 등급 50개로 나눌 수도 있다.

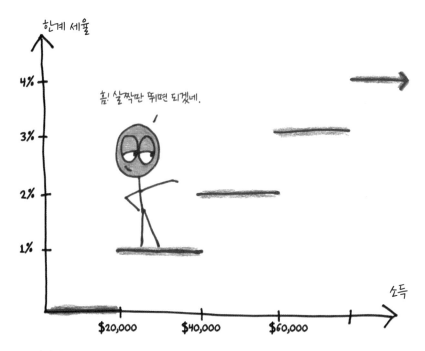

여기서 멈출 이유가 있나? 1000개로 나눠 보자.

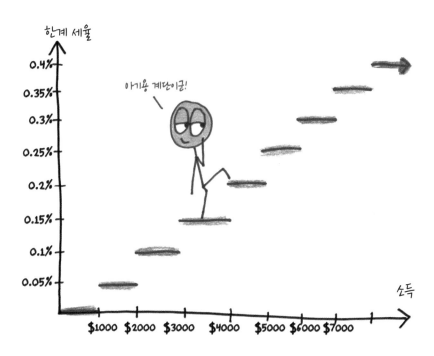

차라리 100만 개로 나누면 더 낫다!

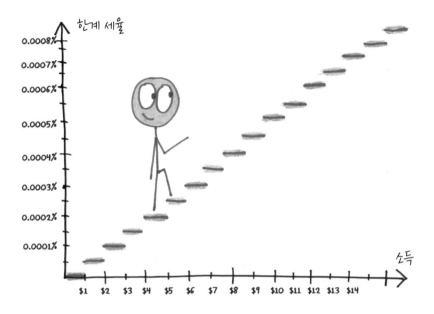

에라! 극단으로 밀어붙이면 그냥 끝점끼리 직선으로 이어 붙일 수 있다.

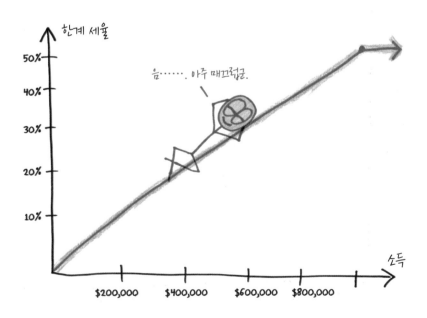

마지막 그래프는 아무리 소득이 조금 늘어나도 그 전보다는 극미하게 높은 세율이 매겨지는 세금 제도를 나타낸다. 여기에는 '등급' 같은 것이 존재하지 않는다. 아무리 티끌처럼 작은 소득이라도 그 각각의 소득에 고유의 세율이 존재한다. 모든 곳에서 세율이 변하고 있기 때문에 역설적으로 그 어디에도 세율이 변하는 지점이 존재하지 않는다.

이런 세금 제도 아래서는 세금의 총합이 이렇게 보일 것이다.

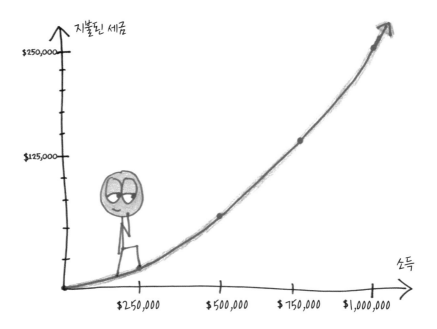

기울기가 점진적으로 커진다. 여기서는 미분 불가능 지점이 없다. 아우토반에서 가속하는 독일 자동차처럼 매끈하다.

미국 역사를 통틀어 소득세를 살펴보면 이와 비슷한 가속도를 목격하게 된다. 20세기 전반에 소득세는 '위헌적인 입법안'에서 '잠정적 실험'으로 바뀌었다가 '불가피한 전시戰時 상황'을 거쳐 다시 '정부의 주요 자금 조달 메커니즘'으로 바뀌었다. 제2차 세계 대전 초기였던 1939년에는 소득세를 내는 미국인이

400만 명이 채 안 됐다. 그러다 1945년에는 4000만 명 이상이 소득세를 냈다. 조세 수입도 비슷한 성장을 보여서 전쟁이 시작할 때 22억 달러였던 것이 전쟁이 끝날 때는 251억 달러로 늘어났다. 오늘날에는 주 정부와 연방 정부에서 걷어 들이는 소득세가 매년 4조 달러에 이른다. 미국 전체 경제 규모의 거의 4분의 1에 해당하는 액수다.

1942년에 소득세가 갑자기 높아지자 정부는 월트 디즈니사에 미국인의 납세 의식을 고취해 줄 짧은 영화 제작을 의뢰했다. 재무부 장관은 주인공 역할을 새로운 얼굴에게 맡기고 싶어 했지만 월트 디즈니사는 당시 자기네 회사의 최고 스타를 이용하겠다고 고집을 부렸다. 그리하여 6000만 명이 넘는 미국인이 애국심이 들끓어 세금을 내지 못해 안달이 난 이 주인공을 극장 스크린에서 보기에 이른다.("어이, 친구들! 어서 세금 내서 독일 연합군을 물리치자고!") 그 주인공은 다름 아닌 도널드 덕이었다.[241]

이 만화로 효과를 봤음이 분명하다. 2년 후에 한계 세율이 최고 94퍼센트까지 적용되어 역사적 고점을 찍은 것을 보면 말이다. 다른 나라는 더 높았다. 1960년대 영국에서는 최고 소득자들에게 한계 세율 96퍼센트를 적용했는데 그 영향으로 비틀스The Beatles는 자신들의 가장 위대한 앨범[242]의 첫 곡 〈택스맨〉Taxman을 이런 통렬한 가사로 시작했다.

> 어떻게 돌아가는지 말해 줄게
>
> 너는 하나를 갖고, 난 열아홉을 갖는 거야[243]

높은 한계 세율로 생긴 정말 특이한 이야기는 따로 있다. 어디 이야기일까? 바로 스웨덴이다. 그 이야기를 내가 직접 하기보다는 아동 문학가 아스트리드 린드그렌Astrid Lindgren에게 넘길까 한다. 그녀는 1976년 석간신문 〈엑스프레센〉Expressen에 자신의 경험을 풍자한 글을 발표했다. 이 글은 모니스마니아Monismania라는 나라에 사는 폼페리포사Pomperipossa라는 여성[244]의 이야기다. 이 나라에 사는 몇몇 사람들이 복지 국가의 돈줄인 '가혹한 세금'을 두고 불평을 늘어놓았다. 하지만 폼페리포사는 한계 세율이 83퍼센트나 되는데도 불만이 없었다. 그 대신 그녀는 자신이 17퍼센트를 가져가는 데 만족하고 "마음 가득 기쁨을 느꼈다." 그녀는 "계속 즐겁게 인생의 길을 걸어갔다."

이제 폼페리포사(작가 린드그렌의 대리인)가 어린이책을 썼다. 정부가 볼 때 이 경우 그녀는 '소기업 소유주'에 해당하기 때문에 사회적 고용주social employer 세금을 내야 했다. 하지만 폼페리포사는 친구가 지적해 주기 전까지 이게 무슨 의미인지 이해하지 못하고 있었다.

> "너의 올해 한계 세율이 102퍼센트라는 사실, 알고 있어?"
> 폼페리포사가 말했다. "말이 되는 소리를 해. 그런 퍼센트는 존재하지도
> 않아."
> 그녀는 고등 수학을 잘 몰랐다.

그래서 아주 웃긴 시나리오가 등장했다. 폼페리포사가 1달러를 벌 때마다 정부에 1달러를 주고도 추가로 2센트를 더 빚지게 된 것이다. 많이 벌수록 더 가난해지는 '과세 등급 상향 조정'의 진정한 악몽이 현실화된 셈이다. 폼페리포사의 경우, 이런 악몽이 한 번으로 끝나지 않고 굴 속으로 뛰어든 앨리스처럼 무한히 이어지는 미끄럼틀을 타고 추락하게 됐다. 책이 많이 팔릴수록 그녀는 점점 재산을 탕진하게 된다.

> "전 세계 구석구석에 앉아 있는 이 어린아이들. (······) 책을 읽고 싶어 안달
> 난 이 아이들의 열망이 올해는 내게 돈을 얼마나 벌어다 줄까?" (······) 그
> 녀가 한 치의 의심도 하지 않는 순간, 어마어마한 고액 수표가 인정사정없

이 그녀를 공격할지도 모른다.

그녀가 처음 벌어들인 15만 달러에 대해서는 4만 2000달러를 가져갈 수 있다. 하지만 그 뒤로는 가슴 아픈 일들만 벌어진다. 추가 소득이 생기면 그냥 돈이 증발하는 데서 끝나지 않고, 앞서 벌어 놓은 소득도 함께 가져간다. 세전 금액으로 10만 달러를 더 벌 때마다 그녀의 소득은 세후 기준으로 2000달러가 줄어든다.

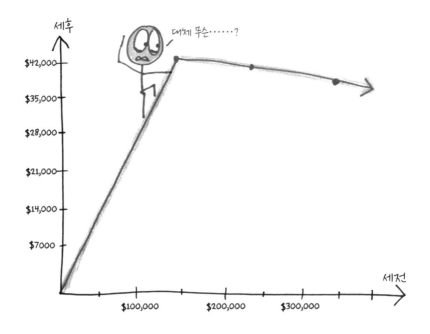

폼페리포사가 계산해 보니 200만 달러를 벌면 최악의 사태가 벌어진다. 수중에 겨우 5000달러만 남는 것이다. 도저히 믿을 수 없는 상황이었다.

그녀는 혼자 중얼거렸다. "정신 차리자. (……) 소수점이니 뭐니 해서 분명 잘못 계산한 거야. 분명 5만 달러가 남아야 한다고." 다시 계산을 해 보았다. 하지만 결과는 눈곱만큼도 바뀌지 않았다. (……) 그녀는 책을 쓰는 것이 아주 더럽고 부끄러운 일이라는 것을 이해하게 됐다. 그러지 않고서야 이런 가혹한 형벌을 받을 이유가 없을 테니까.

이 이야기는 폼페리포사의 수입이 모두 세금으로 빠져나가고 그녀가 결국 생활 보호 대상자로 전락하는 대목에서 끝난다. 마지막 문장은 이렇다. "그리고 그녀는 두 번 다시 책을 쓰지 않았다."

이 이야기에 등장하는 수치는 린드그렌의 삶에서 직접 가져온 것들이다. 이 수치를 보면 요즘 스웨덴의 최고 세율(겨우 67퍼센트)은 구식 수동 버터 제조기처럼 별나 보일 지경이다.

'모니스마니아에 사는 폼페리포사' 이야기는 스웨덴 사회에 불을 붙였고[245] 거기서 촉발한 격렬한 논쟁 덕분에 스웨덴 사회 민주당은 40년 만에 처음으로 선거에서 졌다. 오랜 사회 민주당 지지자였던 린드그렌은 불만이 컸지만 그래도 계속 사회 민주당에 투표했다.

다시 미국 이야기로 돌아오자. 소득세를 둘러싼 논란은 한 세기가 지났는데도 그 어느 시대 못지않게 강렬하게 이어지고 있다.

내 학생들의 세금 제도 설계 프로젝트에는 이 논란의 거의 모든 측면이 담겨 있다. 어떤 학생은 소득 재분배라는 명분 아래 세율을 크게 올리기도 하고, 어떤 학생은 경제 성장을 촉진한다는 명분 아래 세율을 낮추기도 한다. 성미가 고약하지만 그만큼 똑똑한 어떤 학생은 역진세 제도를 설계했다. 이 제도에서는 소득 수준이 높으면 한계 세율이 낮아진다.[246] 그 학생은 가난한 사람이 돈을 벌도록 동기를 부여할 장려책이 필요하다고 주장했다. 어쩌면 진지하게 한 소리일 수도 있고, 어쩌면 공화당 정치인을 풍자한 것일 수도 있고, 어쩌면 그냥 나를 놀리려고 한 소리일 수도 있다.(그 학생은 A 학점을 받았다.) 로빈 후드식의 급진적인 경제 정의를 추구하는 어떤 학생은 100퍼센트에 가까운 세율을 선택했다. 몇몇 학생은 엄청난 갑부들에게 폼페리포사의 운명을 맛보게 해 줄 요량으로 100퍼센트가 넘는 세율을 선택하기도 했다. 또 어떤 학생들은 아예 소득세라는 틀에서 빠져나와 완전히 새로운 방식을 꿈꾸기도 했다.

요약하면 독창성은 넘쳐 나는데 일치된 의견은 찾아보기 힘들었다. 아마도 미국이 그래서 미국이 아닐까 싶다.

## 제23장

# 미국 대선은
# 빨강 파랑 색칠 놀이?!

미 국 사람들은 국민의, 국민에 의한, 국민을 위한 정부를 믿는다. 그런 나라의 국민이 뭔가를 두고 뜻이 하나로 모이는 경우가 없으니 부끄러운 일이다.

가족끼리 피자 토핑을 두고도 합의를 보기가 쉽지 않다. 하지만 미국이라는 말도 많고 탈도 많은 이 민주주의 국가는 이보다 훨씬 중차대한 문제를 두고 어떻게든 기냐, 아니냐 하는 집단적 결정을 내려야만 한다. 전쟁을 할 것이냐, 말 것이냐. 대통령으로 이 사람을 뽑을 것이냐, 저 사람을 뽑을 것이냐 등등. 대체 어떻게 제각각인 3억 명의 목소리를 조화로운 하나의 합창으로 묶을 수 있을까?

여기에는 기술적인 작업이 필요하다. 인구 조사를 하고 득표수를 세고 집계를 하고 그 결과에 따라 자리를 배분한다. 이런 수량화 작업은 조금 건조하긴 해도 절대 빠져서는 안 되는 요소다. 요컨대 대의 민주주의representative democracy는 결국 수학 행위이기 때문이다.[247]

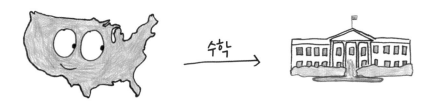

가장 단순한 민주주의 제도를 '다수결 원칙'majority rules이라고 한다. 이것은 하나의 분기점tipping point을 만들어 낸다. 50퍼센트라는 기준선이다. 이런 제도 아래서는 단 한 표가 당신을 '패자'에서 '승자'로 만들어 줄 수 있다.(물론 반대도 가능하다.)

하지만 '단순함' 따위는 잊어버리자. 지금 우리는 미국 이야기를 하고 있다! 대통령을 뽑기 위해 미국에서는 선거인단Electoral College이라는 아주 특이한 것을 만들어 냈다. 선거인단은 분기점 수십 개를 뒤섞어 놓은 희한한 수학적이고 정치적인 제도다. 이 제도는 '빨간 주'(공화당)와 '파란 주'(민주당)를 둘러싼 열띤 대화에 기름을 부을 뿐만 아니라 선거판에 아주 재미있는 수학적 특성을 부여한다. 이 장에서는 선거인단에 얽힌 이런 우여곡절을 추적해 보려고 한다.

1. 이것은 한 층의 사람으로 시작한다.
2. 이것이 한 층의 수학이 된다.
3. 이것이 주별 '승자 독식' 시스템으로 바뀐다.
4. 여기까지 온 다음부터는 전체 득표수와 비슷하게 작동하지만 깜짝 놀랄 재미있는 일들이 몇 가지 벌어진다.

결국 선거인단에 대한 이해는 한계 분석marginal analysis 문제로 귀결된다. 미국 민주주의라는 3억 인ㅅ 1각 경기(이인삼각 경기의 3억 명 버전)에서 한 걸음은 대체 무슨 의미일까?

## 1. 선거인단 게임

1787년 여름, 필라델피아. 귀족 가발을 쓴 사람 쉰다섯 명이 미국 중앙 정부 수립을 위한 새로운 계획을 타결하기 위해 매일 모였다. 이들이 설계한 것이 바로 오늘날 미국 '헌법'the Constitution이며, 헌법은 미국 국가 정체성의 토대 위에 치즈 스테이크와 나란히 자리 잡고 있다.

헌법은 '대통령'을 결정하는 정교한 시스템의 개요다. 대통령은 4년마다 한 번씩 특별한 선거인들에 의해 뽑힌다. 이 선거인은 '특정한 국면에서 특별한 목적을 위해 사람들에게 선택받은 사람'[248]이다. 나는 선거인을 일회용 최고 경영자 탐색 위원회라고 생각한다. 이들은 국가의 새로운 지도자를 뽑는 하나의 목표만을 위해 소집되고 그 후에는 해산한다.

선거인은 어디서 나올까?[249] 주州에서 나온다. 각각의 주는 의원 한 사람당 선거인 한 명을 둔다. 선거인은 뭐든 주별로 원하는 방식을 사용해서 선출하면 된다.

이런 제도를 만들게 된 것은 지역 시민들은 오직 그 지역 정치인만 안다는 논리 때문이었다. 해시태그가 세상에 나오기 수십 년 전의 미개한 시기에 시민들이 멀리 떨어져 얼굴도 모르는 사람의 말발과 헤어스타일을 어떻게 판단할 수 있었겠는가? 사람들이 세 단계를 거치는 선거인단 제도를 선호하게 된 것도 바로 그래서였다. 첫째 단계에서는 시민들이 자기네 주의 대표를 뽑는다. 둘째 단계에서는 이 대표가 선거인을 선택한다.(또는 선거인 선택을 위한 시스템을 만든다.) 셋째 단계에서는 이 선거인들이 대통령을 결정한다.

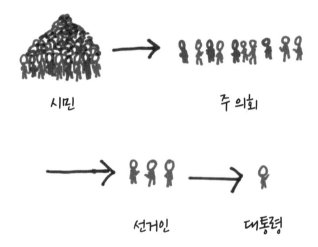

시민    주 의회

선거인    대통령

하지만 1832년에는 사우스캐롤라이나를 제외한 모든 주가 선거인들을 민주주의식 경쟁에 뛰어들게 하여 의회가 아니라 시민이 결정하는 방식을 선택했다.

뭐가 바뀌었을까?

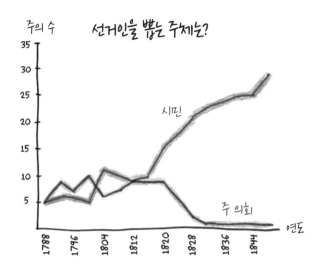

주의 수

선거인을 뽑는 주체는?

시민

주 의회

연도

위선적이긴 했지만 장점도 있었다. 유권자가 후보 한 사람, 한 사람의 양심을 들여다볼 필요가 없어진 것이다. 그냥 정당 강령을 두루 살펴본 다음 마음에 드는 팀에 표를 던지기만 하면 됐다. 중개자가 필요 없어진 것이다.

그리하여 미국 대선 제도는 사람 '선거인'에서 추상적인 '선거인단에 의한 투표'electoral votes로 바뀌었다. 정치인의 층이 수학의 층으로 대체된 셈이다.

물론 헌법의 많은 요소들처럼 이 시스템도 노예 제도에 유리한 내용을 담고 있었다.[250] 이것은 어떻게 작동했을까? 주마다 의원 한 사람당 선거인 한 명을 갖는다는 점을 떠올려 보자. 의원에는 상원 의원(한 주에 두 명)과 하원 의원(인구 비율에 따라 다양하다. 1804년에는 한 주에 한 명에서 스물두 명까지 있었다.)이 포함된다.

선거인    =    상원 의원    +    하원 의원 방정식의 절반을 차지하는 상원 의원은 작은 로드아일랜드(당시 인구 10만 명 미만)와 거대한 매사추세츠(40만 명 이상)를 동등하게 취급하여 작은 주에 힘을 실어 주었다. 하지만 진짜 반전은 하원 의원 쪽에서 펼쳐진다. 필라델피아 55인은 하원 의원 수를 배분할 때 총인구에 노예를 포함할지를 두고 토론을 벌였다. 포함한다면 노예를 소유한 남부의 대표가 더 많아진다. 포함하지 않는다면 반대로 북부가 혜택을 입는다.

결국 이들은 노예를 부분적으로 세는 절충안을 만들어 낸다. 노예 다섯 명을 세 사람으로 쳐 주기로 한 것이다. 이렇게 해서 5분의 3이라는 법률 역사상 가장 악명 높은 분수가 탄생한다.

선거인단은 마치 이메일 첨부 파일에 숨어 있는 바이러스처럼 이 노예 제도 친화적인 절충안을 대통령 선거에 끌어들인다. 1800년에 실제 선거인이 몇 명 이었는지 센[251] 다음 이것을 노예를 세지 않는 가상 체계와 비교해 보자.

| 주 | 선거인 | 노예를 세지 않았다면 | |
|---|---|---|---|
| 버지니아 | 24 | - 5 | |
| 노스캐롤라이나 | 14 | - 1 | |
| 메릴랜드 | 11 | - 2 | |
| 사우스캐롤라이나 | 10 | - 1 | 남부 -10 |
| 켄터키 | 8 | | |
| 조지아 | 6 | - 1 | |
| 테네시 | 5 | | |

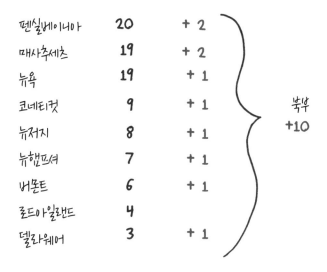

| | | | |
|---|---|---|---|
| 펜실베이니아 | 20 | + 2 | |
| 매사추세츠 | 19 | + 2 | |
| 뉴욕 | 19 | + 1 | |
| 코네티컷 | 9 | + 1 | 북부 +10 |
| 뉴저지 | 8 | + 1 | |
| 뉴햄프셔 | 7 | + 1 | |
| 버몬트 | 6 | + 1 | |
| 로드아일랜드 | 4 | | |
| 델라웨어 | 3 | + 1 | |

선거인 열 명 정도 변동하는 거라면 별것 아니지 않나 싶을 수도 있다. 그렇지 않았다. 미국 개국 이래 첫 36년 가운데 32년은 노예를 소유한 버지니아 사람들이 대통령 선거를 좌지우지했다. 딱 한 번, 매사추세츠주 출신 존 애덤스John Adams에서 중단됐다. 그는 1800년에 재선 공천을 아깝게 놓쳤다. 사실 너무 아깝게 놓쳤기 때문에 선거인 열 명이면 결과가 뒤바뀌었을 것이다.

## 2. 어째서 '승자 독식'이 승리하여 모든 것을 독식했나

격렬했던 1800년 선거 이후 토머스 제퍼슨Thomas Jefferson은 취임 연설에서 화해의 의사를 밝혔다. 그는 두 정당이 공통의 원리, 공통의 꿈을 공유한다고 말했다. "우리는 모두 연방주의자입니다. 우리는 모두 공화주의자Republicans입니다."

하지만 오늘날의 선거인단을 보면 음과 양이 조화를 이룬 화목한 국가가 눈에 들어오지 않는다. 그보다는 빨강과 파랑으로 채워진 지도가 보일 것이다.[252] 캘리포니아는 완전히 민주당 밭이다. 텍사스는 온통 공화당 밭이다. 하나 된 '우리'는 없다. 오직 '우리'와 '그들'이 있을 뿐이다. 막대한 이해 관계가 걸린 2인용 보드게임처럼 말이다.

선거인단이 어떻게 여기까지 왔을까?

여기서부터는 수학자들의 코가 씰룩거리기 시작한다. 물론 투표는 국민이 한다. 하지만 국민이 던진 표는 어떻게 합계되고 집계될까? 대체 어떤 수학적 과정이 정제되지 않은 국민의 선호도를 최종 선거인의 선택으로 전환해 줄까?

오늘날의 미네소타주를 보자. 당신은 표 300만 장을 어떻게든 정리해서 선거인 열 명을 만들야 한다. 어떻게 할 것인가?

한 가지 조건이 있다. 실제 득표수 비율대로 선거인을 할당해야 한다. 60퍼센트를 득표한 후보는 선거인 여섯 명을 확보하고[253] 20퍼센트를 득표한 후보는 선거인 두 명을 확보하는 식이다.

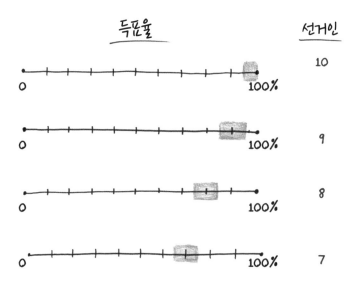

이 시스템은 논리적이었지만 호응을 얻지 못했다. 초기에 테네시주에서 유권자가 자치주 대표를 뽑고, 자치주 대표가 선거인을 뽑고, 선거인이 대통령을 뽑는 등 여러 주에서 이상한 시스템을 이것저것 시도했지만 득표수 비율대로 가기로 결정한 곳은 하나도 없었다.

한 가지 대안으로 **지리에 따라** 선거인을 할당하는 방법이 있었다. 선거인이 열 명이니까 주를 열 구역으로 나누어 각 구역의 승자마다 선거인을 한 명씩 할당하면 될 것 아닌가?

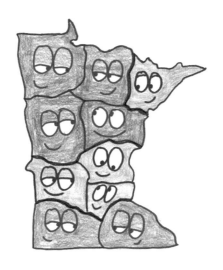

이 시스템은 1790년대와 1800년대 초반에 전성기를 누리다가 그 후로는 사라졌다.

현재 남아 있는 방법 가운데 여기에 제일 가까운 것은 **하원 의원 지역구에 따라** 선거인을 고르는 방식이다. 각각의 주는 선거인 수가 하원 의원 수보다 두 자리 더 많기 때문에 마지막 선거인 한 쌍은 주 전체 투표에서 이긴 쪽이 가져간다.

요즘에는 네브래스카와 메인, 딱 두 주에서만 이런 파격적인 시스템을 시행하고 있다.

그러면 나머지 마흔여덟 주는 대체 어떻게 하고 있을까? 이들은 급진적인 제도를 따르고 있다. 바로 승자 독식이다. 이런 접근 방식에서는 주 전체 투표에서 승리한 쪽이 선거인을 모두 가져간다.

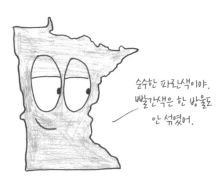

'승자 독식'은 의미가 대단히 강력하다. 얼마나 큰 표차로 승리했는지는 중요하지 않다. 2000년 대선에서 조지 부시는 플로리다에서 600표도 안 되는 표차로 승리했다. 그리고 재선에서는 40만 표 차이로 승리했다. 하지만 조지 부시 입장에서는 큰 표차로 이겨도 박빙의 승리보다 더 나을 것이 없었다. 나올 수 있는 득표율은 연속해서 다양하게 펼쳐지지만 승자 독식 방식은 이것을 단 두 개의 결과로 압축한다. 필라델피아 55인이 구체적으로 명시하지도, 생각지도 않았던 방식으로 말이다.

그렇다면 도대체 왜 전체 주 가운데 96퍼센트가 이런 방식을 채택하고 있을까?

이 문제는 전략 선택의 수학인 게임 이론game theory과 직결되어 있다. 결과를 이해하려면 주에서 활동하는 정치인의 속마음을 들여다볼 필요가 있다.

캘리포니아에서 시작해 보자. 이곳의 주 의회는 민주당이 꽉 잡고 있다. 그리고 놀랍게도, 정말 놀랍게도 대통령 투표 역시 민주당이 더 많이 받는 경향이 있다. 이런 상황에서 당신이 비례 할당 방식과 승자 독식 방식 가운데 하나를 선택할 수 있다고 해 보자.

당신이 민주당 사람이라면 승자 독식 방식이 훨씬 유리하다. 다른 방식을 택하면 공화당에 선거인을 몇 명 떼어 주게 될 테니 그건 생각할 필요도 없다.

텍사스에서도 마찬가지 논리가 성립한다. 색깔만 뒤바뀔 뿐이다. 승자 독식 방식으로 문단속을 하면 모든 선거인을 공화당이 차지한다. 왜 소중한 선거인을 적에게 떼어 준단 말인가?

우리 주

|  | 비례 할당 방식 | 승자 독식 방식 |
|---|---|---|
| 비례 할당 방식 | 어드밴티지 없음 | 우리 정당 어드밴티지 |
| 승자 독식 방식 | 상대 정당 어드밴티지 | 어드밴티지 없음 |

이론적으로 봤을 때 모든 주가 비례 할당 방식을 채택하면 두 정당 모두 이득이 없다. 이는 결투를 벌이고 있는 양쪽이 동시에 총을 내려놓는 것과 비슷하다. 앞 페이지 그림에서 왼쪽 위 박스가 이런 상황이다.

하지만 이건 불안정한 균형 상태다. 일단 적이 총을 내려놓는 것을 보고 그 상대가 총을 다시 집어 들 수도 있다. 이걸 보고 모든 주가 다시 총을 집어 들면 오른쪽 아래 박스 상황이 된다. 이게 바로 미국의 96퍼센트가 현재 처한 상황이다.[254]

선거인단에 대한 설명을 듣다 보면 주와 주의 경계가 중요하다는 생각이 든다. 하지만 주의 입법자들은 그런 식으로 행동하지 않는다. 모 아니면 도 시스템을 선택하여 자기 정당에 가장 유리하게 행동한다. 설사 주의 정치 수준을 후퇴시키는 행동이라 해도 말이다.

그 사례로 텍사스주에서 마지막 열 번의 선거 결과가 어떻게 나왔는지 살펴보자.

| 연도 | 승자 |
| --- | --- |
| 2016 | 공화당 |
| 2012 | 공화당 |
| 2008 | 공화당 |
| 2004 | 공화당 |
| 2000 | 공화당 |
| 1996 | 공화당 |
| 1992 | 공화당 |
| 1988 | 공화당 |
| 1984 | 공화당 |
| 1980 | 공화당 |

내가 이렇게 단순한 존재였나?

승자 독식 방식으로 간다는 것은 결국 주 경계선에 이런 간판을 크게 걸어 놓는 행위나 마찬가지다. "우리 유권자가 무슨 생각 하는지는 걱정할 거 없어. 여기는 죽으나 사나 공화당이니까!" 승자 독식 방식에서는 55퍼센트나 85퍼센트나 똑같이 좋고, 45퍼센트가 15퍼센트보다 나을 것이 없다. 승자 독식 방식은 선거가 시작하기도 전에 이미 끝난다는 의미다. 그래서 두 정당 모두 굳이 정성 들여 시민을 설득할 정책을 만들 필요를 느끼지 못한다. 어차피 그러든 안 그러든 결과가 똑같은데 괜히 힘쓸 이유가 있겠는가?

반면 선거인을 비례 할당으로 나누면 선거는 이렇게 보일 것이다.

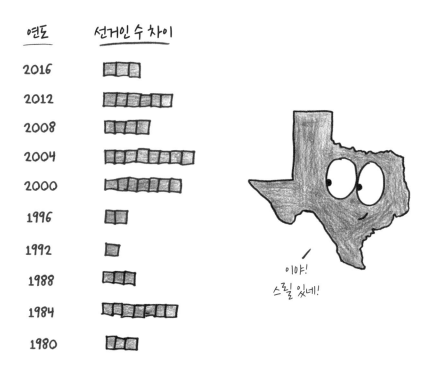

이러면 득표수에 조금만 변화가 생겨도 선거인 수에 실질적인 영향을 미칠 수 있다. 텍사스주에서 유권자가 투표에 관심을 쏟게 만들고 싶다면 마땅히

비례 할당 방식을 선택하여 텍사스주 시민이 투표에 많이 참여할수록 자기가 지지하는 후보가 승리할 가능성이 높아지게 만들어야 한다. 그러면 선거 캠프도 열심히 선거 운동을 해야 할 이유가 생긴다.

그런데 왜 이렇게 하지 않을까? 주의 입법자들은 '우리 주에서 작은 표차가 미치는 영향력을 극대화하는 것'에 관심이 없기 때문이다. 무엇보다 이들은 텍사스 시민, 캘리포니아 시민, 캔자스 시민, 플로리다 시민, 버몬트 시민이기 전에 먼저 민주당원이거나 공화당원이기 때문이다.

# 3. 당파적 흐름

한 세기 동안 선거인단 투표 결과는 미국 전체 득표수와 결과가 똑같았는데 지난 다섯 번의 선거에서는 두 번에 걸쳐 일탈이 일어났다. 2000년에 민주당이 전체 득표수에서 0.5퍼센트 차이로 이겼지만 선거인단 투표에서는 공화당이 다섯 표 차이로 이겼다. 양쪽 투표 모두 종이 한 장 차이였다. 2016년에는 이 격차가 더 커졌다. 민주당이 전체 득표수에서 2.1퍼센트 차이로 이겼지만 선거인단 투표에서는 공화당이 일흔네 표 차이로 이겼다.

이제 선거인단 투표 방식이 공화당에 유리해진 걸까?

선거인단 투표에 관한 현시대 통계학 예언가 네이트 실버는 이 질문의 정답을 찾을 수 있는 멋진 방법[255]을 알고 있다. 이것을 이용하면 2000년이나 2016년 대선처럼 예외적인 선거뿐만 아니라 어떤 선거에서든 선거인단 투표의 어드밴티지를 판단할 수 있다.

이 절차는 다음과 같이 진행된다.(민주당 버락 오바마 대통령이 재선에 성공한 2012년 대선에 적용해 보겠다.)

1. '제일 빨간 주'에서 '제일 파란 주'까지 일렬로 나열한다. 2012년
   에는 유타(48포인트 차로 공화당 승), 다음엔 와이오밍, 다음엔
   오클라호마, 다음엔 아이다호…… 이렇게 쭉쭉 이어지다 버몬
   트, 하와이, 마지막으로 워싱턴 D.C.(84포인트 차로 민주당 승)까
   지 이어진다.

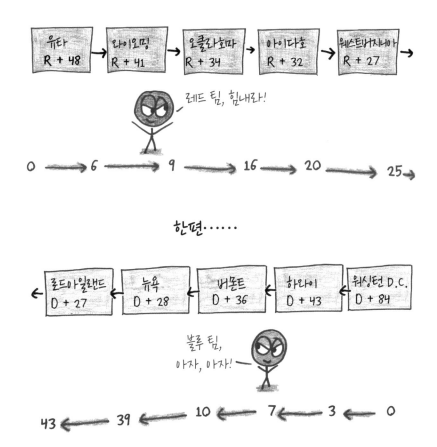

2. 가운데서 '분기점'에 놓인 주를 찾아낸다. 이 주가 바로 승리에 필
   요한 선거인단 인원인 270명을 넘기게 해 준다. 2012년에는 콜로
   라도였고 여기서 민주당은 5.4포인트 차이로 승리를 거두었다.

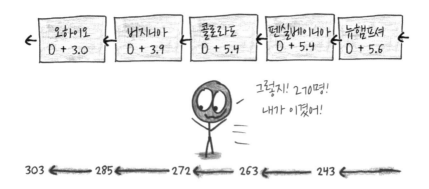

3. 선거가 사실상 무승부가 될 때까지 승자 몫의 득표를 점차 줄여 나간다. 실제로는 민주당이 넉넉하게 전국적 승리를 거두었다. 하지만 이론적으로는 전국 득표율이 5.4퍼센트 낮게 나왔다 해도 한 표 차로 콜로라도만 가져가면 선거에 이길 수 있었다. 따라서 초박빙 선거를 시뮬레이션하기 위해 모든 주에서 민주당의 총득표를 5.4퍼센트 차감하자.

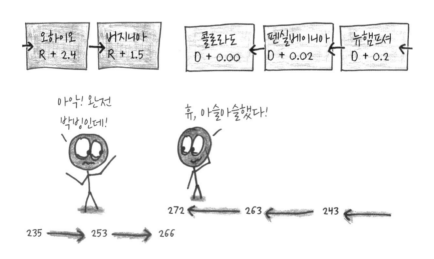

4. 이렇게 전체 득표수를 새로 조정한 결과로 선거인단 투표의 어
   드밴티지를 알 수 있다.

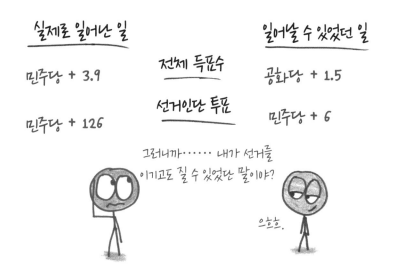

실제로 일어난 일

전체 득표수

일어날 수 있었던 일

민주당 + 3.9

공화당 + 1.5

선거인단 투표

민주당 + 126

민주당 + 6

그러니까…… 내가 선거를 이기고도 질 수 있었단 말이야?

으흐흐.

　때로는 이기는 당에서 필요하지도 않은 어드밴티지를 누리기도 했다(예를 들면 오바마 대통령이 당선된 2008년). 때로는 상대 당의 어드밴티지를 가까스로 극복하기도 했다(예를 들면 조지 부시 대통령이 재선에 성공한 2004년). 하지만 가장 눈에 띄는 부분은 이런 어드밴티지 수위가 여러 해를 거치며 어떻게 출렁거렸는가 하는 부분이다.

　최근 열 번의 선거 가운데 다섯 번은 공화당에, 다섯 번은 민주당에 유리하게 작용했다. 이것을 평균 내면 민주당이 0.1퍼센트 미만으로 어드밴티지를 누렸다고 나온다. 실버는 이렇게 지적한다. "한 선거에서 어느 정당이 선거인단 어드밴티지를 누리느냐, 그리고 4년 후에는 어느 정당이 어드밴티지를 누리느냐 하는 것 사이에는 거의 아무런 상관관계도 존재하지 않는다.[256] 이 부분은 전체 유권자 사이에서 발생하는 비교적 미묘한 변화에 따라 왔다 갔다 할 수 있다."

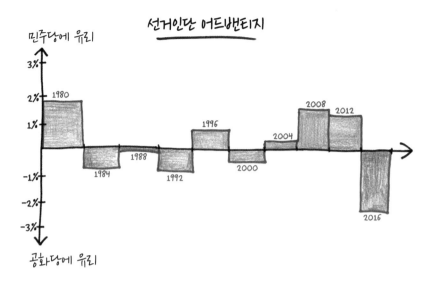

선거인단 어드밴티지

민주당에 유리

3%
2% — 1980
1%
1996
2008 2012
2004
1988
-1% 1984 2000
1992
-2%
2016
-3%

공화당에 유리

이런 점에서 2000년 대선과 2016년 대선은 정말 요행이었던 듯하다. 우리와 가까운 또 다른 평행 우주에서는 공화당은 버락 오바마가 두 번이나 전체 득표수에서 지고도 선거에서 이겼다며 씩씩대고 있고, 민주당은 선거에서만큼은 절대 지지 않는다며 흐뭇해하고 있을지도 모른다.

그렇다면 선거인단 제도의 성격을 대체 어떻게 이해해야 할까?

이 제도는 수학적으로는 대단히 복잡하지만 거의 무작위화randomize에 가까운 역할을 한다. 이것은 (특이한 이유로) 그렇지 못할 때를 제외하고는 전체 득표수 결과를 그대로 따라간다. 11월 대선이 가까워지기 전까지는 당파적 어드밴티지가 어느 쪽에 유리하게 작용할지 예측할 방법이 없다. 사정이 이런데 이 선거 제도를 버려야 할까?

나는 이러니 저러니 해도 결국 수학자다. 우아하고 단순한 것을 사랑하는 사람이라는 뜻이다. 선거인단 제도는 이런 우아함과 단순함이 없다. 하지만 엉뚱하고 별난 통계학적 시나리오를 품고 있다.

나는 전국 일반 투표 협정National Popular Vote Interstate Compact, 즉 아마 플

랜Amar Plan[257]이라는 제안 때문에 무척 즐겁다. 두 법률 전문가 형제가 만들어 낸 이 개념은 아주 간단하다. 주 경계 안에서 무슨 일이 일어나든 상관없이 주의 전체 득표수 승자에게 선거인을 모두 몰아 주기로 약속하자는 것이다. 지금까지 열 개 주와 워싱턴에서 이 제안을 법률로 받아들여 선거인 총 165명이 여기에 따르게 됐다. 만약 충분히 많은 주가 여기에 동참해서 270명 기준선을 넘긴다면 이 주들이 선거인단을 쥐락펴락하게 될 것이다. (그때까지는 현 상태가 계속 유지된다. 이 법은 그 임계량critical mass을 넘어설 때라야 비로소 효력을 발휘하도록 정해졌기 때문이다.)

미국 헌법에서는 주가 자신이 원하는 대로 선거인을 할당할 수 있도록 규정하고 있다. 주에서 선거인을 전체 득표수로 결정하겠다고 하면 그것은 누구도 막을 수 없는 주의 특권이다. 선거인단 제도라는 특이한 역사에서 이는 근소한 차이가 커다란 변화를 이끌어 내는 또 다른 발걸음, 기이하고도 새로운 역사적 전환점이 될 것이다.

**제24장**

# 역사의 카오스

이 장의 제목을 보며 당신이 의아한 시선을 보내는 것도 당연하다. 이렇게 물을지도 모르겠다. "역사요? 수학자라면서요? 역사에 대해 뭐 알긴 알아요?" 내가 바다코끼리, 조세법, 그리고 필라델피아의 가발 이야기 같은 것에 대해 조리 없는 말 몇 마디를 중얼거린다. 그러면 당신은 나를 더 측은하다는 눈빛으로 바라본다.

당신이 이렇게 설명한다. "역사가들은 마구잡이로 펼쳐져 있는 과거 속에서 인과의 패턴을 발견합니다. 당신의 깔끔한 공식과 예스러운 양적 모형은 복잡하게 얽히고설킨 인간 세상에서는 소용없어요."

나는 얼굴을 처박고 앉아 그래프를 그리기 시작하지만 당신은 그런 나를 말린다.

"집에나 가세요, 수학자 양반! 괜히 고집부리다가 망신당하지 말고!"

슬프다! 처음으로 이상한 그림을 블로그에 올리던 그날, 나는 이미 망신을 피할 기회를 영원히 잃고 말았다. 그래서 나는 버벅거리며 내 이야기를 하기 시작한다.

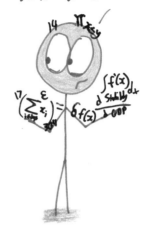

## 1. 반올림 오차에서 생긴 북동풍

1961년 겨울 미국 대서양 연안 동부 지역을 놀라게 만들 두 가지 일이 거의 동시에 일어났다.

첫째, 워싱턴 D.C.에서 존 F. 케네디 John F. Kennedy 대통령 취임 전야에 눈이 15센티미터나 내렸다.[258] 이 눈을 아마겟돈의 신호로 해석하기라도 했는지 불안에 휩싸인 남부 지역 운전자 수천 명이 차를 버리고 도망쳤다. 그러자 재앙 같은 교통 정체가 이어졌다. 미 육군 공병대가 눈을 치우고 대통령 취임식 퍼레이드를 할 길을 어렵사리 만들었지만 결국 수백 대의 덤프트럭과 화염 방사기 때문에 교통 체증만 더 가중되었다.

한마디로 카오스였다.

둘째, 존 F. 케네디 대통령의 고향인 매사추세츠에서 에드워드 로렌츠Edward Lorenz라는 연구자가 뭔가 재미있는 것을 발견했다.[259] 그 전해에 로렌츠는 날씨의 컴퓨터 시뮬레이션 모형을 개발했다. 먼저 이 모형에 초기 조건을 입력한다. 그러면 컴퓨터가 일련의 방정식을 돌려서 그 결과로 나온 다음 날 날씨를 출력해 준다. 이 결과를 그다음 날 날씨를 위한 초기 조건으로 사용해서 이 과정을 계속 반복하면 하나의 출발점으로부터 한 달 치 날씨를 만들어 낼 수 있다.

어느 날 로렌츠는 예전 날씨 시퀀스를 다시 만들고 싶어졌다. 그의 밑에서 일하는 기술자 한 명이 그 값들을 새로 타이핑해서 입력했는데 편하게 작업하려고 수치들을 살짝 반올림했다.(예를 들면 0.506127을 0.506으로.) 기상 관측 장비로도 감지할 수 없는 이런 작은 오차는 분명 묻힐 거라고 생각했다. 그런데 시뮬레이션한 날씨를 보니 몇 주 만에 완전히 다른 결과가 나왔다. 아주 살짝 조정했을 뿐인데 완전히 새로운 사건들이 연쇄적으로 펼쳐진 것이다.

한마디로 카오스였다.

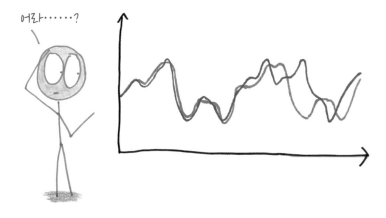

바로 전에 없었던 실험 형식의 수학이 탄생하는 순간이었다. 이 학제적 반란은 곧 '카오스 이론'chaos theory으로 알려지게 됐다. 이 분야에서는 공유된 특성들의 이상한 집합을 가지고 다양한 역학계(몰려드는 폭풍, 소용돌이 유체流體, 유동하는 개체군 등)를 탐험했다. 이 역학계들은 단순하고 엄격한 법칙을 따르는 경향이 있었다. 이런 역학계는 결정론적deterministic이어서 우연이나 확률이 끼어들 여지가 없었다. 하지만 각각의 부분 사이에 미묘한 상호 의존성이 있어서 이 역학계를 예측하기는 불가능하다. 이런 시스템은 작은 변화를 엄청난 연쇄 사건으로 증폭하기 때문에 상류에서 일어난 잔물결이 하류에서는 거대한 파도로 변할 수 있다.

로렌츠와 미국의 수도 둘 다 날씨의 예측 불가능성에 당황했다. 하지만 두 사건 사이에는 이보다 더 깊은 상관관계가 있다. 눈보라의 카오스는 잊어버리고 그 대신 케네디가 취임했다는 사실 그 자체를 생각해 보자.

그보다 세 달 앞서서 케네디는 미국 역사상 가장 박빙의 승부로 리처드 닉슨Richard Nixon을 물리치고 당선됐다. 그는 전체 득표수에서 불과 0.17퍼센트 앞섰고 일리노이주(9000표)와 텍사스주(4만 6000표)에서 간신히 승리를 챙긴 덕분에 선거인단 투표에서 이길 수 있었다. 반세기가 지난 후에도 역사가들은 여전히 부정 선거가 있었다면 케네디의 선거 결과를 뒤집을 수 있었을지 논쟁을 벌이고 있다. (아마도 그런 일은 없었으리라는 판단이 나왔지만 아무도 모를 일이다.) 가까운 평행 우주에서 닉슨이 빠듯한 표차로 승리하는 모습을 어렵지 않게 상상해 볼 수 있다.

하지만 그다음에 벌어질 일을 상상하기는 무척 어렵다.

피그스만 침공Bay of Pigs invasion(1961년 쿠바 혁명 정권 카스트로가 사회주의 국가 선언을 하자 다음 날 미국 중앙 정보국을 주축으로 쿠바 망명자 1511명으로 침략군을 창설해 쿠바를 침공한 사건 — 옮긴이), 쿠바 미사일 위기Cuban missile crisis(1962년 소련이 중거리 핵 탄도 미사일을 쿠바에 배치하려 시도하자 미국과 소련이 대치하여 핵전쟁 직전까지 갔던 국제적 위기 — 옮긴이), 케네디 대통령 암살 사건, 린든 B. 존슨Lyndon Baines Johnson 부통령의 대통령 취임, 공민권법Civil Rights Act(미국에서 흑인 차별을 금지하기 위해 1964년에 제정된 법안 — 옮긴이), 위대한 사회the Great Society(린든 존슨 대통령이 1965년 1월 4일 의회 연단에서 주창한 이념 — 옮긴이), 베트남 전쟁, 워터게이트 사건Watergate(1972년 닉슨 대통령의 재선을 획책하던 비밀 공작반이 워싱턴 워터게이트 빌딩의 민주당 전국 위원회 본부에 도청 장치를 설치하려다 발각된 사건 — 옮긴이) 발발, 빌리 조엘Billy Joel의 불멸의 명곡 〈우리는 불을 지르지 않았다〉We Didn't Start the Fire의 공전의 히트 등등. 이 모든 사건과 그 밖의 일들이 백악관에서 내린 결정에 의해 좌우되었다. 1960년 11월 미국 대선에서 0.2퍼센트만 요동쳤어도 세계사가 완전히 다른 길을 걸었을지 모른다. 북동풍을 탄생시킨 반올림 오차처럼 말이다.

세상이 변하고 있음을 알아차릴 정도로 나이를 먹은 후로 나는 이런 변화를 어떻게 개념화할지 궁금했다. 문명은 직접 겪어 보기 전에는 알 수 없고, 미리 예상할 수도, 상상할 수도 없는 길을 걷는다. 잘 보이지도 않는 한 걸음으로부터 말로 다 할 수 없는 어마어마한 결과들이 튀어나오는 시스템을 우리가 대체 어떻게 이해할 수 있을까?

## 2. 두 종류의 진자

당신은 이렇게 말한다. "아이고, 이 딱한 수학자 양반아. 당신은 지금 별것 아닌 눈보라에 호들갑을 떠는 워싱턴 운전사처럼 쓸데없는 걱정을 하고 있어요."

나는 디즈니 만화에 나오는 조연 캐릭터처럼 휘둥그레진 눈으로 당신을 쳐다본다. 나도 누구 못지않게 예측 가능한 세상을 갈망하는 사람이다.

"인간의 역사는 카오스가 아니에요. 그 안에서 패턴과 경향이 드러나고 있어요. 국가가 성립했다 사라지고, 정치 체계가 등장했다 스러지고, 독재자가 등장해 인스타그램 팔로어들을 끌어모았다가 어느 날 갑자기 추락하죠. 이 모든 일이 전에도 일어났고 미래에도 다시 일어날 거예요."

당신의 말을 들은 나는 잠시 머리를 긁적이다가 진자 이야기로 화답한다.

17세기가 동트던 무렵, 과학은 처음으로 안경을 쓰고 진자를 들여다보다가 기존의 그 어떤 시계보다 믿을 만한 메커니즘을 발견했다. 진자는 단순한 방정식을 따랐다.[260] 진자의 길이를 미터 단위로 측정한 다음 그 제곱근을 구해서 거기에 2를 곱하는 것이다. 그러면 각각의 주기가 얼마나 긴지 초 단위로 얻을 수 있다. 이 말은 곧 물리적 길이와 시간적 길이 사이에 상관관계가 존재한다는 뜻이다. 공간과 시간의 통합이다. 아주 멋지다.

수학자들은 진자를 '주기적'periodic이라고 한다. '규칙적인 간격을 두고 반복된다'는 의미다. 물결치는 파도, 밀려오고 밀려가는 조류와 비슷하다.

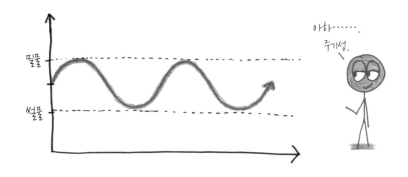

물론 진자도 완벽하지는 않다. 마찰, 공기 저항, 닳아 없어지는 끈 등등. 하지만 태산이 산들바람에 흔들리지 않듯 진자의 신뢰도 역시 이런 사소한 잡음에 흔들리지 않는다. 20세기 초반에 진자를 기반으로 만든 가장 정교한 시계는 1년에 1초 안쪽으로 정확도를 유지했다. 지금까지 진자가 질서 정연한 우주의 상징으로 남아 있는 이유도 이 때문이다.

그런데 여기서 반전이 일어난다. 이중 진자double pendulum[261]의 등장이다.

이중 진자는 그냥 진자에 진자를 덧붙인 것에 불과하다. 이것 역시 여전히 물리학 법칙의 지배를 받고 여전히 일련의 방정식으로 기술된다. 따라서 당연히 그 사촌인 단진자와 비슷하게 움직일 것이다. 그렇지 않은가? 글쎄다. 어디 보자. 이중 진자의 흔들림은 거칠고 변덕스럽다. 갑자기 왼쪽으로 움직인다. 그리고 다시 오른쪽으로 튕겨 나간다. 그러고는 풍차처럼 돌았다가 갑자기 멈추고, 다시 이런 과정을 반복한다. 다만 그 전과 똑같이 움직이는 법은 없다.

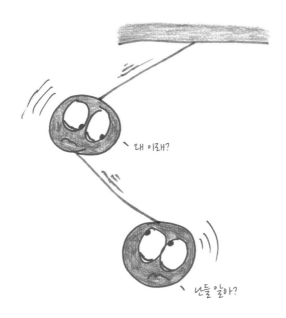

대체 무슨 일이 일어나고 있을까? 수학적으로 볼 때 이 움직임은 '무작위'가 아니다. 여기서는 우주의 주사위도, 양자 룰렛도 끼어들지 않는다. 이 이중 진자는 중력의 지배를 받고 물리 법칙에 얽매여 있는 시스템이다. 그런데 왜 이런 괴짜 같은 행동이 나타날까? 왜 그 움직임을 예측할 수 없을까?

한마디로 '민감도'sensitivity 때문이다.

이중 진자를 한 위치에서 놓고 어떤 궤적을 그리는지 기록해 보자. 그런 다음에 딱 1밀리미터 떨어진 거의 동일한 위치에 다시 놓고 지켜보자. 그러면 이중 진자는 완전히 다른 경로를 따른다. 전문 용어로 말하면 이중 진자는 '초기 조건에 민감하다.' 날씨 시뮬레이션과 마찬가지로 시작할 때 가해진 작은 동요perturbation가 끝에 가서는 극적인 변화로 이어질 수 있다. 이런 경우에 제대로 행동을 예측하려면 그 초기 조건을 사실상 무한한 정확도로 측정해야 한다.

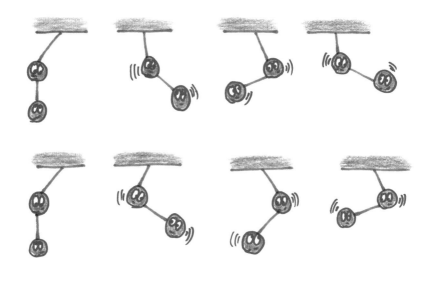

생각해 보자. 역사는 단진자에 가까울까, 이중 진자에 가까울까?

역사가 오른쪽으로 휙 움직인다. 독재자가 무너진다. 역사가 왼쪽으로 다시 흔들린다. 전쟁이 시작된다. 그리고는 휴식을 취하듯 잠시 멈추더니 캘리포니아의 어느 차고에서 알을 깨고 나온 벤처 기업이 이모티콘으로 가득 찬 이미지 속에서 새로운 세상을 만들어 낸다. 인간의 문명은 상호 연결된 시스템이다. 변화에 극도로 민감하고, 짧은 간격을 두고 안정적인 시기와 일진광풍 같은 시기가 번갈아 일어난다. 결정론적 세상이지만 아예 예측이 불가능하다.

수학에서 '비주기적'aperiodic 시스템은 같은 일을 되풀이하기도 하지만 거기서 일관성을 찾아볼 수는 없다. 역사로부터 배우지 않는 자는 그 역사를 되풀이하게 된다는 말을 듣는데 어쩌면 상황이 그보다 더 나쁠지도 모르겠다. 어쩌면 우리는 책을 아무리 많이 읽고 켄 번스Ken Burns 감독의 다큐멘터리를 아무리 많이 봐도 역사를 되풀이할 수밖에 없는 운명일지 모른다. 더 나아가 자기도 모르는 사이에 허점을 찔렸다가 나중에 뒤돌아보고 나서야 자신이 역사를 되풀이했음을 깨닫는지도 모른다.

# 3. 인생 게임

당신이 이렇게 꼬드긴다. "에이! 이봐요, 수학자 양반. 사람들이 그렇게 복잡하지가 않다니까."

내가 얼굴을 찌푸린다.

"기분 나쁘게 받아들이지는 말고요. 하지만 당신 행동을 예측하는 일이 그리 어렵지 않아요. 경제학자는 당신의 경제적 선택을 모형화할 수 있어요. 심리학자는 당신의 '인지적 지름길'cognitive shortcuts을 설명할 수 있죠. 사회학자는 당신 정체성에 어떤 특징이 있는지 밝혀내고 당신이 소개팅 앱에서 어떤 사진을 고르는지 조목조목 검토하고 분석할 수 있어요. 물론 물리학이나 화학을 연구하는 사람이 보기에는 성에 차지 않을지도 모르지만 사회 과학자도 놀라울 정도로 정확하게 행동을 예측할 수 있다고요. 인간의 행동은 파악할 수 있습니다. 그리고 역사는 인간 행동의 총합이죠. 따라서 역사 역시 알 수 있지 않을까요?"

단순하다

단순할까?

그 순간 내가 당신에게 컴퓨터로 '인생 게임'Game of Life[262]을 보여 준다. 재미있는 것들이 다 그렇듯 이 게임도 격자로 구성되어 있다. '세포'cell라는 각각의 격자는 '살아 있거나', '죽었거나' 둘 중 하나의 상태다. 공평하게 말하면 이것을 '게임'이라고 부르는 건 좀 과장이다. 인생 게임은 변경할 수 없는 자동 규칙을 따라 단계별로 펼쳐지기 때문이다. 그 규칙은 다음과 같다.

### 1. 죽은 세포 주변으로 살아 있는 이웃이 세 개 있으면 그 세포가 되살아난다.

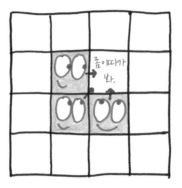

### 2. 아니면 죽은 세포는 계속 죽은 상태로 남는다.

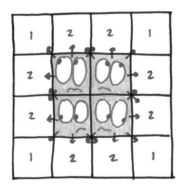

### 3. 살아 있는 세포가 살아 있는 이웃을 둘이나 셋 두고 있으면 계속 살아남는다.

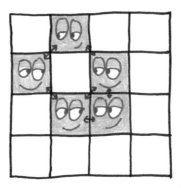

### 4. 아니면 살아 있는 세포가 죽는다 (외로워서 죽든가 지나치게 붐벼서 죽든가).

이게 전부다. 게임을 시작하려면 그냥 세포 몇 개를 살려 낸 후 이 규칙에 따라 보드가 단계별로 변화하는 모습을 지켜보면 된다. 작은 눈덩이를 살짝 밀기만 하면 언덕을 따라 알아서 잘 굴러가는 것과 비슷하다. 더 이상 입력할 필요 없다.

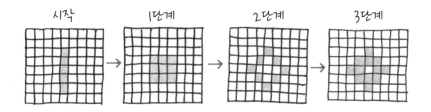

이런 세상에서는 심리학 학위를 따기가 쉬워도 너무 쉽다. 그냥 위에 나온 네 가지 규칙만 암기하면 어느 세포든 순간순간의 행동을 흠잡을 데 없이 정확하게 예측할 수 있다.

하지만 이 게임 판의 장기적 미래는 불분명한 상태로 남아 있다. 세포 무리가 예측하기 힘든 미묘한 방식으로 상호 작용하기 때문이다. 다음과 같은 패턴을 입력하면 끝없는 성장이 일어난다. 원래 격자에서 살아 있는 세포를 하나만 지워도 성장은 점차 흐지부지해져 버린다.

자그마한 규모에서의 단순성이 커다란 규모에서 기이한 창발적 행동emergent behavior으로 대체된다.

어째서 심리학자가 되었느냐는 질문에 아모스 트버스키가 대답한 말이 떠오른다.

우리가 인생에서 내리는 큰 결정[263]은 사실 무작위적이다. 아마도 작은 결정이 우리의 본질에 대해 더 많은 이야기를 들려줄 것이다. 우리가 어떤 분야를 전공할지는 고등학교에서 어떤 선생님을 우연히 만나느냐에 달려 있는지도 모른다. 우리가 누구와 결혼할지는 결혼 적령기에 우연히 주변에 누가 있었느냐에 달려 있을지도 모른다. 반면 작은 결정들은 아주 체계적이다. 내가 심리학자가 되었다는 사실로는 내가 누구인지 잘 드러나지 않는다. 하지만 내가 어떤 종류의 심리학자인지는 내면 깊이 숨어 있는 속성을 반영하고 있는지도 모른다.

트버스키의 관점에서 보면 작은 선택들은 예측 가능한 인과 관계를 따른다. 하지만 큰 규모에서 일어나는 사건들은 악마같이 복잡하고 상호 연결되어 있는 시스템이 만들어 낸다. 이런 시스템 안에서는 모든 움직임이 맥락에 좌우된다.

인간의 역사도 마찬가지라고 생각한다. 한 사람은 예측할 수 있다. 하지만 군중은 그렇지 않다. 군중의 정교한 상호 관계는 아무런 까닭도 없이 일부 패턴은 증폭하고 일부 패턴은 지워 버린다.

인생 게임이 로렌츠의 날씨 시뮬레이션과 마찬가지로 컴퓨터 시대에 등장한 것은 우연이 아니다. 본질적으로 카오스는 사람이 머릿속에 그릴 수 있는 종류의 것이 아니다. 인간의 정신은 무엇이든 매끄럽게 펴려는 경향이 너무 강하고 진실을 보기 편한 소수 자리로 반올림해 버리는 습성이 있다. 카오스를 자유자재로 다루어 그 패턴을 드러내려면, 또는 패턴이 없음을 드러내려면 우리 뇌보다 훨씬 더 크고 빠른 뇌가 필요했을 것이다.

# 4. 가지 말고 덤불

당신이 한숨을 내쉬며 말한다. "좋아요, 수학자 양반. 무슨 말을 하려는지는 알겠어요. 대체 역사alternate history를 말하고 싶은 거죠? 아주 작지만 중요한 방식으로 과거에 변화를 주었을 경우 문명이 어떻게 다르게 펼쳐졌을지 상상해 보는 거 말이에요."

나는 어깨를 으쓱한다.

당신이 안도하며 소리친다. "아니, 그러면 그렇다고 얘기를 했어야죠! 물론 역사의 경로가 가끔은 가지치기를 하죠. 결정적인 전투가 일어나고, 핵심 선거 결과가 나오고, 모든 것을 좌우하는 결정적인 순간이 생기죠. 하지만 그렇다고 역사가 카오스로 변하지는 않아요. 그저 불확실한contingent 면이 있을 뿐이죠. 그래도 여전히 역사는 논리와 인과 관계에 종속되어 있어요. 역사 분석을 전혀 가망 없는 일처럼 취급할 필요 없다고요."

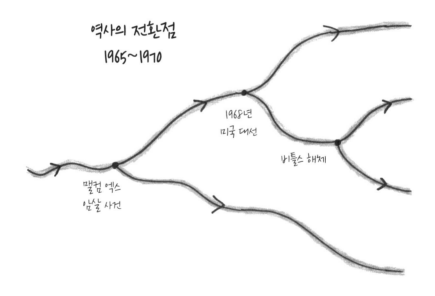

역사의 전환점
1965~1970

1968년
미국 대선

비틀스 해체

맬컴 엑스
암살 사건

이번에는 내가 한숨을 쉬면서 설명할 차례다. 그렇지 않다고, 문제가 그리 호락호락하지 않다고 말이다. 폭탄 하나에서 시작해 보자. 아니, 폭탄 한 쌍이라고 해야겠다. 1945년에 미국은 일본의 두 도시에 원자 폭탄 두 개를 투하했다. 8월 6일에는 히로시마, 8월 9일에는 나가사키. 대안 역사 이야기들은 이 순간을 붙잡고 씨름해 왔다. 킴 스탠리 로빈슨Kim Stanley Robinson의 중편 소설[264] 《럭키 스트라이크》The Lucky Strike를 예로 들어 보자. 이 소설에서는 에놀라 게이Enola Gay(히로시마에 원자 폭탄을 투하한 미국 B−29 폭격기의 애칭 — 옮긴이)가 히로시마에 폭탄을 투하하지 못하고 그 전날 희한한 사고로 파괴되어 핵 시대의 역사적 흐름을 바꿔 놓는다.

하지만 로빈슨은 가능한 역사 몇조 가지 가운데 오직 하나만 전할 수 있다. 만약 역사적인 일본 수도 교토가 끝까지 폭격 목록 제일 꼭대기에 남아 있었다면?[265](실제로 7월까지만 해도 그랬다.) 만약 8월 9일 고쿠라시 상공의 날씨가 비가 오지 않고 맑아서 폭탄의 표적이 고쿠라에서 나가사키로 바뀌지 않았다면? 만약 미국 대통령 해리 트루먼Harry Truman이 폭격하기 전에 히로시마가 확실한 군사 표적이 아니라 민간인 표적임을 깨달았다면?[266](어쩐 일인지 그는 히로시마가 군사 표적이라고 믿었다.) 소설로 상상할 수 있는 것보다 훨씬 더 많은 가능성이 존재한다. 대안 역사는 우리에게 가지 하나를 제시해 주지만 카오스는 이것이 얼기설기 뒤엉킨 덤불을 가지치기해서 나온 것에 불과하다고 경고한다.

실제 역사

역사의 개념

대안 역사는 아무리 잘해 봐도 결코 카오스의 진정한 본질을 다룰 수 없다. 결정적으로 중요한 일들이 매 순간 잠복해 있는 경우에는 선형적인 이야기 전개가 아예 불가능하다. 대안 역사에서 인기 있는 또 다른 질문을 예로 들어 보자. 만약 미국 남북 전쟁에서 노예 제도를 지지하는 남부 연합군이 승리를 거두었다면? 이것은 추측의 소재로 흔히 등장한다. 심지어 공상 과학 소설로 유명하지도 않은 윈스턴 처칠Winston Churchill[267]까지 여기에 끼어들었다. HBO 방송국에서 이런 가정을 바탕으로 〈남부 연합군〉Confederate이라는 프로그램 제작 계획을 발표했을 때 미국 흑인의 역사와 사변 소설speculative fiction 전문가인 작가 타네히시 코츠Ta-Nehisi Coates는 아주 유려한 글로 이렇게 불평을 늘어놓았다.

'남부 연합군'은 충격적일 정도로 독창적이지 못한 개념이다.[268] 특히나 이른바 아방가르드 방송국이라는 HBO에서 하는 프로그램이라면 더더욱 그렇다. "남부군이 이겼으면 어땠을까?"라는 질문은 미국 대안 역사 분야에서 사람들이 뻔질나게 들먹였던 주제다. (……) 아직도 사람들에게 단 한 번도 선택받지 못한 수많은 질문을 생각해 보라. 만약 존 브라운John Brown(미국 노예 제도 폐지 운동가로 1859년 버지니아주 하퍼스 페리의 연방 정부 무기고를 점거했다 체포되어 반역죄로 처형당했다. — 옮긴이)이 성공했다면? 만약 아이티 혁명Haitian Revolution(1791년부터 1804년까지 프랑스 식민지 생도맹그에서 일어나 그 결과 노예제가 폐지되고 아프리카 출신 사람들이 지배하는 최초의 공화국 아이티가 들어선 혁명 — 옮긴이)이 미국의 나머지 지역으로 퍼졌다면? 만약 남북 전쟁이 시작될 때 흑인 병사들도 징집되었다면? 만약 아메리카 원주민이 미시시피에서 백인의 전진을 막아 세웠다면?

대안 역사는 판에 박힌 역사에 등장하는 '위대한 인물'과 '중요한 전투'만 곱씹어 볼 뿐 주류 문화와 결이 어긋나는 조용한 가능성들은 놓치는 경향이 있다. 타당성의 규칙rules of plausibility[269](우리가 믿을 만하고 흥미롭다고 느끼는 이야기가 무엇인지)이 개연성의 규칙rules of probability(실제로 일어날 뻔했던 사건이 무엇인지)을 항상 그대로 반영하지는 않는다.

진정한 카오스는 이야기를 파괴하는 개념이며 폭탄만큼이나 무정부 주의적인 생각이다.


# 5. 우리가 아는 것의 둘레

"그러면 좋아요, 수학자 양반." 당신은 평정심을 찾으려고 손톱을 물어뜯는다. "그러니까 역사를 이해하는 게 쉽지 않다 이거로군요. 역사의 추세는 주기가 없는 신기루 같고, 인과 관계를 추론하려고 해 봤자 실패할 수밖에 없다 이거죠. 인간 문명처럼 고도로 상호 연결되어 있는 시스템에서는 미시적인 변화가 거시적인 효과를 나타내니까 모든 사건이 모든 사건을 일으키는 이유가 된다 이거 아닙니까. 그래서 다음에 무슨 일이 일어날지 우리는 절대 예측할 수 없고 말이죠."

"꼭 내가 무슨 얼간이 같다는 소리로 들리네요."

당신이 부정도 긍정도 하지 않고 나를 빤히 쳐다본다. 잘 알아들었다.

어쩌면 인간의 역사는 카오스 이론가들이 '거의 자동적'almost-intransitive 시스템이라고 부르는 것인지도 모른다. 이 역사는 아주 긴 구간 동안 꽤 안정적으로 보이다가 갑자기 급변한다. 식민주의colonialism가 탈식민주의postcolonialism로 대체된다. 신성 군주제가 자유 민주주의로 대체된다. 자유 민주주의가 기업이 운영하는 무정부 자본주의anarcho-capitalism로 대체된다. 이런 식이다. 역사가들은 다음 전환점 너머에 무엇이 있는지는 보여 주지 못하지만 적어도 앞서 있었던 변화들의 특징이 무엇인지 밝혀내고 지금의 세상을 해명하는 일은 할 수 있다.[270]

카오스는 우리에게 겸손하라고 충고한다. 카오스는 우리가 알 수 있는 것에 한계가 있음을 거듭 가르친다.

1967년에 전설적인 악동이자 카오스 수학자였던 브누아 망델브로Benoit Mandelbrot는 〈영국 해안의 길이는 얼마나 될까〉How Long Is the Coast of Britain라는 짧막하지만 충격적인 논문을 발표했다.[271] 이는 보기보다 어려운 문제다. 이상한 소리로 들리겠지만 영국 해안선의 길이는 어떤 식으로 측정하느냐에 따라 달라지기 때문이다.

10킬로미터짜리 자로 시작해 보자. 그러면 어떤 길이가 나올 것이다.

그다음엔 지도를 확대하고 자를 1킬로미터짜리로 바꾼다. 아까는 직선으로 보이던 구간이 지금은 꽤 들쭉날쭉해 보인다. 짧은 자는 이런 세밀한 부분까지도 측정할 수 있으니까 이것으로 측정하면 해안선의 전체 길이가 더 길어진다.

이게 끝이 아니다. 이번엔 100미터짜리 자로 바꿔 보자. 그러면 같은 과정이 반복된다. 긴 자를 썼을 때는 간과했던 곡선과 잔주름이 이제는 분명하게 드러나기 때문에 총 길이가 길어진다.

이 과정을 계속 반복할 수 있다. 더 가까이 들여다볼수록 해안선은 점점 길어진다. 이론적으로는 무한히 길어진다.

참 이상하다. 대부분의 경우 더 가까이 들여다보면 분명한 해답을 얻는 데 도움이 된다. 하지만 여기서는 정반대로 가까이 들여다볼수록 문제가 드러난다. 문제가 결코 단순화되지도, 해결되지도 않는다.

이런 경향은 코흐 곡선Koch snowflake에서 극단적인 형태로 나타난다. 코흐 곡선은 혹 위에 혹이 있고, 그 혹 위에 혹이, 그 혹 위에 다시 혹이…… 이런 식으로 구성된 수학적 대상이다. 이것이 종이 위에서 차지하는 영역은 매우 소소하지만 이론적으로 보면 그 경계의 길이가 무한하다.

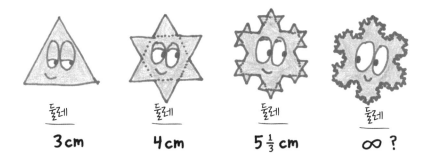

1888년 런던의 화이트채플 근처에서 일어났던 잭 더 리퍼의 연쇄 살인 사건에 대해 추측한 역사를 다루는 그래픽 노블 《프롬 헬》From Hell에서 작가 앨런 무어Alan Moore는 역사학의 본질을 비유하기 위해 코흐 곡선을 끌어들였다. 그는 후기에서 이렇게 적고 있다. "책이 새로 나올 때마다[272] 대상의 가장자리를 따라 더 자세한 부분들이 드러난다. 하지만 그 대상의 영역은 처음에 주어진 원을 넘어 확장할 수 없다. 그 원이 바로 화이트채플의 1888년 가을이다."

무어의 말을 빌리면 역사 연구에는 바닥을 알 수 없는 뭔가가 존재한다.[273] 확대해 볼수록 더 많은 것이 눈에 들어온다. 유한하게 펼쳐진 시간과 공간이 그 안에 무한히 많은 층을 포함하고 있어 꼬리에 꼬리를 물고 무한히 분석할 수 있다. 카오스는 처음부터 끝까지 온통 복잡성이며 결코 마지막 화소가 드러나지도, 끝에 닿지도, 문제가 해결되지도 않는다.

역사는 작은 규모에서는 단순하지만 큰 규모에서는 예측 불가능한 인생 게임과 비슷한 방식으로 카오스적일까? 아니면 하루 단위의 작은 규모에서는 거칠게 요동치지만 장기적으로 평균하면 기후가 안정적으로 유지되는 날씨와 비슷한 방식으로 카오스적일까? 아니면 역사는 코흐 곡선과 비슷해서 모든 수준에서 카오스가 등장하고 모든 규모에서 복잡성이 드러날까? 머릿속에서 이런 비유들이 서로 경쟁을 벌인다. 마치 한 화면에 파워포인트 프레젠테이션 파일 세 개가 동시에 떠 있는 것처럼[274] 말이다. 가끔은 내가 금방이라도 세상을 이해할 것 같은 기분이 들기도 한다. 하지만 뉴스를 보면 세상은 어느새 파악할 수 없는 이상한 모양으로 또다시 바뀌어 있다.

# 감사의 말

이 책을 구성하는 요소들은 어찌 보면 내 몸을 구성하는 원자들과 살짝 비슷하다. 모두 명목상으로, 일시적으로만 '내 것'이다. 이 요소들은 누구 덕분이다, 어디서 왔다 일일이 밝히기 힘들 정도로 여러 많은 출처에서 와서 여러 해 동안 내 글 안에서 순환했다. 내가 할 수 있는 최선이라고는 이 책을 세상에 나올 수 있게 해 준 하나의 생태계가 저기 있노라고 손짓으로 가리키는 것밖에 없을 듯하다.

이 책의 스타일과 관련해 재치 있고 가슴 따뜻한 예일 레코드Yale Record의 모든 직원에게 고맙다. 특히 데이비드 클럼프와 리트, 그리고 마이클스 거버와 손턴에게 감사한다.

이 책의 관점과 관련해 킹 에드워즈 스쿨King Edward's School의 뛰어난 동료 교사들에게 감사하고, 특히 톰, 에드, 제임스, 카즈, 리처드, 네이…… 아, 젠장, 그냥 모든 이에게 감사의 마음을 전한다. 교사들은 장난기 많고 비판적이고 포용적이고 호기심 많고 살짝 제정신이 아닌 족속이다. 이들을 내 사람들이라고 말할 수 있어서 자랑스럽다.

이 책의 목표 의식과 관련해 내 학생들, 그리고 내 선생님들에게 감사하고 싶다. 이들은 수학과 세상에 대해 불가산($\aleph 1$)의 헤아릴 수 없이 많은 방식으로 내 사고방식에 지대한 영향을 미쳤다.

이 책의 오류(특히 내가 감사의 말씀을 빼먹은 경우)에 대해서는 미리 사과의 말씀을 드린다.

이 책이 세상에 나오기까지 감사해야 할 사람이 참 많다. 피드백과 조언을 아끼지 않은 수십 명에 달하는 자애로운 분들에게 감사한다.(주석을 참고하기 바란다.) 내 손글씨를 라디오 방송을 탈 수 있는 형태로 우아하게 자동으로 조정해 준 챙크 디젤, 그리고 나에게 추바카에 대해 가르쳐 준 마이크 올리보, 수많은 이상한 그림들을 아름답게 하나로 엮어 준 폴 케플, 나와 하이픈 사이에서 벌어진 추악한 전쟁에 평화를 가져다준 엘리자베스 존슨, 그리고 베스티 헐스보시, 카라 손턴, 그리고 블랙 도그 앤드 레벤탈Black Dog & Leventhal 팀의 나머지 분들에게도 감사를 전한다. 내가 미처 생각하기 100만 년 전부터 이 책을 제일 먼저 구상하고 완성할 수 있게 도와준 다도 데르비스카딕과 스티브 트로하, 그리고 놀라운 편집 실력을 보여 준 베키 고에게도 감사한다. 편집이라는 일은 책임 프로듀서와 부모의 일 가운데 가장 어려운 것만 골라 합쳐 놓은 일인 듯하다.

가족들에게 사랑과 감사의 마음을 전한다. 짐, 제나, 캐럴라인, 라크, 파리드, 저스틴, 다이앤, 칼, 나의 행복한 삼각형 소라야, 내 감자 마법사 스칸더, 페기, 폴, 카야, 그리고 올린, 호건, 윌리엄스 무리 전체에게도 감사한다. 그리고 사랑의 기억을 담아 감사의 마음을 전하고 싶은 사람들이 있다. 올던, 로스, 폴린 그리고 당연히 도나도 빠질 수 없다.

마지막으로 아내 타린에게 감사한다. 그녀가 수학을 선택했기에 나도 그 길에 함께 올라탈 수 있었다.

# 주석

곁다리 이야기, 출처, 감사의 말, 수학적 세부 사항,
그리고 원문에 쓰기에는 너무 괴상하고 파괴적이어서 쓸 수 없었던 농담들

# 제1부 수학자처럼 생각하는 법

### 제1장 궁극의 틱택토

1  이 게임의 기원은 불분명하다. 1990년대 후반이나 2000년대 초반에 잡지 《게임스》
   에 처음 등장했는지도 모른다.(하지만 《게임스》 사람들한테 물어봤더니 그런 얘기는 처음
   듣는다고 했다.) 2009년에 틱택쿠Tic-Tac-Ku라는 목재 보드게임 버전이 멘사Mensa에
   서 상을 받았다. 어쩌면 이 게임은 춤이나 미적분학처럼 여러 곳에서 독립적으로
   발견되었는지도 모르겠다.

2  2012년에 오클랜드 차터 고등학교에서 이 게임을 처음 보여 주었더니 학생들은 이
   것을 궁극의 '틱택토'라고 불렀다. 내가 2013년에 블로그에 이 제목으로 올린 글이
   이 게임의 인기에 변곡점이 되었던 것 같다. 그 후로는 위키피디아, 몇몇 학술지, 그
   리고 다수 스마트폰 앱에서 모두 이 게임을 이 이름으로 부르기 시작했다. 그래서

내가 하고 싶은 말은 결국 이거다. 우리 학생들아, 자랑스러워해라! 이 이름을 붙인 사람은 바로 너희들이다!

3  이 장의 초고를 읽고 이와 똑같은 질문을 던져 주었던 마이크 손턴에게 고맙다. 마이크의 편집은 레너드 코언이 작곡한 곡이나 헤밍웨이의 글과 비슷하다. 그것들이 좋은 작품임은 늘 알고 있었지만 나이가 들수록 더욱더 그 진가를 발견하게 된다.

4  여기서의 핵심 개념은 얇은 직사각형은 둘레가 불균형적으로 긴 반면, 정사각형에 가까운 직사각형은 넓이가 불균형적으로 크다는 것이다. 따라서 그냥 길고 가는 직사각형(예를 들면 가로 10, 세로 1)과 정사각형에 가까운 직사각형(예를 들면 가로 3, 세로 4)을 고르면 된다.

5  오직 정수만을 사용해서 정답을 찾아내라고 하면 문제가 더 재미있어진다. 여기 무한히 많은 정답을 만들어 내는 공식을 유도해 보았다.

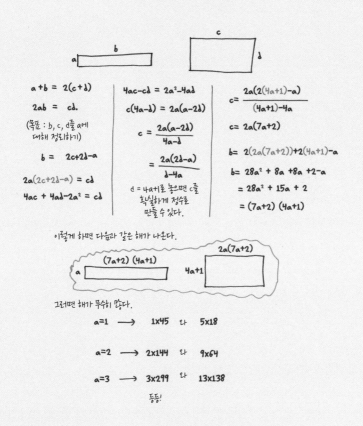

$a+b = 2(c+d)$

$2ab = cd.$

(목표 : b, c, d를 a에 대해 정리하기)

$b = 2c+2d-a$

$2a(2c+2d-a) = cd$

$4ac + 4ad - 2a^2 = cd$

$4ac-cd = 2a^2-4ad$

$c(4a-d) = 2a(a-2d)$

$c = \dfrac{2a(a-2d)}{4a-d}$

$= \dfrac{2a(2d-a)}{d-4a}$

$d = 4a+1$로 놓으면 $c$를 확실하게 정수로 만들 수 있다.

$c = \dfrac{2a(2(4a+1)-a)}{(4a+1)-4a}$

$c = 2a(7a+2)$

$b = 2(2a(7a+2))+2(4a+1)-a$

$b = 28a^2 + 8a +8a +2-a$

$= 28a^2 + 15a + 2$

$= (7a+2)(4a+1)$

이렇게 하면 다음과 같은 해가 나온다.

$(7a+2)(4a+1)$ | a

$2a(7a+2)$ | $4a+1$

그러면 해가 무수히 많다.

$a=1 \longrightarrow$    1×45  와  5×18

$a=2 \longrightarrow$    2×144  와  9×64

$a=3 \longrightarrow$    3×299  와  13×138

등등!

이렇게 하면 무한히 많은 해가 나오지만 이것만 정답인 것은 아니다. d를 다른 값으로 선택해도 c에 정숫값이 나올 수 있기 때문이다. 예를 들면 이 공식은 내가 좋아하는 해인 가로 1, 세로 33과 가로 11, 세로 6을 놓치고 있다. 디오판토스 방정식Diophantine equation의 귀재인 내 동료 팀 크로스는 가능한 모든 정수 해의 특성을 밝힐 수 있는 훌륭한 방법을 알려 주었다. 사람을 골탕 먹이기 좋아하는 수학의 전통에 따라 그 방법은 '독자를 위한 연습 문제'로 남기겠다.

6    실제 전략을 여기서 설명하기에는 조금 너무 복잡한 듯하고 다음 사이트에 가 보면 칸 아카데미Khan Academy 사람들이 사용한 방법을 확인할 수 있다. https:// www. khanacademy.org/computer-programming/in-tic-tac-toe-ception-perfect/1681243068

7    전체 이야기를 읽어 보기를 권한다. Simon Singh, *Fermat's Last Theorem* (London: Fourth Estate Limited, 1997).

8    이 인용문은 내가 재미로 읽어 본 유일한 사전에서 따왔다. David Wells, *The Penguin Dictionary of Curious and Interesting Numbers* (London: Penguin Books, 1997).


## 제3장 수학자들은 수학을 어떻게 바라볼까?

9    솔직히 말하면 〈헝거게임〉이 더 내 취향이다.

10   세상에서 가장 호기심 많고 분석적인 마이클 퍼샨은 내가 직접 찾아가 보기도 전에 이 '전략'을 설명해 주었다. 이 장을 도와준 그에게 고맙다.

11   다음 사이트에 가 보면 아주 멋진 애니메이션이 나와 있다. www.geogebra.org/m/WFby-hq9d


## 제4장 과학과 수학은 서로를 어떻게 바라볼까?

12   나는 수학자인 아내와 결혼한 지 5년째인데 아직은 아내가 내 이름을 기억하는 것

같다.

13 더 자세한 내용은 다음을 참조하라. Matt Parker, *Things to Make and Do in the Fourth Dimension* (London: Penguin Random House, 2014).

14 이 부분에서 도움을 준 매슈 프랜시스와 앤드루 스테이시에게 고맙다. 나는 우주가 '유클리드 기하학'보다는 '쌍곡 기하학' 또는 '타원 기하학'을 따른다고 주장하고 싶었는데, 두 사람이 실제 그림은 이 간단한 기하학들이 헤아리기 어려운 방식으로 짜깁기되어 있다고 알려 주었다.

스테이시는 이렇게 말했다. "리만 기하학은 유클리드 기하학을 수많은 방식으로 일반화하고 있고 또 훨씬 더 풍부해졌지만 그 과정에서 몇 가지를 잃어버렸다. 공간 속의 다른 점들이 서로 어떻게 관련되어 있는지 말할 수 있어야 존재 가능한 개념들이 주로 사라졌다." 여기에는 '평행'이라는 개념도 포함된다.

프랜시스는 이런 흥미로운 역사적 오점을 덧붙여 말해 주었다. "윌리엄 킹던 클리퍼드William Kingdon Clifford는 19세기에 비非유클리드 기하학을 이용해 자연의 힘force을 대체하자고 제안했지만, '이러면 깔끔하겠네.' 정도의 수준에서 별로 나가지 못했다. 다른 사람들 역시 그런 생각을 하고 있었다고 해도 놀랍진 않을 것 같다." 물론 아인슈타인은 수학자들과 긴밀하게 협동하여 연구했다. 혼자서는 돌파구를 마련하기 힘들다.

15 그래픽 노블 형식으로 이 이야기를 경험해 보기 바란다. Apostolos Doxiadis et al., *Logicomix: An Epic Search for Truth* (New York: Bloomsbury, 2009).

16 James Gleick, *The Information: A History, a Theory, a Flood* (New York: Knopf Doubleday, 2011). Stellar book. 이 기분 좋은 사실은 213쪽에 나온다.

17 Eugene Wigner, "The Unreasonable Effectiveness of Mathematics in the Natural Sciences," Richard Courant lecture in mathematical sciences delivered at New York University, May 11, 1959, *Communications on Pure and Applied Mathematics* 13 (1960): 1–14. 이 글은 아주 끝내주는 에세이다.

**18** 이 장에서는 데이비드 클럼프David Klump가 선생님이 되어 주었다. 클럼프의 피드백 은 칼 세이건Carl Sagan 같은 사람의 박식함을 칼 세이건 같은 사람의 부드러운 인간 성과 결합해 주었다.(데이비드 클럼프는 칼 세이건이다.)

**19** Israel Kleiner, "Emmy Noether and the Advent of Abstract Algebra," *A History of Abstract Algebra* (Boston: Birkhauser, 2007), 91–102, https://link. springer.com/chapter/10.1007/978-0-8176-4685-1_6#page-2
나는 여기서 클라이너의 주장에 대고 정말 폭언을 하고 말았다. 여기서 말하려는 핵심은 19세기에 분석학과 기하학에서 커다란 발전이 이루어졌고 대수학은 더욱 구체적이고 원시적인 상태로 남았다는 것이다.

**20** Joaquin Navarro, *Women in Maths: From Hypatia to Emmy Noether. Everything is Mathematical.* (Spain: R.B.A. Coleccionables, S.A., 2013).

**21** 다음의 자료에 인용된 그레이스 쇼버 퀸의 말이다. Marlow Anderson, Victor Katz, and Robin Wilson, *Who Gave You the Epsilon? And Other Tales of Mathematical History* (Washington, DC: Mathematical Association of America, 2009).

**22** 세르파티의 인용문은 모두 다음의 인터뷰에서 가져왔다. Siobhan Roberts, "In Mathematics, 'You Cannot Be Lied To,'" *Quanta Magazine*, February 21, 2017, https://www.quantamagazine.org/sylvia-serfaty-on-mathematical-truth-and-frustration- 20170221.

**23** Colin McLarty, "The Rising Sea: Grothendieck on Simplicity and Generality," May 24, 2003, http://www.landsburg.com/grothendieck/mclarty1.pdf.

**24** Natalie Wolchover, "A Long-Sought Proof, Found and Almost Lost," *Quanta Magazine*, March 28, 2017, https://www.quantamagazine.org/statistician-proves-gaussian-correlation-inequality-20170328. 내가 여기 스포일러를 올 리긴 했지만 그래도 아주 읽어 볼 만한 이야기다.

**25** 파르하드 리아히Farhad Riahi(1939~2011).

**26** 코리는 가명이지만 비안네는 진짜다. 이 학생은 이런 칭찬을 받을 자격이 있다. 기 억나지 않는 부분을 채우기 위해 대화를 조금 다듬기는 했지만 실제 있었던 일을

거의 그대로 옮겼다.

27  응오바우쩌우가 한 말은 2016년 하이델베르크 수상자 포럼<sub>Heidelberg Laureate Forum</sub>
기자 회견에서 가져왔다. 내가 그곳에 참석할 수 있도록 배려해 준 A+급 사람 와일
더 그린과 HLF 팀에 고맙다.

# 제2부 디자인

28  정오각형의 내각은 108도다. 각각의 꼭짓점에 세 개를 모아 붙이면 36도가 남는다.
여기에 네 번째 정오각형을 끼워 넣을 수는 없다. 평면에 타일 깔기가 가능한 정다
각형은 정삼각형(내각 60도), 정사각형(내각 90도), 정육각형(내각 120도)밖에 없다.
360도와 나누어떨어지는 각도가 필요하기 때문이다.

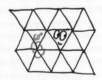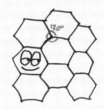

29  사실 어느 정도 유연성은 있다. 내가 든 사례에서는 평행선에 관한 유클리드의 가
정을 취했다. 다른 가정을 취할 수도 있다. 하지만 일단 취하고 나면 나머지 모든 규
칙은 논리적 필연에 의해 따라 나온다.
왜 이런 중요한 내용을 사람들이 잘 찾아보지도 않는 주석 한 귀퉁이에 올려놓았
을까? 우리가 유클리드 공간에 살고 있는지를 두고 질문을 던질 만큼 까다로운 사
람이라면 분명 주석도 찾아볼 만큼 까다로운 사람이라고 생각했기 때문이다.

30  이 장을 쓰는 데 정말 중요한 역할을 한 참고 문헌을 여기서 소개해야 할 것 같다.
    Mario Salvadori, *Why Buildings Stand Up* (New York: W. W. Norton, 1980). 말 그
    대로 이 장을 우뚝 세워 준 책이다. 이 책이 없었다면 이 장은 잘못된 증명처럼 쓰
    러지고 말았을 것이다. 이 장을 쓸 때 도와준 생각의 설계사이자 사내 스포츠 대회
    우승자 윌 윙에게도 고맙다.

31  이집트의 로프 측량사들 이야기는 다음 자료에서 알게 됐다. Kitty Ferguson,
    *Pythagoras: His Lives and the Legacy of a Rational Universe* (London: Icon Books,
    2010).

32  측면이 사다리꼴인 각뿔대truncated pyramid. 알아 두면 도움이 될 단어다.

33  위키피디아에 통로 세 개(내려가는 통로, 올라오는 통로, 수평 통로)와 방 세 개(왕의 방,
    여왕의 방, 대회랑)의 크기가 나와 있다. 이곳의 부피를 종합하면 1340세제곱미터다.
    전체 부피가 2600만 세제곱미터니까 대략 0.05퍼센트에 해당한다. 이것을 0.1퍼센
    트로 반올림한 다음(위키피디아에 감사를.) 엠파이어 스테이트 빌딩의 부피를 계산해
    보았다(280만 세제곱미터). 이 부피에서 0.1퍼센트를 취하면 2800세제곱미터가 나
    온다. 이 값을 한 층의 면적(대략 7400제곱미터)으로 나누면 38센티미터 높이가 나온
    다. 이것을 인치로 환산하면 대략 15인치(1.25피트)다. 이것을 2피트(대략 60센티미터)
    로 반올림했다. 그런데 이 원고가 마무리될 즈음에 피라미드 안에 숨어 있던 방이
    발견되었다! 그래도 내가 적용한 반올림이 추가로 발생할 수 있는 오차보다 더 클
    것이다.

34  그냥 웃자고 한 얘기다.

35  이 이야기는 살바도리Salvadori의 책 《왜 건물은 서 있는가》Why Buildings Stand Up에서

조금씩 빼돌린 것이고 의심할 바 없이 그 과정에서 많은 내용이 많이 빠졌다.

36 테드 모즈비Ted Mosby(미국 시트콤 〈내가 네 엄마를 만났을 때〉 등장인물—옮긴이) 같은
사람도 있지만.

37 이 내용도 살바도리의 책에서 빌려 왔다. 월 윙의 지적대로 더욱 전통적인 설명 방
식대로라면 I 형태의 절단면에 의해 만들어지는 바람직한 특성(스트레스 분산, 비틀
림 방지 등)을 중시해야겠지만.

38 트러스에 대한 나의 지식은 인간의 가장 위대한 창조물 위키피디아에서 나왔다. 더
자세한 내용은 위키피디아 '트러스'Truss와 '트러스 다리'Truss Bridge 페이지를 확인하
기 바란다.


## 제7장 비이성적인 종이

39 어찌나 마음이 넓은지 대서양의 넓이도 시시해 보이게 만드는 캐럴라인 길로와 제
임스 버틀러에게 감사의 마음을 전한다. 두 사람은 이 장을 쓸 때 도움과 격려를 아
끼지 않았고 내가 "영국으로 이사 왔을 때" 정말 놀라운 경험을 하게 해 주었다.

40 애덤이 '디스인티저'라는 말을 만들어 낸 바로 그날, 해리라는 열한 살짜리 학생은
내가 "대수학자algebraist 여러분, 안녕!"이라고 인사하자 이렇게 대답했다. "우리를
왜 '바닷말–얼룩말'alge-zebras이라고 부르세요?" 교사는 정말 멋진 직업이다.

41 또 하나 사람을 기분 좋게 만들어 주는 점은 A1 용지 한 장의 면적은 정확히 1제곱
미터이고 아래로 한 단계씩 내려갈 때마다 그 면적이 반으로 줄어든다는 것이다.
따라서 A4 용지를 여덟 장 합쳐 놓으면 정확히 1제곱미터가 나온다.(다만 정확히 1제
곱미터는 아니다. 왜냐하면…… 비이성적인 무리수라서 그렇다.)


## 제8장 정사각형과 정육면체의 우화

42 이 장을 작업하고 있을 무렵 내 동료이자 우상인 리처드 브리지스가 똑같은 개념
이 80년 앞서서 아주 유쾌하게 제시된 적이 있다고 했다. 그래서 그 에세이에서 내

용을 마음대로 빌려 왔다. J. B. S. Haldane, "On Being the Right Size," March 1926, https://irl.cs.ucla.edu/papers/right-size.pdf.

43  여기서 높이는 무시한다. 브라우니를 구울 때 팬 가장자리까지 반죽을 채우지는 않으니까 말이다.

44  이 이야기는 키티 퍼거슨Kitty Ferguson의 《피타고라스》Pythagoras를 읽고 알게 됐다. 좋은 우화들이 다 그렇듯이 이 이야기 역시 실화가 아닐 가능성이 농후하다.

45  존 카원(이 장의 사실들을 확인해 주고, 친근하면서도 최대한 내가 주눅 들지 않게 박식함을 발휘해 준 그에게 감사의 마음을 전한다.)은 이런 정보를 덧붙여 주었다. "사실 로도스의 거상은 자유의 여신상처럼 속이 비어 있었다. 청동판과 강화용 철근을 이용해 만들었다. 따라서 높이가 n배 커지면 비용은 n의 제곱만큼만 커지는 셈이다." 물론 그래도 가엾은 카레스에게는 여전히 너무 큰돈이다.

46  대학에 있을 때 로리 산토스Laurie Santos의 심리학 과목 '섹스, 진화 그리고 인간의 본성'Sex, Evolution, and Human Nature에서 이것을 처음 배웠다. 그러니까 내 말은 거인이 존재하지 않는다는 건 진즉 알고 있었지만 산토스 교수에게서 그 이유에 대한 설명(지금 와서 보니 어쩌면 이 부분은 홀데인에게 영감을 받은 것 같다.)을 들었던 것이 이 장의 탄생에 도움을 주었다는 얘기다.

47  부탁인데 미국 독자라면 부디 더 늦기 전에 자기 지역 상원 의원에게 전화해서 우리의 소중한 드웨인 존슨이 체중을 버틸 수 있게 도와줄 기반 시설에 투자해 달라고 독촉하자.

48  공기 저항의 수학은 또 다른 속담에도 숨어 있다. 바로 "큰 돛단배에는 큰 돛이 필요한 이유"다. 배의 크기를 두 배로 늘리면 돛의 면적(2D)은 네 배로 커지지만 배의 중량(3D)은 여덟 배로 커진다. 그래서 받아들이는 바람의 힘이 상대적으로 줄어든다. 따라서 두 배로 길어진 돛단배는 대략 여덟 배 크기의 돛이 필요하다.

49  존 카원은 다음과 같이 덧붙였다. "개미에 대해 한 가지 더 중요한 점은 피를 흘리지 않는다는 것이다. 개미는 너무 작아서 거의 표면으로만 이루어져 있다 보니 산소를 내부 깊숙한 곳까지 운반해 줄 내부의 체액이 필요하지 않다." 표면의 비중이 높은 생물은 확산 작용만 있어도 충분하다.

50  다음 자료를 참고하라. www.thechalkface.net/resources/baby_surface_area.pdf. 이 짧은 글은 '초크 페이스'The Chalk Face(분필 덮인 얼굴—옮긴이)라는 별명으로

통하는 수학 교사에게서 영감을 얻은 것이다.

51   이 장에는 어울리지 않았던 몇 가지 이야기를 추가로 소개한다.

> #1: 왜 큰 열기구가 비용 면에서 더 효율적일까? 풍선을 만드는 데 들어
> 가는 천은 표면적(2D)에 좌우되는 반면 거기서 발생하는 양력은 헬
> 륨의 부피(3D)에 좌우되기 때문이다.
>
> #2: 공룡처럼 거대한 칠면조는 왜 요리하는 데 시간이 오래 걸릴까? 열
> 흡수는 표면적(2D)에 비례하는 반면 익히는 데 필요한 열의 양은 부
> 피(3D)에 비례하기 때문이다.
>
> #3: 말린 밀은 안전한데 어째서 밀을 빻은 가루는 폭발 위험이 있을까?
> 발열 화학 반응은 물질의 표면에서 일어나는데 작은 가루는 온전한
> 밀 낟알보다 표면 비중이 훨씬 높기 때문이다.

52   피터르 판도큄Pieter van Dokkum 교수의 천문학 강좌 '은하계와 우주론'Galaxies and Cos-
mology에서 올베르의 역설Olber's paradox을 처음 알게 됐다. 이 장의 절충주의eclecticism
가 대체 어디서 왔나 확인하고 싶은(또는 비판하고 싶은) 사람은 다른 데를 볼 것이
아니라 내가 어떤 교양 과목을 들었는지 살펴보면 된다.

53   존 카원의 마지막 설명을 소개하겠다. "만약 우리와 별 사이를 어두운 것(행성, 먼지
등)이 가로막고 있다면 어떻게 될까? 그럼 일부 별이 가려 보이지 않으니까 그 역설
이 해소되지 않을까? 그렇지 않다. 그 어두운 것 뒤에 가려 있는 별이 시간이 흐르
면서 차츰 그 어두운 것을 별의 온도와 같아질 때까지 가열해서 어두운 것들을 모
두 밝게 만들어 버릴 테니까 말이다."

54   E. A. Poe, *Eureka: A Prose Poem* (New York: G. P. Putnam, 1848).


## 제9장 주사위 만들기 게임

55   이 장에 나와 있는 역사적 사실은 세 가지 출처에서 가져왔다. 대략 많은 내용을 훔
쳐 온 곳부터 차례로 나열하겠다.

- 《확률의 함정》(데보라 J. 베넷 지음, 박병철 옮김, 영림카디널, 2000)
  Deborah J. Bennett, *Randomness* (Cambridge, MA: Harvard
  University Press, 1998).
- "Rollin' Bones: The History of Dice," *Neatorama*, August 18,
  2014. Reprinted from the book *Uncle John's Unsinkable Bathroom
  Reader*, http://www.neatorama.com/2014/08/18/Rollin-
  Bones-The-History-of-Dice/.
- Martin Gardner, "Dice," in *Mathematical Magic Show* (Washing-
  ton, DC: Mat-hematical Association of America, 1989), 251-62.

**56** 다음은 맞붙인 쐐기꼴은 두 사촌이 있다. 이들은 모든 면이 정삼각형인데도 주사위 자체는 불공평하다. (1) 사각뿔이 붙은 삼각기둥triaugmented triangular prism(로런스 래컴이 보여 주었다.) (2) 비틀어 늘린 맞붙인 사각뿔gyroelongated square bipyramid(팀 크로스와 피터 올리스가 보여 주었다.) 사각형 면이 좋은 사람이라면 이런 것도 있다. (3) 가짜 삼각형 이십사면체pseudo-deltoidal icositetrahedron(알렉상드르 무니즈가 보여 주었다.)

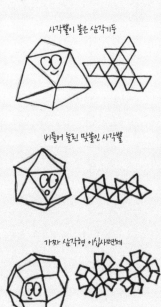

사각뿔이 붙은 삼각기둥

비틀어 늘린 맞붙인 사각뿔

가짜 삼각형 이십사면체

57 공평하게 말하면 사용된 사례가 있다. 인더스 계곡의 고대인들은 진흙으로 빚은 길쭉한 삼각형 주사위를 던졌다. 지금 같은 지역에 사는 사람들은 상아를 깎아 만든 사각형 주사위를 던진다.

58 지금까지 봐 온 현대의 긴 주사위들이 한결같이 (a) 작거나 (b) 뒤틀려 있는 이유를 이것으로 설명할 수 있을지도 모르겠다. 이렇게 하면 긴 면들을 동등하게 유지하면서도 더욱 만족스럽고 제한적으로 구르게 만들 수 있기 때문이다. 이 장에 영감을 주기도 했던 '다이스 랩'The Dice Lab에서는 후자에 해당하는 주사위를 판다.

59 이런 주장에 관한 추가 내용은 다음 자료를 참고하라. Persi Diaconis and Joseph B. Keller, "Fair Dice," *American Mathematical Monthly 96*, no. 4 (April 1989): 337–39, http://statweb.stanford.edu/~cgates/PERSI/papers/fairdice.pdf.

60 그런데도 몇몇 문명에서는 그와 비슷한 방식을 이용했다. 고대 이누이트Inuits는 의자 모양으로 생긴 상아 주사위를 굴렸는데 여섯 개 면 가운데 세 개만 쳐 주었다. 파파고 인디언Papago Indians은 들소의 뼈를 굴렸는데 네 개 면 가운데 두 개만 쳐 주었다.

61 다음 자료를 보면 아주 기발하면서도 사악한 방법들이 나와 있다. John Scarne, *Scarne on Dice*, 8th ed. (Chatsworth, CA: Wilshire Book Company, 1992).

62 뮤지컬 〈아가씨와 건달들〉을 보면 이와 관련된, 노골적이지만 우아한 건달 빅 줄의 접근 방법이 나온다. 그의 행운의 주사위는 면 위에 아무런 점도 없다. 하지만 걱정 말라. 빅 줄은 그 면들이 예전에 몇 번이었는지 다 기억하고 있다.

63 '거의 아무도'가 맞겠다. 진짜 꾼이라면 눈치챌 수 있다. 특정 각도에서 보면 주사위의 면이 일반적인 형태를 따르지 않고 거울상을 따르기 때문이다. 이런저런 이유로 사기꾼들은 들키지 않으려고 주사위를 재빨리 치워 버린다.

64 온갖 사소한 것까지 다 알고 다니는 랠프 모리슨의 지적에 따르면 다이스 랩에서는 아주 멋진 120면 주사위를 판다. 더 자세한 내용은 다음 자료를 참고하라. Siobhan Roberts, "The Dice You Never Knew You Needed," Elements, *New Yorker*, April 26, 2016, https://www.newyorker.com/tech/elements/the-dice-you-never-knew-you-needed.

65 사실은 다음 자료에서 많은 내용을 가져왔다. Ryder Windham, Chris Reiff, and Chris Trevas, *Death Star Owner's Technical Manual* (London: Haynes, 2013). 이 장을 쓴 목표 가운데 하나는 닐 셰퍼드를 미소 짓게 하는 것이었지만 그에게는 비밀이다.

66 이런 내용을 좋아하는 사람이라면 다음 자료를 추천한다. Trent Moore, "Death Star Architect Defends Exhaust Ports in Hilarious Star Wars 'Open Letter,'" *SyFy Wire*, February 14, 2014, http://www.syfy.com/syfywire/death-star-architect-defends-exhaust-ports-hilarious-star-wars-open-letter%E2%80%99.

67 내 마음이 존 윌리엄스Johm Williams의 테마처럼 하늘 위로 솟구쳐 오르게 만들고 이 장의 내용을 개선할 수 있게 큰 도움을 준 그레고르 나자리안에게 고맙다.(여기서 그의 이름을 꺼내는 이유는 얼굴이 디아노가를 많이 닮아서가 절대 아니다. 그가 디아노가를 여기서 써먹으라고 권했기 때문이다.)

68 바위와 얼음에 관한 수치는 영국 국립 우주 센터National Space Centre의 메건 휴얼Megan Whewell에게서 가져왔다. 다음 자료에 인용되어 있다. Jonathan O'Callaghan, "What Is the Minimum Size a Celestial Body Can Become a Sphere?" *Space Answers*, October 20, 2012, https://www.spaceanswers.com/deep-space/what-is-the-minimum-size-a-celestial-body-can-become-a-sphere/. '제국의 강철' 수치는 내가 근거 없이 추측해서 넣은 값이다.

69 내가 연구해 본 바로는 120킬로미터에서 150킬로미터 사이의 수치가 나왔다.

70 나는 좀 더 현실적인 수치를 찾으려고 조사하고 또 조사했지만 모든 출처가 의견이 하나로 모이는 듯 보인다. 〈스타워즈〉 팬들이 이 질문에 대해 토론한 적이 있는데 (https://scifi.stackexchange.com/questions/36238/what-is-the-total-number-of-people-killed-on-the-2-death-stars-when-they-explode) 100만에서 200만 사이로 모이는 경향이 있었다. 원덤 등은 대략 사람 120만 명과 드로이드 40만 대가 사는 것으로 추측했다. 위키피디아에서는 사람 170만 명과 드로이드 40만 대가 산다고 추측했다. 이 주장이 탄탄하다는 것을 입증하기 위해 내가 찾을 수 있는 제일

높은 수치를 택했다.

71    이 이야기를 〈스타워즈〉 시리즈 프리퀄 영화 〈로그 원―스타워즈 스토리〉에서 새
로 이어지는 내용과 잘 연결했는지 확신이 서지 않는다. 까칠한 일부 순수주의자
는 내용을 마음대로 왜곡했다며 화를 낼 것이 분명하다. 한편 생각해 보면 '멀고도
먼 은하계'a galaxy far, far away에서 온 이 등장인물들에게 웨스트버지니아의 2010년
인구 조사 데이터까지 참고할 수 있게 해 주었으니 어쩌면 설계 담당자를 엉뚱한 사
람으로 설정한 것보다는 이쪽이 내가 〈스타워즈〉 정본을 대상으로 저지른 최악의
범죄일지도 모르겠다.


# 제3부 확률론


## 제11장 당신이 로또 줄에서 만난 열 사람


72    Zac Auter, "About Half of Americans Play State Lotteries," *Gallup News*, July
22, 2016, http://news.gallup.com/poll/193874/half-americans-play-state-
lotteries.aspx. 그래도 로또가 역진세라는 사실은 변함이 없다. 가난한 사람과 부
유한 사람이 똑같이 돈을 써도 가난한 사람은 자신의 수입에서 훨씬 높은 비율의
돈을 지출하기 때문이다.

73    Paige DiFiore, "15 States Where People Spend the Most on Lotto Tickets,"
Credit.com, July 13, 2017, http://blog.credit.com/2017/07/15-states-where-
people-spend-the-most-on-lotto-tickets-176857/. 이 순위는 해마다 변하
지만 내가 1987년에 태어난 후로 매사추세츠주는 1등을 하거나 그 근처에 머물러
왔다.

74    이 확률은 다음 자료에서 가져왔다. MassLottery.com: http://www.masslottery.
com/games/instant/1-dollar/10k-bonus-cash-142-2017.html.

75    한번 해 보자. '보너스 토르티야(옥수숫가루나 밀가루로 구운 부꾸미 같은 것―옮긴이)

1만 개', '보너스 주먹 인사 1만 번', '보너스 강아지 포옹 1만 번' 등등. 아무거나 막 갖다 붙여도 된다.

76  이 당첨자 가운데 절반 정도는 겨우 복권값 1달러를 되돌려 받는 수준이다. 그래서 당첨이라 하기는 민망하고 '본전치기'라고 부르는 편이 더 적절하지 않을까 싶다.

77  Charles Clotfelter and Philip Cook, "On the Economics of State Lotteries," *Journal of Economic Perspectives* 4, no. 4 (Autumn 1990): 105−19, http://www.walkerd.people.cofc.edu/360/AcademicArticles/ClotfelterCookLottery.pdf.

78  Kent Grote and Victor Matheson, "The Economics of Lotteries: A Survey of the Literature," College of the Holy Cross, Department of Economics Faculty Research Series, Paper No. 11−09, August 2011, http://college.holycross.edu/RePEc/hcx/Grote−Matheson_LiteratureReview.pdf. 시간을 내어 이 장을 전체적으로 검토해 준 빅터 매티슨에게 큰 감사의 마음을 전한다.

79  Alex Bellos, "There's Never Been a Better Day to Play the Lottery, Mathematically Speaking," *Guardian*, January 9, 2016, https://www.theguardian.com/science/2016/jan/09/national−lottery−lotto−drawing−odds−of−winning−maths.

80  Victor Matheson and Kent Grote, "In Search of a Fair Bet in the Lottery," College of the Holy Cross Economics Department Working Papers. Paper 105, 2004, http://crossworks.holycross.edu/econ_working_papers/105/.

81  일례로 스테판 클린세비치가 이끌었던 연합체는 1990년 아일랜드 국립 로또Irish National Lottery에서 가능한 복권의 80퍼센트를 사 들였다. 그의 연합체는 결국 1등 상금은 다른 당첨자들과 나누어 가지게 됐지만 2등 및 그 아래로 상금이 넉넉하게 들어온 덕분에 흑자를 냈다. 클린세비치는 영국 로또에는 이런 작은 상금들이 없기 때문에 영국 로또를 피했다고 기자들에게 말했다. 출처: Rebecca Fowler, "How to Make a Killing on the Lottery," *Independent*, January 4, 1996, http://www.independent.co.uk/news/how−to−make−a−killing−on−the−lottery−1322272.html.

82  최근에 나온 최고의 대중 수학 서적 가운데 하나인 다음 책에서 이 이야기를 처음 알게 됐다. 《틀리지 않는 법》(조던 엘렌버그 지음, 김영남 옮김, 열린책들, 2016) Jordan

Ellenberg, *How Not to Be Wrong* (New York: Penguin Books, 2014). 그다음에는 다음의 세 이야기에서 이 사건의 궤적을 추적할 수 있었다. (1) "Group Invests \$5 Million to Hedge Bets in Lottery," *New York Times*, February 25, 1992, http://www.nytimes.com/1992/02/25/us/group-invests-5-million-to-hedge-bets-in-lottery.html; (2) "Group's Lottery Payout is Postponed in Virginia," *New York Times*, March 7, 1992, http://www.nytimes.com/1992/03/07/us/group-s-lottery-payout-is-postponed-in-virginia.html; and (3) John F. Harris, "Australians Luck Out in Va. Lottery," *Washington Post*, March 10, 1992, https://www.washingtonpost.com/archive/politics/1992/03/10/australians-luck-out-in-va-lottery/cbbfbd0c-0c7d-4faa-bf55-95bd6590dc70/?utm_term=.9d8bd00915e8.

**83** Anne L. Murphy, "Lotteries in the 1690s: Investment or Gamble?" University of Leicester, dissertation research, http://uhra.herts.ac.uk/bitstream/handle/2299/6283/905632.pdf?sequence=1. 나는 '정직한 제안'the Honest Proposal, '고결한 사업'the Honourable Undertaking 같은 17세기 영국 로또 이름을 좋아한다. 이렇게 불러도 좋지 않을까 싶다. "네, 우리가 당신을 등쳐 먹을 수는 있지만 그러지 않겠다고 약속할게요."

**84** 주석 정도는 건너뛰는 박식한 사람이라면 분명 다 아는 내용이겠지만 그래도 혹시나 해서 출처를 남긴다. 《생각에 관한 생각》(대니얼 카너먼 지음, 이창신 옮김, 김영사, 2018) Daniel Kahneman, *Thinking Fast and Slow* (New York: Farrar, Straus and Giroux, 2011).

**85** Daniel Kahneman and Amos Tversky, "Prospect Theory: An Analysis of Decision Under Risk," *Econometrica* 47, no. 2 (1979): 263, http://www.prince-ton.edu/~kahneman/docs/Publications/prospect_theory.pdf.

**86** Clotfelter and Cook, "On the Economics of State Lotteries."

**87** Derek Thompson, "Lotteries: America's \$70 Billion Shame," *Atlantic*, May 11, 2015, https://www.theatlantic.com/business/archive/2015/05/lotteries-americas-70-billion-shame/392870/. 다음 자료도 참고하라. Mona Chalabi, "What Percentage of State Lottery Money Goes to the State?"

FiveThirtyEight, November 10, 2014, https://fivethirtyeight.com/features/
what-percentage-of-state-lottery-money-goes-to-the-state/.

88  1790년대 프랑스 대혁명 시기 혁명가들은 로또를 군주제가 낳은 악으로 여겼다. 하지만 권력을 잡은 후에는 이들도 로또 폐지를 주저했다. 돈이 필요하다는 아주 단순한 이유였다. 이 방법이 아니고서야 세금이라면 치를 떠는 시민을 어떻게 충실한 납세자로 만들 수 있겠는가? 출처: Gerald Willmann, "The History of Lotteries," Department of Economics, Stanford University, August 3, 1999, http://willmann.com/~gerald/history.pdf.

89  Clotfelter and Cook.

90  Willmann, "The History of Lotteries."

91  빙고 게임의 평균 당첨금은 1달러에 0.74달러, 경마는 0.81달러, 슬롯머신은 0.89달러다. 반면 주에서 운영하는 로또는 0.5달러 정도다. 출처: Clotfelter and Cook.

92  Willmann.

93  Grote and Matheson, "The Economics of Lotteries."

94  "The Lottery," *Last Week Tonight with John Oliver*, HBO, published to YouTube on November 9, 2014, https://www.youtube.com/watch?v=9PK-netuhHA.

95  왜 중년의 로또 구입 비율이 높을까? 그냥 실없이 하는 얘기지만 어쩌면 중년은 몽상가가 되기에 최고의 시기이기 때문인지도 모른다. 젊은 성인은 로또가 아니라도 부자가 될 다른 방법들을 상상해 볼 수 있다. 나이 든 사람들은 그런 열망을 느낄 나이를 지났다. 오직 중년만이 경제적으로 어떤 마법 같은 변화도 찾아오지 않으리라는 것을 깨달을 만큼 나이가 들었으면서도 여전히 그런 가능성을 갈망할 만큼 젊다.

96  이와 관련한 구체적인 내용은 다음 자료를 참조하라. Bourree Lam, "What Becomes of Lottery Winners?" *Atlantic*, January 12, 2016, https://www.theatlantic.com/business/archive/2016/01/lottery-winners-research/423543/.

97  다음 사례를 참조하라. Milton Friedman and L. J. Savage, "The Utility Analysis of Choices Involving Risk," *Journal of Political Economy* 56, no. 4 (August

1948): 279-304, http://www2.econ.iastate.edu/classes/econ642/babcock/fried-man%20and%20savage.pdf.

**98** Grote and Matheson, "The Economics of Lotteries."

**99** 내가 든 사례는 Clotfelter and Cook의 자료를 각색한 것이다.

## 제12장 동전의 자식들

**100** 2010년 4월부터 이런 장면이 밥 먹듯 연출됐다.

> 키샤: (호기심으로 눈을 반짝이며) 소포체endoplasmic reticulum에서 정확히 어떤 일이 일어나는데요?
>
> 나: 그건 알 방법이 없어. 풀리지 않는 수수께끼거든. 사람이 상상할 수 있는 범위를 넘어선 내용이야.
>
> 팀: (따분하고 단조로운 목소리로) 교과서를 보면 단백질이 접히는 곳이라고 나와 있는데요.
>
> 나: 아……. 그건 그렇지. 내 말은 거기까지만 알고 나머지는 모른다는 얘기였어.

**101** 내 설명보다 더욱 복잡하지만 그래도 읽을 만한 설명을 원하는 사람은 다음 자료를 참고하라. Razib Khan, "Why Siblings Differ Differently," Gene Expression, *Discover*, February 3, 2011, http://blogs.discovermagazine.com/gnxp/2011/02/why-siblings-differ-differently/#.Wk7hKGinHOi.

**102** 엔트로피entropy 개념의 밑바탕에도 똑같은 논리가 깔려 있다. 엔트로피란 우주가 무질서를 향해 나아가는 경향을 말한다.

벽돌 무더기를 생각해 보자. 이 벽돌들이 모여 건물을 이룰 수 있는 가치 있는 경우의 수는 몇 가지 안 된다. 반면 아무렇게나 놓인 돌무더기를 이룰 무가치한 경우의 수는 어마어마하게 많다. 시간이 지나다 보면 무작위의 변화가 축적되는데 이런 변화들은 대부분 당신이 쌓아 놓은 벽돌들을 돌무더기스럽게 만들 변화일 뿐, 건물스럽게 만들 변화는 거의 없다. 따라서 시간은 벽돌들을 무질서한 무더기로 만드는 경향이 있다.

마찬가지로 식용 색소 입자가 물컵의 한쪽에만 모이는 경우의 수도 아주 적다. 분자로 동전 던지기를 해서 모두 앞면이 나오는 것과 비슷하다. 반면 이런 입자들이 액체 전체에 균일하게 흩어질 수 있는 경우의 수는 아주, 아주, 아주 많다. 이렇게 각각 흩어지는 양상은 앞면과 뒷면의 서로 다른 조합과 비슷하다. 무작위 과정이 변덕스러우면서도 거침없는 방식으로 더 높은 엔트로피로 이어지는 이유가 바로 이것이다. 그래서 우주를 이루는 성분들도 결국에는 균일하게 뒤섞인다. 우주가 무질서를 선호하는 이유도 결국 파고 들어가 보면 조합론의 문제다.

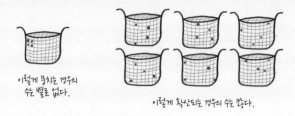

이렇게 뭉치는 경우의
수는 별로 없다.

이렇게 확산되는 경우의 수는 많다.

**103** 이 확률은 96퍼센트 정도다. 따라서 독자 스물다섯 명 가운데 한 명은 내 예언이 틀렸다고 나올 것이다. 그렇지만 무려 스물다섯 명이 동전 46개를 정말로 던져 본다면 아무래도 수학 책 독자들은 내 생각보다 훨씬 골수 독자임이 분명하다.

**104** 여기 나온 그래프는 그에게서 직접 가져온 것이다. 더 자세한 내용은 다음 자료를 참고하라. https://thegeneticgenealogist.com/wp-content/uploads/2016/06/Shared-cM-Project-Version-2-UPDATED-1.pdf.

$x$축에는 '센티모건'centimorgan이라는 딱지가 붙어 있다. 이것은 과학에서 가장 혼란스러운 단위다.(어쨌거나 내게는 그렇다.) 센티모건은 주어진 임의의 세대 안에서 염색체 교차에 의해 끊길 확률이 1퍼센트인 염색체 길이를 말한다. 가까운 친척은 공유하는 센티모건이 많고 먼 친척은 아주 적다. 따라서 '공유된 센티모건'은 유전적 가까움을 측정한 값이다.

여기까지는 좋다. 하지만 교차는 유전체 전체에서 각자 다른 확률로 일어나기 때문에 센티모건의 길이는 하나로 고정되어 있지 않다. 교차가 흔한 곳에서는 센티모건이 짧다. 교차가 드문 곳에서는 센티모건이 길다. 게다가 DNA 염기 서열을 결정하는 회사마다 사람의 유전체를 각자 다른 수의 센티모건으로 나눈다. 그리고 내가 100센티모건이 1모건이 아니라는 얘기는 했던가?

추가 수수께끼: 이 그래프에 나온 센티모건을 퍼센트로 전환해 보니 50퍼센트가 아니라 75퍼센트를 중심으로 분포가 이루어지고 있었다. 왜 그럴까? 아내 타린이 설명해 줬다. 상업용 DNA 키트가 양쪽 염색체를 공통으로 가지고 있는 경우와 하나만 가지고 있는 경우를 구분하지 못하기 때문이라고 한다. 그래서 양쪽 모두 '일치'하는 것으로 친다. 이것을 동전 던지기 논리로 설명하면 두 형제자매의 경우 DNA 단일 일치single-matching는 50퍼센트, DNA 이중 일치double-matching는 25퍼센트, 전혀 일치하지 않는 경우는 25퍼센트로 나오는 경향이 있다. 따라서 75퍼센트는 단일이나 이중으로 일치하므로 그래프 분포가 75퍼센트를 중심으로 이루어지는 것이다.

105 내가 찾아본 수치는 1.6번이었다. 남성보다 여성이 더 많이 일어난다. 어쨌든 여기서 나는 나올 수 있는 유전체의 수를 크게 과소평가했다. 이론적으로 교차는 DNA 염기 서열을 따라 어디서든 일어날 수 있기 때문에 셀 수 없이 많은 추가 가능성이 존재한다. 더 구체적인 내용은 다음을 참고하라. Ron Milo and Rob Phillips, "What Is the Rate of Recombination?" *Cell Biology by the Numbers*, http://book.bionumbers.org/what-is-the-rate-of-recombination/.


## 제13장 당신의 직업에서 확률은 어떤 의미일까?


106 Kahneman, *Thinking Fast and Slow*, 315.에서 각색했다.

107 이 결과에 대해서는 그 후 소셜 미디어에 올라온 모든 게시물 가운데 99.997퍼센트를 참조하라.(나머지 0.003퍼센트는 가짜 뉴스?)

108 Michael Lewis, *Liar's Poker: Rising Through the Wreckage on Wall Street* (New York: W. W. Norton, 1989).

109 《신호와 소음》(네이트 실버 지음, 이경식 옮김, 더퀘스트, 2014) Nate Silver, *The Signal and the Noise: Why So Many Predictions Fail — but Some Don't* (New York: Penguin Books, 2012), 135-37.

110 이 장에서는 내가 가르치던 10학년 학생이었고 지금은 나보다 지적으로 훨씬 우월해진 시저우 첸에게 큰 도움을 받았다. 원래 원고는 제목도 더 건방지고 도입부도 주제넘었다. 그런데 시저우가 내 주제를 일깨워 주었다. 그녀는 이렇게 적었다. "별나고 재미있는 사례들이긴 하지만 보험에서 중요한 부분을 모두 담지는 못하고 있네요." 네 말이 맞아, 시저우!

111 Emmett J. Vaughan, *Risk Management* (Hoboken, NJ: John Wiley & Sons, 1996), 5.

112 Mohammad Sadegh Nazmi Afshar, "Insurance in Ancient Iran," *Gardeshgary, Quarterly Magazine* 4, no. 12 (Spring 2002): 14–16, https://web.archive.org/web/20080404093756/; http://www.iran-law.com/article.php3?id_article=61.

113 "Lottery Insurance," This Is Money, July 17, 1999, http://www.thisismoney.co.uk/money/mortgageshome/article-1580017/Lottery-insurance.html.

114 시저우가 여기서 좋은 지적을 해 줬다. 이런 틈새 보험 시장에는 경쟁이 별로 없기 때문에 치아 보험이나 주택 보험 같은 큰 시장보다 가격 인상 폭이 크다.

115 시저우가 영리하게도 이렇게 덧붙였다. "작은 업체의 소유주라면? 말이 되죠. 대형 회사요? 완전 불법이에요. 재무 팀에서는 5달러 로또를 들기보다는 100만 달러 보험을 들 거예요."

116 Laura Harding and Julian Knight, "A Comfort Blanket to Cling to in Case You're Carrying Twins," *Independent*, April 12, 2008, http://www.independent.co.uk/money/insurance/a-comfort-blanket-to-cling-to-in-case-youre-carrying-twins-808328.html. 데이비드 쿠오의 인용문도 이 자료에서 나왔다.

117 비슷한 분석은 다음의 자료를 참고하라. "Insurance: A Tax on People Who Are Bad at Math?" *Mr. Money Mustache*, June 2, 2011, https://www.mrmoneymustache.com/2011/06/02/insurance-a-tax-on-people-who-are-bad-at-math/. As the Mustache man writes: "Insurance of all types—car, house, jewelry, health, life—is a crazy field swayed by lots of

marketing, fear, and doubt."

118  http://www.ufo2001.com에서 확인하라. 참고 자료: Vicki Haddock, "Don't Sweat Alien Threat," *San Francisco Examiner*, October 18, 1998, http://www. sfgate.com/news/article/Don-t-sweat-alien-threat-3063424.php.

119  Teresa Hunter, "Do You Really Need Alien Insurance?" *Telegraph*, June 28, 2000, http://www.telegraph.co.uk/finance/4456101/Do-you-really-need-alien-insurance.html.

120  이것은 내가 직접 만들었다. 시저우가 대학 교과목 노트를 빌려줬는데 '보험에 적합한 위험의 특징' 목록이 살짝 달랐다.

> 1. "사람들이 보장을 위해 보험료를 지불할 의사가 있을 만큼 잠재적 손실이 중대할 것."
> 2. "손실과 그 경제적 가치가 잘 정의되어 있고 보험 계약자의 통제를 벗어나 있을 것."
> 3. "보장되는 손실이 보험 계약자들 사이에서 합리적 독립성을 갖출 것."

121  이런 보험을 운영하는 회사는 인슈어벤츠Insurevents(http://www.insurevents.com/prize.htm)와 내셔널 홀인원National Hole-in-One(http:// holeinoneinsurance.co.uk) 두 곳이다.

122  Scott Mayerowitz, "After Sox Win, Sofas Are Free," ABC News, October 29, 2007, http://abcnews.go.com/Business/PersonalFinance/story?id=3771803&page=1.

123  이 회사의 보험은 http://www.wedsure.com를 참고하라.

124  Haddock, "Don't Sweat Alien Threat."

125  Amy Sohn, "You've Canceled the Wedding, Now the Aftermath," *New York Times*, May 19, 2016, https://www.nytimes.com/2016/05/22/fashion/weddings/canceled-weddings-what-to-do.html.

126  이렇게 하면 일종의 위험 상담가 역할을 할 수 있어 사업 확장에도 도움이 된다. 시저우는 이렇게 말해 줬다. "회사에서 보험에 가입하는 이유 중 하나가 특별 전문가

때문이에요. 영화를 촬영할 때 배우들의 안전을 확보하기 위해 보험 감독관이 항상 따라와요. 이런 사람이 없으면 영화에 무의미한 광란의 폭발 장면이 지금보다 훨씬 더 많이 나왔을 거예요."

127  Olufemi Ayankoya, "The Relevance of Mathematics in Insurance Industry," paper presented February 2015.

128  "Loss-ofValue White Paper: Insurance Programs to Protect Future Earnings," NCAA.org, http://www.ncaa.org/about/resources/insurance/loss-value-white-paper.

129  Andy Staples, "Man Coverage: How Loss-of-Value Policies Work and Why They're Becoming More Common," SportsIllustrated.com, January 18, 2016, https://www.si.com/college-football/2016/01/18/why-loss-value-insurance-policies-becoming-more-common.

130  훌륭한 이름이다. 그렇지 않은가? Will Brinson, "2017 NFL Draft: Jake Butt Goes to Broncos, Reportedly Gets $500K Insurance Payday," CBS Sports, April 29, 2017, https://www.cbssports.com/nfl/news/2017-nfl-draft-jake-butt-goes-to-broncos-reportedly-gets-500k-insurance-payday/.

131  이것과 관련된 책만으로 선반 하나를 가득 채울 수 있다. 복스Vox 기자 사라 클리프Sarah Kliff의 글을 추천한다. https://www.vox.com/authors/sarah-kliff. 시저우는 'This American Life'에서 "More Is Less" (#391)와 "Someone Else's Money" (#392)를 추천한다. http://hw3.thisamericanlife.org/archive/favorites/topical.

## 제15장 주사위 한 쌍으로 경제 파탄 내는 법

132  이 장에서 없어서는 안 될 필수 참고 자료는 다음과 같다. David Orrell and Paul Wilmott, *The Money Formula: Dodgy Finance, Pseudo Science, and How Mathematicians Took Over the Markets* (Hoboken, NJ: John Wiley & Sons, 2017).

133  좋다. 내 경우에 이것은 '무작위로 확률을 만들어 본 후'에 더 가깝다. 월가에서는

좀 더 진지한 두 가지 접근 방식을 채택하고 있다. 첫째, 역사적 자료를 참고한다. 둘째, 비슷한 채권의 시장 가격을 살펴본 후에 이것을 이용해서 부도 확률이 얼마나 될지 추론해 본다. 후자는 섬뜩한 의존성과 피드백 루프를 만들어 낼 수 있다. 스스로 판단을 내리는 것이 아니라 시장의 지혜를 그대로 베끼기 때문이다. 이 개념은 뒤에서 다시 다루겠다.

134  Michael Lewis, *The Big Short: Inside the Doomsday Machine* (New York: W. W. Norton, 2010). 또는 읽기보다는 듣는 쪽이 더 편하다면 이 자료를 참조하라. "The Giant Pool of Money," *This American Life*, episode #355, May 9, 2008A. 이 에 피소드는 팟캐스트 〈플래닛 머니〉Planet Money에서 들을 수 있다.

135  2017년 6월 4일 벨기에의 매력적인 마그리트 미술관에서 이 그림들을 처음 보았다. 브뤼셀에 사는 사람이라면 꼭 한번 가 보기를 권한다.

136  이것은 일반적인 경제 용어다. 제시카 제퍼스 덕분에 여기에 관심을 갖게 됐다. 이 장을 쓰는 데 도움을 준 제퍼스에게 큰 빚을 졌다. 나더러 FED(연방 준비 제도) 의장을 뽑으라면 그녀를 뽑겠다. 이 말은 37퍼센트만 농담이다.

137  이 장에서 없어서는 안 될 또 다른 참고 자료를 소개한다. 특히나 이 이야기에서 중요한 역할을 했다. Felix Salmon, "Recipe for Disaster: The Formula That Killed Wall Street." *Wired*, February 23, 2009, https://www.wired.com/2009/02/wp-quant/.

138  CDS에는 '완전 빌어먹을 멍청한 짓거리'complete damn stupidity라는 뜻도 있다.

139  이번 장에서 없어서는 안 될 또 다른 참고 자료를 소개한다. Keith Hennessey, Douglas Holtz-Eakin, and Bill Thomas, "Dissenting Statement," Financial Crisis Inquiry Commission, January 2011, https://fcic-static.law.stanford.edu/cdn_media/fcic-reports/fcic_final_report_hennessey_holtz-eakin_thomas_dissent.pdf.

140  James Surowiecki, *The Wisdom of Crowds: Why the Many Are Smarter than the Few and How Collective Wisdom Shapes Business, Economies, Societies, and Nations* (New York: Anchor Books, 2004).

141  Orrell and Wilmott, 54.

# 제4부 통계학

142  Kahneman, *Thinking Fast and Slow*, 228.

## 제16장 통계를 믿지 않는 이유

143  다음과 같은 이유로 리처드 브리지스에게 감사의 마음을 전한다. (1) 이 장을 쓸 때
도움을 준 점. (2) 플라톤주의자이자 실용주의자이자 교사이자 뛰어난 지성인인
점. 그리고 이 모든 것이 함께 공존할 수 있음을 증명해 준 점.

144  모든 데이터는 위키피디아에서 가져왔다. 친애하는 독자들을 위해 최고의 데이터
만 가져왔음을 알아 주길.

145  로이드 그로스먼Loyd Grossman 제품. 이 회사에서는 티카 마살라(강한 맛 카레)도 만
들어 팔았다.

146  학생들은 거리를 제곱해서 평균을 낸 다음 다시 제곱근을 구한다고 하면 이상하다
고 (그리고 쓸데없이 복잡하다고) 생각하는 경향이 있다. 그냥 처음부터 거리를 평균
내면 될 일 아닌가? 그래도 된다. 그렇게 나온 결과를 '절대 평균 편차'mean absolute
deviation라고 하며 이 역시 표준 편차와 비슷한 역할을 한다. 하지만 이 값에는 훌륭
한 이론적 속성이 결여되어 있다. 분산은 쉽게 더하고 곱할 수 있다. 이런 속성 때
문에 통계 모형을 구축할 때 필수다.

147  좋다. 마음 단단히 먹자! 상황이 꽤 정신없이 돌아갈 테니까 말이다. 우선 산포
도scatter plot를 가져오자. 여기서는 키와 몸무게 그래프다. 각각의 학생이 하나의 점
으로 나타나 있다.

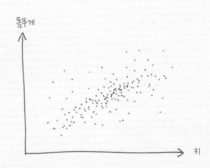

이제 인구 집단의 평균 키와 평균 몸무게를 구한다.

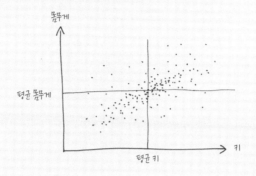

다음에는 한 사람을 지목한다. 이 사람은 평균 키에서 얼마나 떨어져 있는가? 평균 몸무게에서는 얼마나 떨어져 있는가? '평균 이상'은 양으로, '평균 이하'는 음으로 센다.

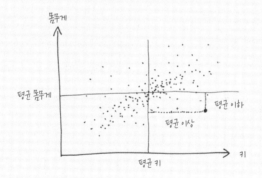

그다음에는(여기가 결정적인 부분이다.) 이 두 값을 곱한다.

만약 이 사람이 둘 다 평균 이상이면 양의 결과가 나올 것이다. 둘 다 평균 이하인 경우도 똑같다.(음수 두 개를 곱하면 양수가 나오니까.) 하지만 한쪽은 평균 이상인데 나머지는 평균 이하라면 음의 결과가 나온다.(양수와 음수를 곱하면 음수니까.)

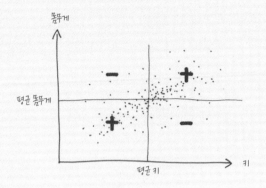

모든 사람을 대상으로 이 과정을 진행한 다음 그 값들의 평균을 구한다. 그렇게 나온 결과를 공분산covariance(표준 분산의 사촌뻘)이라고 한다.

이제 거의 다 됐다! 마지막 단계로 이 수를 나누어 −1과 1 사이의 결과를 최종적으로 얻는다.

(그런데 뭘로 나누라고? 공분산의 단점을 생각해 보자. 만약 사람들의 몸무게와 키가 양쪽으로 넓게 퍼져 있다면 '평균으로부터 거리'가 보통 큰 수로 나올 것이다. 바꿔 말하면 공분산은 변수들 사이의 관계와는 상관없이 변덕스러운 변수에 대해서는 더 큰 값이 나오고 안정적인 변수에 대해서는 더 낮은 값이 나온다. 이 문제를 어떻게 해결해야 할까? 그냥 분산 그 자체로 나누면 된다.)

휴. 이제 쉬운 부분만 남았다. 그 값을 해석하는 방법이다.

양의 값(예를 들면 0.8)의 의미는 한 가지 변수(예를 들면 키)에서 평균 이상이 나온 사람은 보통 다른 변수(즉 몸무게)에서도 평균 이상이 나온다는 것이다. 음의 값(예를 들면 −0.8)은 정반대를 뜻한다. 이런 인구 집단은 키 크고 마른 사람과 키 작고 뚱뚱한 사람이 주류를 이룬다. 마지막으로 0에 가까운 값이 나오면 두 변수 사이에 의미 있는 관계가 없다는 뜻이다.

## 제17장 마지막 4할 타자

**148** 다음 자료에 인용되어 있다. "Henry Chadwick," *National Baseball Hall of Fame,* http://baseballhall.org/hof/chadwick-henry. 그는 야구에 대해 이렇게 말했다. "모든 동작이 바닷새의 날갯짓처럼 재빠르다." 내 친구 벤 밀러가 지적한 대로 이런 의문이 떠오른다. "새도 새 나름인데 대체 어떤 새?"

**149** 서인도 제도의 타자 브라이언 라라<sub>Brian Lara</sub>의 기록이다. 라라는 영국을 상대로 아웃 당하지 않고 정확히 400점을 기록했다. 이 기록이 이 장의 제목(4할=0.400)과 묘하게 맞아떨어져 감사할 따름이다.

**150** 다음 자료에 인용되어 있다. 《머니볼》(마이클 루이스 지음, 김찬별, 노은아 옮김, 비즈니스맵, 2011) Michael Lewis, *Moneyball: The Art of Winning an Unfair Game* (New York: W. W. Norton, 2003), 70. 이 장 때문에 내가 《머니볼》에 갚지 못할 만큼 큰 빚을 지고 있다고 고백한들 놀랄 사람은 한 명도 없을 것이다. 야구 통계에 관한 이야기가 재미있지는 않아도 그럭저럭 읽을 만하다고 느끼는 사람이라면 이 책을 재미있게 읽을 수 있을 것이다.

**151** 영국 프리미어 리그의 한 시즌 서른여덟 경기를 기준으로 삼았다. 각각의 경기가 90분간 펼쳐진다고 보고 추가 경기 시간으로 넉넉하게 10분 정도를 잡으면 총 3800분이 된다. 분당 열두 개(즉 5초마다 한 번)꼴로 데이터가 나온다고 치면 4만 5600개가 나온다. 야구의 한 시즌 4만 8000개에는 여전히 못 미치지만 그래도 충분히 가까운 값이다.

**152** Ernest Hemingway, *The Old Man and the Sea*, Life, September 1, 1952. 제목 위에는 이렇게 적혀 있다. "《라이프》 편집자들이 위대한 미국 작가가 쓴 위대한 새 책을 자랑스러운 마음으로 처음 세상에 내놓는다."

**153** Branch Rickey, "Goodby to Some Old Baseball Ideas," *Life*, August 2, 1954. 부제는 이렇게 달렸다. "야구 게임의 브레인이 우리가 소중히 여겨 왔던 미신들이 틀렸음을 통계적으로 입증하고 정말로 중요한 것이 무엇인지 밝혀 줄 공식을 세상에 선보인다."

**154** E. Miklich, "Evolution of 19th Century Baseball Rules," 19cBaseball.com, http://www.19cbaseball.com/rules.html.

**155** 볼이 몇 번 나오면 1루로 나갈지 결정하기까지는 아주 오랜 시간이 걸렸다. 처음에는 세 개, 그다음엔 아홉 개, 다시 여덟 개, 여섯 개, 일곱 개, 다섯 개였다가 1889년에 드디어 현재의 네 개로 완전히 자리 잡았다.

**156** 그 후에도 작가들은 볼넷을 딱히 인정하지 않았다. 스포츠 작가 프랜시스 릭터Francis Richter의 말을 들어 보자.

> 볼넷 관련 수치에는 특별한 가치나 중요성이 담겨 있지 않다. (……) 볼넷은 타자의 통제를 벗어나 오롯이 투수의 책임에서 비롯한 것이다. 따라서 타자 개인의 능력과 연관 지어 생각하는 것은 적절치 않다. 다만 모호하기는 하지만 끈질기게 기다리는 능력이나 투수에게 영향을 미치는 능력을 나타낸다고 할 수는 있겠다.

* 출처: Bill James, *The New Bill James Historical Baseball Abstract* (New York: Free Press, 2001), 104.

**157** 예를 들어 2017년에는 리그 최고 타자 조이 보토Joey Votto가 707번 타석에 서서 볼넷으로 134번 출루했다. 그러면 19퍼센트에 해당한다.

**158** 2017년에 알시데스 에스코바Alcides Escobar는 629번 타석에 서서 볼넷으로 열다섯 번 걸어 나가 2.4퍼센트를 기록했다. 팀 앤더슨Tim Anderson은 그보다 더해서 606번 타석에 서서 볼넷으로 열세 번 걸어 나가 2.1퍼센트를 기록했다.

**159** 수학 교사로서 나는 이런 식으로 막 섞어 놓은 통계치가 늘 싫었다. 누군가가 분모가 서로 다른 두 분수를 더할 때마다 내 생명력이 빠져나가기 때문이다. 나는 항상 사람들이 새로운 통계치를 계산하기를 바랐다. 바로 '타석당 진루 수'bases per plate appearance다. 이 값은 장타율과 아주 비슷하지만 볼넷도 1루타로 친다는 점이 다르다. 하지만 이 장에 쓸 자료를 조사하다가 내 생각이 어리석었음을 깨달았다. 이 새로운 통계치는 개념적으로는 더 분명하지만 실제로는 예측 능력이 떨어질 것이다. 2017년 수치를 기준으로 보면 이 값과 팀 득점수의 상관 관계는 0.873으로 출루율보다 떨어진다.

**160** Alan Schwarz, "Looking Beyond Batting Average," *New York Times*, August 1, 2004, http://www.nytimes.com/2004/08/01/sports/keeping-score-looking-beyond-batting-average.html.

**161** 예를 들면 "노인이 말했다. '나는 위대한 디마지오DiMaggio(1936년부터 1951년까지 활약한 뉴욕 양키스 강타자―옮긴이)를 낚시에 데려가고 싶구나. 사람들 말로는 그 사

람 아버지도 어부였다던데.'"

162 Scott Gray, *The Mind of Bill James: How a Complete Outsider Changed Baseball* (New York: Three Rivers Press, 2006). 이 책에는 빌 제임스의 경구가 나와 있다. "그 래프를 앞서가는 사람과 그래프에 뒤처진 사람은 언제나 있기 마련이다. 하지만 지식은 그 그래프를 움직여 놓는다." "부정할 수 없는 확실한 사실을 논의에 포함하면 그 사실은 지대한 영향을 가져올 방식으로 그 논의를 바꿔 놓는다."

163 그런데도 1970년대 MLB 공식 통계에서는 팀의 공격 성적을 득점수가 아니라 평균 타율 순으로 나열했다. 제임스는 이렇게 꼬집었다. "공격의 목적이 평균 타율을 높이는 것이 아님은 누가 봐도 분명하다."

164 Michael Haupert, "MLB's Annual Salary Leaders Since 1874," *Outside the Lines* (Fall 2012), Society for American Baseball Research, http://sabr.org/research/mlbs-annual-salary-leaders-1874-2012. 이 그래프는 인플레이션에 맞춰 조정하지 않은 것이라 사실 문제가 있다. 예를 들어 조 디마지오가 1951년에 받은 9만 달러는 2017년 가치로 환산하면 80만 달러에 이른다. 그렇다 해도 자유 계약의 영향력을 반박하기는 어렵다.

165 Pete Palmer, *The 2006 ESPN Baseball Encyclopedia*, (New York: Sterling, 2006), 5.

166 Bill Nowlin, "The Day Ted Williams Became the Last .400 Hitter in Baseball," *The National Pastime* (2013), Society for American Baseball Research, https://sabr.org/research/day-ted-williams-became-last-400-hitter-baseball.

167 벤 밀러(신사이자 요리계의 영웅이자 못 말리는 레드삭스 팬)는 윌리엄이 타율을 뛰어넘어 훨씬 더 큰 성공을 거두었다고 지적한다. "1941년에 그의 OBP는 0.533이었어. 이 기록은 60년 이상 단일 시즌 최고 기록으로 남아 있었지. 또한 테드 윌리엄스의 경력 전체 OBP 0.482는 사상 최고의 기록이야. 아, 그리고 테드 윌리엄스의 경력 전체 평균 타율은 0.344로 사상 여섯 번째로 높고, 1940년 이후로 뛰었던 선수 중 그다음으로 타율 높은 사람을 찾아내려면 열일곱 번째인 토니 그윈<sub>Tony Gwynn</sub>까지 내려가야 해." 아무리 잘게 쪼개서 살펴보아도 이 '스플렌디드 스플린터'<sub>Splendid Splinter</sub>(테드 윌리엄스의 별명—옮긴이)는 공 때리는 일 하나는 정말 잘했다.

168 Bill Pennington, "Ted Williams's .406 Is More Than a Number," *New York*

*Times*, September 17, 2011, http://www.nytimes.com/2011/09/18/sports/baseball/ted-williamss-406-average-is-more-than-a-number.html.

## 제18장 과학의 성문 앞에 들이닥친 야만인

169 폭넓게 인용되고 있는 2011년 논문에서는 표준적인 통계학 기법이 터무니없는 결론에 도달하는 것을 보여 줌으로써 그 위험을 적나라하게 보여 주었다. 바로 비틀스의 노래 〈내 나이 예순넷이 되면〉When I'm Sixy Four을 들으면 학생들이 어려진다는 결론이다. 어려진 기분이 든다는 것이 아니라 연령 자체가 낮아진다는 것이다. 통계학적 결론으로는 그렇다. 이 논문은 한번 읽어 볼 만한 아주 재치 넘치는 글이다. Joseph Simmons, Leif D. Nelson, and Uri Simonsohn, "False-Positive Psychology: Undisclosed Flexibility in Data Collection and Analysis Allows Presenting Anything as Significant," *Psychological Science* 22, no. 11 (2011): 1359-66, http://journals.sagepub.com/doi/abs/10.1177/0956797611417632. 과학 기사 쪽으로는 다음 글을 추천한다. Daniel Engber, "Daryl Bem Proved ESP Is Real: Which Means Science Is Broken," *Slate*, May 17, 2017, https://slate.com/health-and-science/2017/06/daryl-bem-proved-esp-is-real-showed-science-is-broken.html.

이 장을 쓸 때 도움과 격려를 아끼지 않은 크리스티나 올슨(한번 멘토는 영원한 멘토!), 사이민 바지르(마감 시간을 17초 앞두고 피드백을 전해 주었다.), 산자이 스리바스타바(이 장 끝부분에서 인용하고 있다.)에게도 큰 빚을 졌다.

170 p값은 실험의 가정이 잘못인 상황에서 적어도 이 극단에서는 그와 다른 결과를 얻을 확률을 말한다.

이것을 좀 더 풀어서 설명하면 다음과 같다.

1. 우리가 요행을 추적하고 있다고, 초콜릿이 실제로는 사람을 더 행복하게 만들지 않는다고 가정하자.
2. 실험에서 나올 수 있는 모든 가능한 결과의 분포를 상상해 보자. 이

결과 대부분은 가운데에 몰려 있고 특별할 것이 없고 우리를 바보로 만들 가능성이 낮다. 하지만 몇몇 드문 요행은 초콜릿이 행복을 북돋는 것처럼 보이게 만들 것이다.

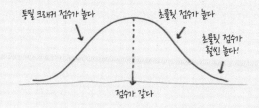

3. 실제로 얻은 결과에 이 분포 안에서 백분위 순위를 매겨 보자.

점수가 낮으면(예를 들면 0.03 또는 97퍼센타일) 중대한 요행을 뜻한다. 거짓 결과 가운데 3퍼센트만 이렇게 극적이고 기만적일 테니까. 이런 극단성은 이것이 어쩌면 전혀 요행이 아닐지도 모른다는 의미다. 우리가 찾고 있는 그 효과가 어쩌면 진짜일지도 모른다고 말이다.

결정적으로 이런 증거는 간접적이다. 이 3퍼센트는 요행일 가능성이 아니다. 결과가 거짓이라고 가정했을 때 이런 설득력 있는 요행을 얻을 확률을 말한다.

171 Gerard E. Dallal, "Why P=0.05?" May 22, 2012, http://www.jerrydallal.com/lhsp/p05.htm.

172 Kristina Olson et al., "Children's Biased Evaluations of Lucky Versus Unlucky People and Their Social Groups," *Psychological Science* 17, no. 10 (2006): 845–46, http://journals.sagepub.com/doi/abs/10.1111/j.1467–9280.2006.01792.x#articleCitationDownloadContainer.

173 Kristina Olson et al., "Judgments of the Lucky Across Development and Culture," *Journal of Personality and Social Psychology* 94, no. 5 (2008): 757–76.

174 Ben Orlin, "Haves and Have Nots: Do Children Give More to the Lucky Than the Unlucky?" Yale University, senior thesis in psychology, 2009. 지도 교수: 크리스티나 올슨. 이 논문의 장점은 모두 올슨 교수 덕분이고 단점은 모두 내

탓이다.

175 나는 만 8세 어린이들이 맥락에 예민해서 다른 아이가 장난감을 잃어버려 불행해
졌을 때는 장난감을 주지만 그 아이가 그와 상관없는 형태의 불운(싫어하는 반 친구
와 게임을 하도록 배정받는 경우)을 경험한 경우에는 장난감을 주지 않을 것이고, 반면
만 5세 어린이들은 이런 맥락에 예민하지 않으리라 예측했다. 그런데 이 실험에서
p값은 0.15였다.

반면 주는 것이 아니라 좋아하는 것을 기준으로 따져 보니 내 데이터가 올슨 교수
의 결과를 재현해서 실험 참가자들이 운이 좋은 어린이를 선호하는 것으로 나왔다
(p=0.029).

176 강력 추천한다. http://www.tylervigen.com/.

177 Leslie John, George Loewenstein, and Drazen Prelec, "Measuring the
Prevalence of Questionable Research Practices with Incentives for Truth
Telling," *Psychological Science* 23, no. 5 (2012): 524−32, http://citeseerx.ist.psu.
edu/viewdoc/download?doi=10.1.1.727.5139&rep=rep1&type=pdf.

178 이건 좀 불공평한 비교다. 아무리 p값을 해킹하는 연구자라도 소급하여 최소 p값
에서 연구를 '중단'하지는 않기 때문이다. 사실은 모든 실험 참가자를 뒤따라가며
데이터를 확인한다는 개념 역시 의심스럽다.

좀 더 자연스러운 검증을 위해 나는 '음료수의 종류' 스프레드시트로 돌아가서 시
뮬레이션을 50번 더 돌려 보았다. 이번에는 실험 대상을 서른 명으로 시작했고(집
단당 열 명) 열다섯 명 단위(집단당 다섯 명)로 최대 총 아흔 명까지 필요한 만큼 실험
대상을 추가했다. 이런 식으로 추가의 자유도를 부여했더니 끔찍하게도 76퍼센트
의 실험에서 0.05보다 낮은 p값이 나왔다. 한 실험에서는 0.00001이라는 p값이 나
왔다. 이는 10만 번에 한 번 나올 정도로 터무니없는 경우를 뜻한다.

179 처음 이 이야기를 듣고는 터무니없다고 생각했다. 마치 이런 말로 들렸다. "우리 롤
러코스터는 키가 적어도 120센티미터는 넘는 사람을 위해 만들어졌습니다. 하지
만 목말을 탄 아이들이 트렌치코트를 입고 몰래 숨어들 수 있으니까 기준을 150센
티미터로 올립시다." 그래서 관련 논문을 읽어 봤다. Daniel J. Benjamin et al.,
"Redefine Statistical Significance," PsyArXiv, July 22, 2017, https://psyarxiv.
com/mky9j/. 이 글을 읽고 나니 설득이 됐다. 기준치를 0.05에서 0.005로 낮추는

것이 직관적인 베이즈 기준치에도 더 부합하고, 표본의 크기는 적당히 늘려야겠지만 그것만으로도 거짓 긍정을 줄일 수 있을 듯하다.

베이즈주의가 내가 이 장에서 묘사한 것보다 더 영리하고 정교하다는 점도 지적하고 넘어갈 필요가 있겠다. "사전 확률을 뭘로 하지?"라는 질문은 다양한 사전 확률을 수없이 분석하고 전체적인 경향이 나타나는 그래프를 보여 줌으로써 피해 갈 수 있다. 그건 그렇다 치고 산자이 스리바스타바는 베이즈주의로 갈아타는 것은 다른 이유로 좋은 생각일 수 있지만 그렇다고 재현성 위기를 일으킨 원인을 해결할 수는 없다고 나를 설득했다.

180 Open Science Collaboration, "Estimating the Reproducibility of Psycho-logical Science," *Science* 349, no. 6251 (2015): http://science.sciencemag.org/content/349/6251/aac4716.

## 제19장 득점판 전쟁

181 Jay Mathews, "Jaime Escalante Didn't Just Stand and Deliver. He Changed U.S. Schools Forever," *Washington Post*, April 4, 2010. http://www.wash-ingtonpost.com/wp-dyn/content/article/2010/04/02/AR2010040201518.html.

182 "Mail Call," *Newsweek*, June 15, 2003, http://www.newsweek.com/mail-call-137691.

183 Jay Mathews, "Behind the Rankings: How We Build the List," *Newsweek*, June 7, 2009, http://www.newsweek.com/behind-rankings-how-we-build-list-80725.

184 Tim Harford, *Messy: How to Be Creative and Resilient in a Tidy-Minded World* (London: Little, Brown, 2016), 171-73.

185 이것이 진실이다. Cathy O'Neil, *Weapons of Math Destruction: How Big Data Increases Inequality* (New York: Broadway Books, 2016), 135-40.

186 Jay Mathews, "The Challenge Index: Why We Rank America's High

Schools," *Washington Post*, May 18, 2008, http://www.washingtonpost.com/wp-dyn/content/article/2008/05/15/AR2008051502741.html.

187 일곱 살 때부터 미식축구를 보고 자랐지만 패서 레이팅을 도무지 이해할 수가 없었다. 이제 한번 이해해 볼 때가 되지 않았나 싶다.

이 공식을 풀어 헤치는 데는 몇 분이 걸렸지만 일단 풀고 나니 그리 복잡하지만도 않았다. 첫째, 이 공식은 점수를 할당한다(야드 1점, 컴플리션 20점, 터치다운 80점, 가로채기 당하면 −100점). 둘째, 패스 시도당 점수를 계산한다. 셋째, 의미 없는 더하기/곱하기 수식을 덧붙인다. 이것을 방정식 형태로 정리하면 다음과 같다.

$$\text{패서 레이팅} = \left( \frac{\text{야드} + 20 \times \text{컴플리션} + 80 \times \text{터치다운} - 100 \times \text{가로채기}}{\text{시도}} \right) \times \frac{25}{6} + \frac{25}{12}$$

여기까지 하고 끝낼 수도 있지만 이 공식은 마이너스 점수가 나올 수도 있고(패스를 시도하고 가로채기를 너무 많이 당한 경우) 도달 불가능한 최대치도 있다는 점이 문제다.(반면 158⅓점이라는 실질적인 최대치를 게임에서 달성한 쿼터백은 예순 명이 넘는다.)

이런 점을 고치려면 각각의 통계치가 기여하는 점수의 한도를 정해야 하는데 그러려면 본문에서 제시한 형태의 공식이 더 쉽다.

패서 레이팅은 왜 이리 헷갈릴까? 대부분의 무시무시한 공식과 마찬가지로 두 가지 요인이 작용한다. (1) 네 변수를 평균 낼 때 가중치가 이상하게 설정되어 있고 각각의 변수가 임의의 기준치에 종속되어 있으며 (2) 더구나 대부분의 출처에서 이 수치를 쓸데없이 반反직관적이고 애매모호한 방식으로 설명하고 있기 때문이다. 위키피디아를 보면 내가 무슨 말을 하는지 이해할 것이다.

188 Mathews, "Behind the Rankings."

189 J. P. Gollub et al., eds., "Uses, Misuses, and Unintended Consequences of AP and IB," *Learning and Understanding: Improving Advanced Study of Mathematics and Science in U.S. High Schools, National Research Council* (Washington, DC: National Academy Press, 2002), 187, https://www.nap.edu/read/10129/chapter/12#187.

190 Steve Farkas and Ann Duffett, "Growing Pains in the Advanced Place-

ment Program: Do Tough TradeOffs Lie Ahead?" Thomas B. Ford-
ham Institute(2009), http://www.edexcellencemedia.net/publi-cations/
2009/200904_growingpainsintheadvanced placementprogram/AP_Report.
pdf.

설문 조사에 따르면 미국 전역의 AP 교사 다섯 명 가운데 한 명 이상은 도전 지표
가 자기네 학교의 AP 개설 과목에 영향을 미쳤다고 믿었다. 교외 지역과 도시에서
는 그 비율이 3분의 1에 가까웠다. 한편 이 목록을 '좋은 아이디어'라고 생각하는
사람은 17퍼센트에 불과했다.

**191** Valerie Strauss, "Challenging Jay's Challenge Index," *Washington Post*,
February 1, 2010, http://voices.washingtonpost.com/answer-sheet/high-
school/challenged-by-jays-challenge-i.html.

2006년에 도전 지표는 플로리다 게인즈빌에 있는 이스트사이드 고등학교의 등수
를 미국에서 6등으로 매겼다. 하지만 이스트사이드 고등학교에 다니는 아프리카
계 미국인 학생 약 600명 가운데 그 학년 수준으로 글을 읽을 수 있는 학생은 불
과 13퍼센트였다. 21등 학교와 38등 학교도 그와 비슷한 부조화를 보여 주었다.
비평가들은 이를 두고 《뉴스위크》에 눈도장을 찍기 위해 준비가 안 된 학생들을
억지로 대학 수준 교육 과정으로 밀어 넣었다는 암시라고 보았다. 출처: Michael
Winerip, "Odd Math for 'Best High Schools' List," *New York Times*, May 17,
2006, http://www.nytimes.com/2006/05/17/education/17education.html.

**192** John Tierney, "Why High-School Rankings Are Meaningless — and
Harmful," *Atlantic*, May 28, 2013, https://www.theatlantic.com/national/
archive/2013/05/why-high-school-rankings-are-meaningless-and-
harmful/276122/.

**193** Mathews, "Behind the Rankings."

**194** Jay Mathews, "I Goofed. But as Usual, a Smart Educator Saved Me," *Wash-
ington Post*, June 25, 2017, https://www.washingtonpost.com/local/edu-
cation/i-goofed-but-as-usual-a-smart-educator-saved-me/
2017/06/25/7c6a05d6-582e-11e7-a204-ad706461fa4f_story.html.

**195** Winerip, "Odd Math for 'Best High Schools' List."

196 Jay Mathews, "America's Most Challenging High Schools: A 30-Year Project That Keeps Growing," *Washington Post*, May 3, 2017, https://www.washingtonpost.com/local/education/jays-americas-most-challenging-high-schools-main-column/2017/05/03/eebf0288-2617-11e7-a1b3-faff0034e2de_story.html.

197 모든 학자가 동의하지는 않는다. 2010년에 나온 책《AP: AP 프로그램에 대한 비판적 검토》AP: A Critical Examination of the Advanced Placement Program에서는 연구자들 사이에 AP 교육 확대의 수확 체감diminishing returns이 시작되는 중이라는 공감대가 형성되고 있음을 지적한다. 공동 편집자 필립 새들러는 이렇게 말했다. "AP 교과 과정은 대학 학위 취득을 목적으로 하지 않는 과정을 이수하는 편이 나았을 준비가 덜 된 학생들에게 마법처럼 어떤 이득을 안겨 주지 않는다." 출처: Rebecca R. Hersher, "The Problematic Growth of AP Testing," *Harvard Gazette*, September 3, 2010, https://news.harvard.edu/gazette/story/2010/09/philip-sadler/.

198 Mathews, "America's Most Challenging High Schools."

199 Mathews, "The Challenge Index."

200 변변치 않지만 매슈스에게 하고 싶은 제안이 있다. '시험에 응시한 학생 수' 대신 '적어도 2점을 얻은 횟수'를 세는 것이다. 내 경험에 따르면(그리고 매슈스가 즐겨 인용하는 텍사스 연구에서도) 2점은 어떤 지적 불꽃, 성장의 신호를 보여 주는 점수다. 반면 1점을 얻은 학생들이 과연 그 수업을 통해 얻은 소득이 있는지 나는 확신이 서지 않는다. 학생들에게 최소 점수 이상의 성적을 요구하면 아예 준비가 안 된 아이들을 시험 보게 만드는 그릇된 인센티브를 제거할 수 있을 것이다.

## 제20장 책 파쇄기

201 Ben Blatt, *Nabokov's Favorite Word Is Mauve* (New York: Simon & Schuster, 2017).

202 독자들이 별 한 개에서 다섯 개 사이로 책의 점수를 매기는 굿리즈Goodreads 데이터로 '위대성 점수'를 계산했다. 우선 각각의 책에 부여된 별의 총 개수를 셌다. 윌리엄 포크너의 책들은 1500개 이하(《파일론》Pylon)에서 50만 개 이상(《음향과 분노》

The Sound and the Fury)까지 나왔다. 그다음에는 그 로그 값을 구했다. 그러면 이 값이 지수 함수적인 척도에서 선형적 척도로 확 주저앉는다. 부사와 '위대성' 사이의 상관관계는 −0.825였다. 어니스트 헤밍웨이와 존 스타인벡의 책도 똑같이 분석해 보았더니 상관 계수가 −0.325와 −0.433이 나왔다. 상당한 값이긴 하지만 그래프에서 알아차리기는 쉽지 않다. 부사 데이터는 블랫의 것을 가져왔고 분석 방법은 그의 것을 변형했다. (그는 별의 개수 대신 등급 평가 횟수를 이용했다. 거의 비슷한 결과가 나온다.)

203 Jean-Baptiste Michel et al., "Quantitative Analysis of Culture Using Millions of Digitized Books," *Science* 331, no. 6014 (2011): 176–82, http://science. sciencemag.org/content/early/2010/12/15/science.1199644. 이들은 이렇게 적었다.

> 말뭉치는 인간이 읽을 수 없다. 2000년 한 해 동안 입력된 항목들을 자지도 먹지도 않고 분당 200단어 정도의 합리적인 속도로 읽어 보려 해도 80년이 걸린다. 문자열이 사람의 유전체보다 1000배나 길다. 만약 이 글을 직선으로 써내려가면 달까지 열 번 왕복할 수 있는 거리가 나온다.

204 Patricia Cohen, "In 500 Billion Words, New Window on Culture," *New York Times*, December 16, 2010, http://www.nytimes.com/2010/12/17/books/ 17words.html.

205 미셸과 에이든은 이렇게 썼다.

> 신중하게 고른 소규모 작품집을 읽으면 학자들은 인간의 사고에 나타나는 경향에 대해 강력한 추론을 할 수 있다. 하지만 이런 접근 방식으로 그 기저 현상들을 정확하게 측정할 수 있는 경우는 드물다.

206 Virginia Woolf, *A Room of One's Own* (1929).

207 다음 사이트에서 여러분도 직접 해 보기 바란다. https://applymagicsauce.com/.

208 http://mathwithbaddrawings.com/에서 가져왔다.

**209** Moshe Koppel, Shlomo Argamon, and Anat Rachel Shimoni, "Automatically Categorizing Written Texts by Author Gender," *Literary and Linguistic Computing* 17, no. 4 (2001): 401–12, http://u.cs.biu.ac.il/~koppel/papers/male-female-llc-final.pdf.

**210** Shlomo Argamon et al., "Gender, Genre, and Writing Style in Formal Written Texts," *Text* 23, no. 3 (2003): 321–46, https://www.degruyter.com/view/j/text.1.2003.23.issue-3/text.2003.014/text.2003.014.xml.

**211** Blatt, *Nabokov's Favorite Word Is Mauve*, 37.

**212** Justin Tenuto, "Using Machine Learning to Predict Gender," *CrowdFlower*, November 6, 2015, https://www.crowdflower.com/using-machine-learning-to-predict-gender/.

**213** Blatt, 36.

**214** Cathy O'Neil, "Algorithms Can Be Pretty Crude Toward Women," *Bloomberg*, March 24, 2017, https://www.bloomberg.com/view/articles/2017-03-24/algorithms-can-be-pretty-crude-toward-women.

**215** 《자기만의 방》에서 울프는 이렇게 썼다.

> 남성의 정신이 갖는 무게, 속도, 보폭은 여성의 것과 너무 달라서 여성은 남성으로부터 가져다 쓸 본질적인 것이 아무것도 없다. 어쩌면 여성이 펜을 들고 종이 앞에 섰을 때 제일 먼저 알게 될 것은 자신이 사용할 수 있는 공통 문장이 전혀 준비되어 있지 않다는 점일지도 모른다.

> 울프는 남성적인 문체를 즐겨 사용하면서도("swift but not slovenly, expressive but not precious"(기민하면서도 지저분하지 않고, 표현이 풍부하면서도 지나치게 꾸미지는 않은)) 이렇게 덧붙였다. "그것은 여성이 쓰기에는 적합하지 않은 문장이었다."

> 샬럿 브론테Charlotte Brontë는 산문 쓰기에 정말 탁월한 재주가 있었는데도 손에 쥔 무기가 너무 어설퍼서 글을 쓰다 자꾸 헛디디고 넘어졌다. (……) 제인 오스틴은 그것을 보고 비웃으며 자신이 사용할 완벽하게 자연스럽고 맵시 있는

문장을 고안했고 절대 거기서 벗어나지 않았다. 그래서 그녀는 샬럿 브론테보다 글쓰기 재능이 떨어지는데도 무한히 더 많은 내용을 말할 수 있었다.

216　Frederick Mosteller and David Wallace, "Inference in an Authorship Problem," *Journal of the American Statistical Association* 58, no. 302 (1963): 275– 309.

217　말 그대로다. 블랫은 이렇게 적고 있다.

　　　이들은 각각의 에세이 사본을 가져다 종이를 뜯어 낸 다음 단어들을 따로 잘라 알파벳 순서로 배열했다(일일이 수작업으로). 어느 시점에서 모스텔러와 월리스는 이렇게 썼다. "이 작업을 하는 동안 잘못해서 숨을 크게 내쉬었다가는 종잇조각들이 색종이 조각 폭풍처럼 휘날렸고 함께 일하던 사람들에게 철천지원수가 되고 말았다."

　　　나는 이 책의 제목을 '색종이 조각 폭풍과 철천지원수'라고 지을까도 고민했다.

218　Sarah Allison et al., "Quantitative Formalism: An Experiment," Stanford Literary Lab, pamphlet 1, January 15, 2011, https://litlab.stanford.edu/ LiteraryLabPamphlet1.pdf. 나는 이 논문을 정말 좋아한다. 사실 내가 읽어 본 스탠퍼드 문학 실험실 자료는 모두 추천한다.

# 제5부 전환점

219　토머스 에디슨은 이렇게 말했다. "나는 전구와 관련해 서로 다른 이론 3000가지를 만들어 냈고 그 각각의 이론은 합리적인 진리처럼 보였다. 하지만 내가 실험을 통해 진리로 입증할 수 있었던 이론은 단 두 가지에 불과했다." 물론 '이론'이 '디자인 시도'와 같은 말은 아니고, 그가 얼마나 많은 디자인을 시도한 끝에 성공에 이르렀는지는 아무도 모른다. 출처: "Myth Buster: Edison's 10,000 Attempts,"

*Edisonian* 9 (Fall 2012), http://edison.rutgers.edu/newsletter9.html#4.

220 한꺼번에 많은 거래를 할 때는 이 규칙을 비틀 수 있다. 예를 들어 연필 10만 자루를 5만 438달러 71센트에 팔면 각각 0.5043871달러에 파는 것과 같다. 하루에도 엄청난 양의 거래를 하는 금융 기관에서는 센트 단위도 이렇게 엄청나게 잘게 쪼개서 거래할 때가 많다.

## 제21장 다이아몬드 가루에 붙은 마지막 알갱이

221 그가 실제로 이런 내용을 질문으로 던진 것은 아니다.

> 물보다 쓸모가 많은 것은 없다. 하지만 물로는 거의 아무것도 살 수 없다. 물로 바꿔 쓸 수 있는 것도 없다. 반면 다이아몬드는 쓸모로 따지면 거의 아무런 가치도 없다. 하지만 다이아몬드를 주면 아주 많은 양의 다른 물건과 바꿀 수 있다.

출처: Adam Smith, *An Inquiry into the Nature and Causes of the Wealth of Nations* (1776), book I, chapter IV, paragraph 13, accessed through the online Library of Economics and Liberty: http://www.econlib.org/library/Smith/smWN.html.

222 이 장에서 주로 참고한 자료는 바로 이 놀라운 책이다. Agnar Sandmo, *Economics Evolving: A History of Economic Thought* (Princeton, NJ: Princeton University Press, 2011).

223 Campbell McConnell, Stanley Brue, and Sean Flynn, *Economics: Principles, Problems, and Policies*, 19th ed. (New York: McGraw-Hill Irwin, 2011). '토양의 생산성' 인용문은 7.1 섹션 '수확 체감의 법칙'Law of Diminishing Returns에 나온다. http://highered.mheducation.com/sites/0073511447/student_view0/chapter7/origin_of_the_idea.html.

224 마이크 손턴이 지적한 대로(이 장을 쓰는 데 도움을 준 그에게 감사의 마음을 전한다.) 이 비유는 일부 미세한 부분을 생략하고 있다. 균질하지 않은 땅은 서로 다른 조건을

선호하는 다양한 곡물을 키우기에 안성맞춤일 수 있다. 그리고 농부들도 토양의 질을 개선할 목적으로 윤작을 하는 등 조치를 취할 수 있다.

**225** William Stanley Jevons, "Brief Account of a General Mathematical Theory of Political Economy," *Journal of the Royal Statistical Society, London* 29 (June 1866): 282-87, https://socialsciences.mcmaster.ca/econ/ugcm/3ll3/jevons/mathem.txt.

**226** 이번에도 역시 제번스다. 아주 인용하기 좋은 사람이다. 이 장을 쓰다가 나는 그의 팬이 되어 버렸다.

**227** 그 내용을 상기하기 위해 바르샤바 대학교 경제학 조교수 미할 브레진스키Michal Brzezinski의 강의록을 참고했다. http://coin.wne.uw.edu.pl/mbrzezinski/teaching/HEeng/Slides/marginalism.pdf.

**228** 요람 바우먼. 그의 동영상 'Mankiw's Ten Principles of Economics'에서 인용했다. 대학에서 이 동영상을 처음 봤을 때 나는 완전히 멘붕이 왔다. 그의 사이트를 확인해 보라. http://standupeconomist.com/.

**229** Sandmo, *Economics Evolving*, 96.

**230** Sandmo, 194.

**231** 이 인용문은 위키피디아에서 퍼 왔다. 쉿! 아무한테도 말하지 말라.

**232** 제번스는 이런 경향을 구현했다. 그는 곧 영국의 석탄 자원이 고갈될 것이라 예측하고, 경기 변동의 고저가 태양의 흑점 때문에 발생하는 추위에서 비롯한다고 주장했다. 좋다. 둘 다 틀리기는 했다. 하지만 우리가 이것을 알게 된 것은 그가 직접 도입한 방법론 덕분이다.

반면 발라는 살짝 반실증주의자였다. 그의 관점에서 보면 첫째, 엉망진창인 현실의 세부 사항을 걸러 순수한 양적 개념에 도달해야 한다. 둘째, 이 수학적 추상을 대상으로 연산하고 추론해야 한다. 셋째, 거의 나중에 생각해 냈다는 듯 뒤를 돌아보며 실용적인 적용 분야를 찾는다. 발라는 이렇게 적었다. "과학이 마무리될 때까지 현실로의 회귀는 일어나선 안 된다." 발라의 입장에서 보면 '과학'은 현실과 아주 멀리 동떨어져서 발생하는 존재였다.

만약 요즘에도 여전히 이렇게 생각하는 경제학자를 만난다면 다음의 간단한 세 단계만 밟자. (1) 손을 들어 올린다. (2) 고함을 치기 시작한다. (3) 그래도 경제학자가 계속 다가오면 귀싸대기를 갈긴다. 기억하자. 이제 이 경제학자는 우리가 그들에게 겁을 먹은 만큼 우리에게 겁을 먹었다.

**233** 이 통찰은 Sandmo로부터 직접 나왔다.


## 제22장 과세 등급 이야기

**234** 농담이 아니다. 벨기에에서 가장 위대한 두 사람, 에르퀼 푸아로Hercule Poirot(애거서 크리스티 추리 소설에 등장하는 탐정―옮긴이)와 땡땡Tintin(에르제의 만화 《땡땡의 모험》 주인공―옮긴이)도 가상 인물이다. 개인적으로 나는 이것이 벨기에에 좋다고 생각한다. 역사적으로 유명한 인물들은 골칫덩어리일 뿐이니까.

**235** 미국의 세금 정책 역사에 대해 다음 자료를 참고했다. W. Elliot Brownlee, *Federal Taxation in America: A History*, 3rd ed. (Cambridge: Cambridge University Press, 2016).

**236** 800달러라는 기준선은 그 당시 미국 가정의 평균 소득 900달러와 아주 근접한 값이었다. 정부가 눈을 가리고 다트를 던지듯 정한 기준인 점을 고려하면 제법이라는 생각이 든다. 세금에 0퍼센트 과세 등급은 사실 없었다는 점을 지적해야겠다. 그 대신 보편적 면제 800달러를 적용했다. 수학적으로는 둘 다 동일하다.

**237** Brownlee, *Federal Taxation in America*, 92.

**238** Brownlee, 90.

**239** 수치들은 위키피디아 "Revenue Act of 1918"에서 가져왔다.

**240** J. J.의 세금 제도를 실현하려면 미적분학이 필요하다. 이는 J. J.가 전형적인 미적분학 예습 단계 학생이 아니었음을 보여 준다. 그의 세금 제도에는 (내가 보여 준 단순한 제도와 달리) 불연속적인 세율 도약 몇 개가 있어서 최상위 과세 등급이 계속 변한다. 이 공식에는 자연로그가 들어간다. 교사는 종종 학생들이 이해할 수 있도록 세상을 단순화해 줘야 한다. 여기서는 그 반대였던 것 같다.

**241** *The New Spirit* (Walt Disney Studios, 1942). 원래 작품을 보려면 다음 사이트를 확인하라. https://www.youtube.com/watch?v=eMU-KGKK6q8.

**242** 그렇다, 〈리볼버〉<sub>Revolver</sub>가 그들의 가장 위대한 앨범이다. 〈러버 소울〉<sub>Rubber Soul</sub> 팬들 덤벼라!

**243** 이렇게 하면 한계 세율 95퍼센트에 해당하므로 조지 해리슨<sub>George Harrison</sub>이 자신의 세금 부담을 살짝 줄여서 말한 셈이다.

**244** Astrid Lindgren, "Pomperipossa in Monismania," *Expressen*, March 3, 1976. 나는 렌나르트 빌린의 2009년 번역판을 참고했다. https://lenbilen.com/2012/01/24/pomperipossa-in-monismania/.

**245** "Influencing Public Opinion," AstridLindgren.se, 2017년 9월에 접속. http://www.astridlindgren.se/en/person/influencing-public-opinion.

**246** 물론 이것은 미국의 사회 보장 제도<sub>Social Security</sub>와 메디케어<sub>Medicare</sub>를 위한 자금을 조성하기 위해 설계된 급여세<sub>payroll tax</sub>가 실제로 작동하는 방식이다. 소득 12만 달러까지는 15퍼센트를 내지만 그것을 넘어선 소득에 대해서는 세금을 내지 않는다.


## 제23장 미국 대선은 빨강 파랑 색칠 놀이?!

**247** 이 엄청난 대목을 쓰고 난 후에 나는 이것의 사악한 쌍둥이 같은 글을 우연히 만났다. 내가 사랑하는 호르헤 루이스 보르헤스<sub>Jorge Luis Borges</sub>가 평소답지 않게 냉소적으로 민주주의를 '통계학의 남용'이라 부른 적이 있었다.

**248** *Federalist*, no. 68 (Alexander Hamilton). 사랑받는 미국인들의 이름을 들먹이는 동안 이 장을 쓰는 데 도움을 준 제프 코슬릭에게 감사해야 할 것 같다. (제러미 쿤과 지 첸에게도 유능한 도움을 줘서 고맙다고 하고 싶다.)

**249** 헌법에 대한 나의 지식 가운데 93퍼센트가 그랬듯이 이 주장도 아킬 리드 아마 Akhil Reed Amar의 주장에서 끌어왔다. 그중에서도 특히 이 책의 도움을 많이 받았다. Akhil Reed Amar, *America's Constitution: A Biography* (New York: Random House, 2005), 148−52. 그래프 속의 날짜는 위키피디아에서 가져왔다.(여기 말고 또 어디가 있겠나?)

**250** 이 주장은 Amar, *America's Constitution*, 155−59, 342−47에서 가져왔다. 여기 서 그는 더 나아가 선거인단 제도는 노예 제도를 운영하는 주에 유리할 뿐만 아니라(이 점은 반박하기 어렵다.) 부분적으로는 그럴 의도로 설계되었다고 주장한 다. 이런 입장이 다음의 자료를 비롯한 일부 비판을 이끌어 내기도 했다. *Law and Liberty*, January 3, 2017, http://www.libertylawsite.org/2017/01/03/no-the-electoral-college-was-not-about-slavery/.

노예 제도가 선거인단 제도에 영향을 미친 유일한 요소라고 주장하는 것은 어리석은 듯하다. 나는 그렇게 말하는 사람을 하나도 못 봤다. 155쪽에서 아마는 이렇게 적고 있다. "정보 장벽, 연방주의federalism, 노예 제도, 이 주요 요인 세 가지는 1787년 대통령 직접 선거를 불행한 결말로 이끌었다." 한편 노예 제도가 요인으로 작용하지 않았다는 것은 아마추어인 내가 보기에 상당히 잘못된 의견 같다. 1787년 7월 19일에 제임스 매디슨이 이 문제를 제기했다.

> 국민이 투표로 직접 선택하는 데 따르는 어려움이 하나 있었다. 남부의 주보다
> 는 북부의 주에서 참정권이 훨씬 널리 퍼져 있었다. 남부 주들의 경우 선거에
> 서 흑인들의 점수에 영향을 미칠 수 없었다. 선거인을 대리인으로 내세우니 이
> 런 어려움이 없어졌다.

7월 25일에 매디슨이 이 문제를 다시 제기했다. 다만 이번에는 직접 선거를 옹호하며 이렇게 말했다. "남부 주 출신으로서 그는 희생할 각오가 되어 있었다." 다음 자료에서 구체적인 내용을 직접 살펴보기 바란다. http://avalon.law.yale.edu/subject_menus/debcont.asp.

노예 제도의 어드밴티지가 오류가 아니라 하나의 특성이었음을 보여 주는 추가 증거도 있다. 남부 출신 앤드루 잭슨Andrew Jackson은 1833년 첫 취임 연설에서 선거인

단 제도를 직접 투표로 바꾸자고 제안했지만, 변칙적인 투표 가중치vote weighting를 그대로 유지하는 조건을 달았다. Amar, 347.

251 이 인구 조사 자료는 위키피디아에서 가져왔다. 그러고 나서 각각의 주에 거주하는 자유인 인구에 따른 비율로 하원 의원 대표의 수를 다시 나누었다.

252 코슬릭이 알려 줬는데 '민주당=파랑, 공화당=빨강'의 색깔 코드가 한때는 반대였다고 한다. 이것이 1990년대에 바뀌었고 2000년에 고착되었다. 더 자세한 내용은 재미있는 스미스소니언 자료를 참고하기 바란다. Jodi Enda, "When Republicans Were Blue and Democrats Were Red," Smithsonian.com, October 31, 2012, https://www.smithsonianmag.com/history/when-republicans-were-blue-and-democrats-were-red-104176297/.

253 심지어 이것조차 보기만큼 그리 단순하지 않다. 2016년 대선을 예로 들어 보자. 민주당의 46.44퍼센트 득표는 반올림해서 50퍼센트(선거인 다섯 명)가 되고 공화당의 44.92퍼센트 득표는 반내림해서 40퍼센트(선거인 네 명)가 된다. 그러면 선거인단이 아홉 명인데 마지막 선거인은 누가 가져가는가? 자유당Libertarians에 줄 수도 있지만 이들의 득표율은 3.84퍼센트로 10퍼센트와는 한참 거리가 있다. 이 경우는 마지막 선거인을 제일 아깝게 놓친 정당에 주는 것이 더 논리적이지 않을까. 그러면 불과 0.08퍼센트 차이로 놓친 공화당에 선거인이 돌아간다.

254 코슬릭이 지적한 대로 대통령 선거에서 지지하는 정당과 주 정부 선거에서 지지하는 당이 다른 주에서는 이런 역학이 달라진다. 근래 그중 몇 곳은 주 정부를 장악한 정당이 라이벌 정당에서 일부 선거인을 빼앗아 올 수 있도록 네브래스카주와 메인주의 선거인 할당 방식을 따라 할지를 검토하고 있다.

255 Nate Silver, "Will the Electoral College Doom the Democrats Again?" FiveThirtyEight, November 14, 2016, https://fivethirtyeight.com/features/will-the-electoral-college-doom-the-democrats-again/.

256 실버는 이렇게 지적한다.

> 20세기 전반에 큰 예외가 있었다. 이때는 공화당이 계속 선거인단 어드밴티지를 누리고 있었다. 민주당이 남부 지역에서 큰 표차로 승리하면서 낭비되는 표가 많았기 때문이다. (……) 여기서 질문은 민주당이 '솔리드 사우스'Solid

South(남북 전쟁 후 공화당 정부에 반감을 품고 민주당 지지를 강력하게 굳힌 남부의 여러 주 — 옮긴이)와 비슷한 시대로 다시 진입하고 있느냐 하는 것이다. 다만 이번에는 도시가 많은 해안가 주에 득표가 집중되어 있다는 것이 차이점이다.

실버는 아니라고 추측하는 듯하다. 정답은 시간이 말해 줄 것이다.

**257** 이것을 처음 제안한 사람은 아킬 리드 아마 교수(나는 대학 때 이분에게 헌법 강의를 들었다.)와 그의 동생 비크람 아마Vikram Amar 교수다.


## 제24장 역사의 카오스

**258** 출처: 물론 위키피디아다. 이 장을 쓸 때 뇌가 즐거워지는 피드백을 해 준 데이비드 클럼프와 발루르 권나르손에게도 감사한다.

**259** 이 일화, 뒤이어 나오는 그래프, 그리고 사실상 이 장에 소개하는 대부분의 수학은 다음 필수 자료에서 가져왔다. 《카오스》(제임스 글릭 지음, 박래선 옮김, 누림출판사, 2006) James Gleick, *Chaos: Making a New Science* (New York: Viking Press, 1987). 이 일화는 17~18쪽에 나와 있다.

**260** 사실 17세기에는 '미터' 단위가 없었다. 여기 나온 방정식은 현대에 맞게 새로 작성한 것이고 각도가 작은 흔들림에만 적용된다. 하지만 그 주기의 길이가 각도와 상관없다는 점은 놀랍다. 각이 크면 진동이 빨라지고 각이 작으면 진동이 느려져 둘 다 대략 같은 시간이 걸린다.

**261** 아주 훌륭한 시뮬레이션이 있다. 다음 사이트를 확인하라. https://www.my-physicslab.com/pendulum/double-pendulum-en.html. 진지하게 말하는데 뭔가 영감을 줄 만한 것이 없을까 해서 이 주석을 뒤적거리고 있었다면 이게 바로 당신이 찾고 있던 것이다.

**262** Siobhan Roberts, *Genius at Play: The Curious Mind of John Horton Conway* (New York: Bloomsbury, 2015). xiv-xv쪽에서 로버츠는 음악가 브라이언 이노Brian Eno가 인생 게임에 대해 한 말을 인용한다. "전체 시스템이 아주 투명하기 때문에 놀랄 일이 전혀 없어야 하는데 실상은 놀랄 일로 가득하다. 점 패턴이 어찌나 복잡

하고 유기적으로 진화하는지 예측을 무력화해 버린다." 160쪽에서는 철학자 대니얼 데닛Daniel Dennett의 말을 인용한다. "인생 게임이 모든 사람의 사고 도구가 되어야 한다고 생각한다."

**263** 이 아모스 트버스키의 인용문은 다음 자료에서 가져왔다. Michael Lewis, *The Undoing Project: A Friendship That Changed Our Minds* (New York: W. W. Norton, 2016), 101.

**264** Kim Stanley Robinson, *The Lucky Strike* (1984). 훌륭한 소설이다. 나는 이 소설을 다음 자료에서 읽었다. Harry Turtledove, ed., *The Best Alternate History Stories of the 20th Century* (New York: Random House, 2002).

또한 여기서 내가 좋아하는 대안 역사 소설을 언급하지 않고는 못 배기겠다. Orson Scott Card, *Pastwatch: The Redemption of Christopher Columbus* (New York: Tor Books, 1996).

**265** Mariko Oi, "The Man Who Saved Kyoto from the Atomic Bomb," *BBC News*, August 9, 2015, http://www.bbc.com/news/world-asia-33755182.

**266** 트루먼 대통령이 이런 사실을 몰랐다고 상상하긴 힘들지만 보아하니 그랬던 것 같다. 다음 자료를 참고하라. "Nukes," *Radiolab*, April 7, 2017, http://www.radiolab.org/story/nukes.

**267** 윈스턴 처칠은 1931년에 쓴 에세이 〈만약 게티즈버그 전투에서 리 장군이 승리하지 않았다면?〉If Lee Had NOT Won the Battle of Gettysburg에서 스스로 대안의 시간대에 살고 있는 역사가 행세를 했다. 이 대안의 시간대에서는 남부 연합군이 승리한다. 그런 다음 그는 우리 시간대에서 어떻게 살았을까 상상하는 대안의 허구를 써 내려간다. 내가 보기에는 그의 결말이 좀 어리석고 순진해 보이지만 그와 달리 나는 나치로부터 문명을 구해 본 적이 없는 사람이니 입을 다물겠다. https://www.winstonchurchill.org/publications/finest-hour-extras/qif-lee-had-not-won-the-battle-of-gettysburgq/

**268** Ta-Nehisi Coates, "The Lost Cause Rides Again," *Atlantic*, August 4, 2017, https://www.theatlantic.com/entertainment/archive/2017/08/no-con-federate/535512/.

**269** 이 이야기는 부분적으로는 다음 자료에서 영감을 받았다. Michael Lewis's *The*

*Undoing Project*, 299–305.

270  카오스 이론의 핵심 통찰은 어마어마한 복잡성을 보이는 수많은 시스템이 그 속을 들여다보면 사실 아주 간단한 규칙을 따른다는 것이다. 어쩌면(여기서 나는 늦은 밤 기숙사 방에서 학생들이 나누는 추측과 상상의 세계로 빠져든다.) 역사의 밑바탕에 깔린 몇몇 결정론적 규칙을 정확히 밝혀낼 방법이 있을지도 모른다. 어쩌면 역사의 민감성과 무질서도degree of randomness를 포착할 모형을 개발할 수 있을지도 모른다. 날씨 분야에서 에드워드 로렌츠의 시뮬레이션이 해냈듯이 말이다.

271  Benoit Mandelbrot, "How Long Is the Coast of Britain? Statistical Self-Similarity and Fractional Dimension," *Science* 156, no. 3775 (1967): 636–38.

272  Alan Moore and Eddie Campbell, *From Hell* (Marietta, GA: Top Shelf Productions, 1999), appendix II, 23.

273  어슐러 르 귄Ursula Le Guin의 〈사람들의 남자〉A Man of the People에서 주인공은 하인Hain이라는 문명이 제멋대로 뻗어 나간 역사를 이해하려 한다.

> 그는 이제 역사가들이 역사를 연구하지 않음을 안다. 그 누구도 하인의 역사를 망라하여 연구할 수 없다. 그 역사가 무려 300만 년. (……) 셀 수 없이 많은 왕과 제국, 발명, 수백만 개의 국가에서 살았던 수십억 명의 사람들, 군주 국가들, 민주 국가들, 과두 정부들, 무정부 상태들, 혼돈의 시대와 질서의 시대, 신의 신전 위에 세워진 신전, 무수히 많은 전쟁과 평화의 시대, 끝없는 발견과 망각, 셀 수 없이 많은 공포와 승리, 끝없는 새로움의 무한한 반복. 한순간, 그리고 그다음 순간, 그다음 순간, 그다음…… 그다음……. 이렇게 계속해서 강의 흐름을 설명하려 드는 것이 대체 무슨 소용이란 말인가? 결국 지친다. 우리는 그냥 이러고 만다. "아주 큰 강이 있어. 그 강은 이 땅을 관통해 흐르지. 그 강에 우리는 '역사'라는 이름을 붙였어."

캬! 나는 이 구절이 너무너무 맘에 든다. 출처: Ursula Le Guin, *Four Ways to Forgiveness* (New York: Harper-Collins, 1995), 124–25.

274  이 멋진 비유는 발루르 귄나르손에게서 훔쳐 왔다.

그리고 서로 경쟁하는 역사적 비유라는 주제에 이르면 보르헤스의 말을 인용하지

않을 수 없다. "어쩌면 세계사는 한 줌의 비유에 대한 다양한 억양intonation의 역사

인지도 모른다."

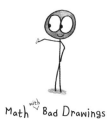

Math ^with Bad Drawings

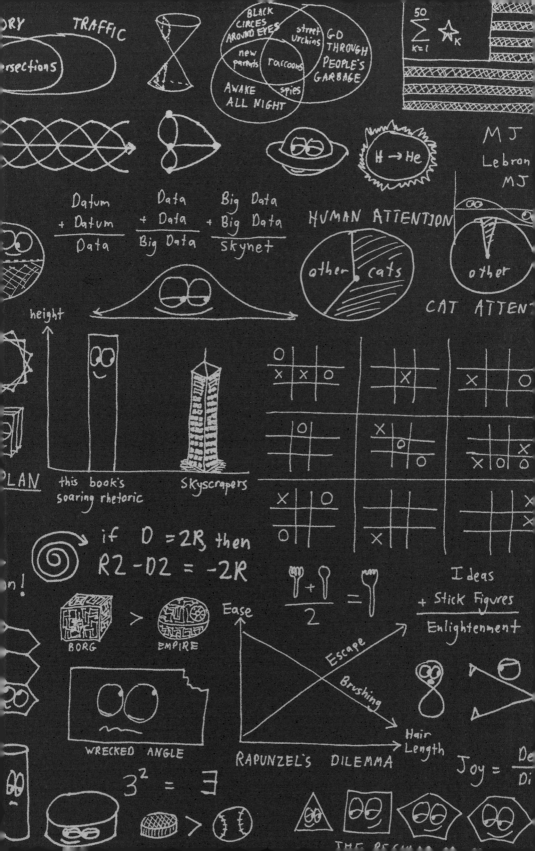